中国建设教育发展报告（2019—2020）

China Construction Education Development Report（2019—2020）

中国建设教育协会　组织编写

刘　杰　王要武　主　编

中国建筑工业出版社

图书在版编目（CIP）数据

中国建设教育发展报告 . 2019–2020 = China Construction Education Development Report（2019—2020）/ 中国建设教育协会组织编写；刘杰，王要武主编 . —北京：中国建筑工业出版社，2021.6

ISBN 978-7-112-26125-3

Ⅰ.①中… Ⅱ.①中… ②刘… ③王… Ⅲ.①建筑学—教育事业—研究报告—中国—2019–2020 Ⅳ.① TU-4

中国版本图书馆 CIP 数据核字（2021）第 079223 号

责任编辑：赵云波
责任校对：赵　菲

中国建设教育发展报告（2019—2020）

China Construction Education Development Report（2019—2020）

中国建设教育协会　组织编写

刘　杰　王要武　主　编

*

中国建筑工业出版社出版、发行（北京海淀三里河路9号）

各地新华书店、建筑书店经销

北京点击世代文化传媒有限公司制版

北京圣夫亚美印刷有限公司印刷

*

开本：787 毫米 × 1092 毫米　1/16　印张：23　字数：397 千字
2021 年 7 月第一版　2021 年 7 月第一次印刷
定价：72.00 元
ISBN 978-7-112-26125-3
（37684）

本书编审委员会

主任委员：刘　杰

副主任委员：何志方　路　明　司　傲　王凤君　王要武

　　　　　　李竹成　沈元勤　杨瑾峰　杨彦奎

委　　　员：高延伟　于　洋　程　鸿　李　平　李　奇

　　　　　　李爱群　胡兴福　赵　研　杨秀方　罗小毛

　　　　　　郭景阳　崔恩杰　王　平　李晓东

本书编写委员会

主　　　编：刘　杰　王要武

副　主　编：王凤君　李竹成　于　洋　程　鸿

参　　　编：高延伟　胡秀梅　田　歌　张　晨　赵　昭　温　欣

　　　　　　李　平　李　奇　李爱群　胡兴福　赵　研　杨秀方

　　　　　　罗小毛　郭景阳　崔恩杰　王　平　李晓东　刘　畅

　　　　　　唐　琦　王　炜　尹雪莲　王　琦　岳晓瑞　包冬梅

　　　　　　梁　健　曹　颖　陈大伟　李　苗　谢　寒　傅　钰

　　　　　　邢　正　谷　珊　何曙光　钱　程　刘亦琳

序

    由中国建设教育协会组织编写，刘杰、王要武同志主编的《中国建设教育发展报告》伴随着住房和城乡建设领域改革发展的步伐，从无到有，应运而生，是我国最早编写发布的建设教育领域发展研究报告。从策划、调研、收集资料与数据，到研究分析、组织编写，全体参编人员集思广益、精心梳理，付出了极大的努力。我向为本书的成功出版作出贡献的同志们表示由衷感谢。

    "十三五"期间，我国住房和城乡建设领域各级各类教育培训事业取得了长足的发展，在坚持加快发展方式转变、促进科学技术进步、实现体制机制创新做出了重要贡献。普通高等建设教育狠抓本科与研究生教育质量，以专业教育评估为抓手，在深化教育教学改革，学科专业建设和整体办学水平等方面有了明显提高；高等建设职业教育的办学规模快速发展，专业结构更趋合理，办学定位更加明确，校企合作不断深入，毕业生普遍受到行业企业的欢迎；中等建设职业教育坚持面向生产一线培养技能型人才，以企业需求为切入点，强化校内外实操实训、师傅带徒、顶岗实习，有效地增强了学生的职业能力；建设行业从业人员的继续教育和职业培训也取得了很大进展，各省市各地区相关部门和企事业单位为适应行业改革发展的需要普遍加大了教育培训力度，创新了培训管理制度和培训模式，提高了培训质量，职工队伍素质得到了全面提升。然而，我们也必须冷静自省，充分认识我国建设教育存在的短板和不足。在中国特色社会主义新时代，我国建设领域正面临着新机遇新挑战，要为这个时代培养什么样的人才、怎样为这个时代培养人才是建设教育领域面对的重要问题；建设教育在国家实施创新驱动发展战略的新形势下，需要有更强的紧迫感和危机感。这本书在认真分析我国建设教育发展状况的基础上，紧密结合我国教育发展和建设行业发展实际，科学地分析了建设教育的发展趋势以及所面临的问题，提出了对策建议，具有很强的参考价值。书中提供的大量数据和案例，既有助于开展建设教育的学术研究，也对当前行业发展的创新点和聚焦点进行了归纳总结，是教育教学与产业发展相结合的一个优秀典范。

进入二十一世纪的二十年代，我们面临着世界前所未有之大变局。"十四五"时期将是我国完成第一个百年目标、向着第二个百年目标奋进的第一个五年，是实现二〇三五年远景目标过程中的第一个五年。在这一阶段，实现城市更新、优化城市设计、改善人居环境、发展绿色建造、提升行业水平等新时代新需求将成为住房城乡建设事业发展的新焦点，为建设教育领域带来了新动力。可以预见，未来一个阶段的建设教育，还将继续在党的教育方针指引下，毫不动摇地贯彻实施人才发展战略，更加注重教育内涵发展和品质提升，紧密结合行业和市场需求，积极调整专业结构和资源配置，加强实践教学，突出创业创新教育，推进校企合作。未来的建设教育既有高等教育的提纲挈领贡献，又有职业教育的产业队伍保障，更有继续教育的适时"充电"培养。相信在广大建设教育工作者的不懈努力下，住房和城乡建设领域的高素质、创新型、应用型人才，高水平技能人才和高素质劳动者将更多地进入建设产业大军，为全行业质量提升带来新的能量与活力。总的来说，建设教育必将继续坚持立德树人这个根本任务，坚持以人民为中心，进一步加快深化建设教育改革创新，增强对行业发展的服务贡献能力，用教育水平的提升为行业进一步发展做出积极贡献。

希望中国建设教育协会和这本书的编写者们能够继续把握发展规律，广泛收集资料，扎实开展研究，持之以恒关注建设教育发展，把研究建设教育领域教育教学工作这个课题做好做深，共同为住房城乡建设领域培养更多高素质人才，进一步推动我国建设教育各项改革不断深入，为全面实现国家"十四五"规划和二〇三五年远景目标作出更大的贡献。

2021 年 4 月

前　言

为了紧密结合住房城乡建设事业改革发展的重要进展和对人才队伍建设提出的要求，客观、全面地反映中国建设教育的发展状况，中国建设教育协会从 2015 年开始，计划每年编制一本反映上一年度中国建设教育发展状况的分析研究报告。本书即为中国建设教育发展报告的 2019—2020 年度版。

本书共分 6 章。

第 1 章从建设类专业普通高等教育、高等建设职业教育、中等建设职业教育三个方面，分析了 2019 年学校教育发展的总体状况，从学校层次、隶属关系、学校类别、学科专业、地区分布等多个视角，对 2019 年学校建设教育的发展状况进行了统计分析，剖析了学校建设教育发展面临的问题，分析了学校建设教育的发展趋势，提出了促进学校建设教育发展的对策建议。

第 2 章从建设行业执业人员、建设行业专业技术人员、建设行业技能人员、职业技能标准四个方面，分析了 2019 年继续教育、职业培训、职业技能标准建设的状况。具体包括：从人员概况、考试与注册、继续教育等角度，分析了建设行业执业人员继续教育与培训的总体状况，剖析了建设行业执业人员继续教育与培训存在的问题，提出了促进其继续教育与培训发展的对策建议；分析了建设行业专业技术人员继续教育与培训的总体状况，剖析了建设行业专业技术人员继续教育与培训存在的问题，展望了建设行业专业技术人员继续教育与培训的发展趋势，提出了促进其继续教育与培训发展的对策建议；分析了建设行业技能人员培训的总体状况，剖析了建设行业技能人员培训面临的问题，展望了建设行业技能人员培训的发展趋势，提出了促进其培训发展的对策建议；分析了建设行业从业人员职业技能标准建设与发展的总体状况，剖析了建设行业从业人员职业技能标准建设面临的问题，提出了建设行业从业人员职业技能标准建设的对策建议。

第 3 章选取了若干不同类型的学校、企业进行了案例分析。学校教育方面，包括了一所普通高等学校、两所高等职业技术学校、两所中等职业技术学校的典型案例分析；继续教育与职业培训方面，包括了四家建筑业企业、一家互联网服务厂商和一个对口帮扶农村贫困劳动力培训的典型案例分析。

第 4 章根据相关杂志发表的教育研究类论文，总结出推进"双一流"建设、思政课程与课程思政建设、"双师型"教师队伍建设、现代学徒制、"1+X"证书制度 5 个方面的 20 类突出问题和热点问题进行研讨；结合住房和城乡建设领域职业教育专业调研论证工作，对住房和城乡建设领域职业教育专业发展情况进行了分析。

第 5 章总结了 2019 年中国建设教育发展大事记，包括住房和城乡建设领域教育发展大事记和中国建设教育协会大事记。

第 6 章汇编了 2019 ～ 2020 年国务院、教育部、住房和城乡建设部颁发的与中国建设教育密切相关的政策、文件汇编。

本报告是系统分析中国建设教育发展状况的系列著作，对于全面了解中国建设教育的发展状况、学习借鉴促进建设教育发展的先进经验、开展建设教育学术研究，具有重要的借鉴价值，可供广大高等院校、中等职业技术学校从事建设教育的教学、科研和管理人员、政府部门和建筑业企业从事建设继续教育和岗位培训管理工作的人员阅读参考。

本书在制定编写方案、收集相关数据和书稿编写及审稿的过程中，得到了住房和城乡建设部主管领导、住房和城乡建设部人事司领导的大力指导和热情帮助，得到了有关高等院校、中职院校、地方住房和城乡建设主管部门、建筑业企业的积极支持和密切配合；在编辑、出版的过程中，得到了中国建筑工业出版社的大力支持，在此表示衷心的感谢。

本书由刘杰、王要武主编并统稿，参加各章编写的主要人员有：李爱群、胡兴福、赵研、杨秀方、刘畅（第 1 章）；张晨、赵昭、李平、李奇、唐琦、王炜（第 2 章）；李爱群、胡兴福、杨秀方、罗小毛、郭景阳、崔恩杰、王平、尹雪莲、王琦、岳晓瑞、包冬梅、梁健、曹颖、陈大伟、李苗、谢寒（第 3 章）；温欣、李晓东、邢正、钱程（第 4 章）；高延伟、胡秀梅、田歌、傅钰、谷珊、何曙光、刘亦琳（第 5、6 章）。

限于时间和水平，本书错讹之处在所难免，敬请广大读者批评指正。

目　录

第1章 2019年建设类专业教育发展状况分析

1.1 2019年建设类专业普通高等教育发展状况分析

1.1.1 建设类专业普通高等教育发展的总体状况

1.1.1.1 本科教育

1. 本科生教育总体情况

根据国家统计局的统计数据，2019年，全国共有普通高等学校2688所（含独立学院257所），比上年增加25所，增长0.94%。其中，本科院校1265所，比上年减少2所。普通本科毕业生数为394.7万人，比上年增加7.9万人；招生数为431.3万人，比上年增加9.1万人；在校生数为1750.8万人，比上年增加53.5万人。

2. 土木建筑类本科生培养

2019年，全国开设土木建筑类专业的普通高等教育学校、机构数量为785所，比上年增加3所，占全国本科院校和其他普通高教机构之和的62.06%。土木建筑类本科生培养学校、机构开办专业数2952个，比上年增加70个；毕业生数222996人，比上年减少9729人，占全国本科毕业生数的5.65%，同比降低0.37个百分点；招生数228435人，比上年增加19174人，占全国本科招生数的5.30%，同比上升0.34个百分点；在校生数906425人，比上年减少2171人，占全国本科在校生数的5.18%，同比下降0.18个百分点。图1-1、图1-2分别显示了2014～2019年全国土木建筑类专业开办学校、开办专业情况和本科生培养情况。

1.1.1.2 研究生教育

1. 研究生教育总体情况

2019年，全国共有研究生培养机构828个，其中，普通高校593个，科研机构

图 1-1　2014～2019 年全国土木建筑类专业开办学校、开办专业情况

图 1-2　2014～2019 年全国土木建筑类专业本科生培养情况

235 个。研究生招生 91.65 万人，其中，招收博士生 10.52 万人，硕士生 81.13 万人，总量比上年增加 5.85 万人。在学研究生 286.37 万人，其中，在学博士生 42.42 万人，在学硕士生 243.95 万人，总量比上年增加 13.24 万人。毕业研究生 63.97 万人，其中，毕业博士生 6.26 万人，毕业硕士生 57.71 万人，总量比上年增加 3.53 万人。

2. 土木建筑类硕士生培养

2019 年土木建筑类硕士生培养高校、机构共 323 个，比上年增加 13 个；开办学科点共 1159 个，比上年增加 30 个；毕业生数总计 17865 人，比上年增加 105 人，占当年全国毕业硕士生的 3.10%；招生数总计 21651 人，比上年增加 960 人，占全国硕士生招生数的 2.67%；在校硕士生数为 62231 人，比上年增加 3004 人，占全国在校硕士生数的 2.55%。图 1-3、图 1-4 分别显示了 2014 ～ 2019 年全国土木建筑类硕士点开办学校、开办学科点情况和硕士生培养情况。

图 1-3　2014 ～ 2019 年全国土木建筑类硕士点开办学校、开办学科点情况

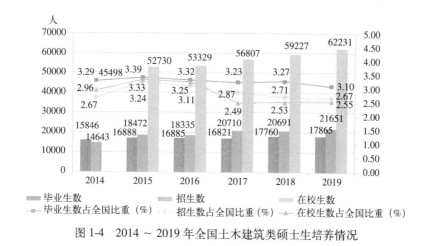

图 1-4　2014 ～ 2019 年全国土木建筑类硕士生培养情况

3．土木建筑类博士生培养

2019 年，土木建筑类博士生培养学校、机构共计 137 所，比上年增加 12 所；开办学科点共计 422 个，比上年增加 13 个；毕业博士生 2674 人，比上年增加 35 人，占当年全国毕业博士生的 4.27%；招收博士生 4424 人，比上年增加 236 人，占全国博士生招生数的 4.21%；在校博士生 22893 人，比上年增加 1199 人，占全国在校博士生数的 5.40%。图 1-5、图 1-6 分别显示了 2014 ～ 2019 年全国土木建筑类博士开

办学校、开办学科点情况和博士生培养情况。

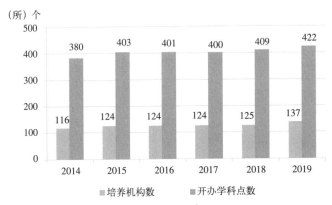

图 1-5 2014 ～ 2019 年全国土木建筑类博士开办学校、开办学科点情况

图 1-6 2014 ～ 2019 年全国土木建筑类博士生培养情况

1.1.1.3 土木建筑类学科学生在全国的占比情况

土木建筑类学科学生在全国的占比情况见表 1-1。其中,博士生的毕业生数占比、招生数占比和在校生数占比分别为 4.01%、4.67% 和 5.83%;硕士生的毕业生数占比、招生数占比和在校生数占比分别为 3.23%、2.87% 和 2.49%;本科生的毕业生数占比、招生数占比和在校生数占比分别为 3.13%、2.74% 和 3.33%。可以看出,土木建筑类学科博士在全国占比中最高,这与行业发展对高层技术人才需求加大的趋势有关。

2019 年土木建筑类学科学生占全国的比重　　　　　　　　　　　表 1-1

学科类别	毕业生数			招生数			在校生数		
	全国（万人）	土木建筑类学科（万人）	土木建筑类学科占比（%）	全国（万人）	土木建筑类学科（万人）	土木建筑类学科占比（%）	全国（万人）	土木建筑类学科（万人）	土木建筑类学科占比（%）
博士生	6.26	0.2674	4.27	10.52	0.4424	4.21	44.42	2.2893	5.40
硕士生	57.71	1.7865	3.10	81.13	2.1651	2.67	243.95	6.2231	2.55
本科生	394.72	22.2996	5.65	431.29	22.8435	5.30	1750.82	90.6425	5.18

1.1.2　建设类专业普通高等教育发展的统计分析

1.1.2.1　本科教育统计分析

1. 按学校层次统计

表 1-2 给出了土木建筑类本科生按学校层次统计的分布情况。与上年相比，土木建筑类本科办学机构层次调整幅度较大，其他普通高教机构数量骤降，学院和独立学院数量激增。其中，其他普通高教机构数量由上年的 318 所下降至 2 所，减少316 所；独立学院数量由上年的 5 所上升至 158 所，增加 153 所；学院数量由上年的 166 所增加至 318 所，增加 152 所；大学数量由上年的 293 所上升至 307 所，增加 14 所。

土木建筑类本科生按学校层次分布情况　　　　　　　　　　表 1-2

学校、机构层次	开办学校、机构		开办专业		毕业生数		招生数		在校生数	
	数量	占比（%）	数量	占比（%）	数量	占比（%）	数量	占比（%）	数量	占比（%）
大学	307	39.11	1360	46.07	100271	44.97	104654	45.81	431503	47.60
学院	318	40.51	1085	36.75	82912	37.18	87072	38.12	327872	36.17
独立学院	158	20.13	501	16.97	39426	17.68	36709	16.07	146660	16.18
其他普通高教机构	2	0.25	6	0.20	387	0.17	0	0.00	390	0.04
合计	785	100.00	2952	100.00	222996	100.00	228435	100.00	906425	100.00

2. 按学校隶属关系统计

表 1-3 给出了土木建筑类本科生按学校隶属关系分类的统计情况。其中，省级教育主管部门和民办高校依然是主要的办学力量，在各项数据中两者的占比之和超过了 80%。

土木建筑类本科生按学校隶属关系分布情况 表 1-3

学校、机构隶属关系	开办学校、机构		开办专业		毕业生数		招生数		在校生数	
	数量	占比(%)	数量	占比(%)	数量	占比(%)	数量	占比(%)	数量	占比(%)
教育部	58	7.39	262	8.88	17104	7.67	17155	7.51	73411	8.10
工业和信息化部	6	0.76	24	0.81	1294	0.58	793	0.35	3907	0.43
国家民族事务委员会	5	0.64	11	0.37	675	0.30	809	0.35	3303	0.36
交通运输部	1	0.13	1	0.03	59	0.03	59	0.03	236	0.03
应急管理部	1	0.13	6	0.20	485	0.22	526	0.23	2017	0.22
国务院侨务办公室	2	0.25	13	0.44	720	0.32	698	0.31	3354	0.37
中国民用航空局	1	0.13	1	0.03	79	0.04	78	0.03	305	0.03
中国地震局	1	0.13	3	0.10	213	0.10	254	0.11	1026	0.11
省级教育部门	352	44.84	1439	48.75	111844	50.16	117192	51.30	469488	51.80
省级其他部门	10	1.27	23	0.78	1187	0.53	1900	0.83	6676	0.74
地级教育部门	51	6.50	156	5.28	10007	4.49	11788	5.16	45100	4.98
地级其他部门	17	2.17	68	2.30	4885	2.19	5696	2.49	21775	2.40
具有法人资格的中外合作办学机构	3	0.38	8	0.27	460	0.21	502	0.22	2096	0.23
民办	277	35.29	937	31.74	73984	33.18	70985	31.07	273731	30.20
合计	785	100.00	2952	100.00	222996	100.00	228435	100.00	906425	100.00

3. 按学校、机构类别统计

表 1-4 为土木建筑类本科生按学校类别分布情况，与上年相比，分布情况变化不大。从统计数据可以看出，理工类院校和综合性大学是土木建筑类本科专业的主要办学力量，两者之和占开办学校、机构总数的 68.91%，占开办专业总数的 78.76%，占毕业总数的 81.87%，占招生总数的 81.66%，占在校总数的 82.07%。

土木建筑类本科生按学校类别分布情况　　　　　表 1-4

学校、机构类别	开办学校、机构		开办专业		毕业生数		招生数		在校生数	
	数量	占比(%)	数量	占比(%)	数量	占比(%)	数量	占比(%)	数量	占比(%)
综合大学	247	31.46	904	30.62	64100	28.74	64355	28.17	257557	28.41
理工院校	294	37.45	1421	48.14	118475	53.13	122184	53.49	486421	53.66
财经院校	86	10.96	226	7.66	16934	7.59	15103	6.61	58719	6.48
师范院校	80	10.19	162	5.49	8882	3.98	9940	4.35	38200	4.21
民族院校	12	1.53	30	1.02	1541	0.69	2231	0.98	8496	0.94
农业院校	41	5.22	141	4.78	9567	4.29	10764	4.71	41708	4.60
林业院校	7	0.89	38	1.29	2594	1.16	3012	1.32	11473	1.27
医药院校	1	0.13	1	0.03	0	0.00	18	0.01	108	0.01
艺术院校	10	1.27	18	0.61	535	0.24	582	0.25	2854	0.31
语文院校	6	0.76	10	0.34	351	0.16	246	0.11	836	0.09
体育院校	1	0.13	1	0.03	17	0.01	0	0.00	53	0.01
合计	785	100.00	2952	100.00	222996	100.00	228435	100.00	906425	100.00

4. 按专业统计

2019 年土木建筑类本科按专业分布情况见表 1-5。总体而言，与上年相比，开办专业数由 2882 个上升至 2952 个，毕业生数由 232725 人下降至 222996 人，招生数由 209261 人上升至 228435 人，在校生数由 908596 人下降至 906425 人。由此可见，土木建筑类本科办学规模基本处于平稳运行态势。

2019 年土木建筑类本科生按专业分布情况　　　　　表 1-5

专业类及专业	开办专业		毕业生数		招生数		在校生数		招生数较毕业生数增幅(%)
	数量	占比(%)	数量	占比(%)	数量	占比(%)	数量	占比(%)	
土木类	1277	43.26	122319	54.85	127898	55.99	489310	53.98	4.56
土木工程	550	18.63	88829	39.83	73443	32.15	319668	35.27	-17.32
建筑环境与能源应用工程	192	6.50	11538	5.17	9659	4.23	44058	4.86	-16.29
给排水科学与工程	183	6.20	11053	4.96	9213	4.03	42940	4.74	-16.65
建筑电气与智能化	90	3.05	3902	1.75	4485	1.96	16888	1.86	14.94
城市地下空间工程	75	2.54	2501	1.12	3212	1.41	14155	1.56	28.43
道路桥梁与渡河工程	85	2.88	4345	1.95	4517	1.98	21493	2.37	3.96

续表

专业类及专业	开办专业		毕业生数		招生数		在校生数		招生数较毕业生数增幅（%）
	数量	占比（%）	数量	占比（%）	数量	占比（%）	数量	占比（%）	
铁道工程	9	0.30	76	0.03	607	0.27	2329	0.26	698.68
土木类专业	550	18.63	88829	39.83	73443	32.15	319668	35.27	−17.32
土木、水利与海洋工程	1	0.03	0	0.00	347	0.15	347	0.04	0.00
智能建造	6	0.20	0	0.00	312	0.14	345	0.04	0.00
建筑类	781	26.46	33885	15.20	38995	17.07	170655	18.83	15.08
建筑学	303	10.26	17505	7.85	15252	6.68	81308	8.97	−12.87
城乡规划	231	7.83	8586	3.85	8416	3.68	42099	4.64	−1.98
风景园林	196	6.64	7741	3.47	9683	4.24	39676	4.38	25.09
建筑类专业	50	1.69	53	0.02	5644	2.47	7565	0.83	10549.06
人居环境科学与技术	1	0.03	0	0.00	0	0.00	7	0.00	0.00
管理科学与工程类	794	26.90	64181	28.78	57972	25.38	232321	25.63	−9.67
工程管理	453	15.35	37604	16.86	30779	13.47	124346	13.72	−18.15
房地产开发与管理	77	2.61	2788	1.25	2444	1.07	10878	1.20	−12.34
工程造价	264	8.94	23789	10.67	24749	10.83	97097	10.71	4.04
工商管理类	37	1.25	935	0.42	1487	0.65	5430	0.60	59.04
物业管理	37	1.25	935	0.42	1487	0.65	5430	0.60	59.04
公共管理类	63	2.13	1676	0.75	2083	0.91	8709	0.96	24.28
城市管理	63	2.13	1676	0.75	2083	0.91	8709	0.96	24.28
合计	2952	100.00	222996	100.00	228435	100.00	906425	100.00	2.44

从表 1-5 中可以看出，在土木建筑类本科的五大专业类别中，土木类、建筑类、管理科学与工程类 3 个专业类别在开办专业数、毕业生数、招生数和在校生数的统计中位居前三。另外，土木类专业的招生数较毕业生数增幅呈现上升的发展态势，2019 年增幅为 4.56%。

在表 1-5 统计的 20 个土木建筑类专业中，土木工程专业、工程管理专业、建筑学专业、工程造价专业作为传统优势专业，在开办专业数、毕业生数、招生数、在校生数的数量上均高于其他专业，占据了前四的位置，其统计数据与当前行业人才市场需求状况是一致的。但从"招生数较毕业生数增幅"的数据来看，这样传统优势专业的市场饱和度在逐年提高，招生的增幅相对于毕业的增幅在下降，土木工程、工程管理和建筑学等专业已经出现负增长的情况，增幅分别是 -17.32%、-18.15% 和 -12.87%。与之相反，大类专业、新兴专业的热度在持续提升。和上年相比，2019 年新增了两个专业为"土木、水利与海洋工程"和"人居环境科学与技术"，这也是根据建筑行业的实际需求而开办的新兴专业。

　　5. 按地区统计

　　2019 年土木建筑类专业本科按地区分布情况如表 1-6 所示。总体来看，开办本科专业的学校数为 785 所，比上年增加 3 所，开办专业数为 2952 个，比上年增加 70 个，毕业生数为 222996 人，比上年减少 9729 人，招生数为 228435 人，比上年增加 19174 人，在校生数为 906425 人，比上年减少 2171 人，招生数较毕业生数整体增幅为 2.44%。与上年数据对比，2019 年全国土木建筑类专业本科生招生数呈现显著上升趋势，招生数较毕业生数增幅同比增长 12.52%。

2019 年土木建筑类专业本科生按地区分布情况　　　　　　　表 1-6

地区	开办学校		开办专业		毕业生数		招生数		在校生数		招生数较毕业生数增幅(%)
	数量	占比(%)	数量	占比(%)	数量	占比(%)	数量	占比(%)	数量	占比(%)	
华北	105	13.38	402	13.62	28574	12.81	29474	12.90	117437	12.96	3.15
北京	22	2.80	86	2.91	4260	1.91	3843	1.68	16992	1.87	-9.79
天津	13	1.66	46	1.56	3540	1.59	3623	1.59	15950	1.76	2.34
河北	42	5.35	167	5.66	12241	5.49	13697	6.00	52134	5.75	11.89
山西	16	2.04	59	2.00	5328	2.39	4975	2.18	19529	2.15	-6.63
内蒙古	12	1.53	44	1.49	3205	1.44	3336	1.46	12832	1.42	4.09
东北	77	9.81	310	10.50	22830	10.24	23620	10.34	93647	10.33	3.46
辽宁	33	4.20	131	4.44	8893	3.99	9125	3.99	36248	4.00	2.61
吉林	20	2.55	89	3.01	7845	3.52	7645	3.35	30976	3.42	-2.55
黑龙江	24	3.06	90	3.05	6092	2.73	6850	3.00	26423	2.92	12.44
华东	239	30.45	890	30.15	63858	28.64	65536	28.69	268184	29.59	2.63
上海	16	2.04	43	1.46	2554	1.15	2418	1.06	11433	1.26	-5.32
江苏	55	7.01	213	7.22	16211	7.27	17171	7.52	66722	7.36	5.92
浙江	36	4.59	129	4.37	7173	3.22	7703	3.37	30758	3.39	7.39
安徽	27	3.44	111	3.76	9126	4.09	9226	4.04	38175	4.21	1.10

续表

地区	开办学校		开办专业		毕业生数		招生数		在校生数		招生数较毕业生数增幅（%）
	数量	占比（%）	数量	占比（%）	数量	占比（%）	数量	占比（%）	数量	占比（%）	
福建	29	3.69	112	3.79	8366	3.75	8739	3.83	35825	3.95	4.46
江西	30	3.82	112	3.79	7577	3.40	6845	3.00	28941	3.19	−9.66
山东	46	5.86	170	5.76	12851	5.76	13434	5.88	56330	6.21	4.54
中南	198	25.22	744	25.20	60158	26.98	62336	27.29	238600	26.32	3.62
河南	49	6.24	216	7.32	20017	8.98	21674	9.49	77662	8.57	8.28
湖北	55	7.01	193	6.54	12321	5.53	10232	4.48	42245	4.66	−16.95
湖南	35	4.46	139	4.71	11719	5.26	12413	5.43	49369	5.45	5.92
广东	34	4.33	115	3.90	9230	4.14	9933	4.35	39789	4.39	7.62
广西	22	2.80	68	2.30	5682	2.55	7119	3.12	25536	2.82	25.29
海南	3	0.38	13	0.44	1189	0.53	965	0.42	3999	0.44	−18.84
西南	166	21.15	606	20.53	47576	21.33	47469	20.78	188557	20.80	−0.22
重庆	20	2.55	75	2.54	8221	3.69	5831	2.55	25970	2.87	−29.07
四川	33	4.20	145	4.91	13196	5.92	12906	5.65	52382	5.78	−2.20
贵州	18	2.29	62	2.10	3752	1.68	4573	2.00	17810	1.96	21.88
云南	21	2.68	79	2.68	5635	2.53	6499	2.85	22563	2.49	15.33
西藏	2	0.25	6	0.20	195	0.09	249	0.11	761	0.08	27.69
西北	72	9.17	239	8.10	16577	7.43	17411	7.62	69071	7.62	5.03
陕西	40	5.10	137	4.64	9701	4.35	9397	4.11	37644	4.15	−3.13
甘肃	14	1.78	52	1.76	4362	1.96	4728	2.07	18993	2.10	8.39
青海	3	0.38	6	0.20	503	0.23	562	0.25	2068	0.23	11.73
宁夏	6	0.76	19	0.64	951	0.43	913	0.40	3840	0.42	−4.00
新疆	9	1.15	25	0.85	1060	0.48	1811	0.79	6526	0.72	70.85
合计	785	100.00	2952	100.00	222996	100.00	228435	100.00	906425	100.00	2.44

　　2019 年，我国在 31 个省级行政区中共有 785 所高校开设土木建筑类本科专业（我国省级行政区 34 个，统计时没有统计香港、澳门和台湾地区，下同）。从表 1-6 可以看出，在 31 个省级行政区中，开设土木建筑类本科专业最多的是河南省，共有 49 所高校开设了 216 个土木建筑类本科专业，占全国开办学校总数的 6.24%。开设

土木建筑类本科专业数量最少的是青海省和西藏自治区，青海省仅有 3 所高校开设了 6 个土木建筑类本科专业，占全国开办学校总数的 0.38%。西藏自治区仅有 2 所高校开设了 6 个土木建筑类本科专业，占全国开办学校总数的 0.25%。统计数据表明，我国高等建设教育地域分布差异较大，发展不平衡。

在开办学校数量上，占比超过 5% 的有江苏、湖北、河南、山东、河北、陕西 6 个地区，占比不足 1% 的有宁夏、海南、青海、西藏 4 个地区；在开办专业数量上，占比超过 5% 的有江苏、河南、湖北、山东、河北 5 个地区，占比不足 1% 的有新疆、宁夏、海南、青海、西藏 5 个地区；在毕业生数量上，占比超过 5% 的有河南、江苏、湖北、山东、河北、湖南、四川 7 个地区，占比不足 1% 的有宁夏、海南、新疆、青海、西藏 5 个地区；在招生数上，占比超过 5% 的有河南、江苏、山东、河北、四川、湖南 6 个地区，占比不足 1% 的有新疆、宁夏、海南、青海、西藏 5 个地区；在校生数上，占比超过 5% 的河南、江苏、山东、四川、河北、湖南 6 个地区，占比不足 1% 的有新疆、宁夏、海南、青海、西藏 5 个地区；从招生数较毕业生数增幅看，增幅超过 20% 的有新疆、西藏、贵州和广西 4 个地区，有 11 个地区出现负增长，其中降幅在 10% 以上的有湖北、海南、重庆 3 个地区。

按区域板块分析，东、中、西部地区在开办学校数、开办专业数量、毕业生数、招生数和在校生数方面表现出明显的差异。华东地区占比最大，共有 239 所高校开设 890 个土木建筑类本科专业；中南地区排名第二，共有 198 所高校开设了 744 个土木建筑类本科专业；西北地区在各项统计数据中排名垫底，共有 72 所高校开设了 239 个土木建筑类本科专业，可见全国土木建筑类本科院校的分布呈现由东向西、由南向北逐渐递减的特征。与去年相比，各区域板块除了西南地区招生数较毕业生数的增幅均呈现负增长外，其余区域均呈现正增长的态势。

1.1.2.2　研究生教育统计分析

（一）硕士研究生

1. 按学校、机构层次统计

表 1-7 给出了土木建筑类硕士生按学校、机构层次统计的分布情况。从表中可以看出，其中，大学依然是土木建筑类硕士生培养的主力军，除数量占比为 87.93% 外，其他各项占比均在 90% 以上。

土木建筑类硕士生按学校、机构层次分布情况　　表 1-7

学校、机构层次	培养学校、机构		开办学科点		毕业生数		招生数		在校生数	
	数量	占比(%)	数量	占比(%)	数量	占比(%)	数量	占比(%)	数量	占比(%)
大学	284	87.93	1079	93.10	17471	97.79	21044	97.20	60704	97.55
学院	21	6.50	38	3.28	227	1.27	434	2.00	1055	1.70
培养研究生的科研机构	18	5.57	42	3.62	167	0.93	173	0.80	472	0.76
合计	323	100.00	1159	100.00	17865	100.00	21651	100.00	62231	100.00

2. 按学校、机构隶属关系统计

表 1-8 给出了土木建筑硕士生按学校、机构隶属关系统计的分布情况，从表中可以看出，教育部直属高校和省级教育主管部门管辖的高校是培养土木建筑类硕士生的主要力量，两者培养学校和机构数量之和占比 85.76%，开办学科点数之和占比 89.56%，其余三项之和占比均超过 90%。

土木建筑类硕士生按学校、机构隶属关系分布情况　　表 1-8

学校、机构隶属关系	培养学校、机构		开办学科点		毕业生数		招生数		在校生数	
	数量	占比(%)	数量	占比(%)	数量	占比(%)	数量	占比(%)	数量	占比(%)
教育部	66	20.43	342	29.51	7335	41.06	8638	39.90	25467	40.92
工业和信息化部	7	2.17	30	2.59	784	4.39	838	3.87	2224	3.57
国家民族事务委员会	3	0.93	3	0.26	6	0.03	11	0.05	18	0.03
住房和城乡建设部	1	0.31	1	0.09	6	0.03	5	0.02	17	0.03
交通运输部	2	0.62	5	0.43	34	0.19	36	0.17	111	0.18
水利部	3	0.93	8	0.69	25	0.14	18	0.08	56	0.09
农业农村部	1	0.31	1	0.09	0	0.00	15	0.07	28	0.04
国务院国有资产监督管理委员会	5	1.55	15	1.29	31	0.17	32	0.15	94	0.15
国务院侨务办公室	2	0.62	11	0.95	151	0.85	203	0.94	700	1.12
中国科学院	2	0.62	5	0.43	103	0.58	138	0.64	365	0.59
国家林业和草原局	1	0.31	2	0.17	32	0.18	21	0.10	48	0.08
中国地震局	3	0.93	8	0.69	61	0.34	72	0.33	204	0.33
中国民用航空局	2	0.62	2	0.17	8	0.04	14	0.06	28	0.04

续表

学校、机构隶属关系	培养学校、机构		开办学科点		毕业生数		招生数		在校生数	
	数量	占比(%)	数量	占比(%)	数量	占比(%)	数量	占比(%)	数量	占比(%)
中国国家铁路集团有限公司	1	0.31	2	0.17	8	0.04	7	0.03	17	0.03
中国航空集团公司	2	0.62	2	0.17	2	0.01	2	0.01	3	0.00
省级教育部门	211	65.33	696	60.05	8914	49.90	11072	51.14	31362	50.40
省级其他部门	2	0.62	2	0.17	12	0.07	13	0.06	26	0.04
地级教育部门	7	2.17	20	1.73	332	1.86	478	2.21	1341	2.15
地级其他部门	2	0.62	4	0.35	21	0.12	38	0.18	122	0.20
合计	323	100.00	1159	100.00	17865	100.00	21651	100.00	62231	100.00

3. 按学校、机构类别统计

表 1-9 为土木建筑类硕士生按学校、机构类别分类的统计情况。从表中可以看出，理工院校和综合大学是培养土木建筑类硕士生的主要力量。两类院校数量之和占办学机构总数的 65.32%，占开办学科点总数的 81.01%，占比较上年同期均有增加。理工院校和综合大学毕业生数之和占毕业生总数的 85.72%，招生数之和占招生总数的 83.64%，在校生数之和占在校总数的 84.84%，比上年同期稍有下降。

土木建筑类硕士生按学校、机构类别分布情况　　　　表 1-9

学校、机构类别	培养学校、机构		开办学科点		毕业生数		招生数		在校生数	
	数量	占比(%)	数量	占比(%)	数量	占比(%)	数量	占比(%)	数量	占比(%)
综合大学	73	22.60	311	26.83	4876	27.29	5847	27.01	17522	28.16
理工院校	138	42.72	628	54.18	10439	58.43	12262	56.63	35271	56.68
财经院校	29	8.98	32	2.76	391	2.19	650	3.00	1589	2.55
农业院校	25	7.74	64	5.52	971	5.44	1318	6.09	3547	5.70
林业院校	6	1.86	37	3.19	785	4.39	1015	4.69	2951	4.74
民族院校	3	0.93	3	0.26	6	0.03	11	0.05	18	0.03
师范院校	18	5.57	25	2.16	139	0.78	200	0.92	452	0.73
医药院校	3	0.93	3	0.26	9	0.05	21	0.10	54	0.09
艺术院校	6	1.86	10	0.86	53	0.30	123	0.57	281	0.45

续表

学校、机构类别	培养学校、机构		开办学科点		毕业生数		招生数		在校生数	
	数量	占比（%）	数量	占比（%）	数量	占比（%）	数量	占比（%）	数量	占比（%）
语文院校	4	1.24	4	0.35	29	0.16	31	0.14	74	0.12
培养研究生的科研机构	18	5.57	42	3.62	167	0.93	173	0.80	472	0.76
合计	323	100.00	1159	100.00	17865	100.00	21651	100.00	62231	100.00

4. 按学科统计

2019 年土木建筑类学科硕士生按学科统计的分布情况见表 1-10。

2019 年土木建筑类硕士生按学科分布情况　　　表 1-10

学科类别	开办学科点		毕业生数		招生数		在校生数		招生数较毕业生数增幅（%）
	数量	占比（%）	数量	占比（%）	数量	占比（%）	数量	占比（%）	
学术型学位硕士	1008	86.97	14170	79.32	15824	73.09	45392	72.94	11.67
工学	766	66.09	9935	55.61	10477	48.39	31049	49.89	5.46
土木工程	537	46.33	7289	40.80	7510	34.69	22259	35.77	3.03
结构工程	87	7.51	1326	7.42	1010	4.66	3346	5.38	−23.83
岩土工程	81	6.99	839	4.70	698	3.22	2259	3.63	−16.81
桥梁与隧道工程	62	5.35	625	3.50	474	2.19	1612	2.59	−24.16
防灾减灾工程及防护工程	64	5.52	221	1.24	188	0.87	657	1.06	−14.93
市政工程	63	5.44	660	3.69	506	2.34	1727	2.78	−23.33
供热、供燃气、通风及空调工程	61	5.26	600	3.36	496	2.29	1669	2.68	−17.33
土木工程学科	119	10.27	3018	16.89	4138	19.11	10989	17.66	37.11
建筑学	97	8.37	1032	5.78	1220	5.63	3506	5.63	18.22
建筑学学科	70	6.04	860	4.81	1098	5.07	3030	4.87	27.67
建筑技术科学	7	0.60	20	0.11	22	0.10	80	0.13	10.00
建筑设计及其理论	14	1.21	140	0.78	85	0.39	341	0.55	−39.29

续表

学科类别	开办学科点		毕业生数		招生数		在校生数		招生数较毕业生数增幅（%）
	数量	占比（%）	数量	占比（%）	数量	占比（%）	数量	占比（%）	
建筑历史与理论	6	0.52	12	0.07	15	0.07	55	0.09	25.00
城乡规划学	68	5.87	813	4.55	858	3.96	2615	4.20	5.54
风景园林学	64	5.52	801	4.48	889	4.11	2669	4.29	10.99
管理学	242	20.88	4235	23.71	5347	24.70	14343	23.05	26.26
管理科学与工程学科	242	20.88	4235	23.71	5347	24.70	14343	23.05	26.26
专业学位硕士	151	13.03	3695	20.68	5827	26.91	16839	27.06	57.70
工学	69	5.95	2102	11.77	3071	14.18	9581	15.40	46.10
建筑学	41	3.54	1651	9.24	2216	10.24	6971	11.20	34.22
城市规划	28	2.42	451	2.52	855	3.95	2610	4.19	89.58
农学	82	7.08	1593	8.92	2756	12.73	7258	11.66	73.01
风景园林	82	7.08	1593	8.92	2756	12.73	7258	11.66	73.01
合计	1159	100.00	17865	100.00	21651	100.00	62231	100.00	21.19

2019 年共计招收硕士生 21651 人，其中，学术型学位硕士招收 15824 人，专业学位硕士招收 5827 人。在学术型学位硕士的统计中，土木工程和管理科学与工程两个学科在开办学科点、毕业生数、招生数、在校生数方面具有明显的优势。在专业学位硕士的统计中，建筑学和风景园林两个学科在开办学科点、毕业生数、招生数、在校生数方面具有明显的优势。从"招生数较毕业生数增幅"的数据来看，学术型学位硕士的招生情况与往年相比增幅较大，增幅为 11.67%。专业学位硕士的招生态势良好，增幅达到 57.70%，是学术型学位硕士增幅的 4.9 倍。

5. 按地区统计

2019 年土木建筑类专业硕士研究生按地区分布情况见表 1-11。总体来看，开办硕士学科点的学校数为 323 所，比上年增加 13 所，开办学科点数为 1159 个，比上年增加 30 个，毕业生数为 17865 人，比上年增加 105 人，招生数为 21651 人，比上年增加 960 人，在校生数为 62231 人，比上年增加 3004 人，招生数较毕业生数整体增长了 21.19%。与上年数据对比，2019 年全国土木建筑类专业硕士研究生招生数处于平稳上升趋势，招生数较毕业生数同比增长 4.69%。

2019 年土木建筑类专业硕士生按地区分布情况 表 1-11

地区	开办学校		开办学科点		毕业生数		招生数		在校生数		招生数较毕业生数增幅（%）
	数量	占比（%）	数量	占比（%）	数量	占比（%）	数量	占比（%）	数量	占比（%）	
华北	76	23.53	234	20.19	3456	19.35	4192	19.36	11837	19.02	21.30
北京	43	13.31	125	10.79	1986	11.12	2442	11.28	6767	10.87	22.96
天津	14	4.33	41	3.54	679	3.80	837	3.87	2482	3.99	23.27
河北	9	2.79	41	3.54	435	2.43	525	2.42	1472	2.37	20.69
山西	6	1.86	11	0.95	142	0.79	176	0.81	495	0.80	23.94
内蒙古	4	1.24	16	1.38	214	1.20	212	0.98	621	1.00	-0.93
东北	40	12.38	130	11.22	1933	10.82	2324	10.73	6373	10.24	20.23
辽宁	19	5.88	63	5.44	894	5.00	1065	4.92	3022	4.86	19.13
吉林	11	3.41	29	2.50	240	1.34	329	1.52	845	1.36	37.08
黑龙江	10	3.10	38	3.28	799	4.47	930	4.30	2506	4.03	16.40
华东	89	27.55	355	30.63	5262	29.45	6252	28.88	18017	28.95	18.81
上海	10	3.10	38	3.28	943	5.28	1211	5.59	3322	5.34	28.42
江苏	23	7.12	119	10.27	1759	9.85	1938	8.95	5735	9.22	10.18
浙江	12	3.72	31	2.67	465	2.60	655	3.03	1937	3.11	40.86
安徽	9	2.79	39	3.36	691	3.87	703	3.25	2014	3.24	1.74
福建	6	1.86	32	2.76	476	2.66	596	2.75	1828	2.94	25.21
江西	11	3.41	36	3.11	252	1.41	306	1.41	803	1.29	21.43
山东	18	5.57	60	5.18	676	3.78	843	3.89	2378	3.82	24.70
中南	65	20.12	232	20.02	3479	19.47	4312	19.92	12901	20.73	23.94
河南	14	4.33	42	3.62	428	2.40	509	2.35	1370	2.20	18.93
湖北	19	5.88	75	6.47	990	5.54	1202	5.55	3802	6.11	21.41
湖南	10	3.10	42	3.62	971	5.44	1070	4.94	3430	5.51	10.20
广东	16	4.95	50	4.31	826	4.62	1157	5.34	3295	5.29	40.07
广西	5	1.55	16	1.38	235	1.32	319	1.47	886	1.42	35.74
海南	1	0.31	7	0.60	29	0.16	55	0.25	118	0.19	89.66
西南	53	16.41	208	17.95	3735	20.91	4571	21.11	13103	21.06	22.38
重庆	8	2.48	25	2.16	715	4.00	872	4.03	2625	4.22	21.96
四川	13	4.02	42	3.62	739	4.14	966	4.46	2750	4.42	30.72
贵州	2	0.62	7	0.60	92	0.51	133	0.61	358	0.58	44.57
云南	5	1.55	26	2.24	311	1.74	409	1.89	1150	1.85	31.51

地区	开办学校		开办学科点		毕业生数		招生数		在校生数		招生数较毕业生数增幅（%）
	数量	占比（%）	数量	占比（%）	数量	占比（%）	数量	占比（%）	数量	占比（%）	
西藏	1	0.31	1	0.09	1	0.01	0	0.00	0	0.00	−100.00
西北	24	7.43	107	9.23	1877	10.51	2191	10.12	6220	10.00	16.73
陕西	13	4.02	71	6.13	1501	8.40	1755	8.11	5019	8.07	16.92
甘肃	6	1.86	27	2.33	331	1.85	357	1.65	1006	1.62	7.85
青海	1	0.31	2	0.17	0	0.00	11	0.05	11	0.02	0.00
宁夏	1	0.31	3	0.26	6	0.03	16	0.07	43	0.07	166.67
新疆	3	0.93	4	0.35	39	0.22	52	0.24	141	0.23	33.33
合计	323	100.00	1159	100.00	17865	100.00	21651	100.00	62231	100.00	21.19

2019 年，我国在 31 个省级行政区中共有 323 所高校开设土木建筑类硕士学科点。从表 1-11 可以看出，在 31 个省级行政区中，开设土木建筑类硕士学科点高校最多地区是北京市，共有 43 所高校开设了 125 个土木建筑类学科点，占全国开办学校总数的 13.31%。排在第二的是江苏省，共有 23 所高校开设了 119 个土木建筑类学科点，占全国开办学校总数的 7.12%。排名第三的是湖北省和辽宁省，湖北省共有 19 所高校开设了 75 个土木建筑类学科点，占全国开办学校总数的 5.88%；辽宁省共有 19 所高校开设了 63 个土木建筑类学科点，占全国开办学校总数的 5.88%。

从开办学科点的统计数据可以看出，北京和江苏开办学科点的数量最多，分别为 125 个和 119 个，远远超过其他地区。

从毕业生数的统计数据可以看出，北京、江苏和陕西分别以 1986 人、1759 人和 1501 人的绝对优势排名前三位，三个地区的土建类专业硕士毕业生数量占到全国土建类专业硕士研究生毕业生数量的 29.37%。

从招生数的统计数据可以看出，北京、江苏和陕西依旧排名前三位，2019 年招生数分别是 2442 人、1938 人和 1755 人。三个地区的土建类专业硕士招生数占到全国土建类专业硕士招生数的 28.34%。

从在校生数的统计数据可以看出，排名前三位的依然是北京、江苏和陕西，分别为 6767 人、5735 人和 5019 人。三个地区的土建类专业硕士在校生数占到全国土建类专业硕士在校生数的 28.16%。

从招生数较毕业生数增幅的统计数据可以看出，涨幅超过 30% 的有 10 个地区，分别是宁夏、新疆、云南、贵州、四川、海南、广西、广东、浙江和吉林。招生数较毕业生数增幅为负数的有 2 个地区，分别是西藏和内蒙古。

（二）博士研究生

1. 按学校、机构层次统计

表 1-12 是土木建筑类博士生按学校、机构层次分类的统计情况。从表中可以看出，高等学校依然是土木建筑类博士生培养的绝对主力，各项占比均在 96% 以上。

土木建筑类博士生按学校、机构层次分布情况 　　　　表 1-12

学校、机构层次	培养学校、机构		开办学科点		毕业生数		招生数		在校生数	
	数量	占比(%)	数量	占比(%)	数量	占比(%)	数量	占比(%)	数量	占比(%)
高等学校	132	96.35	410	97.16	2652	99.18	4379	98.98	22691	99.12
培养研究生的科研机构	5	3.65	12	2.84	22	0.82	45	1.02	202	0.88
合计	137	100.00	422	100.00	2674	100.00	4424	100.00	22893	100.00

2. 按学校、机构隶属关系统计

表 1-13 为土木建筑类博士生按学校、机构隶属关系统计的分布情况，从表中可以看出，省级教育部门主管高校和教育部所属高校是培养土木建筑类博士生的主要力量，两者各项占比之和均超过 83%。

土木建筑类博士生按学校、机构隶属关系分布情况 　　　　表 1-13

学校、机构隶属关系	培养学校、机构		开办学科点		毕业生数		招生数		在校生数	
	数量	占比(%)	数量	占比(%)	数量	占比(%)	数量	占比(%)	数量	占比(%)
教育部	54	39.42	214	50.71	1825	68.25	2640	59.67	14278	62.37
工业和信息化部	7	5.11	19	4.50	212	7.93	369	8.34	2148	9.38
交通运输部	1	0.73	1	0.24	7	0.26	20	0.45	70	0.31
水利部	2	1.46	2	0.47	6	0.22	13	0.29	46	0.20
国务院国有资产监督管理委员会	1	0.73	4	0.95	2	0.07	5	0.11	21	0.09
国务院侨务办公室	2	1.46	3	0.71	5	0.19	22	0.50	105	0.46

续表

学校、机构隶属关系	培养学校、机构		开办学科点		毕业生数		招生数		在校生数	
	数量	占比(%)	数量	占比(%)	数量	占比(%)	数量	占比(%)	数量	占比(%)
中国科学院	2	1.46	5	1.18	152	5.68	233	5.27	907	3.96
中国地震局	1	0.73	4	0.95	9	0.34	23	0.52	121	0.53
中国国家铁路集团有限公司	1	0.73	2	0.47	5	0.19	4	0.09	14	0.06
省级教育部门	64	46.72	160	37.91	445	16.64	1052	23.78	5068	22.14
地级教育部门	2	1.46	8	1.90	6	0.22	43	0.97	115	0.50
合计	137	100.00	422	100.00	2674	100.00	4424	100.00	22893	100.00

3. 按学校、机构类别统计

表1-14为土木建筑类博士生按学校、机构类别分类的统计情况。从表中可以看出，理工院校和综合性大学是培养土木建筑类博士生的主要力量。二者学校、机构数量之和占办学机构总数的78.10%，在开办学科点、毕业生数、招生数和在校生数方面，二者数量之和的占比均超过90%。

土木建筑类博士生按学校、机构类别分布情况　　　　表1-14

学校、机构类别	培养学校、机构		开办学科点		毕业生数		招生数		在校生数	
	数量	占比(%)	数量	占比(%)	数量	占比(%)	数量	占比(%)	数量	占比(%)
综合大学	36	26.28	116	27.49	1070	40.01	1579	35.69	7773	33.95
理工院校	71	51.82	268	63.51	1475	55.16	2575	58.21	14012	61.21
财经院校	7	5.11	7	1.66	31	1.16	94	2.12	397	1.73
农业院校	7	5.11	7	1.66	33	1.23	41	0.93	168	0.73
林业院校	6	4.38	7	1.66	29	1.08	65	1.47	218	0.95
师范院校	4	2.92	4	0.95	14	0.52	20	0.45	118	0.52
语文院校	1	0.73	1	0.24	0	0.00	5	0.11	5	0.02
培养研究生的科研机构	5	3.65	12	2.84	22	0.82	45	1.02	202	0.88
合计	137	100.00	422	100.00	2674	100.00	4424	100.00	22893	100.00

4. 按学科统计

2019 年土木建筑类博士生按学科分类的情况见表 1-15。

2019 年土木建筑类博士生按学科分布情况　　　　　　　　表 1-15

学科类别	开办学科点		毕业生数		招生数		在校生数		招生数较毕业生数增幅（%）
	数量	占比（%）	数量	占比（%）	数量	占比（%）	数量	占比（%）	
土木工程	247	58.53	1232	58.53	2045	58.53	9980	58.53	65.99
结构工程	37	8.77	167	8.77	203	8.77	1160	8.77	21.56
岩土工程	43	10.19	229	10.19	304	10.19	1574	10.19	32.75
桥梁与隧道工程	30	7.11	127	7.11	115	7.11	732	7.11	−9.45
防灾减灾工程及防护工程	30	7.11	46	7.11	67	7.11	334	7.11	45.65
市政工程	27	6.40	79	6.40	83	6.40	455	6.40	5.06
供热、供燃气、通风及空调工程	22	5.21	60	5.21	161	5.21	651	5.21	168.33
土木工程学科	57	13.51	527	13.51	1200	13.51	5327	13.51	127.70
建筑学	39	9.24	181	9.24	281	9.24	1550	9.24	55.25
建筑学学科	21	4.98	147	4.98	262	4.98	1423	4.98	78.23
建筑技术科学	5	1.18	2	1.18	3	1.18	20	1.18	50.00
建筑设计及其理论	9	2.13	23	2.13	14	2.13	96	2.13	−39.13
建筑历史与理论	4	0.95	9	0.95	2	0.95	11	0.95	−77.78
城乡规划学学科	16	3.79	86	3.79	131	3.79	801	3.79	52.33
风景园林学学科	22	5.21	60	5.21	161	5.21	651	5.21	168.33
管理科学与工程学科	98	23.22	1115	23.22	1806	23.22	9911	23.22	61.97
合计	422	100.00	2674	100.00	4424	100.00	22893	100.00	65.45

2019 年共计招收博士生 4424 人，比上年增加 236 人，招生规模呈现稳中有升的发展态势。从"招生数较毕业生数增幅"的数据来看，"建筑设计及其理论"和"建筑历史与理论"两个博士学科连续四年出现增幅为负数的情况。桥梁与隧道工程的博士学科首次出现了增幅为负数的情况。

5. 按地区统计

2019 年土木建筑类专业博士研究生按地区分布情况见表 1-16。总体来看，开办博士学科点的学校数为 137 所，比上年增加 12 所，开办学科点数为 422 个，比上年增加 13 个，毕业生数为 2674 人，比上年增加 35 人，招生数为 4424 人，比上年增加 236 人，在校生数为 22893 人，比上年增加 1199 人，招生数较毕业生数增幅整体增长了 65.45%。与上年数据对比，2019 年全国土木建筑类专业本科生招生数处于平稳上升趋势，招生数较毕业生数增幅同比增长 6.75%。

2019 年土木建筑类专业博士生按地区分布情况　　　　　　　　表 1-16

地区	开办学校		开办学科点		毕业生数		招生数		在校生数		招生数较毕业生数增幅（%）
	数量	占比（%）	数量	占比（%）	数量	占比（%）	数量	占比（%）	数量	占比（%）	
华北	33	24.09	81	19.19	797	29.81	1182	26.72	5685	24.83	48.31
北京	22	16.06	53	12.56	621	23.22	932	21.07	4361	19.05	50.08
天津	5	3.65	18	4.27	143	5.35	196	4.43	1037	4.53	37.06
河北	4	2.92	5	1.18	14	0.52	33	0.75	174	0.76	135.71
山西	2	1.46	5	1.18	19	0.71	21	0.47	113	0.49	10.53
内蒙古	—	—	—	—	—	—	—	—	—	—	—
东北	13	9.49	49	11.61	253	9.46	525	11.87	2817	12.31	107.51
辽宁	7	5.11	27	6.40	115	4.30	264	5.97	1365	5.96	129.57
吉林	1	0.73	2	0.47	7	0.26	30	0.68	81	0.35	328.57
黑龙江	5	3.65	20	4.74	131	4.90	231	5.22	1371	5.99	76.34
华东	46	33.58	128	30.33	860	32.16	1383	31.26	6996	30.56	60.81
上海	9	6.57	26	6.16	349	13.05	472	10.67	2458	10.74	35.24
江苏	14	10.22	45	10.66	297	11.11	427	9.65	2360	10.31	43.77
浙江	4	2.92	7	1.66	58	2.17	163	3.68	636	2.78	181.03
安徽	3	2.19	15	3.55	51	1.91	91	2.06	478	2.09	78.43
福建	4	2.92	11	2.61	39	1.46	58	1.31	267	1.17	48.72
江西	4	2.92	4	0.95	13	0.49	50	1.13	214	0.93	284.62
山东	8	5.84	20	4.74	53	1.98	122	2.76	583	2.55	130.19
中南	23	16.79	74	17.54	334	12.49	583	13.18	3242	14.16	74.55
河南	4	2.92	4	0.95	4	0.15	21	0.47	99	0.43	425.00
湖北	7	5.11	28	6.64	122	4.56	202	4.57	1060	4.63	65.57
湖南	4	2.92	12	2.84	132	4.94	200	4.52	1282	5.60	51.52
广东	7	5.11	23	5.45	62	2.32	146	3.30	680	2.97	135.48

续表

地区	开办学校		开办学科点		毕业生数		招生数		在校生数		招生数较毕业生数增幅（%）
	数量	占比（%）	数量	占比（%）	数量	占比（%）	数量	占比（%）	数量	占比（%）	
广西	1	0.73	7	1.66	14	0.52	14	0.32	121	0.53	0.00
海南	—	—	—	—	—	—	—	—	—	—	—
西南	22	16.06	90	21.33	430	16.08	751	16.98	4153	18.14	74.65
重庆	2	1.46	11	2.61	86	3.22	149	3.37	686	3.00	73.26
四川	6	4.38	19	4.50	145	5.42	187	4.23	1208	5.28	28.97
贵州	1	0.73	4	0.95	0	0.00	15	0.34	15	0.07	
云南	2	1.46	7	1.66	7	0.26	33	0.75	235	1.03	371.43
西藏	—	—	—	—	—	—	—	—	—	—	
西北	11	8.03	49	11.61	192	7.18	367	8.30	2009	8.78	91.15
陕西	8	5.84	34	8.06	167	6.25	324	7.32	1824	7.97	94.01
甘肃	3	2.19	15	3.55	25	0.93	43	0.97	185	0.81	72.00
青海	—	—	—	—	—	—	—	—	—	—	
宁夏	—	—	—	—	—	—	—	—	—	—	
新疆	—	—	—	—	—	—	—	—	—	—	
合计	137	100.00	422	100.00	2674	100.00	4424	100.00	22893	100.00	65.45

2019 年，我国在 31 个省级行政区中，共有 25 个地区的 137 所高校开设了土木建筑类博士学科点。有 6 个地区的高校尚未开设土木建筑类专业博士学科点，分别是内蒙古、海南、西藏、青海、宁夏、新疆，与上年相比减少了一个地区为贵州。

从表 1-16 可以看出，开设土木建筑类博士学科点高校最多的是北京市，共有 22 所高校开设了 53 个土木建筑类博士学科点，占全国开办学校总数的 16.06%。排在第二的是江苏省，共有 14 所高校开设了 45 个土木建筑类博士学科点，占全国开办学校总数的 10.22%。排名第三的是上海市，共有 9 所高校开设了 26 个土木建筑类博士学科点，占全国开办学校总数的 6.57%。

从开办学科点的统计数据可以看出，北京和江苏开办博士学科点的数量最多，分别是 53 个和 45 个，其他地区的数量均低于 40 个。两个地区的土建类专业博士学科点的数量占全国土建类专业博士学科点数量的 23.22%。

从毕业生数的统计数据可以看出，北京和上海的土建类专业博士毕业生数最多，分别为 621 人和 349 人，两者数量之和占到全国土建类专业博士研究生毕业生数量的 36.27%。

从招生数的统计数据可以看出，北京、上海和江苏排名前三位，土建类专业博士研究生招生分别是 932 人、472 人和 427 人。三个地区的土建类专业博士研究生招生数占到全国土建类专业博士研究生招生数的 41.39%。

从在校生数的统计数据可以看出，排名前三位的依然是北京、上海和江苏，分别为 4361 人、2458 人和 2360 人。三个地区的土建类专业博士研究生在校生数占到全国土建类专业博士研究生在校生数的 40.1%。

从招生数较毕业生数增幅的统计数据可以看出，涨幅超过 100% 的有 9 个地区，分别是河北、辽宁、吉林、浙江、江西、山东、河南、广东和云南。

由以上数据可以看出，我国土木建筑类研究生的办学规模基本处于稳定，但是区域差异较大。研究生的培养主要集中在北京、上海、江苏等经济发达、优质教育资源集中的地区，这些地区的经济、文化和教育水平决定了高层次人才培养的质量。内蒙古、海南、西藏、青海、宁夏、新疆等中西部地区由于经济环境、行业发展、科研实力等原因，高层次土建类专业人才培养相对滞后。

1.1.3　建设类专业普通高等教育发展面临的问题

百年大计，教育为本。习近平总书记在党的十九大报告中围绕"优先发展教育事业"做出全面部署，明确提出："建设教育强国是中华民族伟大复兴的基础工程，必须把教育事业放在优先位置，深化教育改革，加快教育现代化，办好人民满意的教育。加快一流大学和一流学科建设，实现高等教育内涵式发展。"这为我国普通高等教育在中国特色社会主义新时代不断推进教育改革发展指明了方向，以此为指引建设类普通高等院校在人才培养、专业建设、教育科学研究等方面取得了诸多喜人的成绩。与此同时，也暴露出一些亟待解决的问题，阻碍了普通高等教育的健康发展，具体体现在以下两方面：

1.1.3.1　教育教学信息化建设有待加强

随着教育部各类教育改革文件和发展规划的颁布实施，我国普通高等教育进入了以提升质量为核心、以改革创新为抓手、以教育现代化和信息化为切入点的内涵式发展新阶段。《国家中长期教育改革和发展规划纲要（2010—2020 年）》明确指出：

"信息技术对教育发展具有革命性影响，必须予以高度重视。把教育信息化纳入国家信息化发展整体战略，超前部署教育信息网络。到2020年，基本建成覆盖城乡各级各类学校的教育信息化体系，促进教育内容、教学手段和方法现代化。"截至目前，一些建筑类高校的教育信息化已经取得一些成效，例如沈阳建筑大学和中国移动沈阳分公司已签订《校园网投资建设项目合作框架协议》，中国移动为学校无线网建设、有线网改造、IPV6建设、智慧校园基础平台和办公自动化等项目提供了建设经费和技术支持；北京建筑大学在疫情延期开学期间充分利用互联网技术和信息化教学优势，积极推进慕课等在线课程建设，挖掘优质线上课程资源，创新教育教学模式，推进信息技术与教育教学深度融合。但我国建设类普通高等教育的信息化建设与规划的发展目标和世界发达国家信息化水平相比差距较为明显，所以持续推进教育教学信息化建设成为亟须解决的问题之一。

1. 对教育教学信息化建设重要性认识不足

当前，我国很多建筑类高校的教育教学信息化管理应用广泛，但仅局限于跟随时代发展形势进行系统建设与管理，缺乏信息化发展的整体规划和顶层设计。同时，也没有认识到教育教学信息化建设对学校提高管理水平、对学生培养学习能力、对教师改善教学质量带来的益处和重要意义。2020年年初，我国新冠肺炎疫情的出现和蔓延，迫使高校在整个春季学期实施在线教育教学，极大考验了各高校高等教育教学的管理水平和信息化水平，在时间和空间受限的情况下，信息化教学成为"唯一的教学工具"。以此为契机，未来将持续深化和提高建筑类高校对其重要性的认识，教育教学信息化建设任重道远。

2. 对教育教学信息化建设资金投入欠缺

资金的欠缺直接影响着建筑类高校教育教学信息化建设的发展。从配套硬件的设备到软件资源的更新，再到系统、网站的专业维护和升级等，都需要具有持续性的充足经费支持。由于不同高校间的资金投入差别较大，导致设备陈旧、更新速度慢、使用效果差，从而直接影响教学质量和效率。

3. 对教育教学信息化系统使用频率较低

在教学模式的信息化建设中，加大了教师们对于网络系统的操作难度和备课的时间精力，在相关评聘和考核制度不变的情况下，很难激发教师们进行教学模式改革的积极性。同样，信息化教学转变了"以老师为中心""以课堂为中心"的传统学习模式，学生们是否积极参与、是否可以养成自主学习的习惯存在极大不确定性，对信息化系统的使用缺乏动力，这对信息化技术与教育教学的深度融合提出挑战。

1.1.3.2　人才培养尚不适应社会发展需求

1. 人才培养定位未能突出建设类高等教育学科特色

一些高校在人才培养定位上，存在理念更新不及时、定位偏窄、未突出建设类高校的学科特色、基础不够深厚等问题。在不断转型过程中，一些学校在积极探索转型方法和途径，力求培养适应社会发展需求的实践型、创新型、复合型人才，但"以学生为中心"、满足专业评估认证的举措尚不够系统、有效。虽然一些高校在学校办学定位上做了调整，但是其课程体系、课程模块、专业课程和核心课程的建设力度尚显不足，尚不能有效彰显本校的学科专业的特色与优势。

2. 人才培养模式重理论轻实践，未能体现建设类高等教育内涵

坚持实践型、应用型人才培养应该是建筑类行业特色大学的发展方向。面向新时代的新要求，一些高校高等教育观念更新的研究与实践尚待加强，教学体系依然以围绕知识传授为主，教学过程仍侧重于学生理论知识的学习，对于课程的育人性、引领性、学术性、艺术性和示范性等作用的发挥尚显不足。在教育教学过程中，综合素质能力培养不足，未能从"全过程育人"进行理论性、学术性教学与应用性、实践性训练相结合的人才培养模式改革，导致理论与实践互相脱节，不利于学生实践创新能力的提升。

3. 毕业生就业意向多元化，未能将个人追求和社会需求有机结合

据统计，2019 年我国土木建筑类本科生招生数为 228435 人，占全国招生数的 5.3%，同比上升 0.34 个百分点。近年来随着我国建筑类高校的扩招，每年的就业季都体现了毕业生就业意向的多元化，除较低比例的优秀学生继续读研外，一部分学生继续考研或慢就业，大部分学生在就业选择时，则存在就业城市、就业行业、薪酬待遇的综合选择症，就业满意率偏低，长期从事一线工作的准备不足，无法适应社会经济发展的需要。究其原因，一方面是因为培养目标和培养方案不够明确，价值引领不够有效，培养模式、培养体系未能进行系统性改革，我国一些建筑类高校专业结构的设置与多样化社会人才需求脱节，导致最终投入市场的人才无法与市场需求相匹配。人才培养的模式和水平与社会发展需求相脱节，这将对建设类高等院校在人才培养和专业结构设置方面提出更为严峻的挑战。

1.1.4　建设类专业普通高等教育发展趋势分析

建设类专业普通高等教育未来的发展方向将以习近平新时代中国特色社会主义思想为指导，全面贯彻党的教育方针，落实党的十九大和十九届四中、五中全会精神，将建设教育强国作为中华民族伟大复兴的基础工程，紧密结合建筑类高校的实际情况，坚持立德树人根本任务，坚持教育优先发展，聚焦办好人民满意的教育，加强课程建设、形成具有建筑类高校特色的课程体系，深化教育领域综合改革，加强师德师风建设，培养德智体美劳全面发展的社会主义建设者和接班人。

1.1.4.1　加强课程建设，淘汰"水课"，打造"金课"

课程是人才培养的核心要素，课程质量直接决定人才培养质量。为深入贯彻习近平总书记关于教育的重要论述、全国教育大会和《中国教育现代化 2035》精神，全面落实新时代全国高等学校本科教育工作会议要求，必须深化教育教学改革，必须把教学改革成果落实到课程建设上。2019 年 10 月，教育部发布《关于深化本科教育教学改革全面提高人才培养质量的意见》，意见中提出立足经济社会发展需求和人才培养目标，优化公共课、专业基础课和专业课比例结构，加强课程体系整体设计，提高课程建设规划性、系统性，避免随意化、碎片化，坚决杜绝因人设课。实施国家级和省级一流课程建设"双万计划"，着力打造一大批具有高阶性、创新性和挑战度的线下、线上、线上线下混合、虚拟仿真和社会实践"金课"。

由此可见，建设类普通高等教育应以立足经济社会发展需求和人才培养为目标，优化重构教学内容和突出建筑类高校特色的课程体系。例如，可以将 BIM 技术引入相关专业课程的教学，这将对建筑类高校专业课程教学改革是一个绝佳的机会。BIM 技术在传统专业课程教学中的应用，将课堂教学与计算机技术相结合，通过建立可视化三维模型，引导学生将所学的专业知识应用起来，起到模拟实践的效果。此外，与去年相比，今年新增两个土木建筑类本科生专业：土木、水利与海洋工程专业和人居环境科学与技术专业。这是建筑类高校根据人才培养的未来需求进行的积极探索，是加快实施"新工科"建设的有益实践。

1.1.4.2　加强教育科学研究工作，破解难题、引领创新

教育科学研究是教育事业的重要组成部分，对教育改革发展具有重要的支撑、驱动和引领作用。改革开放以来，我国教育科研工作取得长足发展和显著成就，学

科体系日益完善，研究水平不断提升，服务能力明显增强，为推进教育改革发展发挥了不可替代的重要作用。进入新时代，加快推进教育现代化，建设教育强国，办好人民满意的教育，迫切需要教育科研更好地探索规律、破解难题、引领创新。

为进一步加强新时代教育科研工作，2019 年 10 月，教育部发布《关于加强新时代教育科学研究工作的意见》，指出按照国家教育现代化总体部署，构建更加健全的中国特色教育科研体系，力争用 5 年左右的时间，重点打造一批新型教育智库和高水平教育教学研究机构，建设一支高素质创新型科研队伍，催生一批优秀教育科研成果。教育科研体制机制更加完善，科研机构和科研人员更有活力，组织形式和研究方法更加科学，科研成果评价更加合理，原创研究能力显著增强，社会贡献度大幅提升，推进建设教育科研强国。

建设类普通高等院校应不断推进教育科研体制机制创新，使教育科研体制机制更加完善，科研机构和科研人员更有活力，组织形式和研究方法更加科学，科研成果评价更加合理，原创研究能力显著增强。为进一步调动广大教职员工参与教育教学改革的积极性，北京建筑大学提出"一人一教改"的要求，力图形成教师"人人树立教改意识、人人构思教改方案、人人承担教改课题"的新局面。同时，在全面调研梳理教职员工教学研究意向的基础上，进一步固化"新时代高质量人才培养大研讨"成果，正式出版《北京建筑大学 2019 年教育教学改革与研究论文集》。为强化促进科技资源向教学资源转化，北京建筑大学以市属高校基本科研业务费为载体，在新出台的《北京建筑大学市属高校基本科研业务费实施细则》中突出科教融合理念，要求所有项目必须吸纳优秀在校本科生和研究生参与，并在评审指标中强化科教融合比重。

1.1.4.3 加强师德师风建设，激励广大教师努力成为"四有"好老师

教师是人类灵魂的工程师，是人类文明的传承者，承载着传播知识、传播思想、传播真理，塑造灵魂、塑造生命、塑造新人的时代重任。教育大计，教师为本；教师大计，师德为本。一流大学的建设，关键在于建设一支高素质的教师队伍，而师德师风是评价高素质教师队伍的第一标准。

2019 年 10 月，教育部等七部委联合印发《关于加强和改进新时代师德师风建设的意见》，指出加强师德师风建设的总体目标是：经过 5 年左右努力，基本建立起完备的师德师风建设制度体系和有效的师德师风建设长效机制。教师思想政治素质

和职业道德水平全面提升，教师敬业立学、崇德尚美呈现新风貌。教师权益保障体系基本建立，教师安心、热心、舒心、静心从教的良好环境基本形成，师道尊严进一步提振。全社会对教师职业认同度加深，教师政治地位、社会地位、职业地位显著提高，尊师重教蔚然成风。

在该意见的指引下，建设类专业普通高等教育院校应全面加强教师队伍思想政治工作，用习近平新时代中国特色社会主义思想武装教师头脑，将思政元素和建筑元素融入教育教学全过程。大力提升教师职业道德素养，充分发挥课堂主渠道作用，引导广大教师守好讲台主阵地，将立德树人放在首要位置，以心育心、以德育德、以人格育人格。务必将师德师风建设要求贯彻教师管理全过程，激励广大教师努力成为有理想信念、有道德情操、有扎实学识、有仁爱之心的"四有"好老师。

1.1.5 促进建设类专业普通高等教育发展的对策建议

1.1.5.1 积极发展"互联网+教育"，探索智能教育新形态

深入贯彻党的十九大和全国教育大会精神，落实立德树人根本任务，发展素质教育，以促进信息技术与教育教学实践深度融合为核心，加快推进教育信息化转型升级，推动教与学变革，构建"互联网+教育"新生态。

1. 加强建筑类高校对于教育教学信息化的认知

首先，需要加强建筑类高校对于教育教学信息化建设的重视程度，抓住"互联网+教育"的时代契机，在充分考虑广大师生的信息化需求和学校实际情况的基础上，做好长期战略规划和顶层设计。其次，在管理和教学工作中定期对相关人员进行信息化技术的培训，加强知识储备，提高教学管理的能力水平，紧跟时代步伐将信息化教学管理的理念深入人心。

2. 加大资金投入信息化基础设施建设

教育装备现代化是实现教育教学信息化的物质基础，而增加投入是实现教育装备现代化的可靠保障。目前全国各个建筑类高校对信息化建设均有一定的资金投入，但显然普通建筑类高校与"双一流"建筑类高校、西北相对偏远地区高校与东南沿海城市高校的信息化资金投入差距很大。从政府部门和教育主管部门到建筑类高校层面都应加大对教育教学信息化建设的政策倾斜和资金投入，主要体现在校园门户网站的投资建设、网络课堂的开发与使用、数字化图书馆的建设、教务教学管理信

息系统与校园行政办公系统建设等，从而实现全国高校信息化建设健康、均衡、协调发展。

3. 实现教育教学信息化的应用常态化

教育信息化发展推动了教学模式的革新。建设类普通高等院校应鼓励教师利用信息化教学突破课堂时空界限，实施项目式教学、探究式教学、混合式教学等新模式，建议添加以慕课、微课、翻转课堂为代表的信息化教学元素，增强师生互动、生生互动。此外，学生可根据自身学习需要，通过教学系统选择网络课程、在线测试、智力资源服务等进行自主学习，强化解决问题的意识。创新的信息化教学模式对于教师和学生都是全新的挑战，所以需要各建筑类高校提供全方位、多层次的教学培训、答疑讲解等活动，及时了解教师和学生的使用感受。同时，还可以通过完善教师评价办法和创新学生评价办法等方式来提高教师和学生参与信息化教学的积极性。

1.1.5.2　实现建筑类高校专业结构调整优化和内涵提升

实现高等教育内涵式发展，这是在中国特色社会主义进入新时代、我国社会主要矛盾发生新变化的大背景下，高等教育发展方式必须变革的时代要求，也是我国高等教育自身健康发展的内在要求。实现建设类高等教育内涵式发展，必须坚持专业结构调整优化，这将为明确人才培养目标、提高教学质量、协调适应建设类高等教育与经济社会发展和培养符合建筑行业领域要求的复合应用型人才提供基本保障。

1. 明确办学定位，设定科学合理的人才培养目标

作为建筑类高校首先要明确自身定位，确定符合自己学校特色的办学理念和人才培养目标。结合办学定位和特色，加强学科发展规划的顶层设计，强化建筑特色的核心竞争力。努力形成以工科为核心、工科引领相关学科发展、相关学科支撑工科做强的良好发展态势。强化理工科基础课教学，重视理科发展，以对工科做强形成支撑。人才培养目标应瞄准未来社会经济发展对人才的要求，精心凝练和科学制定可衡量的培养目标，以适应学校以工为主、多学科发展的需要和区域经济社会发展的需要。针对各类不同群体的学生，应遵循"以学生为中心"的教育教学理念，结合实际需要制订体现不同学生类别特点的专业人才培养方案。充分注重人才培养方案的科学性、适应性和可操作性，在新工科背景及工程教育

认证发展的新形势下，重点突出分类人才培养的专业特色，进而实现学生的最优发展、和谐发展和个性发展。

2. 优化专业设置，构建多元化的课程体系

各建筑类高校应该以促进学生全面发展和适应社会发展新需求为基本定位，在课程体系的设置上充分体现对人才培养目标的有效支撑。对于学生来说，理论知识无疑是自身能力形成的坚实基础，所以重视基本理论、基础知识与基本技能的培养是不可或缺的。与此同时，又要科学地处理好理论教学与实践教学的关系，积极探索多元化教学方法和教学内容的设计。在实践课程的设置上，建筑类高校可根据自身发展特色，对行业核心相关的实践教学内容、新兴技术领域的实践教学内容等进行统筹安排，让学生将理论知识更好地应用于实践中。课内实践教学环节可增加综合性、设计性、创新性实验的比例，加强创新方法课程、开放实验、创新训练项目的建设。课内外的劳动实践环节，可采取灵活多样形式，激发学生实践劳动的内在需求和动力，提高创造性劳动能力。此外，还可以大力推进学生的科研训练、创新训练和各类竞赛活动，训练学生的创新方法，强化学生创新思维与创新能力的培养。

3. 深化产教融合，培养复合型实践型人才

建筑类高校毕业生质量出现与企业需求不符的现象，主要原因为学生大学四年基本处于校园内，缺乏必要的社会实践和实训机会，空有专业理论是无法应对校外纷繁复杂的机遇和挑战。学生必须学会让自己适应社会，让自己的知识构造匹配社会经济发展的现实需要。在此基础上，良好优质的校企合作平台是促进产学融合的最有力保障。建筑类高校应该充分利用行业优势、地域优势，通过共建"虚拟教研室""虚拟教学团队"等模式，形成产教协同育人机制。实时掌握社会和行业对人才需求的状况，建设与之相适应的评价引导体系。通过建立校内与社会实践基地吻合的虚拟仿真中心来提高学生实际操作能力、实践动手能力，切实提高教学实践的有效性和优化效果。同时邀请相关行业的权威人士到学校进行实践教学宣讲演示，分享在变幻莫测的市场形势下的实践经验、应对危机策略以及积极正面的案例分析与探讨，激发学生的市场应对能力，尽早根据企业市场需求做出自身能力的转型优化调整，切实有效地做好符合自身发展的职业生涯规划，真正搭建起科学有效的产学融合平台，让学生尽早体验就职氛围，提高自己未来的职业竞争力。

1.2　2019 年高等建设职业教育发展状况分析

1.2.1　高等建设职业教育发展的总体状况

根据国家统计局的统计数据，2019 年，全国共有普通高校 2688 所（含独立学院 257 所）。其中，高职高专院校 1423 所，比上年的 1418 所增加 5 所，增幅 0.35%；本科院校 1265 所，较上年增加 20 所，增幅 1.61%。全国普通本专科共招生 914.90 万人，其中普通专科招生 483.61 万人，较上年增长 31.12%，占普通本专科人数的 52.86%；全国普通本专科共有在校生 3031.53 万人，其中，普通专科在校生 1280.71 万人，较上年增长 13.06%，普通专科在校生占普通本专科人数的 42.25%。

2019 年，开办专科土木建筑类专业的学校为 1154 所，较上年的 1165 所减少 11 所，减少幅度为 0.94%；开办专业数 4514 个，较上年减少 54 个，减少幅度为 1.18%；在校生数 96.47 万人，占专科在校生总数的 7.53%，在校生数较上年的 85.11 万人增加 11.36 万人，增加幅度为 13.35%。2014 ～ 2019 年专科土木建筑类专业开办学校、开办专业、在校生规模变化情况如图 1-7、图 1-8 所示。

图 1-7　2014 ～ 2019 年全国土木建筑类专科开办学校、开办专业情况

图 1-8　2014 ～ 2019 年全国土木建筑类高职学生培养情况

为贯彻落实《国家职业教育改革实施方案》，2019 年 3 月 29 日，教育部、财政部发布《关于实施中国特色高水平高职学校和专业建设计划的意见》（教职成〔2019〕5 号），提出：围绕办好新时代职业教育的新要求，集中力量建设 50 所左右高水平高职学校和 150 个左右高水平专业群，打造技术技能人才培养高地和技术技能创新服务平台，支撑国家重点产业、区域支柱产业发展，引领新时代职业教育实现高质量发展。2019 年 12 月 10 日，教育部、财政部公布《中国特色高水平高职学校和专业建设计划建设单位名单》，正式公布中国特色高水平高职学校和专业建设计划（简称"双高计划"）名单，首批"双高计划"建设名单共计 197 所，其中，高水平学校建设高校 56 所（A 档 10 所、B 档 20 所、C 档 26 所），高水平专业群建设高校 141 所（A 档 26 所、B 档 59 所、C 档 56 所）。其中，有 9 所院校的土木建筑类专业群入选，见表 1-17。

入选"双高计划"土木建筑类专业群名单　　　　　　　　　　　　表 1-17

序号	学校名称	专业群名称（核心专业）	所含专业
1	四川建筑职业技术学院	建筑工程技术	建筑装饰工程技术、建筑设备工程技术、道路桥梁工程技术、铁道工程建设
2	日照职业技术学院	建筑工程技术	工程造价、建设工程管理、道路桥梁工程技术、工程测量技术
3	威海职业学院	建筑工程技术	建筑电气工程技术、建筑装饰工程技术、工程造价、物联网应用技术

续表

序号	学校名称	专业群名称（核心专业）	所含专业
4	石家庄职业技术学院	建筑工程技术	建筑电气工程技术、工程造价、建筑设计、供热通风与空调工程技术
5	南通职业大学	建筑工程技术	室内艺术设计、建设工程管理、物联网应用技术、工程造价
6	广西建设职业技术学院	建筑工程技术	工程测量技术专业、建设工程监理专业、土木工程检测技术
7	黑龙江建筑职业技术学院	市政工程技术	道路桥梁工程技术、供热通风与空调工程技术、给水排水工程技术
8	江苏建筑职业技术学院	建筑装饰工程技术	环境艺术设计、建筑设计、建筑动画与模型制作、建筑工程技术
9	浙江建设职业技术学院	工程造价	建设项目信息化管理、建设经济管理、建设工程监理、房地产经营与管理

1.2.2　高等建设职业教育发展的统计分析

1.2.2.1　按学校类别统计

2019年土木建筑类专科生按学校类别分布情况列于表1-18。

2019年土木建筑类专科生按学校类别分布情况　　　　表1-18

学校类别		开办学校		开办专业		毕业生数		招生数		在校生数	
		数量	占比(%)	数量	占比(%)	数量	占比(%)	数量	占比(%)	数量	占比(%)
本科院校	大学	44	3.81	90	1.99	4975	1.80	4614	1.13	13261	1.37
	学院	171	14.82	412	9.13	23435	8.46	23564	5.77	63596	6.59
	独立学院	27	2.34	63	1.40	2841	1.03	5106	1.25	11234	1.16
	职业本科	14	1.21	63	1.40	3619	1.31	6480	1.59	13111	1.36
	小计	256	22.18	628	13.92	34870	12.6	39764	9.74	101202	10.48
高职高专院校	高等专科学校	18	1.56	50	1.11	2742	0.99	4104	1.01	9656	1.00
	高等职业学校	870	75.39	3807	84.34	238537	86.15	363179	88.98	851124	88.23
	小计	888	76.95	3857	85.45	241279	87.14	367283	89.99	860780	89.23

续表

学校类别		开办学校		开办专业		毕业生数		招生数		在校生数	
		数量	占比(%)	数量	占比(%)	数量	占比(%)	数量	占比(%)	数量	占比(%)
其他普通高教机构	管理干部学院	3	0.26	13	0.29	276	0.10	531	0.13	1080	0.11
	教育学院	2	0.17	2	0.04	32	0.01	2	0.00	45	0.00
	职工高校	4	0.35	13	0.29	407	0.15	563	0.14	1553	0.16
	分校、大专班	1	0.09	1	0.02	13	0.00	0	0.00	0	0.00
	小计	10	0.87	29	0.64	728	0.26	1096	0.27	2678	0.27
合计		1154	100.00	4514	100.00	276877	100.00	408143	100.00	964660	100.00

从表 1-18 可以看出，开办专科土木建筑类专业的学校，以高职高专院校（包括高等专科学校、高等职业学校）为绝对主体，开办学校数、专业点数、毕业生数、招生数、在校生数分别占 76.95%、85.45%、87.14%、89.99%、89.23%；本科院校（包括大学、学院、独立学院）除开办院校占比为 22.18% 外，其他指标都在 15% 以下；而其他普通高等教育机构（包括分校、大专班，职工高校，管理干部学院，教育学院）的各项指标几乎可以忽略。

与上年相比，本科院校的开办学校数、专业点数、毕业生数、招生数、在校生数分别增加 4 所、8 个、-2591 人、15033 人、13739 人，增加幅度分别为 1.59%、1.29%、-17.67%、60.79%、15.71%；高职（专科）院校的开办学校数、专业点数、毕业生数、招生数、在校生数分别增加 -10 所、-1 个、-36656 人、123248 人、108784 人，增加幅度分别为 -1.11%、-0.12%、-13.19%、50.50%、14.47%；其他普通高教机构的开办学校数、专业点数、毕业生数、招生数、在校生数分别增加 -5 所、-11 个、-1026 人、-140 人、-365 人，增加幅度分别为 -33.33%、-27.50%、-58.49%、-11.33%、-11.99%。

上述分析表明，就开办学校数而言，本科院校有 1.59% 的增幅，高职（专科）院校和其他普通高教机构均较上年减少；就专业点数而言，本科院校有 1.29% 增幅，高职（专科）院校和其他普通高教机构均较上年减少；就毕业生数而言，本科院校、高职（专科）院校和其他普通高教机构都较上年减少，其中其他普通高教机构的减少幅度达 58.49%；就招生数而言，其他普通高教机构较上年减少，本科院校、高职（专科）院校均较上年增加，增幅分别达 60.79% 和 50.50%；就在校生规模而言，其他普通高教机构较上年减少，本科院校、高职（专科）院校均较上年增加，增幅分别达 15.71% 和 14.47%。同时表明，其他普通高教机构的所有指标，包括开办学校数、专业点数、毕业生人数、招生数、在校生人数均较上年减少。

1.2.2.2　按学校隶属关系统计

2019 年土木建筑类专科生按学校隶属关系分布情况列于表 1-19。

2019 年土木建筑类专科生按学校隶属关系分布情况　　表 1-19

学校隶属关系	开办学校		开办专业		毕业生数		招生数		在校生数	
	数量	占比（%）	数量	占比（%）	数量	占比（%）	数量	占比（%）	数量	占比（%）
教育部	1	0.09	2	0.04	80	0.03	0	0.00	128	0.01
中国民用航空总局	1	0.09	1	0.02	0	0.00	0	0.00	28	0.00
省级教育部门	279	24.18	1048	23.22	68197	24.63	98208	24.06	236597	24.53
省级其他部门	205	17.76	1074	23.79	81009	29.26	112606	27.59	283366	29.37
地级教育部门	163	14.12	582	12.89	32195	11.63	50349	12.34	112936	11.71
地级其他部门	120	10.40	449	9.95	20064	7.25	29790	7.30	69839	7.24
县级教育部门	3	0.26	11	0.24	598	0.22	1059	0.26	2508	0.26
县级其他部门	4	0.35	14	0.31	427	0.15	507	0.12	1374	0.14
地方企业	23	1.99	89	1.97	6019	2.17	6536	1.60	18576	1.93
民办	354	30.68	1243	27.54	68288	24.66	109026	26.71	239189	24.80
具有法人资格的中外合作办学机构	1	0.09	1	0.02	0	0.00	62	0.02	119	0.01
合计	1154	100.00	4514	100.00	276877	100.00	408143	100.00	964660	100.00

据表 1-19 分析，2019 年，土木建筑类专科生按学校隶属关系分布情况如下：

（1）按院校所有制性质，可将开办土木建筑类专业的院校分为公办院校、民办院校、中外合作院校三类。其中，公办院校 799 所，占比 69.24%；民办院校 354 所，占比 30.68%；中外合作院校 1 所，占比 0.09%。三类院校开办专业数、毕业生数、招生数、在校生数：公办院校依次为 3270 个、208589 人、299055 人、727352 人，分别占 72.43%、75.34%、73.27%、75.19%；民办院校依次为 1243 个、68288

人、109026 人、239189 人，分别占 27.54%、24.66%、26.71%、24.80%；中外合作院校依次为 1 个、0 人、62 人、119 人，分别占 0.02%、0.00%、0.02%、0.01%。可见，公办院校是举办土木建筑类专科专业的主体。与上年相比，2019 年公办院校的开办专业数、毕业生数、招生数、在校生数分别增加了 −17 个、−27135 人、90016 人、79407 人，增幅分别为 −0.52%、−11.51%、43.06%、12.29%，而民办院校的开办专业数、毕业生数、招生数、在校生数分别增加了 −36 个、−21100 人、45298 人、34090 人，增幅分别为 −2.81%、−23.60%、71.08%、16.62%。

（2）按院校行政隶属关系，可将开办土木建筑类专业的院校分为中央部委属院校（包括教育部、中国民用航空总局）、省属院校（包括省级教育部门、省级其他部门）、地市州属院校（包括地级教育部门、地级其他部门）、县属院校（包括县级教育部门、县级其他部门）、地方企业属院校、民办院校和中外合作院校七类。其中，中央部委属院校 2 所，占比 0.18%；省属院校 484 所，占比 41.94%；地市州属院校 283 所，占比 24.52%；县属院校 7 所，占比 0.61%；地方企业属院校 23 所，占比 1.99%；民办院校 354 所，占比 30.68%；中外合作 1 所，占比 0.09%。

开办专业数，七类院校从大到小依次为：省属院校 2122 个，占比 47.01%；民办院校 1243 个，占比 27.54%；地市州属院校 1031 个，占比 22.84%；地方企业属院校 89 个，占比 1.97%；县属院校 25 个，占比 0.55%；中央部委属院校 3 个，占比 0.06%；中外合作院校 1 个，占比 0.02%。

毕业生数，七类院校从大到小依次为：省属院校 149206 人，占比 53.89%；民办院校 68288 人，占比 24.66%；地市州属院校 52259 人，占比 18.88%；地方企业属院校 6019 人，占比 2.17%；县属院校 1025 人，占比 0.37%；中央部委属院校 80 人，占比 0.03%；中外合作院校 0 人，占比 0.00%。

招生数，七类院校从大到小依次为：省属院校 210814 人，占比 51.65%；民办院校 109026 人，占比 26.71%；地市州属院校 80139 人，占比 19.64%；地方企业属院校 6536 人，占比 1.60%；县属院校 1566 人，占比 0.38%；中外合作院校 62 人，占比 0.02%；中央部委属院校 0 人，占比 0.00%。

在校生人数，七类院校从大到小依次为：省属院校 519963 人，占比 53.90%；民办院校 239189 人，占比 24.80%；地市州属院校 182775 人，占比 18.95%；地方企业属院校 18576 人，占比 1.93%；县属院校 3882 人，占比 0.40%；中央部委属院校 156

人，占比 0.01%；中外合作院校 119 人，占比 0.01%。

综上分析，省属院校是土木建筑类专业办学的第一主体，其次是民办院校，两类院校在校生占在校生总数的 78.70%；县属院校、中央部委属院校和中外合作院校所占比例分别只有 0.40%、0.01%、0.01%，几乎可以忽略不计；中国民用航空总局所属院校既无毕业生，也未招生；教育部所属院校已停止招生。

（3）按院校举办者业务性质，可将开办土木建筑类专业的院校分为隶属教育行政部门（包括教育部、省级教育部门、地级教育部门、县级教育部门）的院校、隶属行业行政主管部门（包括国务院中国民用航空总局、省级其他部门、地级其他部门、县级其他部门）的院校、民办院校、隶属地方企业的院校和中外合作院校五类。其中，隶属教育行政部门的院校 446 所，占比 38.65%；隶属行业行政主管部门的院校 330 所，占比 28.60%；民办院校 354 所，占比 30.68%；隶属地方企业的院校 23 所，占比 1.99%；中外合作院校 1 所，占比 0.09%。

开办专业数，五类院校从大到小依次为：隶属教育行政部门的院校 1643 个，占比 36.39%；隶属行业行政主管部门的院校 1538 个，占比 34.07%；民办院校 1243 个，占比 27.54%；隶属地方企业的院校 89 个，占比 1.97%；中外合作院校 1 个，占比 0.02%。

毕业生数，五类院校从大到小依次为：隶属行业行政主管部门的院校 101500 人，占比 36.66%；隶属教育行政部门的院校 101070 人，占比 36.51%；民办院校 68288 人，占比 24.66%；隶属地方企业的院校 6019 人，占比 2.17%；中外合作院校 0 人，占比 0.00%。

招生数，五类院校从大到小依次为：隶属教育行政部门的院校 149616 人，占比 36.66%；隶属行业行政主管部门的院校 142903 人，占比 35.01%；民办院校 109026 人，占比 26.71%；隶属地方企业的院校 6536 人，占比 1.60%；中外合作院校 62 人，占比 0.02%。

在校生数，隶属行业行政主管部门的院校 354607 人，占比 36.75%；隶属教育行政部门的院校 352169 人，占比 36.51%；民办院校 239189 人，占比 24.80%；隶属地方企业的院校 18576 人，占比 1.93%；中外合作院校 119 人，占 0.01%。

综上分析可见，隶属行业行政主管部门的院校是土木建筑类专业办学的第一主体，其次是隶属教育行政部门的院校，两类院校在校生人数占在校生总数的 73.26%，占比最小的是中外合作院校，其在校生数仅占 0.01%。

与上年相比，在校生规模前两位没有变化，最大的仍为隶属行业行政主管部门的院校，其次仍为隶属教育行政部门的院校；隶属行业行政主管部门的院校的在校生占比提高了 −0.45%，隶属教育行政部门的院校提高了 0.12%，隶属地方企业的院校提高了 −0.38%，民办院校提高了 0.70%。毕业生数和招生数，隶属行业行政主管部门的院校由 2018 年的第二位上升为第一位，而隶属教育行政部门的院校则由 2018 年的第一位下降为第二位。

1.2.2.3 按学校类型统计

土木建筑类专科生按学校类型分布情况见表 1-20。

2019 年土木建筑类专科生按学校类别分布情况　　　　　　表 1-20

学校类别	开办学校		开办专业		毕业生数		招生数		在校生数	
	数量	占比(%)	数量	占比(%)	数量	占比(%)	数量	占比(%)	数量	占比(%)
综合大学	317	27.47	1151	25.50	67079	24.23	100944	24.73	234868	24.35
理工院校	578	50.09	2569	56.91	170875	61.72	245614	60.18	586797	60.83
农业院校	41	3.55	144	3.19	6650	2.40	10573	2.59	25852	2.68
林业院校	13	1.13	73	1.62	4837	1.75	7164	1.76	16941	1.76
医药院校	1	0.09	2	0.04	29	0.01	121	0.03	230	0.02
师范院校	37	3.21	75	1.66	2426	0.88	2634	0.65	6924	0.72
语文院校	15	1.30	42	0.93	1567	0.57	2731	0.67	5387	0.56
财经院校	114	9.88	364	8.06	20768	7.50	31383	7.69	74184	7.69
体育院校	2	0.17	5	0.11	167	0.06	266	0.07	469	0.05
政法院校	7	0.61	13	0.29	346	0.12	811	0.20	2103	0.22
艺术院校	18	1.56	46	1.02	1260	0.46	4609	1.13	7823	0.81
民族院校	2	0.17	2	0.04	158	0.06	197	0.05	404	0.04
其他普通高教机构	9	0.78	28	0.62	715	0.26	1096	0.27	2678	0.28
合计	1154	100.00	4514	100.00	276877	100.00	408143	100.00	964660	100.00

注：表中其他普通高教机构包括分校、大专班、职工高校、管理干部学院、教育学院。

2019 年，开办土木建筑类专业的学校几乎涵盖所有类型的学校，但各类院校的分布十分悬殊。居于前两位的仍然是理工院校和综合大学，而后两位的是民族院校和医药院校。

与上年比较，2019 年举办专科土木建筑类专业的学校类型没有发生变化，在校生人数排列第一位、第二位的院校类型也没有变化，分别为理工院校和综合大学，表明土木建筑类专业的学校类别分布是合理的。理工院校和综合大学在校生人数占比之和较 2018 年减少了 0.26%。

1.2.2.4 按专业统计

1. 土木建筑类专科生按专业类分布情况

2019 年全国高等建设职业教育 7 个专业类的学生培养情况见表 1-21。

2019 年全国高等建设职业教育分专业类学生培养情况　　　　表 1-21

专业类别	专业点		毕业生数		招生数		在校生数		招生数较毕业生数增幅(%)
	数量	占比(%)	数量	占比(%)	数量	占比(%)	数量	占比(%)	
建筑设计类	1099	24.35	57484	20.76	91556	22.43	225754	23.40	59.27
城乡规划与管理类	62	1.37	1467	0.53	1943	0.48	4926	0.51	32.45
土建施工类	861	19.07	75648	27.32	117734	28.85	257224	26.66	55.63
建筑设备类	448	9.92	13646	4.93	23793	5.83	51466	5.34	74.36
建设工程管理类	1491	33.03	111352	40.22	149387	36.60	366108	37.95	34.16
市政工程类	250	5.54	7919	2.86	11872	2.91	28914	3.00	49.92
房地产类	303	6.71	9361	3.38	11858	2.91	30268	3.14	26.67
合计	4514	100.00	276877	100.00	408143	100.00	964660	100.00	47.41

由表 1-21 可知，2019 年土木建筑类专科生按专业类分布情况如下：

（1）专业点数。土木建筑类专业的 7 个专业类共有专业点 4514 个，专业点数从大到小依次为：建设工程管理类（1491 个，占 33.03%）、建筑设计类（1099 个，占 24.35%）、土建施工类（861 个，占 19.07%）、建筑设备类（448 个，占 9.92%）、房地产类（303 个，占 6.71%）、市政工程类（250 个，占 5.54%）、城乡规划与管理类（62 个，占 1.37%）。与 2018 年相比，各专业类专业点数排序没有变化；7 个专业类专业点总数减少了 54 个，减幅 1.18%；专业点数增加的专业类只有建筑设计类，其余均减少，按减幅大小依次为：第一房地产类（减少 54 个，降幅 18.21%），第二城乡规划与管理类（减少 10 个，降幅 13.89%），第三建筑设备类（减少 24 个，降幅 5.08%），第四市政工程类（减少 7 个，降幅 2.72%），第五建设工程管理类（减少 8 个，降幅 0.53%），第六土建施工类（减少 1 个，降幅 0.12%）。

（2）毕业生数。7 个专业类共有毕业生 276877 人，毕业生数从多到少依次为：建设工程管理类（111352 人，占 40.22%）、土建施工类（75648 人，占 27.32%）、建筑设计类（57484 人，占 20.76%）、建筑设备类（13646，占 4.93%）、房地产类（9361 人，占 3.38%）、市政工程类（7919 人，占 2.86%）、城乡规划与管理类（1467 人，占 0.53%）。与 2018 年相比，各专业类毕业生数排序没有变化；7 个专业类毕业生数减少了 48241 人，减幅 14.84%；毕业生数增加的专业类只有建筑设备类，其余均减少。

（3）招生数。7 个专业类共招生 408143 人，招生数从多到少依次为：建设工程管理类（149387 人，占 36.60%）、土建施工类（117734 人，占 28.85%）、建筑设计类（91556 人，占 22.43%）、建筑设备类（23793 人，占 5.83%）、市政工程类（11872 人，占 2.91%）、房地产类（11858 人，占 2.91%）、城乡规划与管理类（1943 人，占 0.48%）。与 2018 年相比，建筑设计类与土建施工类、市政工程类与房地产类的排列顺序发生互换，2018 年排序及其占比为：建设工程管理类（38.27%）、建筑设计类（24.99%）、土建施工类（24.44%）、建筑设备类（5.07%）、房地产类（3.41%）、市政工程类（3.27%）、城乡规划与管理类（0.55%）；7 个专业类招生数增加 135346 人，增幅 49.61；7 个专业类的招生数都增加。

（4）在校生数。7 个专业类共有在校生 964660 人，在校生数从多到少依次为：建设工程管理类（366108 人，占 37.95%）、土建施工类（257224 人，占 26.66%）、建筑设计类（225754 人，占 23.40%）、建筑设备类（51466 人，占 5.34%）、房地产类（30268 人，占 3.14%）、市政工程类（28914 人，占 3.00%）、城乡规划与管理类（4926 人，占 0.50%）。与 2018 年相比，各专业类在校生数排列顺序没有变化；7 个专业类的在校生数均增加，共增加了 113586 人，增幅 13.35%；在校生数占比增加的专业类有土建施工类（增加 0.66%）、建筑设计类（增加 0.55%）、建筑设备类（增加 0.27%），在校生数占比减少的专业类有建设工程管理类（减少 1.62%）、房地产类（减少 0.03%）、城乡规划与管理类（减少 0.03%）、市政工程类（减少 0.01%）。

（5）招生数与毕业生数相比，7 个专业类均呈正增长，增幅依次为建筑设备类

74.36%、建筑设计类 59.27%、土建施工类 49.92%、建设工程管理类 34.16%、城乡规划与管理类 32.45%、房地产类 26.67%。

综合以上分析可见，建设工程管理类、建筑设计类、土建施工类是土木建筑大类的主体。该 3 个专业类的专业点数、毕业生数、招生数、在校生数分别占总数的 76.45%、88.30%、87.88%、88.01%，分别较 2018 年增加了 1.80%、−0.26%、0.08%、0.04%。

2. 土木建筑类专科生按专业分布情况

（1）建筑设计类专业

2019 年全国高等建设职业教育建筑设计类专业学生培养情况见表 1-22。

2019 年全国高等建设职业教育建筑设计类专业学生培养情况　　　　　表 1-22

专业	开办院校		毕业生数		招生数		在校生数	
	数量	占比（%）	数量	占比（%）	数量	占比（%）	数量	占比（%）
建筑设计	133	12.10	6764	11.77	10662	11.65	26206	11.61
建筑装饰工程技术	355	32.30	17609	30.63	23131	25.26	60235	26.68
古建筑工程技术	22	2.00	360	0.63	794	0.87	1847	0.82
建筑室内设计	277	25.20	22805	39.67	41176	44.97	98967	43.84
园林工程技术	176	16.01	7440	12.94	8671	9.47	22806	10.10
风景园林设计	96	8.74	1599	2.78	5011	5.47	11044	4.89
建筑动画与模型制作	29	2.64	728	1.27	1179	1.29	2975	1.32
建筑设计类其他专业	11	1.00	179	0.31	932	1.02	1674	0.74
合计	1099	100.00	57484	100.00	91556	100.00	225754	100.00

建筑设计类专业共有 7 个目录内专业。2019 年，7 个目录内专业均有院校开设，并开设了 11 个目录外专业（即表 1-22 中建筑设计类其他专业）。

1）开办院校数。7 个目录内专业的开办院校数从多到少依次为：建筑装饰工程技术（355 所，占比 32.30%）、建筑室内设计（277 所，占比 25.20%）、园林工程技术（176 所、占比 16.01%）、建筑设计（133 所，占比 12.10%）、风景园林设计（96 所，占比 8.74%）、建筑动画与模型制作（29 所，占比 2.64%）、古建筑工程技术（22 所，占比 2.00%），排列顺序与上年相同。占比超过 20% 的专业有 2 个，依次为建筑装饰工程技术（32.30%）和建筑室内设计专业（25.20%），与上年相同；两个专业合计占比达 57.50%，较上年增加 0.02%。与 2018 年比较，7 个专业的开办院校数均增加。

2）毕业生数。7 个目录内专业的毕业生数从多到少依次为：建筑室内设计（22805 人，占比 39.67%）、建筑装饰工程技术（17609 人，占比 30.63%）、园林工程技术（7440 人、占比 12.94%）、建筑设计（6764 人，占比 11.77%）、风景园林设计（1599 人，占比 2.78%）、建筑动画与模型制作（728 人，占比 1.27%）、古建筑工程技术（360 人，占比 0.63%），排列顺序与 2018 年相同。占比超过 20% 的专业有 2 个，依次为建筑室内设计（39.67%）和建筑装饰工程技术（30.63%），与 2018 年相同；两个专业合计占比达 70.30%，较上年增加了 3.63%。与 2018 年比较，毕业生数较上年增加的专业有 3 个，分别为建筑室内设计、风景园林设计、建筑动画与模型制作；较上年减少的专业有 4 个，分别为建筑装饰工程技术、园林工程技术、建筑设计、古建筑工程技术。

3）招生数。7 个目录内专业的招生数从多到少依次为：建筑室内设计（41176 人，占比 44.97%）、建筑装饰工程技术（23131 人，占比 25.26%）、建筑设计（10662 人，占比 11.65%）、园林工程技术（8671 人、占比 9.47%）、风景园林设计（5011 人，占比 5.47%）、建筑动画与模型制作（1179 人，占比 1.29%）、古建筑工程技术（794 人，占比 0.87%），排序与上年同。占比超过 20% 的专业有 2 个，依次为建筑室内设计（44.97%）和建筑装饰工程技术专业（25.26%），与上年相同；两个专业合计占比为 70.23%，较上年增加 1.21%。与 2018 年比较，7 个专业的招生数均增加。

4）在校生数。7 个目录内专业的在校生数从多到少依次为：建筑室内设计（98967 人，占比 43.84%）、建筑装饰工程技术（60235 人，占比 26.68%）、建筑设计（26206 人，占比 11.61%）、园林工程技术（22806 人、占比 10.10%）、风景园林设计（11044 人，占比 4.89%）、建筑动画与模型制作（2975 人，占比 1.32%）、古建筑工程技术（1847 人，占比 0.82%），排序与上年相同。占比超过 20% 的专业有 2 个，依次为建筑室内设计（43.84%）和建筑装饰工程技术专业（26.68%），与上年相同；两个专业合计占比达 70.52%，较上年增加 0.33%。与 2018 年比较，7 个专业在校生数均增加。

综上分析，建筑室内设计和建筑装饰工程技术是建筑设计类专业的主体，两个专业的开办院校数、毕业生数、招生数、在校生数分别占总数的 57.50%、70.30%、70.23%、70.52%。

（2）城乡规划与管理类专业

2019 年全国高等建设职业教育城乡规划与管理类专业学生培养情况见表 1-23。

2019 年全国高等建设职业教育城乡规划与管理类专业学生培养情况　　表 1-23

专业	开办院校		毕业生数		招生数		在校生数	
	数量	占比（%）	数量	占比（%）	数量	占比（%）	数量	占比（%）
城乡规划	48	77.42	1381	94.14	1110	57.13	3516	71.38
城市信息化管理	8	12.90	72	4.91	698	35.92	1123	22.80
村镇建设与管理	4	6.45	14	0.95	85	4.37	236	4.79
城乡规划与管理类其他专业	2	3.23	0	0.00	50	2.57	51	1.04
合计	62	100.00	1467	100.00	1943	100.00	4926	100.00

城乡规划与管理类专业共有 3 个目录内专业。2019 年，3 个目录内专业均有院校开设，并开设了 2 个目录外专业（即表 1-23 中城乡规划与管理类其他专业）。

1）开办院校数。3 个目录内专业的开办院校数从多到少依次为：城乡规划（48 所，占比 77.42%），城市信息化管理（8 所，占比 12.90%），村镇建设与管理（4 所，占比 6.45%），排序与上年相同。占比超过 20% 的专业只有城乡规划（占比 77.42%），与上年相同，占比较上年减少 0.36%。与 2018 年比较，开办院校数增加的专业有 1 个，即城市信息化管理（增幅 14.29%）；开办院校数减少的专业有 1 个，即城乡规划（减幅 14.29%）；开办院校数持平的专业有 1 个，即村镇建设与管理。

2）毕业生数。3 个目录内专业的毕业生数从多到少依次为：城乡规划（1381 人，占比 94.14%）、城市信息化管理（72 人，占比 4.91%）、村镇建设与管理（14 人，占比 0.95%），村镇建设与管理与城市信息化管理的排序发生了互换。占比超过 20% 的专业只有城乡规划专业（94.14%），与上年相同，但占比较上年增加了 0.04%。与 2018 年比较，毕业生数较上年增加的专业有 1 个，即城市信息化管理；较上年减少的专业有 2 个，即城乡规划、村镇建设与管理。

3）招生数。3 个目录内专业的招生数从多到少依次为：城乡规划（1110 人，占比 57.13%）、城市信息化管理（698 人，占比 35.92%）、村镇建设与管理（85 人，占比 4.37%），排列第二位、第三位的专业较上年发生了互换。占比超过 20% 的专业有 2 个，即城乡规划（57.13%）、城市信息化管理（35.92%），与上年不同，2018

年占比超过 20% 的专业只有城乡规划 (94.10%)。与 2018 年比较,招生数较上年增加的专业有 2 个,即城市信息化管理、村镇建设与管理;招生数较上年减少的专业 1 个,即城乡规划。

4) 在校生数。3 个目录内专业的在校生数从多到少依次为:城乡规划 (3516 人,占比 71.38%)、城市信息化管理 (1123 人,占比 22.80%)、村镇建设与管理 (236 人,占比 4.79%),排序与上年相同。占比超过 20% 的专业有两个,即城乡规划 (71.38%) 和城市信息化管理 (22.80%),与上年不同 2018 年占比超过 20% 的专业只有城乡规划 (80.96%)。与 2018 年比较,在校生数较上年增加的专业有 2 个,即城市信息化管理、村镇建设与管理;较上年减少的专业有 1 个,即城乡规划。

综上分析,城乡规划与管理类专业分布极不均衡,不论是开办院校数,还是毕业生数、招生数、在校生数,城乡规划专业都占绝对优势。但是,城乡规划专业一花独放的格局已经打破,其招生数、在校生数均呈现大幅度下降态势,相反,城市信息化管理专业则呈现大幅度上升趋势。

(3) 土建施工类专业

2019 年全国高等建设职业教育土建施工类专业学生培养情况见表 1-24。

2019 年全国高等建设职业教育土建施工类专业学生培养情况 表 1-24

专业	开办院校		毕业生数		招生数		在校生数	
	数量	占比 (%)	数量	占比 (%)	数量	占比 (%)	数量	占比 (%)
建筑工程技术	730	84.79	71311	94.27	109343	92.87	236800	92.06
建筑钢结构工程技术	30	3.48	838	1.11	731	0.62	2386	0.93
地下与隧道工程技术	51	5.92	1859	2.46	2829	2.40	8236	3.20
土木工程检测技术	35	4.07	1567	2.07	3478	2.95	7450	2.90
土建施工类其他专业	15	1.74	73	0.10	1353	1.15	2352	0.91
合计	861	100.00	75648	100.00	117734	100.00	257224	100.00

土建施工类专业共有 4 个目录内专业。2019 年,4 个目录内专业均有院校开设,并开设了 15 个目录外专业 (即表 1-24 中土建施工类其他专业)。

1) 开办院校数。4 个目录内专业的开办院校数从多到少依次为:建筑工程技术 (730 所,占比 84.79%)、地下与隧道工程技术 (51 所,占比 5.92%)、土木工程检测技术（35所，占比4.07%）、建筑钢结构工程技术（30所，占比3.48%），排序与上年相同。占比超过20%的专业只有建筑工程技术（84.79%），与上年相同，但占比较上年增加了0.22%。与2018年比较，开办院校数增加的专业有3个，即建筑工程技术、建筑钢结构工程技术、土木工程检测技术；开办院校数减少的专业有1个，即地下与隧道工程技术。

2）毕业生数。4个目录内专业的毕业生数从多到少依次为：建筑工程技术（71311人，占比94.27%）、地下与隧道工程技术（1859人，占比2.46%）、土木工程检测技术（1567人，占比2.07%）、建筑钢结构工程技术（838人，占比1.11%），第三、四位排列顺序与上年发生了互换。占比超过20%的专业只有建筑工程技术专业（94.27%），与上年相同，但占比较上年减少了1.02%。与2018年比较，有3个专业的毕业生数较上年减少，分别为建筑工程技术、地下与隧道工程技术、建筑钢结构工程技术；有1个专业的毕业生数较上年增加，即土木工程检测技术。

3）招生数。4个目录内专业的招生数从多到少依次为：建筑工程技术（109343人，占比92.87%）、土木工程检测技术（3478人，占比2.95%）、地下与隧道工程技术（2829人，占比2.4%）、建筑钢结构工程技术（731人，占比0.62%），第二、三位排列顺序与上年发生了互换。占比超过20%的专业只有建筑工程技术（92.87%），与上年相同，但占比较上年增加了4.44%。与2018年比较，招生数增加的专业有2个，即建筑工程技术、土木工程检测技术；招生数减少的专业有2个，即建筑钢结构工程技术、地下与隧道工程技术。

4）在校生数。4个目录内专业的在校生数从多到少依次为：建筑工程技术（236800人，占比92.06%）、地下与隧道工程技术（8236人，占比3.20%）、土木工程检测技术（7450人，占比2.90%）、建筑钢结构工程技术（2386人，占比0.93%），排序与2018年一致。占比超过20%的专业只有建筑工程技术（92.06%），与上年相同，但占比较上年减少了1.63%。与2018年比较，在校生数较上年增加的专业有3个，即建筑工程技术、地下与隧道工程技术、土木工程检测技术；较上年减少的专业有1个，即建筑钢结构工程技术。

综上分析，土建施工类专业分布极不均衡，建筑工程技术专业不论是开办院校数，还是毕业生数、招生数、在校生数，均呈一花独放格局，并且从招生数占比看，其集聚程度还在增加。

（4）建筑设备类专业

2019 年全国高等建设职业教育建筑设备类专业学生培养情况见表 1-25。

2019 年全国高等建设职业教育建筑设备类专业学生培养情况　表 1-25

专业	开办院校		毕业生数		招生数		在校生数	
	数量	占比（%）	数量	占比（%）	数量	占比（%）	数量	占比（%）
建筑设备工程技术	75	16.74	2399	17.58	2747	11.55	7684	14.93
供热通风与空调工程技术	55	12.28	2154	15.78	1994	8.38	5598	10.88
建筑电气工程技术	81	18.08	2559	18.75	2732	11.48	7241	14.07
消防工程技术	50	11.16	489	3.58	6600	27.74	8318	16.16
建筑智能化工程技术	179	39.96	5804	42.53	9008	37.86	21439	41.66
工业设备安装工程技术	5	1.12	220	1.61	196	0.82	623	1.21
建筑设备类其他专业	3	0.67	21	0.15	516	2.17	563	1.09
合计	448	100.00	13646	100.00	23793	100.00	51466	100.00

建筑设备类专业共有 6 个目录内专业。2019 年，6 个目录内专业均有院校开设，并开设了 3 个目录外专业（即表 1-25 中建筑设备类其他专业）。

1）开办院校数。6 个目录内专业的开办院校数从多到少依次为：建筑智能化工程技术（179 所，占比 39.96%）、建筑电气工程技术（81 所，占比 18.08%）、建筑设备工程技术（75 所，占比 16.74%）、供热通风与空调工程技术（55 所，占比 12.28%）、消防工程技术（50 所，占比 11.16%）、工业设备安装工程技术（5 所，占比 1.12%），排列顺序与 2018 年相同。占比超过 20% 的专业只有建筑智能化工程技术（占比 39.96%），与 2018 年相同，但占比增加了 0.13%。与 2018 年比较，开办院校数增加的专业有 2 个，即供热通风与空调工程技术、消防工程技术；开办院校数减少的专业有 3 个，即建筑智能化工程技术、建筑电气工程技术、建筑设备工程技术；开办院校数持平的专业 1 个，即工业设备安装工程技术。

2）毕业生数。6 个目录内专业的毕业生数从多到少依次为：建筑智能化工程技术（5804 人，占比 42.53%）、建筑电气工程技术（2559 人，占比 18.75%）、建筑设备工程技术（2399 人，占比 17.58%）、供热通风与空调工程技术（2154 人，占比 15.78%）、消防工程技术（489 人，占比 3.58%）、工业设备安装工程技术（220 人，占比 1.61%），排序与上年相同。占比超过 20% 的专业有 1 个，即建筑智能化工程技术（占比 42.53%），与上年不同，2018 年有 2 个专业的占比超过 20%，分别为建筑智能化工程技术、建筑电气工程技术。与 2018 年比较，毕业生数增加的专业有 2 个，即建筑智能化工程技术、消防工程技术；毕业生数减少的专业有 4 个，即建筑电气工程技术、建筑设备工程技术、供热通风与空调工程技术、工业设备安装工程技术。

3）招生数。6 个目录内专业的招生数从多到少依次为：建筑智能化工程技术（9008 人，占比 37.86%）、消防工程技术（6600 人，占比 27.74%），建筑设备工程技术（2747 人，占比 11.55%）、建筑电气工程技术（2732 人，占比 11.48%）、供热通风与空调工程技术（1994 人，占比 8.38%）、工业设备安装工程技术（196 人，占比 0.82%），排序较上年发生了变化。2018 年的排序及占比为：建筑智能化工程技术（44.34%）、建筑设备工程技术（16.31%）、建筑电气工程技术（15.63%）、供热通风与空调工程技术（11.14%）、消防工程技术（7.85%）、工业设备安装工程技术（1.49%）。占比超过 20% 的专业有 2 个，即建筑智能化工程技术（占比 37.86%）、消防工程技术（占比 27.74%），2 个专业的占比之和达 65.60%，较与上年发生了变化，2018 年占比超过 20 的专业只有建筑智能化工程技术（占比 44.34%）。与 2018 年比较，除工业设备安装工程技术专业招生数减少外，其余 5 个专业均增加。

4）在校生数。6 个目录内专业的在校生数从多到少依次为：建筑智能化工程技术（21439 人，占比 41.66%）、消防工程技术（8318 人，占比 16.16%）、建筑设备工程技术（7684 人，占比 14.93%）、建筑电气工程技术（7241 人，占比 14.07%）、供热通风与空调工程技术（5598 人，占比 10.88%）、工业设备安装工程技术（623 人，占比 1.21%），排列顺序较上年发生了变化。2018 年的排列顺序为：建筑智能化工程技术（44.45%）、建筑设备工程技术（17.28%）、建筑电气工程技术（16.77%）、供热通风与空调工程技术（13.58%）、消防工程技术（5.12%）、工业设备安装工程技术（1.51%）。占比超过 20% 的专业只有建筑智能化工程技术（占比 41.66%），与上年相同，但占比减少了 2.79%。与 2018 年比较，在校生数增加的专业有 4 个，即建筑智能化工程技术、建筑设备工程技术、建筑电气工程技术、消防工程技术；在校生数减少的专业有 2 个，即供热通风与空调工程技术、工业设备安装工程技术。

综上分析，建筑设备类专业分布较为均衡，建筑智能化工程技术专业是该类专业的主体，在开办院校数、毕业生数、招生数、在校生数等方面均处于优势地位；消防工程技术专业在开办院校数、招生数、在校生数等方面均呈现大幅增长态势，招生数、在校生数均上升为第 2 位。

（5）建设工程管理类专业

2019 年全国高等建设职业教育建设工程管理类专业学生培养情况见表 1-26。

2019 年全国高等建设职业教育建设工程管理类专业学生培养情况　　　表 1-26

专业	开办院校		毕业生数		招生数		在校生数	
	数量	占比（%）	数量	占比（%）	数量	占比（%）	数量	占比（%）
建设工程管理	357	23.94	18293	16.43	29269	19.59	62515	17.08
工程造价	777	52.11	83599	75.08	107226	71.78	271363	74.12
建筑经济管理	56	3.76	2391	2.15	2860	1.91	7776	2.12
建设工程监理	218	14.62	6689	6.01	6544	4.38	17824	4.87
建设项目信息化管理	63	4.23	260	0.23	2132	1.43	4417	1.21
建设工程管理类其他专业	20	1.34	120	0.11	1356	0.91	2213	0.60
合计	1491	100.00	111352	100.00	149387	100.00	366108	100.00

2019 年，建设工程管理类 5 个目录内专业均有院校开设，并开设了 20 个目录外专业（即表 1-26 中建设工程管理类其他专业）。

1）开办院校数。5 个目录内专业的开办院校数从多到少依次为：工程造价（777 所，占比 52.11%）、建设工程管理（357 所，占比 23.94%）、建设工程监理（218 所，占比 14.62%）、建设项目信息化管理（63 所，占比 4.23%）、建筑经济管理（56 所，占比 3.76%），第四、五位的排列顺序较上年发生了互换。占比超过 20% 的专业有 2 个，即工程造价（占比 52.11%）、建设工程管理（占比 23.94%），与上年相同的；两个专业合计占比 76.05%，较上年增加了 1.40%。与 2018 年比较，开办院校数增加的有 2 个专业，即工程造价、建设项目信息化管理；开办院校数减少的专业有 3 个，即建设工程管理、建设工程监理、建筑经济管理。

2）毕业生数。5 个目录内专业的毕业生数从多到少依次为：工程造价（83599 人，占比 75.08%）、建设工程管理（18293 人，占比 16.43%）、建设工程监理（6689 人，占比 6.01%）、建筑经济管理（2391 人，占比 2.15%）、建设项目信息化管理（260 人，占比 0.23%），排列顺序与上年相同。占比超过 20% 的专业只有工程造价专业（占比 75.08%），与上年相同，但占比增加了 1.03%。与 2018 年比较，5 个专业毕业生数均减少。

3）招生数。5个目录内专业的招生数从多到少依次为：工程造价（107226人，占比71.78%）、建设工程管理（29269人，占比19.59%）、建设工程监理（6544人，占比4.38%）、建筑经济管理（2860人，占比1.91%）、建设项目信息化管理（2132人，占比1.43%），排序与上年相同。占比超过20%的专业只有工程造价专业（占比71.78%），与上年相同，但占比减少了1.61%。与2018年比较，5个专业招生数均增加。

4）在校生数。5个目录内专业的在校生数从多到少依次为：工程造价（271362人，占比71.12%）、建设工程管理（62515人，占比17.08%）、建设工程监理（17824人，占比4.87%）、建筑经济管理（7776人，占比2.12%）、建设项目信息化管理（4417人，占比1.21%），排列顺序与上年相同。占比超过20%的专业只有工程造价专业（占比71.12%），与上年相同，但占比减少了3.2%。与2018年比较，在校生数除建设工程监理专业减少外，其余4个专业均增加。

综上分析，建设工程管理类专业分布不均衡，工程造价专业一枝独秀，其毕业生数、招生数、在校生数都超过该类专业的70%。

（6）市政工程类专业

2019年全国高等建设职业教育市政工程类专业学生培养情况见表1-27。

2019年全国高等建设职业教育市政工程类专业学生培养情况 　　　　表1-27

专业	开办院校		毕业生数		招生数		在校生数	
	数量	占比（%）	数量	占比（%）	数量	占比（%）	数量	占比（%）
城市燃气工程技术	24	9.60	788	9.95	811	6.83	2529	8.75
给排水工程技术	67	26.80	2195	27.72	3103	26.14	7637	26.41
市政工程技术	157	62.80	4936	62.33	7808	65.77	18586	64.28
环境卫生工程技术	1	0.40	0	0.00	6	0.05	18	0.06
市政工程类其他专业	1	0.40	0	0.00	144	1.21	144	0.50
合计	250	100.00	7919	100.00	11872	100.00	28914	100.00

市政工程类专业共有4个目录内专业。2019年，4个目录内专业均有院校开设，并开设了1个目录外专业（即表1-27中市政工程类其他专业）。

1）开办院校数。4个目录内专业的开办院校数从多到少依次为：市政工程技术（157所，占比62.80%）、给排水工程技术（67所，占比26.80%）、城市燃气工程技术（24所，占比9.60%）、环境卫生工程技术（1所，占比0.40%），除环境卫生工程技术为首次招生外，其余3个专业排列顺序与上年相同。占比超过20%的专业有2个，即市政工程技术（占比62.80%）、给排水工程技术（占比26.80%），与上年相同；两个专业的合计占比为89.60%，较上年增加了0.88%。与2018年比较，开办院校数增加的专业有1个，即环境卫生工程技术；开办院校数持平1个，即市政工程技术；开办院校数减少的专业有2个，即城市燃气工程技术、给排水工程技术。

2）毕业生数。4个目录内专业的毕业生数从多到少依次为：市政工程技术（4936人，占比62.33%）、给排水工程技术（2195人，占比27.72%）、城市燃气工程技术（788人，占比9.95%）、环境卫生工程技术（0人，占比0.00%），除环境卫生工程技术专业尚无毕业生，其余3个专业的排列顺序与上年相同。占比超过20%的专业有2个，即市政工程技术（占比62.33%）、给排水工程技术（占比27.72%），与上年相同；两个专业的合计占比为90.05%，较上年增加了1.73%。与2018年比较，除环境卫生工程技术专业尚无毕业生，其余3个专业的毕业生数均减少。

3）招生数。4个目录内专业的招生数从多到少依次为：市政工程技术（7808人，占比65.77%）、给排水工程技术（3103人，占比26.14%）、城市燃气工程技术（811人，占比6.83%），环境卫生工程技术（6人，占比0.05%），除环境卫生工程技术专业系首次招生外，其余3个专业的排列顺序与上年相同。占比超过20%的专业有2个，即市政工程技术（占比65.77%）、给排水工程技术（占比26.14%），与上年相同；两个专业的合计占比为91.91%，较上年增加了3.03%。与2018年比较，招生数减少的专业有1个，即城市燃气工程技术；其余3个专业招生数均增加。

4）在校生数。3个目录内专业的在校生数从多到少依次为：市政工程技术（18586人，占比64.28%）、给排水工程技术（7637人，占比26.41%）、城市燃气工程技术（2539人，占比8.75%）、环境卫生工程技术（18人，占比0.06%），除环境卫生工程技术专业首次有在校生外，其余3个专业的排列顺序与上年相同。占比超过20%的专业有2个，即市政工程技术（占比64.28%）、给排水工程技术（占比26.41%），与上年相同；两个专业的合计占比为90.69%，较上年增加了1.39%。与2018年比较，除城市燃气工程技术专业减少外，其余3个专业在校生数均增加。

综上分析，市政工程技术和给排水工程技术专业是该类专业的主体专业，两个专业的开办院校数、毕业生数、招生数、在校生数分别占总数的 89.60%、90.05%、91.91%、90.69%。

（7）房地产类专业

2019 年全国高等建设职业教育房地产类专业学生培养情况见表 1-28。

2019 年全国高等建设职业教育房地产类专业学生培养情况　　　　表 1-28

专业	开办院校		毕业生数		招生数		在校生数	
	数量	占比（%）	数量	占比（%）	数量	占比（%）	数量	占比（%）
房地产经营与管理	130	42.90	3913	41.80	4330	36.52	11922	39.39
房地产检测与估价	25	8.25	539	5.76	330	2.78	1315	4.34
物业管理	145	47.85	4909	52.44	7004	59.07	16837	55.63
房地产类其他专业	3	0.99	0	0.00	194	1.64	194	0.64
合计	303	100.00	9361	100.00	11858	100.00	30268	100.00

2019 年，房地产类 3 个目录内专业均有院校开设，并开设了 3 个目录外专业（即表 1-28 中房地产类其他专业）。

1）开办院校数。3 个目录内专业的开办院校数从多到少依次为：物业管理（145 所，占比 47.85%）、房地产经营与管理（130 所，占比 42.90%）、房地产检测与估价（25 所，占比 8.25%），排列顺序与上年相同。占比超过 20% 的专业有 2 个，即物业管理（占比 47.85%）、房地产经营与管理（占比 42.90%），与上年相同；两个专业的合计占比为 90.75%，较上年增加了 0.27%。与 2018 年比较，3 个专业的开办院校数均减少。

2）毕业生数。3 个目录内专业的毕业生数从多到少依次为：物业管理（4909 人，占比 52.44%）、房地产经营与管理（3913 人，占比 41.80%）、房地产检测与估价（539 人，占比 5.76%），排列顺序与上年相同。占比超过 20% 的专业有 2 个，即物业管理（占比 52.44%）、房地产经营与管理（占比 41.80%）与上年相同；两个专业的占比合计为 94.24%，较上年增加了 0.07%。与 2018 年比较，1 个专业的毕业生数增加，即房地产检测与估价；2 个专业的毕业生数减少，即房地产经营与管理、物业管理。

3）招生数。3 个目录内专业的招生数从多到少依次为：物业管理（7004 人，占比 59.07%）、房地产经营与管理（4330 人，占比 36.52%）、房地产检测与估价（330人，占比 2.78%），排列顺序与上年相同。占比超过 20% 的专业有 2 个，即物业管理（占比 59.07%）、房地产经营与管理（占比 36.52%），与上年相同；两个专业的占比合计为 95.59%，较上年增加了 1.15%。与 2018 年比较，有 2 个专业的招生数增加，即物业管理、房地产经营与管理；有 1 个专业的招生数减少，即房地产检测与估价。

4）在校生数。3 个目录内专业的在校生数从多到少依次为：物业管理（16837人，占比 55.63%）、房地产经营与管理（11922 人，占比 39.39%）、房地产检测与估价（1315 人，占比 4.34%），排列顺序与上年相同。占比超过 20% 的专业有 2 个，即物业管理（占比 55.63%）、房地产经营与管理（占比 39.39%），与上年相同；两个专业的合计占比为 95.02%，较上年增加了 0.67%。与 2018 年比较，有 1 个专业的在校生数增加，即物业管理；2 个专业的在校生数减少，即房地产检测与估价、房地产经营与管理。

综上分析，房地产经营与估价和物业管理是房地产类专业的主体专业，两个专业的开办院校数、毕业生数、招生数、在校生数分别占总数的 90.75%、94.24%、95.59%、95.02%。

1.2.2.5　按地区统计

2019 年土木建筑类专科生按地区分布情况见表 1-29。

2019 年土木建筑类专业专科生按地区分布情况　　　　　　　　　表 1-29

地区		开办院校		开办专业		毕业生数		招生数		在校生数		招生数较毕业生数增幅（%）
		数量	占比（%）	数量	占比（%）	数量	占比（%）	数量	占比（%）	数量	占比（%）	
华北	北京	21	1.82	43	0.95	1065	0.38	1114	0.27	2946	0.31	4.60
	天津	16	1.39	61	1.35	4436	1.60	4711	1.15	13260	1.37	6.20
	河北	62	5.37	242	5.36	10733	3.88	14557	3.57	36449	3.78	35.63
	山西	27	2.34	112	2.48	7453	2.69	7561	1.85	20280	2.10	1.45
	内蒙古	32	2.77	110	2.44	3264	1.18	3591	0.88	9530	0.99	10.02
	小计	158	13.69	568	12.58	26951	9.73	31534	7.73	82465	8.55	17.00
东北	辽宁	27	2.34	104	2.30	6248	2.26	11597	2.84	22843	2.37	85.61
	吉林	23	1.99	57	1.26	1530	0.55	4393	1.08	6925	0.72	187.12
	黑龙江	30	2.60	135	2.99	5849	2.11	8695	2.13	19195	1.99	48.66
	小计	80	6.93	296	6.56	13627	4.92	24685	6.05	48963	5.08	81.15

续表

地区		开办院校		开办专业		毕业生数		招生数		在校生数		招生数较毕业生数增幅（%）
		数量	占比（%）	数量	占比（%）	数量	占比（%）	数量	占比（%）	数量	占比（%）	
华东	上海	10	0.87	41	0.91	2537	0.92	3022	0.74	7742	0.80	19.12
	江苏	66	5.72	310	6.87	17662	6.38	20739	5.08	54755	5.68	17.42
	浙江	33	2.86	131	2.90	11653	4.21	14070	3.45	36073	3.74	20.74
	安徽	53	4.59	212	4.70	12534	4.53	20697	5.07	42264	4.38	65.13
	福建	39	3.38	163	3.61	8885	3.21	15652	3.83	32838	3.40	76.16
	江西	55	4.77	206	4.56	14341	5.18	17335	4.25	42756	4.43	20.88
	山东	72	6.24	267	5.91	20319	7.34	30270	7.42	65788	6.82	48.97
	小计	328	28.42	1330	29.46	87931	31.76	121785	29.84	282216	29.26	38.50
中南	河南	97	8.41	359	7.95	22687	8.19	31602	7.74	76877	7.97	39.30
	湖北	76	6.59	251	5.56	13720	4.96	17235	4.22	47025	4.87	25.62
	湖南	44	3.81	140	3.10	13357	4.82	16904	4.14	42852	4.44	26.56
	广东	56	4.85	228	5.05	17346	6.26	22706	5.56	60693	6.29	30.90
	广西	40	3.47	201	4.45	14909	5.38	32301	7.91	67471	6.99	116.65
	海南	7	0.61	30	0.66	1566	0.57	2911	0.71	6281	0.65	85.89
	小计	320	27.73	1209	26.78	83585	30.19	123659	30.30	301199	31.22	47.94
西南	重庆	34	2.95	175	3.88	8916	3.22	22154	5.43	41408	4.29	148.47
	四川	72	6.24	270	5.98	16866	6.09	20643	5.06	58218	6.04	22.39
	贵州	32	2.77	146	3.23	10151	3.67	16266	3.99	39720	4.12	60.24
	云南	33	2.86	142	3.15	9148	3.30	13706	3.36	34695	3.60	49.83
	西藏	2	0.17	5	0.11	282	0.10	257	0.06	663	0.07	−8.87
	小计	268	23.22	1111	24.61	64783	23.40	106480	26.09	249817	25.90	64.36
西北	陕西	46	3.99	169	3.74	8806	3.18	16662	4.08	34313	3.56	89.21
	甘肃	20	1.73	76	1.68	4143	1.50	7270	1.78	16197	1.68	75.48
	青海	3	0.26	23	0.51	1186	0.43	1418	0.35	3747	0.39	19.56
	宁夏	8	0.69	36	0.80	1282	0.46	2574	0.63	5665	0.59	100.78
	新疆	18	1.56	69	1.53	4003	1.45	5530	1.35	15191	1.57	38.15
	小计	95	8.23	373	8.26	19420	7.01	33454	8.20	75113	7.79	72.27
合计		1154	100.00	4514	100.00	276877	100.00	408143	100.00	964660	100.00	47.41

（1）2019年土木建筑类专业专科生按各大区域分布特点

1）开办院校数。从多到少依次为华东、中南、西南、华北、西北、东北地区，分别为328所、320所、268所、158所、95所、80所，占比分别为28.42%、27.73%、23.22%、13.69%、8.23%、6.93%。处于前两位的华东、中南地区共648所，占开办院校总数的56.15%；开办院校数处于后两位的是西北、东北地区，共有175所，占开办院校总数的15.16%。与2018年相比，开办院校数的排列顺序没有变化；居于前两位的华东和中南地区院校数占比之和增加了0.01%；居于后两位的西北和东北地区院校数占比之和增加了0.11%。

2）专业点数。专业点数从多到少依次为华东、中南、西南、华北、西北、东北地区，分别为1330个、1209个、1111个、568个、373个、296个，占比分别为29.46%、26.78%、24.61%、12.58%、8.26%、6.56%。处于前两位的华东、中南地区共2539个专业点，占专业点总数的56.24%，而后两位的东北、西北地区合计仅669个，占14.82%。与2018年比较，各大区域的排列顺序没有变化；处于前两位的华东、中南地区的专业点数占比之和增加了0.04%；处于后两位的西北、东北地区的专业点数占比之和增加了0.22%。

3）毕业生数。毕业生数从多到少依次为华东、中南、西南、华北、西北、东北地区，分别为87931人、83585人、64783人、26951人、19420人、13627人，分别占总数的31.76%、30.19%、23.40%、9.73%、7.01%、4.92%。处于前两位的华东、中南地区共171516人，占毕业生总数的61.95%，而处于后两位的西北、东北地区仅33047人，占总数的11.93%。与2018年比较，各大区域的排列顺序没有变化；处于前两位的仍然是华东、中南地区，毕业生数占比增加了0.93%；处于后两位的仍然是西北、东北地区，毕业生数占比增加了0.04%。

4）招生数。招生数从多到少依次为中南、华东、西南、西北、华北、东北地区，分别为123659人、121785人、106480人、33454人、31534人、24685人，分别占总数的30.30%、29.89%、26.09%、8.20%、7.73%、6.05%。处于前两位的中南、华东地区共245444人，占招生总数的60.19%，而后两位的西北、东北地区仅56219人，占13.78%。与2018年比较，各大区域的排列顺序只有西北和华北地区互换了位次，其余没有变化；处于前两位的华东、中南地区的招生数占比之和增加了0.20%；处于后两位地区的招生数占比之和增加了1.82%。

5）在校生数。在校生数从多到少依次为中南、华东、西南、华北、西北、东北地区，分别为 301199 人、282216 人、249817 人、82465 人、75113 人、48963 人，分别占总数的 31.22%、29.26%、25.90%、8.55%、7.79%、5.08%。在校生人数处于前两位的为中南、华东地区，共 583415 人，占在校生总数的 60.48%；处于后两位的为西北、东北地区，共 124076 人，占 12.87%。与 2018 年比较，各大区域的排列顺序没有变化，处于前两位的华东、中南地区的在校生数占比之和增加了 0.54%，处于后两位的西北、东北地区的在校生数占比之和增加了 1.05%；各大区域在校生数均较 2018 年增加，各大区域增加人数和增幅分别为：华北 2893 人、3.64%，东北 10530 人、27.40%，华东 28036 人、11.03%，中南 36102 人、13.62%，西南 98123 人、64.68%，西北 13015 人、20.96%。

6）招生数较毕业生数的增幅。增幅从大到小依次为：东北 81.15%、西北 72.27%、西南 64.36%、中南 47.94%、华东 38.50%、华北 17.00%。表明各大区域在校生数均呈正增长状态，且增长幅度很大，华东、华北两地区增幅相对较平稳。与 2018 年比较，招生数较毕业生数的增幅由全部负增长变为全部正增长。

可见，不论是院校数、专业点数，还是毕业生数、招生数、在校生数，华东、中南两地区都处于前两位，而除招生数是华北、东北地区处于后两位以外，院校数、专业点数、毕业生数、在校生数都是西北、东北地区处于后两位，这与地区人口数量、经济发展水平以及高等教育发展水平是一致的。

（2）2019 年土木建筑类专业专科生按省级行政区分布情况

1）开办院校数。开办院校数位居前五位的省级行政区依次为：第一河南，97 所，占全国总数的 8.41%；第二湖北，76 所，占全国总数的 6.59%；并列第三四川、山东，72 所，占全国总数的 6.24%；第五江苏，66 所，占全国总数的 5.72%。开办院校数后五位的省级行政区是：第一西藏，2 所，占全国总数的 0.17%；第二青海，3 所，占全国总数的 0.26%；第三海南，7 所，占全国总数的 0.61%；第四宁夏，8 所，占全国总数的 0.69%；第五上海，10 所，占全国总数的 0.87%。

与 2018 年比较，开办院校数位居前五位的省级行政区的排序没有变化，位居后五位的省级行政区没有变化，但排序稍有变化。2018 年后五位的省级行政区排序为：并列第一西藏、青海，2 所，占全国总数的 0.17%；并列第三海南、宁夏，7 所，占全国总数的 0.60%；第五上海，10 所，占全国总数的 0.86%。与 2018 年比较，31

个省级行政区中，开办院校数增加的有 9 个，分别为吉林、江西、山东、河南、湖南、云南、青海、宁夏、新疆；持平的 9 个，分别为天津、山西、上海、安徽、广东、海南、重庆、贵州、西藏；减少的 13 个，分别为北京、河北、内蒙古、辽宁、黑龙江、江苏、浙江、福建、湖北、广西、四川、陕西、甘肃。

2）专业点数。专业点数位居前五位的省级行政区依次为：第一河南，358 个，占全国总数的 7.95%；第二江苏，310 个，占全国总数的 6.87%；第三四川，270 个，占全国总数的 5.98%；第四山东，267 个，占全国总数的 5.91%；第四湖北，251 个，占全国总数的 5.56%。专业点数位居后五位的省级行政区依次为：第一西藏，5 个，占全国总数的 0.11%；第二青海，23 个，占全国总数的 0.51%；第三海南，30 个，占全国总数的 0.66%；第四宁夏，36 个，占全国总数的 0.80%；第五上海，41 个，占全国总数的 0.91%。

与 2018 年比较，专业点数位居前五位的省级行政区中，前四位没有变化，第五位由河北变为湖北；后五位的省级行政区的排序没有变化。与 2018 年比较，31 个省级行政区中，专业点数增加的有 18 个，分别为天津、山西、辽宁、吉林、上海、江苏、安徽、湖南、广东、海南、重庆、贵州、云南、西藏、陕西、甘肃、青海、宁夏；持平的有 2 个，分别为内蒙古、新疆；减少的有 11 个，分别为北京、河北、黑龙江、浙江、福建、江西、山东、河南、湖北、广西、四川。

3）毕业生数。毕业生数位居前五位的省级行政区依次为：第一河南，22687 人，占全国总数的 8.19%；第二山东，20319 人，占全国总数的 7.34%；第三江苏，17662 人，占全国总数的 6.38%；第四广东，17346 人，占全国总数的 6.26%；第五四川，16866 人，占全国总数的 6.09%。毕业生数位居后五位的省级行政区依次为：第一西藏，282 人，占全国总数的 0.10%；第二北京，1065 人，占全国总数的 0.38%；第三青海，1186 人，占全国总数的 0.43%；第四宁夏，1282 人，占全国总数的 0.46%；第五吉林，1530 人，占全国总数的 0.55%。

与 2018 年比较，毕业生数位居前五位和后五位的省级行政区都发生了变化，2018 年前五位的省级行政区排序为第一河南（占比 7.83%）、第二山东（占比 7.82%）、第三四川（占比 6.93%）、第四江苏（占比 6.42%）、第五江西（占比 5.98%），后五位的省级行政区排序为第一西藏（占比 0.07%）、第二青海（占比 0.38%）、第三宁夏（占比 0.41%）、第四北京（占比 0.48%）、第五海南（占比 0.53%）。与 2018

年比较，31 个省级行政区中，毕业生数增加的有 4 个，分别为天津、上海、贵州、西藏，其余均减少。

4）招生数。招生数位居前五位的省级行政区依次为：第一广西，32301 人，占全国总数的 7.91%；第二河南，31602 人，占全国总数的 7.74%；第三山东，30270 人，占全国总数的 7.42%；第四广东，22706 人，占全国总数的 5.56%；第五重庆，22154 人，占全国总数的 5.43%。招生数位居后五位的省级行政区依次为：第一西藏，257 人，占全国总数的 0.06%；第二北京，1114 人，占全国总数的 0.27%；第三青海，1418 人，占全国总数的 0.35%；第四宁夏，2574 人，占全国总数的 0.63%；第五海南，2911 人，占全国总数的 0.71%。

与 2018 年比较，招生数位居前五位和后五位的省级行政区的排序都发生了变化。2018 年招生数位居前五位的排序及其占总招生数的比例为：第一河南，占比 8.46%；第二广东，占比 7.25%；第三四川，占比 6.90%；第四广西，占比 6.41%；第五山东，占比 6.16%；招生数位居后五位的省级行政区排序及其占总招生数的比例为：第一西藏，占比 0.09%；第二北京，占比 0.29%；第三青海，占比 0.44%；第四吉林，占比 0.46%；第五宁夏，占比 0.53%。与 2018 年比较，31 个省级行政区的招生数都增加。

5）在校生数。在校生数位居前五位的省级行政区依次为：第一河南，76877 人，占全国总数的 7.97%；第二广西，67471 人，占全国总数的 6.99%；第三山东，65788 人，占全国总数的 6.82%；第四广东，60693 人，占全国总数的 6.29%；第五四川，58218 人，占全国总数的 6.04%。在校生数位居后五位的省级行政区依次为：第一西藏，663 人，占全国总数的 0.07%；第二北京，2946 人，占全国总数的 0.31%；第三青海，3747 人，占全国总数的 0.39%；第四宁夏，5665 人，占全国总数的 0.59%；第五海南，6281 人，占全国总数的 0.65%。

与 2018 年比较，在校生数位居前五位和后五位的省级行政区均发生了变化。2018 年在校生数位居前五位的省级行政区及其占总在校生数的比例依次为：第一河南，占比 8.07%；第二广东，占比 6.66%；第三山东，占比 6.64%；第四四川，占比 6.58%；第五江苏，占比 6.40%。2018 年在校生数位居后五位的省级行政区及其占总在校生数的比例依次为：第一西藏，0.08%；第二北京，0.35%；第三青海，0.42%；第四吉林，0.49%；第五宁夏，0.55%。与 2018 年比较，在校生数除北京、山西、内蒙古、西藏 4 个省级行政区减少外，其余 27 个都增加。

6）招生数与毕业生数相比，除西藏减少外，其余 30 个省级行政区都增加。增加幅度位居前五位的省级行政区依次为：第一吉林（187.12%），第二重庆（148.47%），第三广西（116.65%），第四宁夏（100.78%），第五陕西（89.21%）。2018 年，在 31 个省级行政区中，仅有 7 个招生数较毕业生数增加，有 24 个减少；减少幅度居前五位省级行政区依次为：第一北京（50.57%），第二吉林（41.57%），第三安徽（38.47%），第四内蒙古（38.08%），第五江西（36.50%）；招生数较毕业生数增加幅度居前五位的省级行政区从大到小依次为：第一贵州（34.18%），第二宁夏（9.30%），第三广西（7.71%），第四甘肃（5.11%），第五广东（4.54%）。可见，2019 年土木建筑大类专业呈现全面"复苏"势头。

1.2.3　高等建设职业教育发展面临的问题

统计信息显示，2019 年全国高等建设职业教育办学点数量为 1154 个，较上年减少 30 个；在校生人数为 964660 人，较上年增加 63784 人。

在习近平总书记重要讲话精神和全国教育大会的鼓舞下，在《国家职业教育改革实施方案》（职教 20 条）、"双高院校"和"高水平专业群"项目、"1+X"证书制度、《高等职业教育创新发展行动计划（2015—2018 年）》、"院校内部质量保证体系""现代学徒制""课程思政"、《职业教育提质培优行动计划（2020—2023 年）》等新政策、新理念、新项目、新模式、新机制的推动下，各高职院校对立德树人、全人培养、内涵建设、高水平专业群建设、体制机制建设、内部质量保证制度建设、校企深度融合、学生技能培养、生源多样化应对策略等关系到院校发展和人才培养的核心问题重视程度不断提高，并取得了显著成果。

开设建设类高等职业教育专业的高职院校对我国建设行业发展动态的关注度进一步增强，积极应对建筑业转型升级所引发的"新业态、新基建"对院校教育和人才培养提出新课题。更加重视和关注行业的转型和岗位的迁移，深入研究岗位能力等方面均有所增强。

2019 年是我国职业教育大发展的一年，各方面的"利好政策"频出，形势令人鼓舞。但仍存在诸多发展核心问题，主要体现在："利好政策"的"落地速度"仍然不快，影响了政策的实施效果；高等建设职业教育的定位、质量和服务能力等方面仍与政府、行业、企业的期望及家长、学生的诉求存在相当的差距；生源多样化带来的教育教学方式、评价标准的多样化需求研究相对滞后；"层次化"的天花板仍然存在，高职教育社会认同度面临挑战等方面。

1.2.3.1　外部环境持续向好，与落实层面需破解的课题较多

2020 年 9 月，习近平总书记在教育文化卫生体育领域专家代表座谈会的讲话指出："要大力发展职业教育和培训，有效提升劳动者技能和收入水平，通过实现更加充分、更高质量的就业扩大中等收入群体，释放内需潜力。"党的十九届五中全会公报也指出：2020 年我国高等教育已经进入普及化阶段；到 2035 年基本建成文化强国、教育强国、人才强国、体育强国、健康中国；"十四五"时期要实现人民思想道德素质、科学文化素质和身心素质明显提高，全民受教育程度不断提升；深入实施科教兴国战略、人才强国战略、创新驱动发展战略、完善国家创新体系，加快建设科技强国。

国家及教育行政部门继续出台促进职业教育发展的政策措施，持续加大对职业教育的投入，有效促进了职业院校建设，职业教育在社会的影响力的提高，职业教育和院校的发展建设继续保持良好的发展态势。"双高院校"和"高水平专业群"项目、《职业教育提质培优行动计划（2020—2023 年）》等文件的发布，对今后职业教育发展的促进作用凸显。

从教育属性和国内外成功经验来看，职业教育的发展需要各级政府的引导和扶持、行业企业的积极参与深度融入。理想的职业教育应该是一种"院校依托行业企业、院校与企业深度融合、学生培养知识与技能并重、教育目标育人与成才兼具"的形态，属于典型的"跨界"教育。院校教育对企业和社会资源参与教育的依托度很高，单靠职业院校的自身力量通常很难完成人才培养的全部任务，也无法保证高素质技术技能人才的培养任务。

应该指出的是，多年一直困扰职业教育的"理念先进、实施滞后，想法多、做法少"的问题在 2019 年仍然显著存在。推进职业教育发展的理论研究成果、顶层设计、推进项目、创新体系等属于顶层设计层面的政策与成果层出不穷。但在"落地与发挥实效"上仍然存在显著问题，具体的实施细则相对滞后。在推进制度与机制方面不够有力，在统筹协调方面没有形成"合力"，仍没有形成"政府统领、多方参与、通力协作、齐抓共管"的局面。在吸引和要求行业企业参与职业教育法律与政策制定、校企深度融合制度建立与机制研究、行业企业参与人才培养积极性的配套激励政策、

校外实训基地建设的体制和长效运行机制、"学生双身份、育人双主体"的法律与政策制度研究、企业专家和能工巧匠参与学校教学活动的激励制度等方面，均存在教育行政部门出台的政策得不到其他相关方呼应和协同，导致无法落地实施的问题。

1.2.3.2　建筑业新型工业化既为院校带来了新机遇，也提出了新挑战

我国建筑业新兴工业化的发展将会带来"新业态、新基建"的巨大变化，建筑业如何实现新型工业化，是摆在业内人士面前的重大课题。行业的转型将形成的"新业态、新基建"必然会对建筑业岗位构成、岗位内涵、岗位职责以及从业人员的知识与技能结构带来革命性的变化。

目前，大部分职业院校对建筑业技术创新和管理创新（BIM、装配式建筑、综合管廊、智能建造、智慧工地、绿色建筑、智慧城市等）的"新基建、新业态"给予了积极的关注，并在思想意识上做出了相应的转变，在行动上也有所呼应。但仍然存在少数院校热衷于"关门办学"，对行业转型带来的新课题、新挑战认识不足，对岗位内涵和职责的迁移和变革判断不准、关注度不高、各方面投入力度不大，缺乏应对策略的思考与研究，在行动上也有所欠缺。还有一些院校存在对行业发展的新事物领会不准确，认识肤浅，习惯在专业设置和课程体系构建方面做表面文章，对专业定位、专业内涵研究得不够深入，也缺乏具体的操作措施。

1.2.3.3　高职教育彰显"类型化"特色，仍是需要破解的核心问题

随着我国新型工业化进程的推进，工匠精神和技能人才越来越被社会各界所认同，随着建筑业转型升级把打造一支建筑产业队伍作为建设目标之一，建筑科技含量提升对一线从业人员知识技能要求的不断提升，使各类院校更加重视对基层高素质技术技能型人才的培养。当前，随着应用型本科的转型，数量众多的本科院校加强了对学生技能的培养，更加重视课程的应用性，更加重视课程内容与岗位要求的衔接，有相当多的本科毕业生接受了在建筑生产施工一线就业的现实。近几年，我国选手在世界技能大赛屡创佳绩，他们中间的绝大部分来自中高职学校。中职院校土建类专业对专业核心能力的关注度逐渐向技能方面转移，办学特色更加鲜明。这种"上层教育重心下移，下层教育基础稳固"的局面使高等建设职业教育的传统空间有进一步被挤压的趋势，特别是智能建造、建筑信息化、装配式建筑的推进引发的对高职毕业生就业岗位重心下移趋势，对建设类高职教育在新形势下如何找准定位，持续发展提出了新课题、新挑战。

从教育类别来看，国家一直把高职教育定位为高等教育的一种类型，在人才类别上与普通高等教育互相支撑、互相补充，高职院校也把早日实现高职的类型特色作为发展建设的核心目标。但在对类型教育核心内涵的理论研究与应用实践，尤其是在教育教学实施过程中还存在许多有待破解的问题，还没有真正梳理出属于自己特色的整体思路、行为准则、评价标准。很多时候存在"言行不一"的问题，在理论层面经常提及职业教育的类型与特色，但在行动层面往往习惯于接受本科压缩性。在建筑业转型升级的新形势下，高等建设职业教育如何能在内涵建设方面取得进一步的突破，如何通过具有说服力案例和结论彰显类型教育的特色，已经成为事关今后可持续发展的大问题。

1.2.3.4　办学水平有待继续提高，办学整体实力亟待加强

当前，大多数职业院校在院校规划、专业定位、对接市场、人才培养方案设计和课程体系创新、平台与资源建设方面进行了积极的探索和有益的实践。在紧跟行业发展、校企深度融合、建筑新技术与新理念的引入，努力提高人才培养质量方面做了许多有益的尝试，办学理念、办学实力、办学自律性和整体质量有所提高。其中国家及省级示范校、骨干校在其中发挥了积极的引领、示范与骨干作用，"双高院校"和"高水平专业群"建设项目又使这种助推力量得到了进一步的提升。

同时也要承认，部分高职院校在办学理念、专业设置、培养目标、适应岗位、课程体系及资源配置方面与行业发展和市场要求仍然存在着一定的偏差与脱节。在专业设置与定位方面习惯于眼光向内、关门办学，不持续关注我国建筑业新型工业化的动态和趋势，不深入研究新形势下技术技能型人才知识技能的新结构、新要求、新内涵，人才规格与高职教育定位的对接度不高，适应岗位与行业企业需求严重脱节。还存在资源配置不足、一流专任教师队伍欠缺，习惯于低成本办学的现象，部分院校还沉浸于"旺盛的市场需求，掩盖教育的不足"的局面当中。培养人才的知识与技能水准不达标，基本属于粗放的"毛坯型"人才，与培养"毕业即就业，能上岗、能顶岗"的成品型人才的目标存在相当大的差距，学校远没完成"全人培养、教书育人、与岗位无缝对接"的教育教学任务，把相当多的岗前培训和继续教育的责任留给了用人单位。

由于顶层设计不到位，导致课程体系创新不力、衔接不紧密，课程设置与培养目标契合度不高，课程内容相对陈旧，教学手段相对落后。部分院校对国家《高等

职业学校专业教学标准》执行不力，仍然存在"随意设课、因师设课，以不变应万变"的现象，对教育信息化的意义、内涵和应用研究不到位，往往把教育信息化作为帮助教师"干活"的工具，或者作为吸人眼球的"亮点"。没有在专业教育体系中真正引入人才质量行业认证的理念与做法，制定的课程标准、评价指标体系没有企业专家参与，评价结论不够科学、准确。

当前，院校在办学水平和办学实力方面的短板主要有以下几个方面：

（1）缺乏职业教育理论研究，顶层设计欠缺。目前职业院校专任教师中年轻教师居多，他们多是"出了本科院校门，就进了高职院校门的高学历人才"，只有这样才能符合学校在引进专任教师时的学历、专业和毕业院校的条件要求。由于教育类型的差异，从本科院校招聘的新教师面临着比较繁重的"岗前培训、转观念、再教育"的任务，但实际上他们往往没有经过系统培训和再学习就承担了满额的教学任务，过早地成为"成熟的教学型教师"，少有再去企业实习、参与工程实践的机会，有了机会往往也没有加以充分的利用。许多青年教师对积累工程实践经验的价值和紧迫感存在认识上的偏差，习惯于"愿意动口、不愿意动手，自己不会，却想教会别人"，在一定程度上影响了人才培养质量，也不利于他们自身的发展。

（2）缺乏专业领军人才，牵引力不足。许多学校苦于没有一流的专业领军人才，这种现象在相对边远地区体现得更加突出。个别专业带头人业务能力和对专业建设的把控能力不强，甚至不具备本专业的教育背景，没有企业工作经历或经历浅薄，自身实力和业内影响力较差。有些院校存在把专业带头人"行政化"的现象，往往不论专业背景和专业教学需求，随意调岗、轮岗，这也在一定程度上影响了专业的可持续发展。此外，行业企业一流专家很难承担日常教学任务，院校所在地企业资源相对匮乏和薪酬缺乏吸引力的问题，导致行业企业专家主要是参与专业论证、平台建设论证、专题讲座等阶段性教学工作，参与日常教学的比例较低。

（3）师资数量不足、整体质量不高。普遍存在教师年龄和性别结构不够合理、岗前培训和教育理论缺失、进入课堂的门槛较低、专任教师数量不足的现象。部分院校专任教师的专业方向不能覆盖专业的教学核心环节，导致专业教学存在薄弱节点。教师的企业实践经历不足、热情不高，工程能力不强，不足以适应教学需求。尤其是近年来经济欠发达地区专任教师的流失现象日益加重，导致部分院校教师队伍的稳定已经成为关系到专业建设和人才培养的大问题。

（4）配套教学资源适用性不强、质量有待提高。虽然近年来院校的资源建设水平有了普遍的提高，但仍有个别院校还在依靠相对传统和落后的教学资源作为专业教学的工具与支撑，而且更新力度不大。许多实训还处于"教师做，学生看"的阶段，离"体验式、沉浸式"教学还有相当的距离。有些院校虽然拥有了校内教学资源，但缺乏对资源的整体设计、配套水平不高、专业间共享度差、系统性不强、仿真度较低、技术落后，导致应用效果不理想。许多教师热衷于使用"自编教材"，导致教材的质量整体不高，教学辅助功效降低。教育部倡导的"活页教材"如何实现，如何突破现有出版方式的限制，如何更好地服务"教与学"，仍然需要进行摸索和实践。

（5）投入不均衡，资源应用不合理。少数院校仍然留恋在"以快取胜、白手起家、低成本办学"的阶段，不舍得在师资队伍建设和教学资源配置方面投入。有些院校对有限的建设资金使用的合理论证不够，资金的使用效率不高，使用效果不理想。实训设施还大量存在"形象工程、摆设工程，好看不好用、新建即落后"的现象。

1.2.3.5　部分办学点仍习惯于"关门办学"，与行业需求脱节

2019 年，涉足高等建设职业教育的院校与办学点达到 1154 个，虽然数量与上年相比有所减少，但仍具有办学点多、在校生多、社会需求量大、办学点规模差异较大、办学背景繁杂的特点。总体来说，行业内院校与建设行业对接较为紧密，专业设置较为齐全，具备形成"专业集群"的基础条件。但院校之间交流互动仍然普遍存在"面不广、量不大"的现象，缺乏抱团取暖、协同发展的主动意识和积极行动。相当数量行业外的部分院校仍然处于"故步自封、自娱自乐，眼光向内、关门办学"的状态，对行业发展关注度不够，对专业发展前沿问题缺乏研究，人才培养质量堪忧。

在全国有一千余所院校开设有土建类高职专业的现状下，目前中国建设教育协会高等职业与成人教育专业委员会的会员单位只有近 202 个，这其中还包括近 50 家本科继续教育学院、出版单位及科技企业。据统计，与全国住房和城乡建设职业教育教学指导委员会保持有效联系的高职院校也只有 500 余所，这其中多为行业内院校和办学规模大、办学历史长的省级高职院校。大多数开设有土建类专业的高职院校，尤其是相对边远省区、地市级及民办院校仍然游离在专业指导机构或学术社团的视线之外，没有与这些组织建立有效联系，也缺少和兄弟院校沟通的欲望。这种局面导致院校之间信息不畅、沟通不力、互动交流不够，行业动态、人才新需求、专业建设与发展的前沿信息、新规范、新技术和最新的研究成果往往不能及时传递

到全部院校和办学点，导致专业指导机构、行业社团和核心院校的指导与引领作用无法充分发挥，也不利于形成团队的合力与共同发声的良好环境。

1.2.3.6 专业发展和水平不均衡，人才培养质量不稳定

目前仍有相当数量的院校没有实现专业定位、培养目标与行业与市场需求同步，对内涵建设投入的精力和资源不多，对国家颁布的《高等职业学校专业教学标准》等指导性教育教学文件重视不够、领会不深、执行不力。在专业建设上缺乏准确定位和顶层设计，对课程体系关注多，对课程的应用价值和实效关注少。市场调研和论证不够充分，满足于"拿来主义"，自身特色体现的不够充分，人才培养方案的"同质化"现象比较普遍。校本人才培养方案和教学资源基本处于"有无"阶段，与人才培养方案配套的课程标准要求存在缺失或执行不严的现象，院校教学质量内部监控体系建设相对滞后，对教学设计、教学过程及教学效果的评价仍处于粗放型阶段，没有真正形成"过程评价"体系。仍然存在重课堂教学、轻实践教学的现象。教学督导体系的功能发挥不够充分，许多时候只是解决了"有没有"的问题，"重督轻导"的局面没有真正改观。部分院校在制定人才培养方案时没有认真关注行业的发展动态，课程设置不够合理、内容陈旧，在一定程度上存在课程之间合作、衔接、支撑不够，课程体系存在缺失和空挡，"链条效应"不够鲜明，"相互支撑"不力以及"因师设课"的问题。

部分院校推进课程改革的力度不够，教学手段相对滞后。职业教育理论研究成果没有在教学活动中得到有效应用，课程改革的效应仍然没有真正惠及广大学生。一线教师，尤其是"双师素质"教师数量存在缺口、质量不高、可持续性不强，企业兼职教师的数量不足、也不够稳定。教师在教学中没有充分体现"教师为主导、学生为主体"的教学思想，"因材施教、师生互动，讲求教育教学的增量效益"的理念在日常教学中没有得到真正的应用。对教育信息化的积极意义和对职业教育促进作用价值认识较为浮浅，经常把信息化教学手段当成减轻教师工作负担的工具，往往处于"表象化"的层面，注重表现、忽视内涵，没有从课程实效与学生需求的角度来有机应用。

1.2.3.7 社会认同度低的局面没有改观，需理性应对

自 2015 年以来，高等建设职业教育的在校生规模总体呈缩减态势，大多数院校的新生录取分数在本地区招生最低控制线已成常态化，生源数量不足的局面总体

没有得到缓解、相当数量的院校完不成招生计划。近年来，由于大量民办高职院校升格为本科，部分本科院校向应用型转型，导致高等建设职业教育生源被大量分流，留给高职院校的生源数量明显不足。不断扩大的单独招生比例、技能高考和高职扩招在开辟高职生源渠道的同时，又进一步加剧了社会对高职教育认识的偏差和生源质量的下降。

高等建设职业教育招生规模从 2015 年峰值开始下降，这已经成为影响高等建设职业教育自信心和社会认同度的因素之一。究其原因，除了院校本身在专业定位、人才特色、知识技能培养水平等人才质量方面的原因之外，主要是社会对从事基本建设行业工作的认同度有所降低，尤其是相对发达地区的考生不愿意报考土建类专业，部分面向一线生产及施工岗位的专业也不受学生及家长青睐。更多的学生和家长不愿意从事艰苦工作，企业用人门槛的提高和越来越多的本科毕业生进入施工生产一线就业也动摇了高职学生对今后发展预期的自信心。但同时，建筑企业对技术技能型人才的需求仍很旺盛，"企业有需求、有岗位，进口难、出口旺"的结构性失衡问题仍然普遍存在。

高等职业教育作为我国高等教育的一种类型，长期以来受到学历层次局限在专科水平的限制。学历上的局限使学生在就业谋职、落户安家、薪酬待遇、转岗提高、发展预期等方面受到了较多的局限和歧视，这已成为制约部分优秀高职院校继续发展的瓶颈之一。尽快启动和铺开职业教育本科试点、构建起由不同学历层级教育组成的职业教育体系和终生学习体系，已是影响高等建设职业教育发展的关键课题。

1.2.3.8　生源多样化和高职扩招给教育教学提出了新课题、新要求

近年来，高职生源已呈多样化态势持续不减，由高中高考生源、高中单独招生生源、高中技能高考生源、初中起点生源、三校生生源、退伍军人生源、农民工生源、新型农民生源等构成了高职的生源队伍。这在为高职教育生源"开源"的同时，也进一步提高了对高职教育教学多样化、模块化、精准对接的要求。教育部提出的"标准不降低"要求对高等建设职业教育的人才培养和人才质量评价提出了全新的课题，如何设计出适合不同生源定位和特点的人才培养方案；如何在"标准多样化"研究方面取得突破；如何解决扩招之后出现的资源紧张问题；如何解决不同生源各自的学习诉求；如何应对教学组织、学生管理、资源配置等方面可能出现的新问题，是关系到高等建设职业教育长远发展和社会公信力的大问题。

1.2.3.9 行业转型对专业布局提出新要求，新兴专业建设需提速

我国建筑业的持续高速发展带来了旺盛的市场人才需求，高等建设职业教育一直呈现"规模持续扩张、全社会广泛参与"的局面。这其中既有市场需求旺盛的因素，也有盲目跟风的选择，旺盛的需求在一定程度上掩盖了院校人才培养质量方面的不足和缺失。而且，在办学总体规模持续扩展的同时，结构性失衡的问题并没有得到根本解决。

有数据显示，2019年高等建设职业教育在校学生人数为964660人。目前，土木建筑专业大类分为七个专业类，即建筑设计类、城镇规划与管理类、土建施工类、建筑设备类、建设工程管理类、市政工程类、房地产类，共设置32个专业，其中，建设工程管理类在校生占比37.95%、土建施工类在校生占比26.66%、建筑设计类在校生占比23.40%，这三个专业类占整个土建类高职在校生总量的88.02%。分属于这三个专业类的工程造价、建筑工程技术、建筑装饰工程技术专业的在校生人数分别达到271363人、236800人、60235人，专业点数量分别为777个、730个、355个。而与国家倡导和建筑业新型工业化需求对接度较高的村镇建设与管理专业、建筑钢结构工程技术专业、城市信息化管理专业的在校生人数分别为236人、2386人、1123人，办学点数量分别为4个、30个、8个。不论是从规模扩张，还是从发展速度上均与行业需求严重脱节。

长期以来，参与高等建设职业教育办学院校的背景繁杂、动机不一、比较混乱。有些院校开设土建类专业的初衷只是为了解决办学规模和招生的问题，市场调研和论证不充分，不顾自身条件、对应市场及资源的实际，贸然开办高职土建类专业，并习惯在"低投入、粗加工"的背景下办学，"重包装、轻内涵"的现象比较普遍。部分院校在专业设置上盲目布点，没有形成以核心专业为引领的专业集群，很难形成相互支撑的发展团队，缺乏规模效益，不易实现资源共享。有部分学校对一些可能出现的办学新领域采用了"注重表皮，不注重内涵"包装方式，缺乏持续发展的动力。在当前建筑业新型工业化和教育信息化大力推进的时期，如何及时开设适应行业发展需求的"新专业"、如何优化和升级传统的"老专业"，如何实现专业间的"跨界融合"，已经是关系到高等建设职业教育能否持续发展的重大课题。

1.2.3.10 "1+X"证书制度对"书证融通"提出了新要求

国家倡导的"1+X"证书制度体现了职业教育作为一种类型教育的重要特征，

是落实立德树人根本任务、完善职业教育和培训体系、深化产教融合校企合作的一项重要制度设计，其目的是要加快学历证书与职业技能等级证书的互通衔接。截至 2020 年获批的第四批"1+X"证书项目，共有 472 个"1+X"证书获批立项，其中与建设类职业教育对接的证书有 13 个。由于国家倡导技能证书的培训要与毕业证书的学习深度融合，要通过"1+X"证书制度的推进来实现"书证融通"，构建学生终身学习成果积累的"学分银行"，这就要求专业课程体系和课程内容要与技能证书考评认证要求深度融合、有效衔接。目前仍有相当数量的学校观念转变滞后，没有对"书证融通"进行足够的关注，对多年形成的课程体系的变革意愿不足，对如何采用更加灵活、更加实用的方式来适应"1+X"证书制度与专业课程体系的融合研究不够。

1.2.3.11　"校企深度融合"仍是促进高等建设职业教育发展的关键问题

"校企合作"上升到"校企深度融合"的层面作为提出多年的新要求已经深入人心，"校企协同创新""现代学徒制""服务行业、服务地方经济"等新理念的普遍实践，为校企深度融合注入了新活力，也为高等建设职业教育人才培养拓展了新空间。

高等建设职业教育担负着为建筑生产一线培养适应基层技术及管理岗位要求的高素质技术技能型人才的责任，单靠学校的资源和力量很难完成这个任务。在国家政策的引领下，大多数高职院校均把"校企合作、工学结合"作为人才培养的有效途径，创建了"2+1""2.5+0.5"及"411"等多种人才培养模式，在实践中也取得了一定的成效，得到了各方面的认同。但在经历了实践的"破冰期"之后，这种模式在不同程度上碰到了合作水平提升不快、合作领域扩展不大、校企互动不畅，合作机制建设滞后、管理不够精细、学生配合不力、企业支撑不力的"天花板"。校企深度融合的制度建设滞后，缺乏真正意义上的全社会参与、互利共赢的机制，多数"校企合作"仍然停留在靠校友和感情维系、靠提供低成本劳动力来吸引企业参与的阶段，实习管理粗放，缺乏制度保障与可持续发展的推动力，也缺乏"利益共享、风险共担"的法律机制。长期以来，校企合作多数局限在学生顶岗实习这一环节的局面没有根本的改观，合作领域尚没有覆盖教学全过程，与"双主体教学，双身份育人"的目标存在较大距离，法律和制度建设相对滞后，政府部门间的协同也不够顺畅，校企合作水平也有待提升。企业提供的实习实践岗位与院校的教学需求（岗位的对口率、轮岗的要求、质量评价等）仍然存在一定的矛盾与偏差。对学生企业实习实践的评价主体多为院校教师,企业专家的参与度不高。现代学徒制提出的"双主体、双身份"育人理念有可能成为破解以上问题的有效办法,但目前仍存在诸多法律、制度、体制和机制方面的问题,需要有智慧、有力度的顶层设计和各方面的协力攻关。

1.2.4 促进高等建设职业教育发展的对策建议

1.2.4.1 政策引领、积极推进、狠抓落实

2020 年 8 月,习近平总书记在中央第七次西藏工作座谈会上指出:"要培养更多理工农医等紧缺人才,着眼经济社会发展和未来市场需求办好职业教育,科学设置学科,提高层次和水平,培养更多专业技能型更实用人才。"高等建设职业教育应当把握住当前我国职业教育发展黄金时期的难得机遇,把握住国家倡导培养"大国工匠"的时代需求,认真学习、积极贯彻国务院《国家职业教育改革实施方案》《关于加快发展现代职业教育的决定》,努力实施《职业教育提质培优行动计划(2020—2023 年)》和全面实施全国职教会议确定发展职业教育的路线图,把诸多利好的政策和措施作为促进高等建设职业教育发展的有力抓手。

当务之急,政府要真正从国家的层面认真研究、出台必要的法律和规则,在政策层面积极推进、在机制方面认真设计、在协同方面有所突破、在实效方面狠抓落实,把构建中国特色职业教育体系看成是建设新时期中国特色社会主义的有机组成部分。通过锲而不舍的努力,制定真正能够有效实施的,由政府、行业、企业、院校齐心协力抓职业教育的制度,形成良性发展的氛围,最终形成促进我国职业教育良性发展的机制与文化。政府部门要创新工作思路和方法,积极发挥国务院职业教育工作部际联席会议的职能和功效,做好"顶层设计",协调有关部门,理清相互的管理责任,开拓工作思路。行业主管部门应继续保持和发扬重视教育,重视人才培养,重视队伍建设的优良传统,加大对高等建设职业教育的关注、指导和扶持力度。在广泛调查研究、认真倾听基层呼声的基础上出台"有智慧、能落地、可实施"的政策和规则。职业院校也要解放思想,积极开展实践,从有利于为党的事业培养合格接班人和为住建行业输送又好又多合格人才的高度来关注政策的落实。通过政府引领、企业支持、社会关注,让有关政策和先进的职教理念得到配套制度的有力支持,使之早日进入学校,进入课堂,让院校和学生受益。

1.2.4.2　适应行业转型需求，破解新课题、开拓新空间、应对新挑战

2020 年，住房和城乡建设部联合多个部委连续发布了两个关于推进建筑业新型工业化、智能建造、建筑信息化、装配式建筑发展的指导意见和规划，标志着我国建筑业转型升级进入到了一个新阶段。高等建设职业教育应当密切关注、积极学习、主动适应这些新政策、新事物、新环境，借鉴本科院校"新工科"的理念、开拓视野、融合跨界、创新发展。结合高职教育的定位和社会责任，在对行业发展形势和职业岗位迁移做出准确预判的前提下，通过开展新专业设计、对现有专业优化升级以及专业跨界融合方面开展积极的研究和实践。整合行业、企业和院校资源，结合设计人才培养教学方案。在把握住发展新机遇的同时，也要做好应对新挑战的准备。

1.2.4.3　实现先进引领，建设项目推动、协同发展

充分发挥"双高院校和高水平专业群"、国家和省级示范校、骨干校建设以及核心院校在人才培养、专业与课程改革、院校与资源建设方面的示范、引领、骨干作用。整合优势院校的优质资源，归纳和优化先进院校教育教学的成功经验，并利用各种媒介加以推广。发挥全国住房和城乡建设职业教育教学指导委员会、中国建设教育协会的专家机构与社团组织的指导作用，及时向各院校传递行业发展动态和企业对人才需求方面的信息，通过对专业教学标准等指导文件的宣贯和培训，利用会议、论坛、竞赛、成果奖评等形式推广和交流先进的职教理念、教育教学模式。

结合"双高院校和高水平专业群"建设项目，把加强内涵建设、特色建设作为院校发展建设的持续动力，调动各方面的积极性，结合院校发展的整体规划，大力促进和落实"三教改革"。在办学的全过程树立"质量第一、抓好内涵、创建品牌、持续发展"的理念。在世界主流教育思想的引领下，有机吸收国外（境外）的先进职教经验，并有所创新。积极探索在高等建设职业教育领域实施职业教育本科试点、行动导向课程、现代学徒制、CDIO 教育模式、极限学习、分类分层教学等新型人才培养和课程模式的有效途径。

1.2.4.4　坚持育人为本，突出立德树人、全面发展

正确面对当前高等建设职业教育面临的生源数量普遍不足、生源构成日益复杂、生源质量参差不齐、办学规模和水平差异较大的现实。理性剖析行业企业对高职技术技能型人才规格、对应岗位、人才评价关键指标和发展预期的期望，认真梳理对接岗位的职责、知识与内涵差异，积极开展面对不同来源和学习需求学生的求学诉

求，认真进行因材施教和分类分层教育的研究与实践，使不同起点的学生都能各有所得，探索"多措并举、殊途同归"育人效果。

在突出学生技术应用能力和知识储备的同时，要在专业教育教学中引入企业文化和岗位要求，下大气力研究培养学生职业操守、道德品质、团队意识、创新能力、健康心理的有效途径，做到"全人培养"。借助国家倡导"课程思政"的契机，把育人理念融入院校教育的全过程，坚持德育为先的育人要求，探索出一条适应我国高等建设职业教育人才培养实际需求的育人手段。

1.2.4.5　精准定位、适应不同需求

高等建设职业教育应理性面对当前及今后一个时期仍然会存在的招生、生源质量、资源配置等方面存在的困难，根据普遍存在的"生源不同、层次不一"的实际，积极开展"因材施教，分层教学"方面的探索。要积极创新思维，从发挥社会服务职能、为行业人才培养服务、为学生职业生涯发展服务的角度出发，积极拓展渠道，在完成学历教育主体任务的同时，眼光向外，转变观念，加大对业内人士培养培训的工作力度、全面提升社会服务能力。真正把为行业服务、为地方经济服务作为今后院校发展新的增长点，把社会服务能力作为助推学历教育水平提升的助推动力，把提升育人功能作为院校教育教学的核心任务。通过努力，使院校的服务领域逐步从全日制人才培养向教育培训、标准及工法研究、应用技术研究与创新、工程咨询与社会服务的领域扩展。通过服务能力的提高、服务领域的扩大、服务手段的更新来扩大院校的市场、提升院校的社会认同度，促进院校的发展。

认真研究建筑业转型升级"新业态"形势下建筑生产与施工一线对岗位的设置、职责、知识和技能的新变化、新要求，把进一步突出高职学生技能水平、适应建筑技术含量提升的要求，积极应对就业岗位重心可能进一步下移作为人才培养的重要任务，理性面对、准确定位、积极引导。

1.2.4.6　彰显特色、突出技术技能型人才优势

为了适应建筑业新型工业化发展的要求，建筑业将实现由粗放经营向精细管理的变革，从"多盖房子"向"盖好房子"转型，这将对一线技术技能人才提出更大的需求和更高的标准，旺盛的人才需求在为高等建设职业教育提供了广阔的发展空间的同时，也对人才质量和特色提出了新要求。从人才培养分工的角度看，建设类高等职业教育培养的是面向建筑生产和施工一线的技术技能型人才，必备

的文化素养和扎实的技能水平是他们的突出优势。全国住房和城乡建设职业教育教学指导委员会、中国建设教育协会应在住房和城乡建设部、教育部的指导和统领下，借助世界技能大赛的推动，利用竞赛、会议、论坛、宣贯等渠道和媒介宣传、通报、推介建筑业的发展动态和趋势，使各院校了解、领会和掌握行业、企业对人才的需求。要主动宣传建筑转型对提高建筑技术含量、实现建筑产业化、对从业人员知识技能等方面的新变化、新需求，发展的新理念、新前景，提高社会认同度，努力消除社会对建筑业在认识上的疑虑和偏差，吸引更多的学生投身建筑业。各院校也要对认真学习、深入领会我国住房和城乡建设事业转型升级的内涵，尤其要密切关注新技术、新材料、新工艺的发展动态，做出合理的预判，并在人才培养过程中加以体现。要理性面对建筑业技术创新对一线技术技能型人才知识技能的新要求，准确定位、合理把控。在准确领会行业转型升级的深远意义、技术路径、核心价值的基础上，合理开设新专业、及时优化老专业和传统专业，大胆开拓、积极创办新专业。要创新人才培养方案、创新课程模式、构建优质教育教学资源，培养出更好、更多的创新创业人才，更好地为行业服务、为企业服务、为地方经济服务。

1.2.4.7　积极推进职业教育本科试点，构建完整的职业教育体系

2019 年有 15 所高职院校开展了职业教育本科试点，其中包括了土建类的土木工程、工程造价专业。2020 年高等职业教育（专科）专业目录修（制）订工作提出了中高本一体化设计的思路，使职业教育本科的设置工作得到了有力地推进。建设类高等职业教育为了适应建筑业新型工业化对高层次、高素质技术技能型人才的需求，应当积极地参与到职业教育本科的试点项目中。各级政府和教育行政主管部门应当从事关职业教育类型特色、服务国家经济建设的高度出发，积极开拓思路，为具备条件的高职院校和办学点提供提升学历水平的渠道。通过职业教育本科项目的推进，实现职业教育的类型特色。

1.2.4.8　用好教育信息化，助力教学改革

认真面对教育信息化迅猛发展的新形势，结合《职业教育提质培优行动计划(2020—2023 年)》中教育信息化 2.0 项目的实施，继续认真落实教育部《教育信息化"十三五"规划》精神，积极推进教育信息化进入院校育人管理全过程，积极探索信息化技术融入专业、融入课程的有效途径，努力构建"人人皆学、时时可学、

处处能学"的学习氛围。通过信息化技术的应用，探索适应高等建设职业教育特点、适应高职学生学习习惯、有利于教师教学和学生学习的有效途径。利用示范性虚拟仿真实训教学基地的建设，鼓励教师与有关技术公司组建开发团队协同攻关，借助信息化技术解决实训教学长期存在的"不可见、不可逆、高消耗、高风险"短板，早日实现"仿真度高、人机互动、过程可控、感知性强"的实训环境。

充分利用当前职业教育发展的黄金时期和国家加大对职业教育投入的有利时机，以内涵建设为核心，搞好师资队伍、实训基地、教学资源配资的建设。认真关注和应对我国住房和城乡建设转型升级的整体态势，在智能建造、建筑信息化、装配式建筑、新型城镇化建设、智慧工地、绿色建筑新技术应用于教学方面进行积极的探索和实践。不断更新教学手段，探索适应建设类高职生源实际和学习兴趣的教学情境和教学方法，进一步提升建设类高等职业教育的人才培养质量，为新时代中国特色社会主义建设事业做出更大的贡献。

1.3 2019 年中等建设职业教育发展状况分析

1.3.1 中等建设职业教育发展的总体状况

根据国家统计局的统计数据，2019 年全国共有中等职业学校 10078 所，较 2018 年的 10229 所减少 151 所，减少比例为 1.48%。在中等职业学校中，普通中等专业学校为 3339 所，占比 33.13%；成人中等专业学校为 1032 所，占比 10.24%；职业高中学校为 3315 所，占比 32.89%；技工学校为 2392 所，占比 23.73%；其他中职机构 286 所，占比 2.84%。

2019 年全国中职教育毕业生数 493.47 万人，较 2018 年的 487.28 万人增加 6.19 万人，增幅为 1.27%。全国中职教育毕业生数中，普通中等专业学校的毕业生数为 219.96 万人，占比 44.57%；成人中等专业学校的毕业生数为 48.19 万人，占比 9.77%；职业高中学校的毕业生数为 126.89 万人，占比 25.71%；技工学校的毕业生数为 98.42 万人，占比 19.94%。

2019 年全国中职教育招生数 600.37 万人，较 2018 年的 557.05 万人增加 43.32

万人，增幅为 7.78%。全国中职教育招生数中，普通中等专业学校的招生数为 255.50 万人，占比 42.56%；成人中等专业学校的招生数为 49.73 万人，占比 8.28%；职业高中学校的招生数为 152.18 万人，占比 25.35%；技工学校的招生数为 142.95 万人，占比 23.81%。

2019 年全国中职教育在校生数 1576.47 万人，较 2018 年的 1555.26 万人增加 21.21 万人，增幅为 1.36%。全国中职教育在校生数中，普通中等专业学校的在校生数为 703.59 万人，占比 44.63%；成人中等专业学校在校生数为 106.85 万人，占比 6.78%；职业高中学校的在校生数为 405.73 万人，占比 25.74%；技工学校在校生数为 360.31 万人，占比 22.86%。

2019 年，开办中等职业教育土木建筑类专业的学校为 1556 所，占全国中职学校总数的 15.44%。开办学校数较 2018 年的 1599 所减少 43 所，减少比例为 2.69%。开办土木建筑类专业点数 2568 个，较 2018 年的 2663 个减少 95 个专业点，减少比例为 3.57%。毕业生数 128724 人，较 2018 年的 139062 人减少 10338 人，减少比例为 7.43%；招生数 151331 人，较 2018 年的 142655 人增加 8676 人，增加比例为 6.08%；在校生规模达 392217 人，较 2018 年的 390216 人增加 2001 人，增加比例为 0.51%。

图 1-9、图 1-10 分别显示了 2016 ~ 2019 年全国土木建筑类中等职业教育开办学校、开办专业情况和学生培养情况。

图 1-9　2016 ~ 2019 年全国土木建筑类中等职业教育开办学校、开办专业情况

图 1-10　2016～2019 年全国土木建筑类中等职业教育学生培养情况

1.3.2　中等建设职业教育发展的统计分析

1.3.2.1　按学校类别统计

2019 年开办中职教育土木建筑类的学校分为七类，即调整后中等职业学校（普通中等专业学校）、职业高中学校、中等技术学校、成人中等专业学校、中等师范学校、附设中职班和其他中职机构。与 2018 年相比，开办的学校类别未发生变化。

2019 年土木建筑类中职教育学生按学校类别的分布情况见表 1-30。

2019 年土木建筑类中职教育学生按学校类别分布情况　　　表 1-30

学校类别	开办学校		开办专业		毕业生数		招生数		在校生数	
	数量	占比（%）	数量	占比（%）	数量	占比（%）	数量	占比（%）	数量	占比（%）
调整后中等职业学校	218	14.01	388	15.11	21520	16.72	28504	18.84	72841	18.57
职业高中学校	533	34.25	702	27.34	34766	27.01	44054	29.11	111102	28.33
中等技术学校	434	27.89	823	32.05	48211	37.45	51098	33.77	139042	35.45
成人中等专业学校	36	2.31	64	2.49	6629	5.15	8671	5.73	14025	3.58
附设中职班	310	19.92	555	21.61	16243	12.62	17769	11.74	52484	13.38
其他中职机构	24	1.54	35	1.36	1355	1.05	1193	0.79	2681	0.68
中等师范学校	1	0.06	1	0.04	0	0.00	42	0.03	42	0.01
合计	1556	100.00	2568	100.00	128724	100.00	151331	100.00	392217	100.00

按表 1-30 分析，2019 年土木建筑类中职教育学生按学校类别的分布情况如下：

（1）在调整后中等职业学校中，218 所开办土木建筑类专业，占开办土木建筑类专业中等职业学校总数的 14.01%。调整后中等职业学校开办的专业点 388 个、毕业生数 21520 人、招生数 28504 人、在校生数 72841 人，分别占土木建筑类专业中职教育总数的 15.11%、16.72%、18.84%、18.57%。

（2）在职业高中学校中，533 所为土木建筑类学校，占开办土木建筑类专业中等职业学校总数的 34.25%。职业高中学校开办的专业点 702 个、毕业生数 34766 人、招生数 44054 人、在校生数 111102 人，分别占土木建筑类专业中职教育总数的 27.34%、27.01%、29.11%、28.33%。

（3）在中等技术学校中，434 所为土木建筑类学校，占开办土木建筑类专业中等职业学校总数的 27.89%。中等技术学校开办的专业点 823 个、毕业生数 48211 人、招生数 51098 人、在校生数 139042 人，分别占土木建筑类专业中职教育总数的 32.05%、37.45%、33.77%、35.45%。

（4）在成人中等专业学校中，36 所开办土木建筑类专业，占开办土木建筑类专业中等职业学校总数的 2.31%。成人中等专业学校开办的专业点 64 个、毕业生数 6629 人、招生数 8671 人、在校生数 14025 人，分别占土木建筑类专业中职教育总数的 2.49%、5.15%、5.73%、3.58%。

（5）在附设中职班级中，310 所为开办土木建筑类专业学校，占所开办土木建筑类专业中等职业学校总数的 19.92%。附设中职班开办的专业点 555 个、毕业生数 16243 人、招生数 17769 人、在校生数 52484 人，分别占土木建筑类专业中职教育总数的 21.61%、12.62%、11.74%、13.38%。

（6）在其他中职机构中，24 个开办土木建筑类专业学校，占开办土木建筑类专业中等职业学校总数的 1.54%。其他中职机构开办的专业点 35 个、毕业生数 1355 人、招生数 1193 人、在校生数 2681 人，分别占土木建筑类专业中职教育总数的 1.36%、1.05%、0.79%、0.68%。

按表 1-30 的统计数据分析，调整后中等职业学校、职业高中学校和中等技术学校等三个学校类别的开办学校数为 1185 所，占开办中职教育土木建筑类专业学校总数的 75.16%；开办专业数为 1913 个，占开办土木建筑类专业点总数的 74.5%；

毕业生数达 104497 人，占土木建筑类专业毕业生总数的 81.18%；招生数达 123656 人，占比达 81.71%；在校生数达 322985 人，占比达 82.35%，每所学校平均在校生数为 252 人。

与 2018 年相比，土木建筑类中职生按学校类别分布情况的变化如下：

（1）调整后中等职业学校的开办数、开办的土木建筑类专业点数、毕业生数分别减少 6 所、9 个、4552 人，下降幅度分别为 2.68%、2.27%、17.46%；招生数、在校生数分别增加 935 人、774 人，增加幅度分别为 3.39%、1.07%。

（2）职业高中学校的开办数、开办的土木建筑类专业点数、毕业生数分别减少 17 所、25 个、2892 人，下降幅度分别为 3.09%、3.44%、7.68%；招生数、在校生数分别增加 3081 人、1626 人，增加幅度分别为 7.52%、1.49%。

（3）中等技术学校的开办数、开办的土木建筑类专业点数分别减少 5 所、9 个，下降幅度分别为 1.14%、1.08%；毕业生数、招生数、在校生数分别增加 2032 人、3255 人、526 人，增加幅度分别为 4.40%、6.80%、0.38%。

（4）成人中等专业学校的开办数、开办的土木建筑类专业点数分别减少 6 所、5 个，下降幅度分别为 14.29%、7.25%；毕业生数、招生数、在校生数分别增加 1023 人、2684 人、284 人，增加幅度分别为 18.25%、44.83%、2.07%。

（5）附设中职班的开办数、开办的土木建筑类专业点数、毕业生数、招生数、在校生数分别减少 8 所、46 个、5359 人、1656 人、1294 人，下降幅度分别为 2.52%、7.65%、24.81%、8.53%、2.41%。

（6）其他中职机构的开办数、开办的土木建筑类专业点数、毕业生数、招生数、在校生数分别减少 1 所、1 个、587 人，下降幅度分别为 4.00%、2.78%、30.23%；招生数、在校生数分别增加 335 人、43 人，增加幅度分别为 39.04%、1.63%。

1.3.2.2　按学校隶属关系统计

土木建筑类中职教育学生的学校按隶属关系可分为四类：一是隶属教育行政部门，包括省级教育部门、地级教育部门和县级教育部门；二是隶属行业行政主管部门，包括国务院国有资产监督管理委员会、中央其他部门（指教育部门以外的行政主管部门，下同）、省级其他部门、地级其他部门和县级其他部门；三是隶属企业，包括中国建筑工程总公司、地方企业；四是属于民办学校。与 2018 年比较，2019 年土木建筑类中职教育学生的学校隶属关系类别没有变化。

2019 年全国土木建筑类中等职业教育学生按学校隶属关系的分布情况见表 1-31。

2019 年土木建筑类中职教育学生按学校隶属关系分布情况　　　　表 1-31

学校隶属关系		开办学校		开办专业		毕业生数		招生数		在校生数	
		数量	占比(%)	数量	占比(%)	数量	占比(%)	数量	占比(%)	数量	占比(%)
教育行政部门	省级教育部门	98	6.3	200	7.79	13357	10.38	15102	9.98	38577	9.84
	地级教育部门	289	18.57	553	21.53	27547	21.4	30226	19.97	80528	20.53
	县级教育部门	598	38.43	794	30.92	41480	32.22	50056	33.08	124969	31.86
	小计	985	63.3	1547	60.24	82384	64	95384	63.03	244074	62.23
行业行政主管部门	国务院国有资产监督管理委员会	2	0.13	7	0.27	426	0.33	239	0.16	920	0.23
	中央其他部门	1	0.06	2	0.08	73	0.06	116	0.08	356	0.09
	省级其他部门	145	9.32	344	13.4	19774	15.36	21713	14.35	60098	15.32
	地级其他部门	104	6.68	179	6.97	8006	6.22	9409	6.22	25040	6.38
	县级其他部门	10	0.64	19	0.74	581	0.45	713	0.47	2254	0.57
	小计	262	16.83	551	21.46	28860	22.42	32190	21.28	88668	22.59
企业	中国建筑工程总公司	1	0.06	6	0.23	219	0.17	457	0.3	1024	0.26
	地方企业	13	0.84	28	1.09	1632	1.27	1293	0.85	4258	1.09
	小计	14	0.9	34	1.32	1851	1.44	1750	1.15	5282	1.35
民办		295	18.96	436	16.98	15629	12.14	22007	14.54	54193	13.82
合计		1556	100	2568	100	128724	100	151331	100	392217	100

按表 1-31 分析，2019 年土木建筑类中职教育学生按学校隶属关系的分布情况如下：

（1）开办中职教育土木建筑类专业的学校中，隶属教育行政部门的学校为 985 所，占开办中职教育土木建筑类专业学校总数的 63.3%，其开办的专业点 1547 个、毕业生数 82384 人、招生数 95384 人、在校生数 244074 人，分别占土木建筑类专业中职教育总数的 60.24%、64%、63.03%、62.23%。

（2）开办中职教育土木建筑类专业的学校中，隶属行业行政主管部门的学校为 262 所，占开办中职教育土木建筑类专业学校总数的 16.83%，其开办的专业点 551

个、毕业生数 28860 人、招生数 32190 人、在校生数 88668 人，分别占土木建筑类专业中职教育总数的 21.46%、22.42%、21.28%、22.59%。

（3）开办中职教育土木建筑类专业的学校中，隶属企业的学校为 14 所，占开办中职教育土木建筑类专业学校总数的 0.9%，其开办的专业点 34 个、毕业生数 1851 人、招生数 1750 人、在校生数 5282 人，分别占土木建筑类专业中职教育总数的 1.32%、1.44%、1.15%、1.35%。

（4）开办中职教育土木建筑类专业的学校中，民办学校共 295 所，占开办中职教育土木建筑类专业学校总数的 18.96%，其开办的专业点 436 个、毕业生数 15629 人、招生数 22007 人、在校生数 54193 人，分别占土木建筑类专业中职教育总数的 16.98%、12.14%、14.54%、13.82%。

（5）按在校生规模，四类隶属关系的学校从大到小依次为：隶属教育行政部门的学校（占比 63.3%）、民办学校（占比 18.96%）、隶属行业行政主管部门的学校（占比 16.83%）、企业开办学校（占比 0.9%）。我国由教育行政部门和行业行政主管部门开办土木建筑类专业中职教育的学校在校生规模，合计占比达 80.13%。

与 2018 年相比，土木建筑类中职学生按学校隶属关系分布情况的变化如下：

（1）隶属教育行政部门的学校开办数、开办的土木建筑类专业点数、毕业生数分别减少 30 所、26 个、1042 人，下降幅度分别为 2.96%、1.65%、1.25%。招生数、在校生数分别增加 6612 人、4034 人，增加幅度分别为 7.45%、1.68%。

（2）隶属行业行政主管部门的学校开办数、开办的土木建筑类专业点数、毕业生数、招生数、在校生数分别减少 18 所、68 个、8124 人、95 人、4260 人，下降幅度分别为 6.43%、10.99%、21.97%、0.29%、4.58%。

（3）隶属企业的学校开办数、开办的土木建筑类专业点数、毕业生数、在校生数分别减少 1 所、2 个、35 人、680 人，下降幅度分别为 6.67%、5.56%、1.86%、11.41%。招生数增加 54 人，增加幅度为 3.18%。

（4）民办学校开办数、开办的土木建筑类专业点数、招生数、在校生数分别增加 6 所、1 个、2105 人、2907 人，增加幅度分别为 2.08%、0.23%、10.58%、5.67%；毕业生数减少 1137 人，下降幅度为 6.78%。

（5）按在校生规模，四类隶属关系的学校从大到小的顺序未变，占比变化为：隶属教育行政部门的学校占比下降 0.17%，隶属行业行政主管部门的学校占比下降

0.67%，民办学校占比增加 0.89%，企业开办学校占比下降 0.04%。

1.3.2.3　按专业统计

中等建设职业教育以《中等职业学校专业目录（2010 年修订）》土木水利类（代码 0400）设置的建筑工程施工等 18 个专业为主，并包括各省级行政区开设专业目录外的土木水利类专业或专业（技能）方向。

2019 年土木建筑类中等职业教育学生按专业分布情况，见表 1-32。

2019 年土木建筑类中等职业教育学生按专业分布情况　　　　表 1-32

专业	开办学校		毕业生数		招生数		在校生数	
	数量	占比(%)	数量	占比(%)	数量	占比(%)	数量	占比(%)
建筑工程施工	1031	40.15	65071	50.55	80145	52.96	194618	49.62
建筑装饰	432	16.82	19548	15.19	23421	15.48	64156	16.36
古建筑修缮与仿建	13	0.51	123	0.10	423	0.28	727	0.19
城镇建设	14	0.55	762	0.59	740	0.49	2331	0.59
工程造价	398	15.50	16235	12.61	19297	12.75	50704	12.93
建筑设备安装	34	1.32	920	0.71	1547	1.02	3653	0.93
楼宇智能化设备安装与运行	106	4.13	2581	2.01	2898	1.92	7687	1.96
供热通风与空调施工运行	8	0.31	184	0.14	62	0.04	216	0.06
建筑表现	22	0.86	602	0.47	891	0.59	2221	0.57
城市燃气输配与应用	10	0.39	511	0.40	888	0.59	2226	0.57
给排水工程施工与运行	20	0.78	486	0.38	353	0.23	1113	0.28
市政工程施工	36	1.40	1503	1.17	1484	0.98	3945	1.01
道路与桥梁工程施工	94	3.66	4616	3.59	4168	2.75	12335	3.14
铁道施工与养护	33	1.29	2479	1.93	1962	1.30	6030	1.54
水利水电工程施工	76	2.96	3945	3.06	2605	1.72	8981	2.29
水电站运行与管理	1	0.04	27	0.02	0	0.00	0	0.00
工程测量	133	5.18	5118	3.98	6820	4.51	18569	4.73
土建工程检测	19	0.74	396	0.31	759	0.50	1785	0.46
工程机械运用与维修	50	1.95	2200	1.71	2004	1.32	7232	1.84
土木水利类专业	38	1.48	1417	1.10	864	0.57	3688	0.94
合计	2568.00	100.00	128724.00	100.00	151331	100.00	392217	100.00

（1）开办学校数超百所的专业共6个，依次为：建筑工程施工（1031所，占40.15%）、建筑装饰（432所，占16.82%）、工程造价（398所，占15.50%）、工程测量（133所，占5.18%）、楼宇智能化设备安装与运行（106所，占4.13%）。6个专业开办学校数合计2262所，占比84.94%。开办学校数较少的专业为供热通风与空调施工运行（各8所，分别占0.31%）、水电站运行与管理（0.04%）。

（2）毕业生数超过万人的共3个专业，依次为：建筑工程施工（65071人，占50.55%）、建筑装饰（19548人，占15.19%）、工程造价（16235人，占0.02%）。毕业生数排最后三位的专业依次为：水电站运行与管理（27人，占0.02%）、古建筑修缮与仿建（123人，占0.1%）、供热通风与空调施工运行（184人，占0.14%）。

（3）招生数超过万人的共3个专业，依次为：建筑工程施工（80145人，占52.96%）、建筑装饰（23421人，占15.48%）、工程造价（19297人，占12.75%）。招生数排最后三位的专业依次为水电站运行与管理（0人，占0%）、供热通风与空调施工运行（62人，占0.04%）、给排水工程施工与运行（353人，占0.23%）。

（4）在校生数超过万人的共6个专业，依次为：建筑工程施工（194618人，占49.62%）、建筑装饰（64156人，占16.36%）、工程造价（50704人，占12.93%）、工程测量（18569人，占4.73%）、道路与桥梁工程施工（12335人，占3.14%）。在校生数较少的专业是水电站运行与管理（0人，占0%）、供热通风与空调施工运行（216人，占0.06%）、古建筑修缮与仿建（727人，占0.19%）。

（5）招生数较毕业生数的增幅，有10个目录内专业为正值，即招生数大于毕业生数，按增幅大小依次为：古建筑修缮与仿建（243.90%）、土建工程检测（91.67%）、城市燃气输配与应用（73.78%）、建筑设备安装（68.15%）、建筑表现（48.01%）、工程测量（33.26%）、建筑工程施工（23.17%）、建筑装饰（19.81%）、工程造价（18.86%）、楼宇智能化设备安装与运行（12.28%）。

招生数较毕业生数的增幅为负值，即招生数小于毕业生数的目录内专业，按降幅大小依次为：水电站运行与管理（-100.00%）、供热通风与空调施工运行（-66.30%）、土木水利类专业（-39.03%）、水利水电工程施工（-33.97%）、给排水工程施工与运行（-27.37%）、铁道施工与养护（-20.86%）、道路与桥梁工程施工（-9.71%）、工程机械运用与维修（-8.91%）、城镇建设（-2.89%）、市政工程施工（-1.26%）。

依据 2019 年按专业分布的数据统计可以看出，建筑工程施工、工程造价、建筑装饰专业的开办学校数、毕业生数、招生数和在校生数，继续分别排列前三位。三个专业的开办学校数合计为 1861 所，占 72.46%；毕业生数合计 100854 人，占 78.34%；招生数合计 12863 人，占 81.18%；在校生数合计 309478 人，占 78.9%。

与 2018 年相比，2019 年土木建筑类中职教育学生按专业分布情况的变化如下：

（1）建筑工程施工专业：2018 年的开办学校数、毕业生数、招生数、在校生数依次为 1071 所、73883 人、71610 人、188680 人，2019 年的数值变化和变化幅度依次为减少 40 所（-3.73%）、减少 8812 人（-11.93%）、增加 8535 人（11.92%）、增加 5938 人（3.15%）。

（2）建筑装饰专业：2018 年的开办学校数、毕业生数、招生数、在校生数依次为 423 所、17727 人、23696 人、63287 人，2019 年的数值变化和变化幅度依次为增加 9 所（2.13%）、增加 1821 人（10.27%）、减少 275 人（-1.16%）、增加 869 人（1.37%）。

（3）古建筑修缮与仿建专业：2018 年的开办学校数、毕业生数、招生数、在校生数依次为 8 所、103 人、97 人、351 人，2019 年的数值变化和变化幅度依次为增加 5 所（62.50%）、增加 20 人（19.42%）、增加 326 人（336.08%）、增加 376 人（107.12%）。

（4）城镇建设专业：2018 年的开办学校数、毕业生数、招生数、在校生数依次为 16 所、546 人、679 人、1811 人，2019 年的数值变化和变化幅度依次为减少 2 所（-12.50%）、增加 216 人（39.56%）、增加 61 人（8.98%）、增加 520 人（28.71%）。

（5）工程造价专业：2018 年的开办学校数、毕业生数、招生数、在校生数依次为 420 所、17742 人、17066 人、50366 人，2019 年的数值变化和变化幅度依次为减少 22 所（-5.24%）、减少 1507 人（-8.49%）、增加 2231 人（13.07%）、增加 338 人（0.67%）。

（6）建筑设备安装专业：2018 年的开办学校数、毕业生数、招生数、在校生数依次为 41 所、1070 人、1102 人、3165 人，2019 年的数值变化和变化幅度依次为减少 7 所（-17.07%）、减少 150 人（-14.02%）、增加 445 人（40.38%）、增加 448 人（15.42%）。

（7）楼宇智能化设备安装与运行专业：2018 年的开办学校数、毕业生数、招生数、在校生数依次为 104 所、1916 人、2776 人、7835 人，2019 年的数值变化和变化幅度依次为增加 2 所（1.92%）、增加 665 人（34.71%）、增加 122 人（4.39%）、减少

148 人（−1.89%）。

（8）供热通风与空调施工运行专业：2018 年的开办学校数、毕业生数、招生数、在校生数依次为 8 所、245 人、131 人、714 人，2019 年的数值变化和变化幅度依次为持平、减少 61 人（−24.90%）、减少 69 人（−52.67%）、减少 498 人（−69.75%）。

（9）建筑表现专业：2018 年的开办学校数、毕业生数、招生数、在校生数依次为 19 所、438 人、914 人、2001 人，2019 年的数值变化和变化幅度依次为增加 3 所（15.79%）、增加 164 人（37.44%）、减少 23 人（−2.52%）、增加 220 人（10.99%）。

（10）城市燃气输配与应用专业：2018 年的开办学校数、毕业生数、招生数、在校生数依次为 8 所、501 人、617 人、1510 人，2019 年的数值变化和变化幅度依次为增加 2 所（25.00%）、增加 10 人（2.00%）、增加 271 人（43.92%）、增加 716 人（47.42%）。

（11）给排水工程施工与运行专业：2018 年的开办学校数、毕业生数、招生数、在校生数依次为 20 所、484 人、574 人、1242 人，2019 年的数值变化和变化幅度依次为持平、增加 2 人（0.41%）、减少 221 人（−38.50%）、减少 129 人（−10.39%）。

（12）市政工程施工专业：2018 年的开办学校数、毕业生数、招生数、在校生数依次为 43 所、1261 人、1554 人、4618 人，2019 年的数值变化和变化幅度依次为减少 7 所（−16.28%）、增加 242 人（19.19%）、减少 70 人（−4.50%）、减少 673 人（−14.57%）。

（13）道路与桥梁工程施工专业：2018 年的开办学校数、毕业生数、招生数、在校生数依次为 105 所、5507 人、4433 人、13459 人，2019 年的数值变化和变化幅度依次为减少 11 所（−10.48%）、减少 891 人（−16.18%）、减少 265 人（−5.98%）、减少 1124 人（−8.35%）。

（14）铁道施工与养护专业：2018 年的开办学校数、毕业生数、招生数、在校生数依次为 32 所、2769 人、2171 人、6824 人，2019 年的数值变化和变化幅度依次为增加 1 所（3.13%）、减少 290 人（−10.47%）、减少 209 人（−9.63%）、减少 794 人（−11.64%）。

（15）水利水电工程施工专业：2018 年的开办学校数、毕业生数、招生数、在校生数依次为 79 所、4546 人、4012 人、11417 人，2019 年的数值变化和变化幅度依次为减少 3 所（−3.80%）、减少 601 人（−13.22%）、减少 1407 人（−35.07%）、减少 2436 人（−21.34%）。

（16）工程测量专业：2018年的开办学校数、毕业生数、招生数、在校生数依次为139所、5132人、6129人、17903人，2019年的数值变化和变化幅度依次为减少6所（-4.32%）、减少14人（-0.27%）、增加691人（11.27%）、增加666人（3.72%）。

（17）土建工程检测专业：2018年的开办学校数、毕业生数、招生数、在校生数依次为24所、693人、615人、1509人，2019年的数值变化和变化幅度依次为减少5所（-20.83%）、减少297人（-42.86%）、增加144人（23.41%）、增加276人（18.29%）。

（18）工程机械运用与维修：2018年的开办学校数、毕业生数、招生数、在校生数依次为62所、2719人、2973人、8273人，2019年的数值变化和变化幅度依次为减少12所（-19.35%）、减少519人（-19.09%）、减少969人（-32.59%）、减少1041人（-12.58%）。

依据2019年按专业分布的数据统计排列前三位的为建筑工程施工、工程造价、建筑装饰专业，三个专业的开办学校数合计为1861所，占72.47%，毕业生数合计100854人，占78.35%；招生数合计122863人，占81.19%；在校生数合计309478人，占78.91%。

与2018年相比，开办学校数合计减少124所，减少幅度为6.25%；毕业生数合计减少49111人，减少幅度为32.75%；招生数合计增加10491人，增加幅度为9.34%；在校生数合计增加7145人，增加幅度为2.36%。

依据2019年按专业分布的变化情况分析，在专业目录内的土木水利类18个专业中，开办学校数增幅前三位的专业是：古建筑修缮与仿建（62.5%）、城市燃气输配与应用（25%）、建筑表现（15.79%）；降幅较大的末三位是：土建工程检测（-20.83%）、工程机械运用与维修（-19.35%）、建筑设备安装（-17.07%）。

在专业目录内的土木水利类18个专业中，毕业生数增幅前三位的专业分别是：城镇建设（39.56%）、建筑表现（37.44%）、古建筑修缮与仿建（19.42%）；降幅较大的末三位是：土建工程检测（-42.86%）、土木水利类专业（-20.39%）、工程机械运用与维修（-19.09%）。

在专业目录内的土木水利类18个专业中，招生数增幅前三位的是：古建筑修缮与仿建（336.08%）、城市燃气输配与应用（43.92%）、建筑设备安装（40.38%）；

降幅较大的末三位是：供热通风与空调施工运行（-52.67%）、土木水利类专业（-42.63%）、给排水工程施工与运行（-38.5%）。

在专业目录内的土木水利类18个专业中，在校生数增幅前三位的是：建筑表现（13.69%）、古建筑修缮与仿建（107.12%）、城市燃气输配与应用（47.42%）、城镇建设（28.71%）；降幅较大的末三位是：供热通风与空调施工运行（-69.75%）、土木水利类专业（-29.77%）、水利水电工程施工（-21.34%）。

1.3.2.4 按地区统计

1. 土木建筑类中职教育学生按各大区域分布情况

根据华北（含京、津、冀、晋、蒙）、东北（含辽、吉、黑）、华东（含沪、苏、浙、皖、闽、赣、鲁）、中南（含豫、鄂、湘、粤、桂、琼）、西南（含渝、川、贵、云、藏）、西北（含陕、甘、青、宁、新）六个区域板块划分，2019年土木建筑类中职教育学生按各大区域板块分布情况，见表1-33。

2019 年土木建筑类中职教育学生按区域板块分布情况　　　　表 1-33

地区	开办学校		开办专业		毕业生数		招生数		在校生数		招生数较毕业生数增幅（%）
	数量	占比(%)	数量	占比(%)	数量	占比(%)	数量	占比(%)	数量	占比(%)	
华北	210	13.5	320	12.46	12357	9.6	14210	9.39	37955	9.67	14.5
东北	107	6.88	180	7.01	4561	3.54	3698	2.45	10515	2.68	-18.9
华东	456	29.31	786	30.6	46122	35.83	49779	32.89	125862	32.09	7.93
中南	334	21.47	541	21.08	31257	24.28	39955	26.39	104307	26.6	27.82
西南	291	18.7	505	19.67	26000	20.2	33015	21.81	85623	21.84	26.98
西北	158	10.15	236	9.18	8427	6.55	10674	7.05	27955	7.11	26.66
合计	1556	100.01	2568	100	128724	100	151331	100	392217	100	17.56

2019年土木建筑类中职教育学生按各大区域分布的特点如下：

（1）开办学校数从多到少依次为：华东、中南、西南、华北、西北、东北地区，分别为456、334、291、210、158、107所。处于前两位的华东、中南地区共790所，占六大区域总数的50.77%。处于后两位的西北、东北地区共265所，占总数的17.03%。

（2）专业点数从多到少依次为：华东、中南、西南、华北、西北、东北地区，分别为 786、541、505、320、236、180 个。处于前两位的华东、中南地区共 1327 个，占六大区域总数的 51.67%。处于后两位的西北、东北地区共 416 个，占总数的 16.2%。

（3）毕业生数从多到少依次为：华东、中南、西南、华北、西北、东北地区，分别为 46122、31257、26000、12357、8427、4561 人，分别占总数的 35.83%、24.28%、20.2%、9.6%、6.55%、3.54%。处于前两位的华东、中南地区共 77379 人，占六大区域总数的 60.11%。处于后两位的西北、东北地区共 12988 人，占总数的 10.09%。

（4）招生数从多到少依次为：华东、中南、西南、华北、西北、东北地区，分别为 49779、39955、33015、14210、10674、3698 人，分别占总数的 32.89%、26.39%、21.81%、9.39%、7.05%、2.45%。处于前两位的华东、中南地区共 89734 人，占六大区域总数的 59.3%。处于后两位的西北、东北地区共 14372 人，占总数的 9.5%。

（5）在校生数从多到少依次为：华东、中南、西南、华北、西北、东北地区，分别为 125862、104307、85623、37955、27955、10515 人，分别占总数的 32.09%、26.6%、21.84%、9.67%、7.11%、2.68%。处于前两位的华东、中南地区共 230169 人，占六大区域总数的 58.68%。处于后两位的西北、东北地区共 38470 人，占总数的 9.8%。

从统计分析可见，在各大区域的开办学校数、专业点数、毕业生数、招生数、在校生数五项数据中，华东和中南地区均处于前两位，且两地区的数据之和都超过六大区域总数的一半，达到 50.09% ~ 58.68%。可以看出，中等建设职业教育的区域发展情况，与区域人口规模、经济发展水平和中等建设职业教育的发展水平等方面是一致的。

与 2018 年相比，2019 年土木建筑类中职教育学生按各区域分布变化有以下特点：

（1）开办学校数均为减少。2018 年各大区域的开办学校数从多到少依次为：华东 456 所、中南 334 所、西南 291 所、华北 210 所、西北 158 所、东北 107 所。2019 年各大区域按开办学校数减少幅度从大到小依次为：东北减少 3 所，降幅 2.73%；华北减少 10 所，降幅 4.55%；西南减少 9 所，降幅 3.00%；西北减少 10 所，降幅 5.95%；中南增加 2 所，增幅 0.60%；华东减少 13 所，降幅 2.77%。

（2）在校生规模继续减少。2018 年各大区域在校生数从多到少依次为：华东 125862 人、中南 104307 人、西南 85623 人、华北 37955 人、西北 27955 人、东北

10515 人。2019 年各大区域按在校生规模减少幅度从大到小依次为：东北减少 660 人，降幅 5.91%；华北增加 48 人，增幅 0.13%；西南减少 71 人，降幅 0.13%；华东减少 283 人，降幅 0.22%；西北增加 1257 人，增幅 4.71%；中南增加 1710 人，增幅 1.67%。

（3）招生数较毕业生数增幅指标显著好转。2018 年各大区域的招生数较毕业生数增幅指标从大到小依次为：西北地区为 15.51%、中南地区为 9.68%、西南地区为 3.13%、华东地区为 1.20%、华北地区为 −9.03%、东北地区为 −33.91%。2019 年各大区域按招生数较毕业生数增幅指标从大到小依次为：中南地区为 27.83%、西南地区为 26.98%、西北地区为 26.66%、华北地区为 15.00%、华东地区为 7.93%、东北地区为 −18.92%。仅东北地区的指标继续下滑，降幅增大。

2. 土木建筑类中职教育学生按省级行政区分布情况

2019 年土木建筑类中职教育学生按省级行政区分布情况，见表 1-34。

2019 年土木建筑类中职教育学生按省级行政区分布情况　　　　表 1-34

地区	开办学校		开办专业		毕业生数		招生数		在校生数		招生数较毕业生数增幅（%）
	数量	占比（%）	数量	占比（%）	数量	占比（%）	数量	占比（%）	数量	占比（%）	
北京	14	0.9	26	1.01	739	0.57	198	0.13	969	0.25	−73.21
天津	4	0.26	13	0.51	991	0.77	1059	0.7	2862	0.73	6.86
河北	90	5.78	121	4.71	5906	4.59	8207	5.42	21119	5.38	38.96
山西	46	2.96	75	2.92	2903	2.26	2995	1.98	8123	2.07	3.17
内蒙古	56	3.6	85	3.31	1818	1.41	1751	1.16	4882	1.24	−3.69
辽宁	25	1.61	49	1.91	1480	1.15	1346	0.89	3785	0.97	−9.05
吉林	43	2.76	65	2.53	1673	1.3	1253	0.83	3535	0.9	−25.1
黑龙江	39	2.51	66	2.57	1408	1.09	1099	0.73	3195	0.81	−21.95
上海	8	0.51	24	0.93	1995	1.55	1664	1.1	4968	1.27	−16.59
江苏	89	5.72	166	6.46	9170	7.12	10126	6.69	28923	7.37	10.43
浙江	61	3.92	124	4.83	7559	5.87	9134	6.04	23735	6.05	20.84
安徽	86	5.53	124	4.83	11724	9.11	10207	6.74	21005	5.36	−12.94
福建	71	4.56	142	5.53	5378	4.18	7508	4.96	17622	4.49	39.61
江西	46	2.96	73	2.84	3117	2.42	2903	1.92	8280	2.11	−6.87
山东	95	6.11	133	5.18	7179	5.58	8237	5.44	21329	5.44	14.74

续表

地区	开办学校		开办专业		毕业生数		招生数		在校生数		招生数较毕业生数增幅（%）
	数量	占比（%）	数量	占比（%）	数量	占比（%）	数量	占比（%）	数量	占比（%）	
河南	142	9.13	228	8.88	13229	10.28	17304	11.43	43793	11.17	30.8
湖北	37	2.38	59	2.3	3489	2.71	4756	3.14	11658	2.97	36.31
湖南	61	3.92	88	3.43	4449	3.46	4272	2.82	13640	3.48	-3.98
广东	46	2.96	79	3.08	3810	2.96	4770	3.15	13999	3.57	25.2
广西	38	2.44	68	2.65	5773	4.48	8115	5.36	19300	4.92	40.57
海南	10	0.64	19	0.74	507	0.39	738	0.49	1917	0.49	45.56
重庆	46	2.96	73	2.84	3038	2.36	5043	3.33	11635	2.97	66
四川	97	6.23	136	5.3	10229	7.95	11357	7.5	27169	6.93	11.03
贵州	55	3.53	106	4.13	5095	3.96	6012	3.97	18269	4.66	18
云南	87	5.59	179	6.97	7263	5.64	10180	6.73	27556	7.03	40.16
西藏	6	0.39	11	0.43	375	0.29	423	0.28	994	0.25	12.8
陕西	36	2.31	46	1.79	1079	0.84	1382	0.91	3101	0.79	28.08
甘肃	47	3.02	72	2.8	2167	1.68	3682	2.43	7863	2	69.91
青海	12	0.77	20	0.78	716	0.56	864	0.57	2216	0.56	20.67
宁夏	12	0.77	24	0.93	786	0.61	1282	0.85	3620	0.92	63.1
新疆	51	3.28	74	2.88	3679	2.86	3464	2.29	11155	2.84	-5.84
合计	1556	100	2568	100	128724	100	151331	100	392217	100	463.58

2019年土木建筑类中职教育学生按省级行政区分布的特点如下：

（1）开办学校数占全国总数5%以上的依次为：河南142所（9.13%）、四川97所（6.23%）、山东95所（6.11%）、河北90所（5.78%）、江苏89所（5.72%）、云南87所（5.59%）、安徽86所（5.53%）。开办学校数占全国总数不足1%的有：北京14所（0.9%）、宁夏青海各12所（0.77%）、海南10所（0.64%）、上海8所（0.51%）、西藏6所（0.39%）、天津4所（0.26%）。

（2）专业点数占全国总数5%以上的依次为：河南228个（8.88%）、云南179个（6.97%）、江苏166个（6.46%）、福建142个（5.53%）、四川136个（5.3%）、山东133个（5.18%）。专业点数占全国总数不足1%的有：宁夏和上海24个（0.93%）、海南19个（0.74%）、青海20个（0.78%）、天津13个（0.51%）、西藏11个（0.43%）。

（3）毕业生数占全国总数 5% 以上的依次为：河南 13229 人（10.28%）、安徽 11724 人（9.11%）、四川 10229 人（7.95%）、江苏 9170 人（7.12%）、浙江 7559 人（5.87%）、云南 7263 人（5.64%）、山东 7179 人（5.58%）。毕业生数占全国总数不足 1% 的有：陕西 1079 人（0.84%）、宁夏 786 人（0.61%）、天津 991 人（0.77%）、北京 739 人（0.57%）、青海 716 人（0.56%）、海南 507 人（0.39%）、西藏 375 人（0.29%）。

（4）招生数占全国总数 5% 以上的依次为：河南 17304 人（11.43%）、四川 11357 人（7.5%）、云南 10180 人（6.73%）、安徽 10207 人（6.74%）、江苏 10126 人（6.69%）、山东 8237 人（5.44%）、浙江 9134 人（6.04%）、河北 8207 人（5.42%）、广西 8115 人（5.36%）。

招生数占全国总数不足 1% 的有：宁夏 1282 人（0.85%）、辽宁 1346 人（0.89%）、陕西 1382 人（0.91%）、吉林 1253 人（0.83%）、青海 864 人（0.57%）、天津 1059 人（0.7%）、黑龙江 1099 人（0.73%）、海南 738 人（0.49%）、西藏 423 人（0.28%）、北京 198 人（0.13%）。

（5）在校生数占全国总数 5% 以上的依次为：河南 437936 人（11.17%）、云南 27556 人（7.03%）、四川 27169 人（6.93%）、江苏 28923 人（7.37%）、安徽 21005 人（5.36%）、浙江 23735 人（6.05%）、山东 21329 人（5.44%）、河北 21119 人（5.38%）。在校生人数占全国总数不足 1% 的有：辽宁 3785 人（0.97%）、吉林 3535（0.9%）、黑龙江 3195 人（0.1%）、宁夏 3620 人（0.92%）、陕西 3101 人（0.79%）、天津 2862 人（0.73%）、青海 2216 人（0.56%）、海南 1917 人（0.49%）、北京 969 人（0.25%）、西藏 994 人（0.25%）。

（6）招生数较毕业生数增幅指标，有 21 个省级行政区为正值，即招生数大于毕业生数。招生数较毕业生数增幅最大的是甘肃，增幅达 69.91%，其次为重庆，增幅达 66%。增幅在 30% ~ 50% 的依次为海南（45.56%）、广西（40.57%）、云南（40.16%）、福建（39.61%）、河北（38.96%）、湖北（36.31%）、河南（30.8%）。

招生数较毕业生数增幅指标，有 10 个省级行政区为负值，即招生数小于毕业生数。招生数较毕业生数减少幅度最大的是北京（-73.21%）；减少幅度为 20% ~ 30% 的依次为吉林（-25.1%）、黑龙江（-21.95%）；减少幅度为 10% ~ 20% 的依次为上海（-16.59%）、安徽（-12.94%）；减少幅度在 10% 以下的依次为辽宁（-9.05%）、江西（-6.87%）、新疆（-5.84%）、湖南（-3.98%）、内蒙古（−3.69%）。

与 2018 年相比，2019 年土木建筑类中职教育学生按省级行政区分布情况变化如下：

（1）开办学校数。在 31 个省级行政区中，有 8 个增加，4 个持平，19 个减少。数量增加的 8 个省级行政区及其增量依次为湖南 6 所，海南 2 所，山西、黑龙江、江西、湖北、广东、广西各 1 所。持平的 4 个省级行政区为上海、江苏、西藏、青海。数量减少达 5 所及以上的省级行政区有 4 个，依次为河南 9 所，福建 6 所，内蒙古和山东各 5 所。

（2）在校生规模。2019 年在校生规模较上年有所增加的省级行政区有 12 个，增幅前 5 位的依次为：甘肃（17.24%）、重庆（14.53%）、湖北（12.68%）、河北（8.56%）、宁夏（8.03%）。2019 年在校生规模较上年有所减少的 18 个省级行政区中，降幅超过 20% 的为北京（−31.37%）；降幅为 10% ~ 20% 的为内蒙古（−13.58%）、广东（−10.14%）。

1.3.3 中等建设职业教育发展面临的问题及趋势分析

依据中等职业教育土木建筑类专业近几年的相关数据作分析对比，我国中等建设职业教育发展呈现以下趋势。

1.3.3.1 开办学校数继续减少

2017 ~ 2019 年开办中职教育土木建筑类专业的学校数分别为 1667 所、1599 所、1556 所，2018 年比 2017 年减少 111 所，减少幅度为 6.66%；2019 年比 2018 减少 33 所，减少幅度为 2.03%。开办学校数呈现连续两年减少的趋势。

从 2017 ~ 2019 年的学校类别分布情况分析，调整后中等职业学校的开办学校数分别为 229 所、224 所、218 所，2018 年比 2017 年减少 5 所，减少幅度为 2.18%；2019 年比 2018 减少 6 所，减少幅度为 2.68%；职业高中学校的开办学校数分别为 590 所、550 所、533 所，2018 年比 2017 年减少 40 所，减少幅度为 6.78%；2019 年比 2018 减少 17 所，减少幅度为 3.09%；中等技术学校的开办学校数分别为 440 所、439 所、434 所，2018 年比 2017 年减少 1 所，减少幅度为 0.23%；2019 年比 2018 减少 5 所，减少幅度为 1.14%；成人中等专业学校的开办学校数分别为 47 所、42 所、36 所，2018 年比 2017 年减少 5 所，减少幅度为 10.64%；2019 年比 2018 减少 6 所，减少幅度为 14.29%。以上四类学校在 2018 年和 2019 年均呈现开办学校数连续减少的趋势。职业高中学校和成人中等专业学校的开办学校数减少幅度相对较大，并呈现减少幅度连续两年递增的趋势。

从 2017～2019 年的学校隶属关系分布情况分析，隶属教育行政部门的开办学校数分别为 1042 所、1015 所、985 所，2018 年比 2017 年减少 27 所，减少幅度为 2.59%；2019 年比 2018 年减少 30 所，减少幅度为 2.96%。隶属行业行政主管部门的开办学校数分别为 308 所、280 所、262 所，2018 年比 2017 年减少 28 所，减少幅度 9.09%；2019 年比 2018 年减少 18 所，减少幅度为 6.43%。属于民办学校的开办数分别为 300 所、289 所、295 所，2018 年比 2017 年减少 11 所，减少幅度为 3.67%；2019 年比 2018 年增加 6 所，增加幅度为 2.08%。隶属企业的开办学校数分别为 17 所、15 所、14 所，2018 年比 2017 年减少 2 所，减少幅度为 11.76%；2019 年比 2018 年减少 1 所，减少幅度为 6.67%。

1.3.3.2　开办专业点数继续减少

2017～2019 年，开办中职教育土木建筑类专业点数分别为 2772 个、2663 个、2568 个，2018 年比 2017 年减少 109 个，减少幅度为 3.93%；2019 年比 2018 年减少 95 个，减少幅度为 3.57%。

2017～2019 年，青海开办专业的基数虽然较小，但近几年的累计增幅名列前茅。近三年开办专业点数的波动幅度变化小，开办专业点的数量较为稳定的省级行政区有山西、浙江、江西、云南、江苏、广西等。

2017～2019 年，开办专业数连续三年呈现递减趋势、三年累计降幅较大的省级行政区有陕西（-24.95%）、黑龙江（-21.43%）、海南（-17.39%）、辽宁（-16.95%）、内蒙古（-16.67%）、福建（-16.47%）、山东（-11.33%）、四川（-13.92%）等。

1.3.3.3　招生数和在校生规模出现较大幅度增长

2017～2019 年，中等建设职业教育的招生数分别为 144469 人、142655 人、151331 人，2017 年比 2016 年（招生数 151149 人）减少 6680 人，降幅为 4.42%；2018 年比 2017 年减少 1814 人，降幅为 1.26%；2019 年比 2018 年增加 8676 人，增幅为 6.08%。

2017～2019 年，招生数连续排列前三位的学校类别为调整后中等职业学校、职业高中学校和中等技术学校，招生数合计占比达 80% 以上。

调整后中等职业学校的招生数近三年累计增加 3501 人，增幅为 14%，增幅最大；职业高中学校的招生数近三年累计减少 1352 人，降幅为 2.98%，降幅最大；所有类型学校近三年招生数累计增加为 6862 人，增幅为 4.75%。

从变化趋势分析，调整后中等职业学校、中等技术学校和成人中等专业学校招生数由下降转变为较大幅度的增加，职业高中学校和其他中职机构学校的招生数呈现下降，中等师范学校增幅较大。

2017 ~ 2019 年，中等建设职业教育的在校生规模分别为 408245 人、390216 人、392217 人，2017 年比 2016 年（在校生数 471638 人）减少 63393 人，降幅为 13.44%；2018 年比 2017 年减少 18029 人，降幅为 1.97%；2019 年比 2018 年增加 2001 人，增幅为 0.51%；近三年在校生数累计减少 79421 人，降幅达 17.35%。从变化趋势分析，虽然在校生数呈现连续下降趋势，但 2019 年出现小幅回升。

调整后中等职业学校的在校生数近两年累计减少 774 人，增幅为 38.35%；职业高中学校的在校生数近两年累计增加 1626 人，增幅为 2.26%；中等技术学校的在校生数近两年累计增加 526 人，增幅为 0.48%。从变化趋势分析，除附设中职班其他类型学校在校生数都在 2019 年出现较大幅度增长。

1.3.3.4　中等建设职业教育发展动因分析

对比中等职业教育土木建筑类专业近几年相关数据，可以进一步剖析我国中等建设职业教育发展的动因。

（1）. 经济政策形势引导职业学校学生招生规模扩大。在我国经济发展亟须解决人力资源供给侧结构性矛盾的经济形势下，2019 年教育部等六部门联合印发《高职扩招专项工作实施方案》（职教 20 条）等一系列鼓励职业教育发展的政策，高职大规模扩招的对象一举突破了只能从"普通高中毕业生、中职学校毕业生或同等学历"人群中招生的规定，增加了"退役军人、下岗失业人员、农民工和新型职业农民"。促使职业院校进一步正视自己的定位，推进内涵建设，职业院校招生规模进一步扩大。

（2）多头管理导致职业学校办学定位差别大。由于职业教育本身具有社会和经济双重属性。目前全国各级教育部门、多个行业行政主管部门均开办中等职业学校，分属教育行政部门、地方行政主管部门、企业等机构，再加上民办等社会办学力量，这些学校互不隶属，布局分散。职业教育由不同职能的政府部门管理，会产生不同的结果，劳动经济部门管理职业学校，会强化其经济属性；相反，教育部门管理职业学校，则会强化其教育属性；原来由企业行业管理具有的"校企结合"的先天优势丧失，职业学校的"实践性"成为突出问题。

（3）土木建筑类中等职业教育区域发展差距较大。当前在我国经济发展的新形势下，虽然职业教育已获得空前发展，但国内各区域的职业教育发展水平并不一致，受地方经济发展水平影响，土木建筑类中等职业教育也有地域差异所带来的发展不平衡现象。很大程度上，教育所能获得资源的多寡直接影响其自身发展规模，目前31 个省区和直辖市土木建筑类中等职业教育从开办学校数、开办专业点、毕业生数、招生数、就业人数等指标上看，大致呈现由东部沿海省市向内陆地区逐次递减的阶梯型结构分布，表现为区域性不平衡的发展状态。

（4）土木建筑类专业设置前瞻性不足与产业发展需求不同步。一些中等职业学校土木建筑类专业设置未能与我国经济发展的产业结构调整、建设行业提质发展的新形势、新要求相适应。大部分土木建筑类专业开设主要分布在建筑工程施工、工程造价、建筑装饰专业等传统土建类专业，未做科学合理的调研，使学生培养数量超过社会实际需要，造成毕业生就业难。相反，对于建设行业各种新方向、新要求，如：绿色建筑、建筑节能，新型建筑工业化及装配式建筑技术等，土木建筑类院校很少能看到相应的联动反应，专业设置前瞻性不足。

1.3.4 促进中等建设职业教育发展的对策建议

针对上述中等职业教育专业建设中存在的问题，各级教育行政部门和学校要在不同的层面，采取相应措施加以解决。

（1）抓住职业教育发展新机遇推动职业学校新发展。当前，我国经济正处在转型升级的关键时期，需要大量技术技能人才。2019 年年初，《国家职业教育改革实施方案》印发，明确了深化职业教育改革的重大制度设计和政策举措，职业教育迎来新的发展机遇。这就要求职业学校加快改革发展，进一步对接市场，优化调整专业结构，更大规模地培养培训技术技能人才，有效支撑我国经济的高质量发展。

（2）政府统筹管理促进职业学校区域均衡发展与资源整合。政府从统筹教育发展的大局出发，在互惠互利的基础上，发挥发达地区间教学资源、专业设置、实践条件、就业需求等方面区域差异，实现资源与生源优势互补，从而促进我国中职教育的整体均衡发展。政府应加大职业教育资金投入力度，重点对中职教育资源进行整合，建立中职教育升学"直通车"，可采用"3+2"中职与高职联合培养模式；也可采用"3+4"中职与应用型本科分段培养模式；还可以采用"3+3+2"中职、高职与本科分段培养及"3+N"中职、高职与本科联合培养，全面打通职教体系的升学通道，为学生提供更多教育选择机会，提升中等职业教育的吸引力。

（3）建立专业发展动态调整机制。经济建设和社会发展的需要，科技进步和产业结构调整的要求迫使中等职业学校自身做出改变。职业学校对于建设行业的各项发展规划与任务要求应通过充分的调研和科学的论证，制定本校、本专业的发展规划与人才培养目标，使专业设置具有一定的前瞻性；同时，通过加强与政府、行业、企业等利益相关方的沟通与联系，适时压缩或淘汰落后专业，增设市场急需的专业，对处于快速增长期的专业增加投入等，巩固成熟专业，新增和发展新兴专业，不断优化专业结构，建立专业的动态调整机制。

（4）依托信息技术构建校企合作新模式。"产教融合、校企合作"是职业教育发展的基础，职业学校只有依托校企合作，才能实现真正发展壮大。为实现校企合作共赢，可以依托当前信息技术为学校构建新型校企合作模式，打造新型网络合作平台，整合学校和企业资源并实现共享，如资源共享、人才共建、产业帮扶等。通过创新合作形式，学校可在互联网平台上利用视频、文本等为企业输送理论知识，并向企业提供决策支持，企业除为学生提供现场实习实训机会之外，也可为学生提供在线实践演示和指导，从而克服传统校企合作的时空限制。同时，企业也可通过互联网参与学生学习情况评价和人才培养计划制定，以利于培养更适合企业自身需求的职业人才。

我国已经将职业教育提升到了更加突出的位置。中等建设职业教育学校需明确人才培养定位，在专业设置上与产业需求对接、教学过程上与企业生产对接，不断提升高素质技能人才、技术的供给质量，抓住职业教育"春风疾劲，百花竞放"的新时代、新机遇。

第 2 章　2019 年建设行业继续教育和职业培训发展状况分析

2.1　2019 年建设行业执业人员继续教育与培训发展状况分析

2.1.1　建设行业执业人员继续教育与培训的总体状况

2.1.1.1　执业人员概况

执业资格是指政府对某些责任较大、社会通用性强、关系到国家和公众利益的专业（工种）实行的准入控制，规定专业技术人员从事某一特定专业的学识、技术和能力的必备标准。我国住房和城乡建设领域执业资格制度自 20 世纪 80 年代末开始建立，国务院建设行政主管部门及其他有关部门在事关国家公众生命财产安全的工程建设领域相继设立了监理工程师、勘察设计注册工程师、注册建筑师、建造师、造价工程师、房地产估价师、房地产经纪人 7 项执业资格制度，实现了对工程建设与房地产不同专业领域的基本覆盖，形成了较为完善的执业资格制度体系，有效保障了建设工程质量与人民生命财产安全。最新统计数据显示，截至 2019 年年底，全国住房和城乡建设领域取得各类执业资格人员共约 183 万人（不含二级），有效注册人数约 113 万人。

2.1.1.2　执业人员考试与注册情况

1.执业人员考试情况

执业资格考试是对执业人员实际工作能力的一种考核，是人才选拔的过程，也是知识水平和综合素质提高的过程。随着经济社会的飞速发展，住房和城乡建设领域对于执业人员的要求也在不断更迭，各类执业资格考试相关制度也在不断进行着适应性调整。

住房和城乡建设部相关部门、有关行业学（协）会高度重视执业资格制度改革与考试考务相关工作。一是根据行业发展实际情况，深化落实各类资格考试研究成果落地转化。为做好勘察设计注册工程师考试工作，不断提升考试效度，全国勘察设计注册工程师管理委员会下属的部分专业管理委员会对本专业考试大纲进行了调整。为加强对从业人员实践能力的考核，住房和城乡建设部组织编写了《二级建造师执业资格考试大纲（2019 年版）》。二是深化"放管服"改革，进一步优化公共服务，在执业资格考试领域开展考试报名证明事项告知承诺制试点工作。三是持续做好考试数据分析与后评价工作，指导命题专家不断优化试题时效性与区分度。四是做好命题专家和考试工作人员的保密教育，完善保密管理制度，规范有序开展考试工作。

（1）为进一步加强对从业人员实践能力考核，切实选拔出具有较好理论水平和实操及管理能力的人才，全国勘察设计注册土木工程师（道路工程）专业管理委员会、全国勘察设计注册工程师公用设备专业管理委员会和全国勘察设计注册工程师化工专业管理委员会相继于 2019 年对执业资格考试专业考试大纲进行了修订。

（2）为保证勘察设计注册工程师执业资格考试工作实施，根据《教育部关于印发〈普通高等学校本科专业目录（2012）〉〈普通高等学校本科专业设置管理规定〉等文件的通知》（教高〔2012〕9 号），经住房和城乡建设部、人力资源和社会保障部批准，全国勘察设计注册工程师道路工程专业管理委员会对勘察设计注册土木工程师（道路工程）专业名称进行了更新，发布了《勘察设计注册土木工程师（道路工程）新旧专业参照表（2019）》。

（3）遵循以素质测试为基础、以工程实践内容为主导的指导思想，坚持与工程实践相结合，与考试命题工作相结合，与考生反馈意见相结合的原则，为进一步加强对从业人员实践能力的考核，切实选拔出具有较好理论水平和施工现场实际管理能力的人才，2019 年 3 月印发了由住房和城乡建设部组织编写、人力资源社会保障部审定通过的《二级建造师执业资格考试大纲（2019 年版）》。

（4）为贯彻落实党中央、国务院关于深入推进简政放权、放管结合、优化服务改革决策部署，进一步优化公共服务，根据《司法部关于印发开展证明事项告知承诺制试点工作方案的通知》（司发通〔2019〕54 号）和《人力资源社会保障部办公厅关于印发〈人力资源社会保障系统开展证明事项告知承诺制试点工作实施方案〉的通知》（人社厅发〔2019〕71 号）要求，人力资源和社会保障部人事考试中心制定并印发了《专业技术人员资格考试报名证明事项告知承诺制试点工作实施方案》。

2019 年，全国共有约 182 万人次报名参加住房城乡建设领域执业资格全国统一考试（不含二级），当年共有约 27 万人通过考试并取得资格证书。其中参考人数最多的是一级建造师，约 112 万人次参加考试，当年取得资格人数约 15 万人。

2019 年住房城乡建设领域执业资格取得资格人数情况见表 2-1。

2019 年建设领域注册师取得资格情况统计表　　　　表 2-1

序号	专业	2019 年取得资格人数	比例
1	一级注册建筑师	4583	1.69%
2	一级建造师	154553	56.98%
3	一级注册结构工程师	3001	1.11%
4	注册土木工程师（岩土）	2457	0.91%
5	注册公用设备工程师	3040	1.12%
6	注册电气工程师	2085	0.77%
7	注册化工工程师	430	0.16%
8	注册土木工程师（水利水电工程）	558	0.21%
9	注册土木工程师（港口与航道工程）	171	0.06%
10	注册环保工程师	270	0.10%
11	一级造价工程师	34449	12.70%
12	房地产估价师	4034	1.49%
13	房地产经纪人	20698	7.63%
14	监理工程师	32354	11.93%
15	注册安全工程师（建筑施工安全）	8566	3.16%
	合计	271249	100.00%

2. 执业人员注册情况

2019 年，住房和城乡建设部相关部门及各地住房和城乡建设主管部门严格贯彻落实各执业资格注册管理有关规定，坚决落实国务院深化"放管服"改革要求，在提高信息化建设水平和简化审批流程方面深耕细作，不断优化审批效率，方便企业及执业人员。一是严格参照注册管理业务程序与规范要求开展注册审批工作，不断提高"为民服务"意识。二是改进电子化注册管理模式，完善注册申报与审批系统，在提升审批效率的同时，优化执业人员用户体验。三是加大对违规注册行为的查处力度，严格依照各专业注册管理规定，加强对投诉举报情况的受理与核查工作，持续优化执业环境。2019 年，全国建筑市场监管公共服务平台记录在案的个人不良执业行为共计 17 人。

（1）为妥善解决工程建设领域专业技术人员职业资格"挂证"等违法违规行为专项整治工作中出现的问题，更好推进专项整治工作，经商人力资源社会保障部、工业和信息化部、交通运输部、水利部、国家铁路局、中国民用航空局，住房和城乡建设部办公厅发布了《关于做好工程建设领域专业技术人员职业资格"挂证"等违法违规行为专项整治工作的补充通知》，对"挂证"行为认定做出了更为清晰的划定，并将自查自纠期限延长至 2019 年 3 月 31 日。

（2）为深入推进建筑领域"放管服"改革，按照《国家职业资格目录》之外一律不得许可和认定职业资格的要求，规范行政审批事项，住房和城乡建设部办公厅发布了《关于取消一级建造师临时执业证书的通知》。

截至 2019 年年底，住房和城乡建设领域执业人员部分专业累计取得资格人数和有效注册人数情况见表 2-2。

2019 年住房和城乡建设领域执业资格人员（不含二级）
部分专业分布及注册情况统计表　　　　　　　　　表 2-2

序号	类别	累计取得资格人数	有效注册人数
1	一级注册建筑师	41243	27659
2	勘察设计注册工程师	190589	109089
3	一级建造师	1143613	608424
4	注册监理工程师	346291	187835
5	一级造价工程师	263008	176300
6	房地产估价师	66936	60762
7	房地产经纪人	104894	40965
8	注册安全工程师（建筑施工安全）	8566	51999
	总计	2165140	1263033

注：注册安全工程师自 2019 年开始分专业考试，有效注册人数含分专业考试前已选择"建筑施工安全"专业人员。

2.1.1.3　执业人员继续教育情况

继续教育是执业资格制度的重要环节，是持续提高注册人员执业能力的重要手段，旨在帮助其不断完善知识结构，持续提高专业技术水平，是人才培养不可或缺的重要环节。住房和城乡建设领域执业人员的继续教育培训内容主要围绕住房和城乡建设部重点工作及建设相关领域最新政策，涉及国内外相关法律法规、技术创新、标准规范、管理政策等方面的前沿理念和最新研究成果。通过对于相关知识、技能的学习，可有效促进执业人员持续提高执业水平，对保障工程质量与人民生命财产安全起到积极影响。2019 年，在住房和城乡建设部的领导下，住房和城乡建设部执业资格注册中心、全国各省（区、市）有关单位、行业学（协）会积极筹措，主动作为，在建章立制完善顶层设计、绩效考核优化师资队伍、内容先行强化课程建设和远程授课改进培训模式方面做了一些有益的探索。

1. 建章立制完善顶层设计，规范开展教育培训

各地住房和城乡建设主管部门及相关机构围绕国发〔2015〕58 号文件有关精神，深化落实"放管服"改革要求，积极转变继续教育工作管理模式，完善管理体制机制建设，规范组织开展本地住房和城乡建设领域执业人员继续教育。各地在 2019 年相继就执业人员继续教育工作出台了相关规定，对培训工作的组织实施提出了明确要求。广东省建设执业资格注册中心为进一步深化"放管服"，推进广东省行政审批制度改革，结合省内实际情况印发了《关于明确我省二级建造师办理注册业务继续教育有关要求的通知》（粤建注发〔2019〕4 号），对省内二级建造师继续教育包括培训方式、组织形式等方面提出了明确要求。安徽省住房和城乡建设厅为进一步做好住房城乡建设注册执业资格人员继续教育工作，发布了《关于全省住房城乡建设注册执业资格人员继续教育工作有关事项的通知》（办人函〔2019〕20 号），就省内住房城乡建设注册执业资格人员继续教育对象、学时、内容和方式、培训机构及监督管理做出明确要求。

2. 绩效考核优化师资队伍，动态提升培训质量

各地住房和城乡建设主管部门高度重视执业人员继续教育师资保障工作，严格贯彻落实《国务院办公厅关于促进建筑业持续健康发展的意见》（国办发〔2017〕19 号）精神，将培训授课教师的授课效果评估作为动态管理的重要内容，纳入专家管理及继续教育全流程监管体系中，助力实现执业人员继续教育

培训质量动态提升。湖北省住房和城乡建设厅执业资格注册中心为规范省内住房和城乡建设领域执业人员继续教育培训工作，提高培训质量，制定并印发了《湖北省住建领域执业资格执业人员继续教育监督管理规定（暂行）》（鄂建注〔2019〕4 号），对省执业人员继续教育培训过程中的师资人员培训提出明确要求。辽宁省建设执业继续教育协会为充分发挥建设行业专家资源整体优势，提升专家开展相关工作的质量和服务水平，起草发布了《专家库管理办法（试行）》，将各类培训授课情况纳入专家工作业绩评价体系。

3. 内容先行强化课程建设，服务区域行业发展

各地住房和城乡建设主管部门继续教育管理机构在认真贯彻继续教育有关规定，组织开展继续教育全国必修课学习的同时，将区域经济社会发展的现阶段特点纳入继续教育选修课课程规划考量范畴，结合本地实际情况，丰富选修课的地域特色内容，以更强的课程针对性、有效性和可行性，助力区域行业健康发展。广西建设执业资格注册中心为认真做好注册建造师、注册结构工程师、注册土木工程师（岩土）、注册建筑师等专业技术人员的继续教育工作，结合自治区实际情况，相继制定并印发了《广西壮族自治区 2019 年注册结构工程师、注册土木工程（岩土）、注册建筑师等继续教育培训教学大纲》（桂建注〔2019〕2 号）和《广西壮族自治区 2019 年二级建造师继续教育培训教学大纲》（桂建注〔2019〕2 号），明确了各类执业人员在相应注册周期内应学习的课程及相关教学内容安排，充分体现了住房城乡建设领域的动态发展及省内的实际需求。

4. 远程授课改进培训模式，助力缓解工学矛盾

各地住房城乡建设主管部门从服务于执业人员的角度出发，积极回应社会关切，借力互联网＋理念与现代网络技术，调整继续教育的组织模式，通过灵活开设线上、线下多种类型的继续教育培训班次，持续优化执业人员的参训感受，助力缓解工学矛盾，优化教育培训效果。广西建设执业资格注册中心为持续缓解继续教育工学矛盾，提高执业素质能力，相继印发了《关于开通注册监理工程师继续教育网络学习系统的通知》（桂建培〔2019〕28 号）和《关于开通注册造价工程师继续教育网络学习系统的通知》（桂建培〔2019〕61 号），分别从 2019 年 7 月 1 日和 2019 年 10 月 10 日起开通注册监理工程师和注册造价工程师继续教育网络学习系统。

2.1.2 建设行业执业人员继续教育与培训存在的问题

2019 年，住房和城乡建设领域执业人员继续教育与培训工作在内涵建设方面深耕细作，在师资保障与课程质量领域实现了较大突破。但随着经济社会的迅速发展，知识更新的周期也在不断缩短，提供适应行业发展需要的高质量继续教育培训仍存在不少问题和困难，需要各方进一步加强研究。

2.1.2.1 继续教育中长期规划建设滞后

（1）继续教育培训内容整体性有待提高。作为行业发展的中坚力量，执业人员的执业能力水平，直接关乎行业的平稳健康发展。受内外综合因素影响，执业人员继续教育相关机构在组织落实课程内容建设过程中，尚未实现课程内容与建设行业中长期战略发展规划的良好衔接，相关培训内容多呈现阶段化特点，各周期课程内容之间的前后衔接与整体性有待提高。

（2）继续教育培训内容"内向性"过强。《国家中长期教育改革和发展规划纲要（2010—2020 年)》对继续教育给予了极大的关注，首次在国家层面明确了"继续教育"的概念，为继续教育的发展提供了绝佳契机。现阶段住房城乡建设领域执业人员的继续教育多呈"内向型"发展模式，未实现与广义"继续教育"体制机制的融合性发展，对于行业继续教育的长期健康发展可能产生不利影响。

2.1.2.2 继续教育激励机制尚未建立

（1）继续教育正向激励机制尚未建立。激励机制是促进继续教育工作良性运转的重要手段，也是促进执业人员积极参与教育培训的助推器。因住房城乡建设领域继续教育事业起步较晚、体制机制建立尚不完善、培训管理制度改革晚滞后等因素影响，诸如学分银行、学分互换、社会化学习等行之有效的激励机制尚未形成普及态势，执业人员参与继续教育培训的目的性过于单一，不利于激发相关人员的自主学习热情。

（2）工学矛盾制约用人单位的支持力度。执业人员继续教育市场化改革进程已拉开大幕，但受管理机制、运营模式、师资力量及教学效果等多方面因素影响，相关培训市场化改革的相关政策快速落地实施尚需时间。如何通过合理的税收、市场管理等手段，引导企业规范参与、组织具备较高质量的内外部继续教育培训活动，引导具备相应条件与资质的企业积极建立自有人才培训基地成为各级继续教育主管部门下一步应重点考虑的问题之一。

2.1.2.3 培训内容体系化建设尚未形成

（1）教学内容体系化更新速度有待加快。近年来，为服务于注册周期管理相关要求，住房城乡建设领域各执业资格相继出版了多部统编继续教育教材，对于解决建设行业时下面临的热点问题有着较好的效果。但因更新周期较长，根据注册管理需要可作为继续教育学习内容持续培训 2 ～ 3 年，难以适应建设行业高速发展的节奏。

（2）教学材料与形式多元化有待提升。现阶段住房和城乡建设各类执业人员的继续教育学习材料仍主要以纸版教材为主，内容选定相对固定，与现代化数字信息技术的结合性较弱，尚未实现同 VR 视觉数字技术、沉浸式学习模式等现代教学技术相融合，制约了执业人员参培受训学习效果的提升。

2.1.2.4 继续教育监管体系建设尚不完善

（1）继续教育法制体系建设尚不完善。住房和城乡建设领域继续教育的对象存在广泛性的特点，继国务院 58 号文发布后，相关继续教育的办学形式转向了市场化、多元化的发展趋势。如此庞杂的社会组织系统迫切需要加强政府对相关工作的宏观统筹、协调和指导，具体表现为通过国家、行业层面的法律法规或规章制度对相关继续教育培训工作进行规范和引导。

（2）信息化监管体系尚未形成。在注册执业层面，随着全国建筑市场监管公共服务平台的投入使用，执业人员的行为监管实现了信息化转型。继续教育作为执业资格制度的重要组成部分，现行体制下尚未搭建起可操作性较强的全国性继续教育监管平台，相关管理部门对于培训机构培训行为和执业人员参训行为的动态监管尚存难度。

2.1.3 促进建设行业执业人员继续教育与培训发展的对策建议

随着"放管服"改革与政府职能转变相关工作逐步步入深水区，持续做好优化市场秩序、便利企业和执业人员办事、提高公共服务质量等改革目标被提到了全新高度，为实现执业资格继续教育市场化带来了新的发展机遇。同时，建设行业技术与建筑理念也在面临着全新的革新，装配式建筑、垃圾分类等理念在各地逐步普及，对执业人员的综合素质和专业能力提出了更高、更新的要求。考虑到现阶段行业发展的态势，执业人员继续教育工作应重点在深化课程内容建设、推进学习成果灵活认证、专兼结合拓宽师资力量和建立数字化资源共享机制等方面狠下功夫，充分发挥继续教育之应有作用，为住房城乡建设事业的平稳发展提供有力支撑。

2.1.3.1 深化课程内容建设，服务行业中长期规划

2020 年是"十三五"规划的收官之年，住房和城乡建设事业的发展面临着增速步入下行通道、建筑企业生存压力进一步加大等诸多不确定因素，持续强化人才建设，做好行业发展内发动力储备尤显重要。继续教育作为持续开发人力资源的主要途径，相关教育培训工作更应紧密围绕住房城乡建设领域重点工作任务，有针对性、创造性地深化继续教育课程内容建设，助力行业人才适应新时代行业发展的新要求。

（1）各地住房和城乡建设主管部门继续教育管理机构，要把满足住房和城乡建设事业发展和执业人员多样化学习需求，作为继续教育课程内容设计的根本出发点和落脚点，提前把脉"十三五"规划收官与"十四五"规划起航阶段的行业发展趋势，从宏观层面统筹规划，主动服务住房城乡建设领域执业人员更新知识、拓展技能、提高素质的学习需求，促进执业人员全面发展，深化行业人才建设。

（2）要牢固树立终身教育理念，持续深化执业人员继续教育与建设人才职业生涯规划的密切关联，借助继续教育平台搭建人才终身学习"立交桥"，并以此作为切入点，形成符合住房城乡建设行业特点的灵活开放的终身教育体系，转变执业人员为注册延期而参加继续教育的单一目的现状，逐步由"被动注册式学习"转向"主动探索式学习"。

2.1.3.2 推进学习成果灵活认证，探索"以工代训"破解"工学矛盾"

充分借力《国家中长期教育改革和发展规划纲要》与有关继续教育"产教融合"的发展理念，灵活开展继续教育，打通执业人员继续教育与广义继续教育之间的壁垒，统筹规划教育学习内容、学分累计等管理机制，切实服务于人才的持续性成长与发展需要。

（1）研究探索适应住房和城乡建设行业特点的执业人员继续教育"学分管理制度"，通过学习成果认证、学分累计和转换等方式，有计划、分步骤地探索不同类型继续教育培训之间的学分转换与认证制度，借此拓宽执业人员继续教育的培训形式与场景，打破培训工作的时空限制，营造灵活机动的继续教育学习大环境。

（2）充分调动行业企业组织执业人员继续教育培训工作的内在积极性，发挥企

业作为人才建设直接受益人的主观能动性，鼓励企业开展服务于内部员工的教育培训，以标准化、专业化为基础条件，搭建独有的综合化职工继续教育基地，借力"以工代训"，在破解"工学矛盾"的同时，创建学习型企业，持续享受"人才强企"红利。

2.1.3.3　专兼结合拓宽师资力量，持续发力加强师资队伍建设

师资力量是"立教之本、兴教之源"，各地执业人员继续教育管理机构应充分意识到加强师资队伍建设的重要性，主动搭建人才合作与培养平台，帮助培训组织机构充分调动社会各界优质资源，着力形成以合作促共赢的良好态势，建设高水平的执业人员继续教育师资队伍。

（1）鼓励执业人员继续教育培训机构、有条件的建设企业与高校等机构开展执业人员继续教育培训合作。按照"专兼结合"的原则，在持续强化培训机构、企业自有师资质量提升工作的同时，以教学质量和教学效果为考核侧重点，通过动态交流，推进师资共享，盘活各类教师及具备较高专业水平的技术人才积极参与继续教育教学活动，拓宽师资队伍组成。

（2）强化继续教育师资培训制度。通过师资培训，使各地负责继续教育培训的师资能够全面把握讲授课程的主要内容，准确掌握本阶段教学的重点、难点和教学过程中的有关具体要求，提升师资自身的授课水平，建立并保持一支稳定、高水平的师资队伍，确保培训质量，为开展各类执业人员继续教育培训工作打下坚实的基础。

2.1.3.4　建立数字化资源共享机制，开放共建优质学习资源

通过搭建服务于培训主体、课程产品商、建设企业等多方的继续教育教学资源合作共享平台，适应教育现代化的实际发展态势，深化数字化资源与继续教育培训工作的高度融合，突破地域经济社会发展的制约，推动优质教育教学资源在全行业范围内的共享。

（1）通过政策引导，为市场化继续教育培训机构与专业化教学产品供给方搭建供需合作平台，推动建立建设企业、教育产品供应商、各类院校之间在继续教育资源领域的共建共享机制，突破地域经济社会发展限制，为全国各地执业人员提供优质数字化继续教育学习资源。

（2）深化多元化教育平台建设，积极整合 MOOC、大师公开课、国家精品课程等在线教育资源与现有平台对接，将终身学习理念与在线平台牢牢绑定。通过

向平台持续补给最新优质学习资源，在方便执业人员完成继续教育基础内容基础上，促进相关人员按需索求，形成自主学习强势动能，不断提高执业能力。

2.2　2019 年建设行业专业技术人员继续教育与培训发展状况分析

2.2.1　建设行业专业技术人员继续教育与培训的总体状况

（1）逐步完善体系，统一标准要求。各地企业、社会组织、职业院校和培训机构积极落实主体责任，坚持"谁培训、谁负责"的原则，对施工现场专业人员开展培训、考核、发证。为保证培训质量，推动全国培训成果互认，各方积极执行住房和城乡建设部编制的统一的职业标准、统一的培训大纲，并在完成相应培训后，组织参训学员通过统一考核测试。

（2）优化工作流程，提高服务质量。各地住房和城乡建设行政主管部门制定了本地区施工现场专业人员职业培训工作实施细则，明确了建设主管部门职责，积极指导、监督本地区培训工作；依据培训机构有关要求，制定本地区培训机构具体条件，指导下级住房和城乡建设行政主管部门依据职责对提出培训申请的各类培训机构进行招募、遴选。通过对企业、社会组织和培训机构的相关人员进行培训，不断强化服务意识，提高服务质量。

（3）加强继续教育，适应岗位需求。按照人力资源社会保障部关于专业技术人员开展继续教育的总体要求，结合住房和城乡建设行业实际，依据继续教育大纲，以知识更新、学以致用为原则，对施工现场专业人员进行继续教育，提升其专业能力素质和职业道德素养，促进安全生产和工程质量提升。各地积极组织相关专家编写专业技术人员继续教育教程、课程，初步建立以实际工作为导向的课程体系。

（4）推进信息化进程，拓宽培训渠道。各地积极探索务实高效的继续教育组织形式，积极推广"互联网＋培训"模式，开发基于 BIM 等可视信息化技术为载体的新型教学课程，充分考虑教育心理学、美学等因素，不断完善教学资料，为施工现场专业人员提供多渠道、多类型的继续教育资源。

（5）推动互联网 + 培训。住房和城乡建设部人事司委托中国建筑工业出版社开发"住房城乡建设行业从业人员教育培训资源库"，征集专家，开发培训资源，鼓励各地积极推动互联网 + 培训，为各地开展规范、高质量的培训提供支持。

2.2.2　建设行业专业技术人员继续教育与培训存在的问题

2019 年，各地根据住房和城乡建设部的相关政策要求，积极开展专业技术人员培训和继续教育工作，取得了不错的成绩。同时，在发展的过程中也存在一些问题和不足。

（1）住房和城乡建设部统一培训测试、发证政策仍未在全国范围内全部推开。各地受当地政策影响，仍有部分地区没法实行统一测试，颁发统一证书，仍由当地社会组织、企业或培训机构培训发证，或者暂时停止了该项工作。

（2）信息化应用略显不足。专业技术人员信息化培训、考试水平不高，特别是新的信息化手段的应用较少，与其他行业相比还存在一定差距。

（3）专业技术人员继续教育比例不高。专业技术人员培训获得证书后，存在人证分离现象，证书由企业人力资源部门统一管理，个人不知道证书有效期或继续教育等要求，造成很多专业技术人员参加继续教育、更新知识体系的整体比例不高。

（4）各办学主体服务质量差别较大。各办学主体参照统一标准、教学大纲进行授课，但还有师资、具体课程资源不同等因素影响，造成了不同办学主体服务质量和培训效果差别较大。

（5）培训教材时效性和实用性存在差距。目前，各地使用的教材为不同版本，教材使用年限短的 3 ~ 5 年，使用年限长的 8 ~ 10 年，教材的内容有很大一部分已经与行业现行的标准和工艺大不相同，这就使得参加培训的学员学到的很多知识是过时的。

2.2.3　建设行业专业技术与管理人员继续教育与培训发展趋势分析

（1）学习目的产生根本转变。2019 年以前，建设行业专业技术与管理人员的系统培训是企业生产经营、资质办理、投标行为的前置条件或必要条件。近几年行业管理政策不断调整，建设行业专业技术与管理人员的培训已经由强制或半强制性质逐渐转变为从业人员提升工作能力、提高工作效率的辅助性培训。参加培训的学员的学习目的也从被动学习逐渐转变为主动学习。

（2）教学方式更加灵活多样。建设行业专业技术与管理人员工作强度大，自主学习时间相对零散。这就对开展培训的方式、课程设置、互联网技术的应用等提出了新的要求，需要行业培训机构在这些方面不断加大研发力度。

（3）新管理岗位不断产生。随着建筑信息化工业化进程不断推进，新的建设行业的基层管理岗位不断产生，行业培训应针对这些新的岗位研发培训大纲、开发教材，开展系列培训。同时，也要针对传统岗位的工作内涵变化，不断调整各项培训课程。

2.2.4　促进建设行业专业技术人员继续教育与培训发展的对策建议

继续贯彻落实《住房和城乡建设部关于改进住房和城乡建设领域施工现场专业人员职业培训工作的指导意见》（建人〔2019〕9号）、《住房和城乡建设部办公厅关于推进住房和城乡建设领域施工现场专业人员职业培训工作的通知》（建办人函〔2019〕384号）文件精神，坚持以行业用人需求为本，提高教育培训的时效性和实用性，逐步规范培训流程，提高教育培训服务质量，采用信息化技术提升学员学习体验。

（1）继续完善职业培训体系。各地应继续坚持统一标准、统一大纲、统一考核，不断研究建立企业、行业组织、职业院校和社会培训机构融通的培训体系。充分发挥企业技术、管理优势，行业组织体系优势，职业院校学术优势，社会培训机构组织实施优势，为行业发展提供专业技术人员培训服务。

（2）提高企业参与培训的积极性。各级住房和城乡建设行政主管部门的政策中都强调了企业参与专业技术人员培训的重要性，在今后的工作中，应更加注重调动企业参与培训的积极性，从政策、资金等多方面给予支持，落实企业对专业技术人员培训主体责任，将企业在生产实践中最先进的技术和管理方法融入培训中，使学员学习的知识与企业的实际需求之间的差距尽量缩短。

（3）建立教学质量评估、诚信体系。在各地建设行政主管部门的领导下，根据本地专业技术人员培训的情况，从办学场地、师资情况、教学组织、培训内容、信息化应用等多个方面建立能覆盖企业、行业组织、职业院校和社会培训机构的评估体系，引导培训机构严格遵循职业标准，按纲施训，促进职业培训质量不断提升，并同步建立覆盖各机构和从业人员的诚信体系。

（4）加大信息化手段的应用。各地逐步推进以"网络"培训、碎片化课程为主的培训方式，在原有技术上应继续加速培训模式的转型和新式课程资源的开发，从面授课程网络化逐步过渡到基于互联网思维和建筑信息化新技术开发的新型课程，全面提升学习体验，提高培训效率。

（5）拓展培训领域、专业。近些年建筑业不断转型升级，新岗位不断设立，企业、行业组织、职业院校和社会培训机构应及时根据专业技术人员培训需求不断完善培训专业设置，拓展培训领域。

（6）加强教材时效性、实用性。充分发挥企业、行业组织作用，邀请企业一线专家对现有初始学习教程和继续教育教材进行修订，逐步提高培训内容的时效性和实用性，提升培训效果。

（7）推进培训证书全国互认。各地应依据职业标准、培训考核评价大纲，结合工程建设项目施工现场实际需求，组织各级各类教育培训活动，建立全国统一测试题库，供各地培训机构免费使用，进行培训测试，通过住房城乡建设行业从业人员培训管理信息系统为培训合格人员发放全国统一样式的培训合格证书，证书联网可查，在全国住房城乡建设领域通用。

2.3　2019 年建设行业技能人员培训发展状况分析

2.3.1　建设行业技能人员培训发展的总体状况

2019 年，全国建筑业技能人员从业人数超过百万的地区共 15 个，比上年减少 1 个。江苏、浙江依然是从业人数大省，分别达到 801 万人、602 万人。福建、四川、广东、山东、河南、湖南、湖北、重庆等 8 个地区从业人数均超过 200 万人。

与上年相比，17 个地区的技能人员从业人数增加，其中，广东、福建增加人数最多，分别为 48 万人、23 万人；14 个地区的从业人数减少，其中，浙江出现了 193 万人的最大降幅。从业人数增速较快的是天津、广东，分别为 26.1%、

17.2%；河北、浙江、内蒙古、青海等 4 个地区出现超过 15% 的负增长。

农民工平均年龄不断增大，从 2014 年的 38.3 岁增加到 2019 年的 40.8 岁，比上年提高 0.6 岁。从年龄结构看，40 岁及以下农民工所占比重为 50.6%，比上年下降 1.5 个百分点；50 岁以上农民工所占比重为 24.6%，比上年提高 2.2 个百分点，近五年来占比逐年提高。

随着我国经济的快速持续发展，城市化进程进入加速发展阶段。大规模农村富余劳动力向包括建筑业等产业转移，他们是现代化建设巨大劳动力需求的重要保障，是推动新型城市化的重要力量。建筑业空前发展，建筑行业人才危机却日益凸显。作为城市建筑行业的主要"生力军"——建筑业产业工人，目前已接受过系统培训的产业工人仍只占少数，劳务作业人员实际持证率仍然较低，建筑业农民工文化基础较差、安全意识薄弱、技能水平偏低的状况未得到根本改变。

2019 年，全国建设行业技能人员培训统计情况为：计划培训 585722 人次，实际全年培训 1316656 人次，完成了年计划的 224.79%。其中技师、高级技师 4527 人次、高级工 65131 人次、中级工 1055282 人次、初级工 116690 人次、普工 78084 人次。

2.3.2　建设行业技能人员培训面临的问题

全国五千多万人的建筑业技能从业人员，对我国经济社会发展、城乡建设和民生改善做出了积极贡献。但是通过调研发现，建筑业产业工人队伍培训存在如下问题：

（1）建筑产业工人队伍流动性强，缺乏稳定性。建筑行业工人都是跟随着具体项目开展工作，工人队伍大部分都是由农民工所组成，流动性较强，缺乏稳定性。建筑工人在一定程度上缺少建筑相关的专业技术，甚至追赶工期存在未经系统培训即上岗工作的问题。因此，建筑产业工人队伍表现出了综合指数差异性大、纪律涣散等现象，并不满足当前专业产业工人的要求。

（2）建筑产业工人队伍整体素质偏低。建筑产业工人的整体结构以初中级技术工人为主，大部分工人所掌握的技能比较单一，高等级技术型人才非常缺乏。建筑产业工人教育程度普遍较低，每个项目中的高学历人才非常缺乏。虽然部分工作经过相关机构的培训，但钢筋、木工等普工持证上岗比率不高。总体而言，建筑行业工人队伍的文化素质、职业素养依然存在整体偏低的问题。

（3）建筑产业工人队伍专业技能水平偏低。建筑相关企业缺少对人才培养的具体规划，通常由主管部门组织安排培训。企业在安排内部培训过程中，无法完全调动起技术工人的培训积极性。加上企业内部培训存在一定的顾虑，并不会给予过多的投入，其主要原因是担心技术工人在完成培训之后出现跳槽现象。此外，大部分劳务工人对于培训缺少意识。认为如果占用时间参与培训，对其自身的收入和休息时间都会产生影响。所以，许多建筑行业劳务工对于相关培训参与度并不高。

（4）建筑产业工人队伍呈现老龄化。当前参与到建筑行业队伍中的人员，已经表现出了偏中年化、老龄化的问题。加上一直以来对于"文凭"都较为注重，给建筑企业技工队伍组建带了非常大的影响。尤其是部分企业依然存在"重文凭、轻技能，重理论、轻实践"的理念，让企业对人才的真实判断出现了偏差。虽然一直以来都有"三百六十行，行行出状元"一说，但更多家长都不愿意让自己的子女当工人，尤其是建筑行业，存在一定的危险性，工作环境较差，越来越多的年轻人都不愿意从事建筑行业，从而使产业工人队伍表现出了年龄断层的现象。

（5）缺少建筑产业技能人才培养机制。许多建筑企业在制定相关技能人才培养过程中，主要以完成培训任务为主，所采用的培养形式根据当前岗位需求开展，并没有严格遵循国家资格鉴定的相关规定。这样的技能人才培养机制，对建筑行业高级技能人才培养以及储备形成了影响。久而久之，会导致建筑行业缺乏高层次、高水平的技能培训平台，尤其是对于特殊工种以及复合型技能人才的培养更加不利。加上企业想要展开培养工作时，寻找相应的培训以及继续教育平台非常困难，导致行业高级人才一直以来都存在短缺的问题。许多建筑企业对于员工培训意识不足，缺少行之有效的激励机制。此外，许多企业并没有将学习培训、技术水平、贡献大小和工资奖金形成关联，在缺少具体的人才培养规划情况下，无法构建一套适用性强、效能高的现代技术工人培养和管理机制，阻碍了建筑行业高级技工人才培训的发展。

2.3.3 建设行业技能人员培训发展趋势分析

2.3.3.1 对培训工作统一规划，加强管理

培训工作的相关管理制度将得到健全和完善。明确企业为培训责任主体，确

定培训工种的范围、培训内容和课时等，并提出持证上岗率分步达标要求。有相关管理和制约措施，实行"先培训，后上岗"，严格实行就业准入制度，明确规定没有经过上岗培训并取得上岗证书的新工人，不得在建筑行业就业。同时把生产作业人员的持证上岗比例纳入到对建筑劳务企业的监督管理中，并将持证上岗制度和企业资质审查、投标资格条件预审、施工许可、竣工验收、质量和安全监督、施工现场检查、企业信誉排行、工程评优等行业管理的各个方面紧密结合起来，推动技能培训和鉴定工作。同时要制订培训工作规划，结合各地区实际，制订职业技能培训中长期规划和分阶段实施工作计划。

2.3.3.2　加强对持证上岗情况的检查监督

严格检查和监督是培训和鉴定工作正常开展的根本保证。建设行政主管部门要主动与劳动行政主管部门沟通，加强对现场作业人员持证情况的检查，把持证情况纳入建筑市场和工程质量、安全生产检查中去。对持证上岗率达不到要求的企业和未经培训上岗的人员，要按规定严格处罚。

2.3.3.3　大力发展劳务企业

由劳务企业负责对民工进行培训更为合理，更为可行。劳务输出地区也应加强对当地劳务企业中建筑施工人员的培训和考核，输出具有市场竞争力、持证上岗率高的劳务施工企业。

2.3.3.4　加强培训和鉴定机构建设

健全现有培训机构和鉴定站的组织机构，充实管理人员，配备完善教学设施、设备和机具。建立与培训任务相适应的专兼职理论教师和实训教师队伍，保证教学的良好运转。加强考评员队伍建设，使之与培训数量相协调。在挖掘原有培训机构潜力的基础上，还可依托有条件的大中型企业和其他职业学校、培训中心，积极开展培训，形成数量、级别、布局合理，专业工种配套齐全的培训网络体系。

2.3.3.5　建立政府、企业、个人三方分担的投入机制

建立政府、企业、个人三方分担的投入机制，并在制订相关管理办法时，对培训费用分担提出指导性意见。企业根据"谁使用、谁培训"的原则，按有关规定建立专项培训基金，承担大部分的培训费用；政府在制订相关政策规定时，将培训费用列入工程管理成本；个人是技能培训的直接受益者，也分担部分费用（根据目前农民工的承受能力，以不超过 20% 为宜）。此外，政府根据《职业教育法》

等规定，从征收的教育地方附加费、农村科学技术开发、技术推广经费中，提取一定比例，建立建筑劳务人员专项培训基金，用于补助和奖励培训机构、企业和个人。

2.3.3.6　建立多形式的培训和鉴定模式

针对建筑业技能培训和鉴定操作性强、材料消耗大、成本高等特点，采取学校培训与现场培训、阶段性培训与一次性系统培训、个人自学与集中辅导、基地鉴定和现场鉴定相结合等灵活多样的形式，将培训和鉴定与现场施工结合起来；充分利用建筑工地开展的安全生产和施工技术交底教育、民工学校、企业自有培训场所等，把培训班办到施工现场；在培训时间上，根据具体情况，利用施工淡季集中培训，或利用晚上时间进行培训。

2.3.3.7　培训鉴定费用适当降低

除充分利用企业自有场地、材料、师资等资源和多媒体等现代教育手段以降低培训鉴定成本外，政府对培训鉴定机构适当予以补助，以弥补降低收费标准后的经费不足。同时，劳动和社会保障部门支持建筑业的一线工人持证上岗培训工作，减免鉴定收费。

2.3.4　促进建设行业技能人员培训发展的对策建议

（1）构建新型建筑用工体系。逐步建立施工承包企业自有建筑工人为骨干，专业作业企业自有建筑工人为主体的多元化用工方式。鼓励施工总承包、专业承包企业培育以特种作业工种、高技能建筑工人为主的自有建筑工人队伍，作为技术骨干承担施工现场作业带班或监督等工作。专业作业企业应当与建筑工人建立相对稳定的劳动关系，依法签订劳动合同。

（2）加强职业技能培训。建立行业、企业、院校、社会力量共同参与的建筑工人职业教育培训体系。落实企业建筑工人职业培训的主体责任，引导企业制定建筑工人培养计划和培训制度，优化整合培训资源，充分依托施工现场资源，通过建立培训基地、加强校企合作、购买社会培训服务、新型学徒制等多种形式，开展岗前培训和技能提升培训。鼓励专业培训机构、职业院校（含技工学校）和社会团体等力量积极参与建筑业工人职业培训，按照市场化要求，发挥优势和特色，构建与企业培训互为补充的培训网络，不断扩大行业工人职业培训全覆盖面。

完善职业教育制度，根据产业发展的新要求、新技术、新规范，健全教学标准体系，更新课程内容，指导有关职业院校优化建筑类专业设置，结合办学实际制定专业人才培养方案，切实为培养行业急需人才服务。争取到 2025 年实现建筑业工人培训全覆盖。

（3）完善建筑业技能鉴定体系。做好建筑工人相关职业技能标准和评价规范制定工作，按照国家职业资格目录规定的职业工种推动建筑工人职业鉴定工作。创新考培模式，技能鉴定机构应充分依托大中型项目开展技能鉴定，将实际工程生产与考核鉴定结合起来，解决工学矛盾，提高鉴定评价的有效性、针对性，降低鉴定场地、器材等成本。

（4）建立技能导向的激励机制。各地要编制施工现场人员配备标准，督促企业强化技能培训和开展技能鉴定。到 2025 年施工现场中级工以上建筑工人占比不少于 30%。加强对现场作业人员的技能水平和配备比例监督检查，要将相关情况与市场准入、招标投标、诚信体系、评价评优等挂钩。鼓励有关部门发布各个技能等级和工种的人工成本信息，为企业合理确定建筑工人工资提供信息指引，鼓励企业将技能水平与薪酬挂钩。引导企业建立技能人才专家库和首席技师制度。鼓励各主管部门、协会、企业积极开展岗位练兵、技术比武、技能竞赛。

要构建高素质的建筑产业工人队伍，需要分析出对其工作产生影响的因素，切实发挥出主管部门、培训基地、工会组织和行业协会以及龙头企业的优势，心向一块聚、劲向一块使，全面提高建筑产业的核心竞争力。通过制定相应的管理机制，为建设高素质的建筑产业工人队伍奠定基础，促进建筑行业长足、稳定地发展。

2.4　2019 年建设行业从业人员职业技能标准发展状况分析

2.4.1　建设行业从业人员职业技能标准发展的总体状况

截至 2020 年年初，建设行业从业人员职业技能标准进展情况见表 2-3。

建设行业从业人员职业技能标准进展情况　　　　　表 2-3

序号	标准名称	制订/修订	第一起草单位	归口标委会	目前进展阶段（准备/启动/征求意见/审查/报批）
1	城镇燃气行业职业技能标准	制订	中国城市燃气协会	燃气	1. 2019 年 9 月 16 日，在京召开标准内审会暨编制阶段启动会； 2. 2019 年 9 月底完成征求意见初稿； 3. 2020 年 4 月底形成征求意见稿
2	城镇排水行业职业技能标准	制订	北京城市排水集团有限责任公司	市政给水排水	1. 2019 年 9 月 11 日，在京召开内审会暨编制阶段启动会； 2. 2019 年 11 月 5 日，完成征求意见稿； 3. 2019 年 11 月 29 日至 12 月 29 日在部网站公开征求意见。共征集意见 104 条，根据意见建议对标准内容进行修改。2020 年 3 月 5 日完成修订； 4. 2020 年 3 月 6 日报送送审稿及意见汇总表
3	机械清扫工职业技能标准	制订	中国城市环境卫生协会	市容环境卫生	1. 2019 年 12 月 27 日，在京召开内审会暨编制阶段启动会； 2. 2020 年 4 月完成征求意见初稿
4	垃圾处理工职业技能标准	制订	华中科技大学	市容环境卫生	1. 2019 年 8 月 10 日，在京召开内审会暨编制阶段启动会； 2. 2020 年 4 月完成征求意见初稿
5	保洁员职业技能标准	制订	广东省环境卫生协会	市容环境卫生	1. 2019 年 12 月 27 日，在京召开内审会暨编制阶段启动会； 2. 2020 年 4 月完成征求意见初稿
6	垃圾清运工职业技能标准	制订	华中科技大学	市容环境卫生	1. 2019 年 8 月 10 日，在京召开内审会暨编制阶段启动会； 2. 2020 年 4 月完成征求意见初稿
7	市政行业职业技能标准	制订	中国市政工程协会	道路桥梁	1. 2019 年 10 月 16 日召开启动会； 2. 2019 年 12 月 10 日完成初稿
8	装配式建筑专业人员职业标准	制订	中国建设教育协会	建筑工程质量	1. 2020 年 1 月 10 日召开内审会暨编制阶段启动会； 2. 2020 年 3 月 9 日召开初稿修订安排会，3 月 19 日完成修订； 3. 2020 年 3 月 20 日制定疫情期间编制工作方案
9	装配式建筑职业技能标准	制订	中国建设教育协会	建筑工程质量	1. 2020 年 1 月 10 日召开内审会暨编制阶段启动会； 2. 2020 年 3 月 9 日召开初稿修订安排会，3 月 19 日完成修订； 3. 2020 年 3 月 20 日制定疫情期间编制工作方案

序号	标准名称	制订/修订	第一起草单位	归口标委会	目前进展阶段（准备/启动/征求意见/审查/报批）
10	建筑外墙保温安装及空调安装运行人员职业技能标准	制订	中国建筑节能协会	建筑工程质量	2019年11月24日召开启动会
11	智能楼宇管理员职业技能标准	制订	中国建筑业协会智能建筑分会	建筑电气	1. 2019年7月27日召开内审会暨编制阶段启动会； 2. 2019年10月24日在部网站公开征求意见； 3. 2020年4月10日，征求意见稿修改完成并形成送审稿
12	建设安装职业技能标准	制订	陕西省建设教育与城市建设档案管理中心	建筑工程质量	2019年8月形成标准初稿

2.4.2　建设行业从业人员职业技能标准建设面临的问题

2.4.2.1　在编标准编写进度差别较大

2019年5月，住房和城乡建设部标准定额司对《城镇燃气行业职业技能标准》等13项工程建设行业标准制定工作进行批复后，各标准牵头主编单位都较为积极地行动起来，取得了不同程度的进展。由于标准涉及领域较广、由不同单位牵头、编写基础不同、涉及工种数量不同，客观上造成了编写不能达到"基本同步"的理想状态。进度快的标准已经到了审查会后的报批阶段，进度慢的标准还停留在具体内容编写、修改的阶段。进度的不同，从"齐头并进"的理想状态变为"一事一议"的现状，造成了管理成本的加大。

2.4.2.2　标准编审专家对职业技能标准缺乏统一认识

目前标准的编审专家大多为工程专家，对职业技能、人才培养等方面研究不足。职业技能标准虽然归为工程建设行业标准的范畴，但是体例格式和内容与其他标准不同，特别是职业技能等级以及培训考核等内容与其他标准区别较大。编写过程中需要与编写专家反复就体例格式、级别划分等内容进行讲解，在评审过程中也同样需要就相关内容为审查专家进行说明。在编写和审查中，解释说明的情况因为专家个体的差异也存在认识不统一的情况。

2.4.2.3　标准出台后续宣贯不够

《弱电工职业技能标准》《建筑门窗安装工职业技能标准》《古建筑工职业技能

标准》《模板工职业技能标准》已全部出版发行，相对应的培训教材也已编写完成。受新冠肺炎疫情等因素影响，目前还没有开展全面的标准宣贯工作，标准的内容没有得到有效的贯彻和落实。

2.4.3　建设行业从业人员职业技能标准建设的对策建议

2.4.3.1　完善工作制度，强化监督及信息反馈

由于职业技能标准工作起步较晚，很多政策、制度需要慢慢摸索和完善。下一步要在现有十多项管理制度的基础上继续进行完善和补充。在结合工作实际的前提下，多方听取行业专家和学协会的建议。另外，要进一步强化监督、协调、推进和监管的工作机制，逐步形成监督检查经常化、常规化，进一步畅通信息反馈的渠道和方法，经常沟通并及时解决标准编制过程中遇到的问题，加强标准实施问题的研究，建立标准制定、实施和监管的联动机制。

2.4.3.2　培育编审专家，加强解释咨询工作

对几年来参与职业技能标准的编审专家进行梳理和分类，逐步形成职业技能标准编审专家库。特别是加强对既懂建设工程又懂人才培养的复合型专家的使用，在实际工作中注意对编审专家的培育，给予对职业技能标准建设有积极性的专家更多机会进行实践和提高，逐步形成较为稳定的职业技能标准编审专家队伍。在标准的编审过程中，加强解释和咨询工作，以行业需求为导向，体现行业对人才的需求，明确职业技能标准是关于人的标准，明确其与其他工程标准的不同，强化行业对职业技能标准的认知水平。

2.4.3.3　加强宣教力度，提高标准可实施水平

积极组织新出台标准的培训和宣贯工作，充分发挥主编单位的作用，开展标准解释咨询及配套教材的编制工作，扩大标准的覆盖范围，利用网络等形式开展标准咨询和远程辅导工作，加大宣传力度，提高标准的可实施水平。

第3章 案例分析

3.1 学校教育案例分析

3.1.1 做好顶层设计 构建保障体系 多措并举提高线上教学质量——安徽建筑大学

安徽建筑大学是安徽省唯一一所以土建类学科专业为特色的多科性大学，学校紧紧依托"大土建"学科优势，积极服务地方经济社会发展，凝练科研方向，在节能环保、城镇化与徽派建筑、地下工程、公共安全、先进建筑材料等重点领域，形成了多个具有较大影响、特色鲜明的科研方向和学术团队。学校坚持"进德、弘毅、博学、善建"的校训，坚持"立足安徽、面向全国，依托建筑业、服务城镇化"的办学定位和"质量立校、创新领校、人才强校、特色兴校、依法治校"的办学理念，坚持走打好"建"字牌，做好"徽"文章的特色发展之路。

3.1.1.1 做好顶层设计，制定线上教学管理相关制度

根据教育部、省教育厅疫情防控期间"停课不停教，停课不停学"工作要求，学校超前谋划，强化顶层设计，科学制定线上教学管理相关制度，切实保障线上教学与线下教学同质等效，建立了如下的线上教学有关规章制度：

1. 制定《安徽建筑大学疫情防控期间线上教育教学实施方案》《安徽建筑大学网络课程资源建设指导意见（试行）》《安徽建筑大学线上线下混合式课程建设管理办法（试行）》《安徽建筑大学在线开放课程建设应用与管理办法（试行）》《安徽建筑大学疫情防控期间线上线下教学衔接工作预案》等有关线上教学政策文件，为在线教学工作的顺利推进奠定坚实基础。

2. 制定《安徽建筑大学本科线上教学质量管理与课程考核指导意见》，明确任

课教师选用或建设线上课程资源标准，规范任课教师线上教学组织程序，细化线上教学工作考核与评价要素，强化线上教学工作质量管理。

3.制定《安徽建筑大学关于进一步加强线上教学质量监控与教学督导工作方案》，明确线上教学监控与督导内容、监控与督导责任主体及监控与督导工作流程；明确持续扎实做好在线教学质量监控与督导的工作机制，包括加强组织、强化责任，明确质量监控与督导内容、质量监控与督导的方式方法等。创新设计线上听课评价表、线上"入课"方式表、线上教学检查汇总表等，将线上教学质量监控与督导检查工作规范化、制度化。

4.发布《关于在线教学期间严格课堂纪律、加强课程思政教育、确保教学质量的通知》，规范线上课程资源内容的政治性、思想性、科学性、规范性和完整性，做好学生课程思政教育，培育同学们的大爱担当情怀和互助互爱、无私奉献的精神，助力同学们尊重科学、奉献社会的习惯养成，引导同学们深入思考社会主义核心价值观教育的丰富内涵。

3.1.1.2　保障措施有力，构建线上教学质量保障体系

学校高度重视线上教学质量保障体系建设，科学谋划，因校制宜，多措并举，形成合力，努力实现线上教学与线下教学工作实质等效。学校线上教学质量保障体系建设的主要措施与成效如下：

1.组织机构保障

为进一步强化线上教学技术指导，积极做好线上教学服务保障，切实确保在线教育工作有效推进，制定《安徽建筑大学线上教学技术指导与服务保障工作方案》，成立由分管校长为组长的线上教学技术服务保障领导组，统筹协调学校线上教学技术指导与服务工作。领导组下设应急工作、平台与资源、教学示范、教学培训、网络保障等 6 个小组，具体负责线上教学工作的技术指导与服务保障。

2.课程资源保障

制定在线课程资源建设计划，收集并及时发布国家级、省级和校级各类精品网络课程资源和教材的电子图书等信息。线上教学资源根据课程要求采取多样化形式，既可以是教师自建资源，也可以借鉴、引用校外优质资源，特别是国家公布的各类优质资源。所有网络资源的选用符合我校各年级课程教学大纲要求，授课教师对课程教学资源内容的政治性、思想性、科学性和规范性负责。

疫情防控期间，针对纸质教材无法满足教学需要的现状，学校在线上教学工作启动前联系部分出版社或公司免费提供部分电子版教材，制作电子教材下载与使用方法，加强任课教师电子教材使用指导与培训。

3. 质量监控保障

制定《安徽建筑大学关于进一步加强在线教学质量监控与督导工作方案》，成立质量监控与督导工作领导组，构建线上教学工作评价指标体系，实施学生返校前与返校后的线上教学工作评价机制，全面开展线上教学质量监控与督导工作。

质量监控与督导内容主要包括教师线上教学准备、线上教学安排执行、优质教育教学资源的遴选使用、网上教学平台及教学软件选择、毕业设计（论文）在线指导等9项内容，质量监控与督导方式方法主要包括超星泛雅平台后台监控与评价、在线实时听课及在线教学"回播"、学生问卷网络调查、实践教学综合管理平台监控等5个方面。

强化线上教学质量反馈，对课程授课纪律进行严格督查，严防线上教学出现不当言论，鼓励教师利用线上教学开展课程思政。对督导中发现的重大突出问题及时反馈，对因准备不充分导致教学秩序混乱、影响教学效果的课程，及时要求任课教师加以整改，对确因现代教育教学能力不足导致线上教学困难的教师及时给予指导和帮助。

4. 技术服务保障

为切实做好学校线上教学技术指导与服务保障工作，本着问题早发现、早报告、早处理的原则，学校建立了快速反应和应急处理、问题汇总和研究解决机制。充分利用网络和现代信息技术手段助力学校远程教学和办公，采用现场和远程方式对机房核心设备进行巡检，保障校园网络畅通。对虚拟专用网络（VPN）、信息门户、虚拟化平台等重要业务系统运行进行不间断监测，并通过QQ、微信、电话等方式解决相关问题，确保学校信息化业务不掉线，师生信息化服务不中断。

学校第一时间出台校园网用户资费调整方案，提升校园网用户出口带宽并为师生提供充足的免费上网流量，同时积极与电信、移动等运营商沟通，为我校师生提供家庭宽带提速及手机流量暖心包服务。学校本科教学管理队伍全过程服务，线上资源平台工程师24小时在线解答，有力保障了任课教师在线教学、远程指导和学生自主学习的顺利开展。

5. 教学平台支撑保障

学校教学平台能够实现课程建设管理、教学资源建设、基于云计算的教学大数据统计分析与实时监管等众多功能，在此次在线教学中，以下四个方面的功能提供了较好支撑：

（1）在线教学基础数据监控，实现学生数量、教师数量、网络课程数量、网络课程班课数量、学校学院数量、各院系建课统计数量、各院系教师数统计情况、各年级学生数统计情况、各院系学生数等数据的统计与分析。

（2）学校师生活跃度监控，将师生在整个教学环节里的教与学行为信息进行采集、分类、整理，并提取全校网络班级活跃度、全校课程活跃度、教师使用终端的统计情况、学生使用终端的统计等活跃度因素字段进行汇总分析，实现可视化的全校师生活跃情况查看与监控。

（3）学校实时课堂监控是将师生在在线直播里的教与学行为信息进行采集、分类、整理，并提取最具典型特色的师生互动类型数据进行分析，得出全校师生活动量日统计、全学院师生活动量日排行统计以及教师在使用活动类型统计、学生参与类型统计。

（4）师生资源监控是通过对教学过程中资源的建设、利用的情况进行实时动态统计与分析，提供建设课程资源以及课程数的统计、以人为单位统计课程资源使用量、全校教师建课资源类型的统计、教师资源使用量的统计排行等资源监控服务。

3.1.1.3　多措并举，总结学校线上教学创新做法

自线上教学组织 19 周以来，在党委、行政的领导下，制定线上教学文件，加强线上资源建设，开展线上教学竞赛、优秀样板推介、监控与督导等活动。全校师生群策群力、多措并举，凝练并形成了我校一些线上教学的创新做法。

1. 整合课程资源，为教学质量保驾护航

根据学校线上教学工作安排，及时调整新学期教学执行计划，收集、发布各类精品网络课程资源和电子版教材图书，指导各教学单位开展网络课程资源建设。建立快速反应、应急处理、问题汇总和研究解决机制。针对教学管理者、任课教师和学生等不同群体，学校分别建立技术指导和服务保障 QQ 群，及时提供优质答疑与指导服务。线上资源平台工程师 24 小时在线解答，强力保障线上教学工作的稳步推进。

2. 加强监控与督查，狠抓线上教学质量

线上教学严格落实"学习不停顿、标准不降低"的质量要求，按照分类指导、精准施策的原则，利用不同网络平台对线上教学工作开展情况进行全面监测，强化线上教学过程管理，推进线上教学提质增效。各教学单位安排基层教学组织负责人、院级教学督导专家全面督查教师线上授课情况，实现所有课程线上教学督导全覆盖。坚持问题导向，提升教学成效，坚持教师为本，及时总结线上课程资源建设和线上教学活动的有益经验。

同时，开展三层级、全过程的线上教学质量监控与教学督导。学校成立由45位专家组成的校级监控与督导队伍，采取线上听课和在线后台检查两种方式，从线上教学资源建设、教学平台教学手段的选择、课表执行、课堂教学运行管理、课后拓展与考核等全过程监控与督导。

3. 建立每周简报制，积极探索线上教学特点与规律

为保障线上教学平稳有序开展，各教学单位精心组织线上教学工作，实施线上教师授课每日一报和线上教学工作每周简报制，每周对线上课程资源建设情况、线上教学活动开展情况、学业导师指导联系情况、学生对线上教学的意见建议等进行总结，形成线上教学工作简报，及时了解教师上课进度和学生学习情况，全面报道线上教学工作开展情况，及时分享线上教学的好经验好方法。

4. 创新线上教学组织形式，开展丰富多彩有关活动

为进一步抓实抓好学校线上教学工作，根据学校线上教学质量监控与督查工作安排，组织开展线上教学竞赛、线上课程教学观摩、线上教学优秀样板推介、线上教学优秀案例评选、线上教学优秀课程思政案例评选、"寻找最美笔记，营造优良学风"线上评选等线上教学活动。

5. 弘扬抗疫精神，增强课程思政教学实效

线上开学以来，任课教师在圆满完成课程学习目标的同时，依据学校疫情防控期间课程思政建设要求，坚持理论性和实践性相统一，将线上小课堂与社会大课堂有效贯通，积极宣传疫情防控中涌现的英雄人物和先进事迹。广大教师在课堂上贴切自然、"如盐入味"地把崇高的抗疫精神和丰富的战"疫"题材，融入课堂教学的全过程，切实提高了课程思政教学的时代性、感染力和实效性。

3.1.1.4　线上教学工作有序推进，取得良好的工作成效

在学校党委行政的领导下，在各教学单位和广大师生的共同努力下，学校线上教学工作科学、有质、有序推进，形成了系列教学工作成效。

1. 教学工作规章制度更加完善

根据线上教学工作需要，结合学校实际，制定《安徽建筑大学线上教学质量管理与课程考核指导意见》《安徽建筑大学关于进一步加强线上教学质量监控与教学督导工作方案》《安徽建筑大学线上教学技术指导与服务保障工作方案》等 7 项，与线下教学有关制度融为一体，学校本科教学工作制度更加完善。

2. 实现理论课程线上教学 100% 开出率

2020 年春季学期 1796 门次的课程均实现了线上开课，一共 18 周的教学周报很好体现了学校对在线教学的跟踪、监督、统计、管理，此外在线教学督导、期中教学检查、学评教等一系列的质量保障措施，也有效地保证了线上教学质量。

3. 网络课程资源建设逐步完善丰富

学校高度重视信息化技术与人才培养深度融合，积极推进教学信息化建设。以泛雅网络教学平台为依托，建设在线课程资源，推进教学资源共享与应用。

教师上传教学日历、教案、课件、习题、音视频等资源，并且利用和网络教学平台互通的学习通 App 实现教学互动，包括签到点名、直播讲课、学生讨论、随堂测验、课后作业等，为后续的混合式教学、SPOC、MOOC 等提供良好的基础，有效地推动了学校在线课程的建设。

4. 创新毕业设计（论文）管理方式

充分利用毕业设计（论文）智能管理平台，完成毕业设计（论文）全过程线上管理，指导教师与学生实现实时线上沟通。持续强化本科生学术道德建设，实现了毕业生相似度线上监测的全覆盖。2020 年度 4942 名参与毕业设计的学生中，毕业设计（论文）校级优秀率 3%，院级优秀率达 15%，保证了毕业设计（论文）质量不降低。

5. 积极利用实践教学智能管理平台

加大实践教学尤其是实验教学的全过程管理和监督，按照专业培养方案要求论证实验课程大纲和实验项目，并部分修订实验教学内容和实验方案，确定可以通过在线教学能够完成的实验教学项目，尽量确保学生课程学习的衔接。学校通过实验

教学智能管理系统，指导和监督实验教学全过程，取得良好成效。实验教学在线开出率达到47.5%。

6. 有序有效组织课程线上考试

各教学单位组织专业系全面深入研讨考试内容、难度和题型等，按照"一课一案"原则制定课程线上考核方案，试卷以主观题为主，适当增加平时成绩考核比重，平时成绩评价的主要观测点包括学生签到、互动讨论、作业、测验等。考前，主考教师要与学生就考试时间、考试方式、线上考试平台（学习通）、监考专用平台（推荐腾讯会议）等重要信息进行沟通，确保每个学生做好考试相关准备。本学期校内考试包括期初补考和结课考试，13、14周进行毕业班期初补考，考试课程205门次，补考1104人次。19～20周进行非毕业班期初补考，考试课程302门次，补考6324人次。16～20周进行结课考试，考试课程706门次，补考51862人次。

7. 教学研究与改革建设进一步推进

根据《安徽省教育厅关于公布高等学校省级质量工程支持疫情防控期间高校线上教学工作特需项目——重大线上教学改革研究项目名单的通知》要求，学校组织申报有关特需项目，共获批5项省级重大线上教学改革研究项目。通过立项项目的建设，在为线上教学工作提供智力支持的同时，进一步推进了学校教学研究与改革建设水平。

8. 其他教学成效

2020年度春季学期，教学管理的其他方面也实现了新的工作方法。2019级学生线上转专业、2020届毕业生的学位照在线拍摄、系统自动审核毕业资格、线上学分互认等一系列本科教学工作，较好提高了教学管理的效率和水平。

3.1.1.5 结合教学工作实际，厘清线上教学未来建设思路

通过每周线上教学工作调度会、线上教学数据采集、线上教学问题反馈等工作方式，对学校整体线上教学工作进行了把脉诊断，以问题与成效为导向，结合学校教学工作实际，形成了如下线上教学未来建设思路。

1. 全面贯彻落实教育部《教育信息化2.0行动计划》，有序推进学校教育教学信息化建设

2018年，教育部印发了《教育信息化2.0行动计划》。文件要求，通过实施教育信息化2.0行动计划，到2022年基本实现"三全两高一大"的发展目标，即教学

应用覆盖全体教师、学习应用覆盖全体适龄学生、数字校园建设覆盖全体学校，信息化应用水平和师生信息素养普遍提高，建成"互联网＋教育"大平台，努力构建"互联网＋"条件下的人才培养新模式、发展基于互联网的教育服务新模式、探索信息时代教育治理新模式。学校将以贯彻落实教育信息化 2.0 行动计划为契机，全面加强智慧校园建设，实现管理信息平台数据共享，为深化线上教学提供强力支撑。

2. 及时召开线上教学工作总结会，凝练线上教学有益经验和做法

在本学期结束前，指导各教学单位组织召开由单位领导、基层教学组织负责人、课程组长、骨干教师等参加的二级单位线上教学工作总结会，并形成书面材料报送教务处。在此基础上，教务处组织召开由分管教学校长、各教学单位负责人、校级教学督导组参加的全校性线上教学工作会议，全面深入总结本学期线上教学的模式、经验、方法，总结线上教学一般规律，为下学期开展部分线上教学做好理论、技术和实践等方面的准备，为线上教学与线下教学方式的有机融合提供思路和方法。

3. 坚持以问题与成效为导向，健全线上教学质量保障体系

聚焦当前线上教学主要环节存在的主要问题和短板，加强网络课程资源建设，形成线上教学多样化教学模式，完善线上教学质量考核办法；严格落实《安徽建筑大学学生学业合理增负实施意见》《安徽建筑大学课堂教学管理规定》等文件要求，全面提升学生学业挑战度，加强线上教学课堂管理，提高教师线上教学工作积极性，努力实现线上教学与线下教学实质等效。

4. 提升线上教学技术服务能力，优化在线教学信息化平台

落实学校《线上教学技术指导与服务保障工作方案》，持续开展教师线上教学技术指导与培训。充分利用现代化信息手段，不断拓展线上教学服务渠道。有序推进智慧教室建设，着力构建智能考试管理信息系统，不断提高学校线上教学管理效能。

3.1.2 "一带一路"倡议背景下建筑工程技术专业人才培养改革——杨凌职业技术学院

在国家"走出去"战略及"一带一路"倡议驱动下，为探寻经济增长之道、开创地区新型合作提供了国际新平台，越来越多的建筑企业参与到国外工程项目的承建中。

3.1.2.1 建筑行业对人才培养提出了新要求

数据显示，2019 年我国企业在"一带一路"沿线对 56 个国家非金融类直接投资 150.4 亿美元，对外承包工程业务完成营业额 11927.5 亿元人民币，同比增长 6.6%，新签合同额 17953.3 亿元人民币，同比增长 12.2%。随着我国大中型建筑施工企业海外项目数量不断增加，企业对于国际工程项目建设专业技术人才需求规格也在不断提高。这就对高等职业教育建筑技术人才培养提出新需求，也对建筑类国际化人才规格和综合素质提出更高的要求，需要的人才既要具备建筑专业能力，又要能进行英语交流、看懂外文工程图、熟悉国际工程管理法律法规及合同谈判等。

目前，由于我国高等职业教育建筑类国际化人才培养起步较晚，还存在诸如国际化观念尚未达到共识，培养目标定位不准；国际化职业指导脱离市场，专业设置有待完善；国际化培养机制缺乏良性竞争，课程实施还需进一步推进；国际化师资队伍不完善，师资队伍国际化程度较低等问题，导致我国国际化建设专业技术人才培养规模和质量不能满足市场需求，这也给本土大中型建筑施工企业拓展海外市场造成瓶颈。

因此，在高等职业教育中开展建筑类国际化人才培养，提升专业人才国际视野和国际竞争力，已经成为各院校适应新时代发展、服务社会经济、提升内涵发展的内在需要。

3.1.2.2 专业改革的基本思路和方法

1. 主要方向和思路

为适应我国大中型建筑施工企业人才需求新变化，杨凌职业技术学院在调查研究论证的基础上，确定设立"建工国际班"。

建工国际班创建主要思路，是以国家"一带一路"倡议为契机，以我国大中型建筑施工企业国际工程项目建设专业技术人才需求规格为目标，深化校企合作与国际交流合作，开展合作育人，着力培养学生英语交流对话及国际工程项目管理能力，为企业培养满足国际工程项目需求的建设专业技术人才。

建工国际班自 2015 年开始第一届国际班招生，截至目前已举办过五届，通过这五届国际班的探索和实践，其管理机构基本完善，管理制度基本健全，教学及管理人员已配备到位，教学运行情况良好。

国际班的设立是该院办学历史上的一次重大创新，是实施国际化办学的一次大胆尝试。此举走在了国内高职院校前列，也为国内高职院校创新提供了思路。

建工国际班的创建旨在培养一批具有扎实的语言基础、过硬的建筑工程施工技能、较强的问题解决能力和国际学术交流能力以及国际化视野的优秀专业人才。

2. 方案具体内容

为加强建工国际班管理，专门设立领导小组，组长由学院副院长担任，成员包括教务处、国际学院、水利工程分院、建筑工程分院、交通与测绘工程分院的负责人，以及中国水电建设十五局、陕西建筑工程总公司的相关负责人，职责是协调指导国际班的各项工作。在领导小组指导下，设立建工国际班工作办公室，该办公室主要负责土木工程国际班人才培养方案制定（修订）、教学管理和日常管理工作。设主任 1 名，由建筑工程分院院长担任，设副主任 2 名，由水利工程分院和交通与测绘工程分院负责人担任，职责是全面负责国际班协调和日常管理工作；设班主任 1 名，由建筑工程分院院办负责人担任，负责教学和日常管理工作；国际班设班主任助理 3 名，分别由水利工程分院、建筑工程分院、交通与测绘工程分院的国际班学生担任。

建工国际班采用项目管理体制进行运行管理，在国际班成立过程中，该院首先成立了工作小组，明确小组成员工作职责，保证每项工作落到实处；其次，通过网络、电话、实地走访等形式开展了大量调研工作，与相关行业、企业领导和专家座谈，就国际班人才培养方案制定、人才选拔、在校期间运行管理、在企业期间运行管理等工作进行了深入探讨和研究；最后，结合调研、座谈意见和建议，组织校内外专家制定出台了《杨凌职业技术学院土木工程国际班人才培养方案（试行）》《杨凌职业技术学院土木工程国际班学生遴选办法（试行）》《杨凌职业技术学院土木工程国际班管理实施办法（试行）》《杨凌职业技术学院土木工程国际班经费管理办法（试行）》等教学及管理制度和文件，从根本上保证国际班教学及管理工作顺利进行。

3.1.2.3 教学改革实施

1. 课程体系建设

国际化工程人才需要兼顾语言能力和专业素养。在国际班学生大一学习阶段，除开设公共英语等语言类课程之外，增设英语听力与口语和英语阅读与写作两门课程，配备外教授课及英语专业教师授课，夯实学生英语基础。同时通过英语演讲、英文歌曲和影视作品赏析等课内活动，提高学生英语学习兴趣以及应用能力。通过实践发现，国际班学生相较于普通班学生明显摆脱了"哑巴英语"束缚，敢于开口，另外学生在学校各级英语考试中通过率明显提升。在学生二年级和三年级专业学习阶段，在保留语言课程的同时，增设国际工程招投标、FIDIC 合同条件及应用、专业英语和外国文化等能培养学生国际化素养的专业拓展课程，提高国际班学生综合素质养成。

2. 营造"国际化"文化氛围

良好的"国际化"文化氛围可以有效提高建工国际班人才培养效率。优良的文化氛围，不仅极大地提升学生的国际意识，还可提升学生对于多元文化的学习积极性。建工国际班学生在外教指导下，定期开展英语演讲、英语辩论、户外口语训练等文化活动，并且借助学院留学生资源，共同开展学习交流活动，通过这些活动营造良好的"国际化"文化氛围，极大提升学生外国文化学习兴趣以及应用兴趣，为培养学生跨文化学习意识，提高学生跨文化交际能力，以及综合素质养成奠定基础。其次，建工国际班专业教师通过网站或公众号更新国际上关于建筑方面的知识，并且在校园宣传中导入多元文化元素，使学生提升对于国际专业知识的认知度以及关注度，进而保证能够实现既定国际化土木工程专业人才培养目标。

3. 师资团队建设

建工国际班教学团队主要包含两类教师，第一类是语言类教师，主要由外教和具有海外留学背景的专业英语教师组成，该类教师能够确保双语教学顺利开展，是课堂教学最大限度接近国外教学模式，给学生营造良好的外语学习氛围，培养国际化思维方式。第二类教师具有国外访学经历的专业课教师，该类教师能够将海外项目最新的施工技术和管理方法传递给学生，培养学生国际化专业素质。

4. 质量保障机制

学院在充分考虑学生个体发展需求的基础上，制定了完善的教学管理制度和质量保证机制：

（1）制定科学的选拔机制。国际班学生的选拔在大一入校后 1 个月进行，选拔时根据学生的英语基础和出国意向，同时考虑学生的自身需求，采用申请考核制，做到人才的精准培养，为真正愿意出国就业的学生创造条件，避免教学资源的浪费。

（2）建立合理竞争退出机制。在国际班运行过程中，实行末位淘汰制，每学期根据学生综合测评，对成绩不达标的学生实行强制淘汰，转入普通班学习，给学生一定压力，使其产生学习的内在动力，提高学生竞争意识，促进学生自主学习。

（3）创建日常监督机制。为保障国际班人才培养成效，学院重点加强日常监督，配备专门的班主任，对学生管理精确到每一个人，并且建立例会制度，每周汇报总结教学情况。

3.1.2.4　特色与创新

自 2015 年 9 月建工国际班正式成立以来，就以培养具有国际视野、通晓国际规则的技术技能人才为目标，在课堂内外采取具有国际特色的开放式教学模式，为学生三年之后迈入国际建筑行业打下坚实的基础。

1. 搭建合理的知识体系，培养学生综合能力

在国际班教学中搭建合理的知识体系，包括专业知识、国际知识和语言知识，使学生在具备一定语言功底的前提下，有较强的跨文化沟通能力，了解世界文化间的差异。同时，还注重培养学生的创新能力和学习能力，使他们能够应对各种文化体系的不同问题，并在实践中不断学习。

2. 设置丰富的教学内容，提高学生职业素养

这主要体现在课程设置上。国际班的课程与普通专业班级相比较有两方面差异，一是增加了语言类课程，强化了对国际班学生英语口语能力、阅读能力和写作能力的培养；二是专业课设置更加侧重国际化，比如开设国际工程招投标、国际合同管理等课程，提高学生对于国际建筑市场规则的掌握。

3. 运用开放式教学形式，提高学生参与度

为提高教学效果，国际班教学采用开放式教学模式，强调在课堂教学突出"以人的发展为本"，给学生提供充分的发展空间，创设开放的教学氛围、分配适当的师生角色、设定科学的教学问题和运用综合的教学方法，让学生在教学的全过程中积极主动地参与学习以得到全面发展。

4. 营造寓教于乐学习氛围，打造互动课堂

建工国际班在日常教学中引入国外优质教育资源和教育理念，实行双语教学和小班化分管理，利用外教资源，开设具有国际特色的英语口语、写作、阅读课程。通过丰富的课堂活动和多样的教学手段，充分调动了学生英语学习的积极性，使学生们真正的寓学于乐。这些教学活动中既有唇枪舌剑的课堂英文辩论赛，也有趣味无限的国外文化学习，还有惟妙惟肖的课堂短剧表演，以及别出心裁的单词接龙等。开放式的互动课堂，充满趣味，充满激情，突出"以人的发展为本"，以开放的空间、

开放的环境、开放的课程、开放的态度、开放的资源运用，为每个学生展现自我、提高自我、锻炼能力提供了一个平等开放的平台。教师的授课不再仅仅"授之以鱼"，而是重在"授之以渔"，让学生们主动发现学习的乐趣，找到适合自己的学习方法，培养学生国际化思维模式，提高他们的自信和能力。

5. 利用精彩多样的活动，丰富学生课外生活

国际班除了注重课堂教学贴近国际教学实际之外，为了给学生创造更加丰富的英语学习机会，国际班教师团队还开展了形式多样的课外活动。比如，在国际班学生中开展的英文手抄报展评活动，充分发挥每名学生的想象力和创造力，并要求学生亲自用英语向全体师生详细讲解、分享自己对手抄报的设计、制作、内容选定、特色处理等方面的内容。展出的手抄报主题多元、内容丰富，有中外节日介绍、旅行感悟、专业知识讲解等，大部分的手抄报配图精彩，文字流畅，色彩绚丽。活动激发了学生英语学习兴趣，促进了学生英语综合交际能力。

另外，国际班每周都开展由外教全程参与的户外英语广场活动，学生们踊跃参与，勇于展示自我，提高了同学们的英语口语表达能力和人际交往能力。师生体育活动也是国际班的一个特色。学生自愿申请，在活动过程中使用全英自由交流，既增进了师生之间的感情，也锻炼了学生在日常生活中的英语应用能力。

6. 通过参加各种比赛，拓展学生视野

在国际班人才培养过程中，非常重视组织或推荐学生参与各种国际交流和比赛。通过比赛和交流，一方面检验的学生的学习效果；另一方面也拓展了学生的视野，提升了他们的学习兴趣。

3.1.2.5 效果分析

建工国际班自 2015 年成立以来，经过五年的发展，办学指导思想和定位更加明确，学员管理更加规范，人才培养质量不断提升，师资队伍建设进一步加强，人才培养成果丰硕，共培养学生 200 多名。

1. 学生语言能力显著提升

在 2017 年丝绸之路国际青少年风采大赛"英语朗读者"总决赛比赛中，国际班学生安晓东获得一等奖，曹春平、李小楠、史玲妹 3 名同学获得优胜奖。在 2017 年 5 月，我院外国文教专家 Katalin Burgess 女士和建工国际班的柳泽林同学在"枫叶杯·第六届我与外教全国大赛"获得优秀奖。另外，国际班还有多名学生分别在

陕西省和杨凌示范区举办的多个英语演讲比赛中获得奖励。

2. 毕业生海外就业竞争力显著提升

通过国际班人才培养，学生海外就业实现新的突破，多名毕业生签约海外项目部。刘永刚，建筑工程分院 2016 届毕业生，现工作于中国水利水电第一工程局，毕业至今在乌干达共和国乌干达伊辛巴水电站项目部工作任技术负责人；张鑫伟，建筑工程分院 2018 届毕业生，现工作于中国水利水电第十四工程局，毕业至今在中老铁路 4 标 II 分部担任现场技术员。还有多名学生毕业后直接或间接服务于中建集团、陕建集团等中资企业海外项目。

3. 校企、校际国际化合作深度开展

学院分别与陕西建工集团总公司、九冶建设（集团）有限公司、中水三局、中水十五局、中交第二公路工程局有限公司等企业建立国际化合作关系，为学生海外实习、毕业生海外就业提供平台。学院与德国柏林自由大学、英国威根雷学院、新西兰林肯大学、马来西亚吉隆坡建设大学等建立合作，为国际班学生深造提供途径。有 1 名学生在完成国际班学习后出国深造。学院还与榆林学院合作开设土木工程专业国际本科订单班，为更高层次国际化人才培养开辟新路径。

3.1.3 化危为机 信息化赋能教学能力有效提升 乘势而上 积极跟进高质量育人的新常态——湖北城市建设职业技术学院

3.1.3.1 问题的提出

2020 年初春，突发的新型冠状病毒肺炎疫情给我们的生活和学生的正常学习造成巨大影响，人民积极响应党和国家号召居家隔离防疫。为保证学校师生的生命健康安全，全力落实联防联控的要求，减少疫情对学生学业的影响，防止学生产生焦虑情绪，湖北城建职院按照教育部、湖北省教育厅"推迟开学不停学"的总体要求，超前谋划积极响应，利用多种网络教学平台开展多种形式的网上在线教学工作，从而吹响了信息化在线教学的"集结号"。

针对如何高质量开展疫情防控期间的教学工作，确保疫情防控期间"学生停课不停学、教师停课不停教"，经过系统调研分析该校梳理出迫切需要解决的七个方面主要问题：

一是如何调整各专业教学计划。形成节奏适度、强度适中的在线学习课程体系，精准实策、分层分类实施在线教学；二是如何选择与搭建线上教学平台。以适应不同能力教师、不同资源课程教学要求；三是如何建设与完善线上教学资源。以满足不同专业学生自学的需要；四是如何组织在线教学课堂。以提高学生的参与度与听课率；五是如何实施德育教育。结合时政上好疫情防控"思政大课"，做好爱国主义教育、网络安全教育，积极引导学生树立正确的人生观与价值观；六是如何实现学生德智体美劳全面发展培养目标，上好疫情防控知识课与心理健康教育课，开展体育、美育与劳动教育，为学生穿上成长"防护服"。帮助学生克服心理障碍，疏导心理压力，强壮内心；七是如何科学进行在线教学质量评估与反馈，进一步提升教学质量，保障教学质量不降低等问题。

3.1.3.2 解决方案

以问题为导向，湖北城建职院有的放矢，科学谋划"一校一策"教学组织方案，针对性地采取了系列措施并产生了明显成效。

1. 建立特殊时期"扁平化"教学管理体制

自疫情发生以来，学校成立校长为组长的学校教学管理专项领导小组，在学校教学管理专项领导小组领导下，组建了以专业群为基础在线课程教学团队，依据人才培养方案与教学计划、学期教学任务、课程资源建设条件、基础设施情况深入谋划与制定学校疫情防控期间教学组织工作总体方案与各专业具体教学实施方案。充分利用网络课程开展春季学期的在线教学工作。各专业教学团队充分开展了在线教学学情调研，适时调整了2020学年课程教学内容，灵活安排在线教学时间，实施了MOOC教学、网络直播授课教学、发布教学任务在线辅导研讨教学等授课模式。有序推进在线教学改革，持续改进教学质量。

2. 科学指导在线教学信息化平台搭建

新冠肺炎疫情防控期间，明确常规课堂教学实施网络在线教学，结合学生在家自主学习进行；明确了在线教学组织的基本模式是以信息化教学平台（职教云、超星尔雅学习通等）+直播软件（钉钉直播、腾讯课堂、QQ屏幕分享）为教学载体，辅以课堂直播与录播讲课，以及研讨教学（线上提供学习资料、线上讨论、答疑、作业布置与提交等）形式进行，并利用教学平台进行综合学习评价。

明确线上教学每节课时为30分钟左右为宜，降低师生疲劳感。基于每个学生上网条件不同，不强行要求学生每天上网打卡、上传课程教学或学习视频截图等方式搞过度的留痕管理，给教师和学生增加不必要的负担。

3. 系统解决在线教学的课程体系及调整路径

（1）专业理论课程及理实一体化课程的理论教学部分。每个专业选择 2 ～ 4 门课程资源丰富、基础条件好、师资团队网络教学经验丰富的教师（团队）实施网络在线教学活动。学生在家学习期间每周开设网上学习课程周学时数为 16 ～ 20 学时为宜。

（2）思政课。马克思主义学院开设在线思政课程不少于 4 门，每个年级不少于 1 门。其中 2 门课程在开课前要进行试讲试学工作。

（3）公共选修课程。学校与超星尔雅学习平台合作开展网络通识课程在线学习。开设新型冠状病毒防疫安全公益课、大学美育等必修课，共开设公共选修课程 25 门。教务处、各教学单位安排专人对学生网络通识课程自主学习进行指导和监督，保证学生按时完成学习任务。

（4）体育课程。以学生自行在家锻炼与学习训练为主，确保在体育教师引导下每天锻炼时间不少于 30 分钟，体育教师可利用网上平台推送在线辅导视频，培养学生每天体育锻炼的生活习惯。

4. 规范统一专业课程在线教学模式与标准

教师开展在线教学模式主要为三种：①精品课程教学资源平台使用 + 信息化平台互动课程；②网络直播讲授 + 信息化平台互动课程；③发布学习任务 + 在线辅导答疑课程。

5. 动态调整在线教学模式的选取比例

根据新冠肺炎疫情防控总体要求，达成"停课不停学、健康教与学"的目标，建议更多课程采用"精品课程教学资源平台使用 + 信息化平台互动课程"的在线教学模式，充分利用国家、省级专业资源库成熟、优质课程资源，以学生自学、教师辅导为主，此类课程应占全校已开设在线课程的 65% 左右；信息化教学能力强，教学手段丰富，教学设计新颖，课堂教学感染力强的优秀教师（教学团队）可采用"网络直播讲授 + 信息化平台互动课程"的在线教学模式，此类课程占全校已开设在线课程的 25% 左右；少量课程可采用"学习任务发布 + 在线辅导答疑课程"的在线教学模式，此类课程占全校已开设在线课程的 15% 左右。

6. 积极转换顶岗实习实施方式

根据省教育厅《关于切实做好新型冠状病毒感染的肺炎疫情防控工作的通知》精神，暂停一切社会实践活动与学生顶岗实习教学活动，延期开展顶岗实习。

学生延期顶岗实习期间，学生在家隔离，严格在 App 蘑菇丁、班级 QQ 群或微信群向指导老师、班主任、辅导员进行日签到与报告。指导教师每日关注签到报告情况，全时全过程掌握学生在家隔离学习动态。各班主任、辅导员对学生健康状况及目前所在的进行摸排核查，实施学生健康日报告制度。

3.1.3.3　方案实施

紧扣问题，湖北建院"化危为机"，建立组织保障、技术保障、协同保障和防疫保障，全面推进在线教学改革与实践。

学校专项工作领导小组组织召开了多层级、多轮次的视频会议，对总体方案的制定进行充分调研和深入研究，系统地研究了在现有教学资源、师资配备、设备条件和学情状况的状态下开展在线教学的各个环节的关键问题、解决路径，通过集思广益达到了统一思想、统筹推进的目的，高质量有序推进在线教学工作做出成效与特色。疫情防控工作以来，各部门、单位将制度建设作为提升治理能力的抓手，确保疫情防控和日常工作"两不误、两促进"。

教务处、质量管理处成立校级教学检查保障工作组，进驻 181 个班级网络群，深入线上课堂"听情况"，交流整改"提质量"。各学院建立多层级网课监控管理体系，分级贯彻、实施、检查网课实施进程，制定周检查计划，落实全员参与网课，互查互评，形成全覆盖的工作局面。建设成果如下：

1. "化危为机"，抓牢思想政治教育主阵地

不断提高思政课教学质量，筑牢立德铸魂育人的"思想阵地"。通过讲好武汉市疫情防控阻击战，武汉火神山、雷神山医院的项目建设"中国速度"，讲好全国支援武汉最美逆行者的"中国故事"，让学生领悟重大灾难面前的"中华精神"，看到以举国之力控制疫情的决心和制度优势。深入推进习近平新时代中国特色社会主义思想进教材、进课堂、进头脑，打造"五个思政"升级版。建设一支政治强、情怀深、思维新、视野广、自律严、人格正的思政课教师队伍。马克思主义学院结合目前疫情研究落实学校思想政治理论课改革创新实施方案，打造具有校本特色的精品思政课程（城建中国）。在教学环节，不断推进思政课程教学方法与教学模式的

改革与创新，开展教学团队集体备课制度，不断增强思政课的思想性、理论性和统一性、针对性。形成具有地方特色课程思政教育案例。

完善学生在线教学阶段学期德育操行学分考核评价制度。开展疫情防控知识课、爱国与国防教育、优秀传统文化、中国孝文化主题在线教育活动。将疫情防控知识学习、学校疫情防控管理制度学习、公民道德教育、爱国主义教育、诚信教育、第二课堂与社团活动、公益活动与社会实践、军事理论教育纳入德育操行考核学分，进一步明细德育操行学分评价标准。

2. 精准施策、分层分类开展专业知识在线教学

在线教学工作开展以来，为确保在疫情防控期间的教学质量"不降效"，全体校领导参与了在线教学学情调研，教务处等相关职能部门与各教学单位协同组织了分层分类分批的在线教学学情调研工作。通过调研形成了如下专业教学方案：

（1）加强学情调研实施分层分类教学。疫情防控期间在线教学充分考虑学生受地域、网络条件、学习环境等诸多影响因素，参加课程在线学习、完成作业、提交作业等形式都需要因地制宜，因人而异。关注每一名学生的听课反馈情况，做好学习支持，加大对学习困难学生的帮扶力度，确保每名学生较好地掌握已学知识内容。采用鼓励模式通过让学生晒笔记、晒课堂环境的方式，引导学生重视课堂环境，也可以通过调查问卷了解学生真实的学习环境，有针对性地做好学习支持。

（2）注重积累提升校本教学资源质量。学校鼓励网络直播课堂更多以课程教学团队模式开出，结合本课程的重点知识与教学难点，选择微课制作设计能力强、教学感染力强的优秀教师开展一定学时的网络直播课教学。重点用好我院参与建设的建筑工程技术、工程造价等国家专业资源库，以及自建 MOOC、省级校级精品资源共享课程。充分利用国家专业资源库平台、省级以上精品在线开放课程平台、职教云、超星学习通、建筑云课等学习资源丰富的平台优势进行授课。课程建设团队充分利用在线教学的方式，采取边授课边完善的原则，不断丰富完善微视频、课件、试题库、案例库、动画等课程教学资源，形成以"精品课程平台＋网络直播"为主的典型 SPOC 课程资源，推动学校课程资源的建设。

（3）加强教学设计实施"翻转式"教学。针对部分老师对直播课堂教学理解的偏差，认为直播课堂就是按照传统的授课模式给学生讲 PPT。这种教学模式仍然没

有摆脱传统的单向授课模式，不能吸引学生的注意力。实现"立体化"的教学设计，"虚拟仿真化"教学内容，"翻转式"课堂教学。需要重新设计教学过程，按课程知识点组织教学设计，加强师生在直播课程中互动交流、课程答疑、学习成果分享等教学环节。合理利用信息化技术手段做好直播课程录播工作，剪辑成学校独具特色的精品在线课程教学资源。

3. 以立德树人为根本，注重综合素质全面发展

（1）开展学生在家每天体育锻炼半小时的习惯养成教育。让学生在线学习的同时在家进行体育锻炼中享受乐趣、增强体质、健全人格、锤炼意志。通过家庭现有的运动器材在体育教师的引导下开展体育锻炼半小时活动，形成自觉锻炼的思想情操与习惯养成。

（2）提升学生美育素养与劳动技能培养。坚持以美育人、以文化人，提高学生审美和人文素养。完善在线课堂教学、家庭劳动、参与社区活动"三位一体"综合素质教育机制。在疫情防控期间，开展劳动技能教育，如通过学做一道菜、为家长做一顿饭、收拾家庭卫生等家务活动，感受劳动成果，感悟劳动光荣。学校层面利用网络在线学习平台开设疫病防控、大学美育等20门公共选修课程，每个教学单位教学团队至少开设1～2门面向全校学生学习美育通识课程；将美育教育与劳动教育纳入人才培养学分当中，保障本学期美育教育不少于3学分，劳动教育不少于2学分。

（3）开展心理健康教育。坚持"以学生为中心"，发挥团队教师力量，为学生开设大学生心理健康教育、创新创业基础等公共在线课程。心理健康教育教师团队实时调整教学计划，增加《疫情下如何做好心理防护》第一课，提醒学生做好日常的疫情防护，进一步加强学生的养成教育，督促学生维持良好的学习和生活习惯，通过微信群、QQ群等积极推送正能量的报道，如何科学防控新冠肺炎、如何消除心理恐慌、大学生的责任和担当等内容，传递社会正能量，深入开展生命观教育、科学知识教育、感恩教育等，从而达成"潜移默化、润物无声"的育人效果；讲建筑专业学生和校友们一线故事，进一步增加学生的职业认同感。

3.1.3.4 特色与创新

以学生为中心，湖北建院打造"提神醒脑、强心健体"的好配方，高质量培养学生全面成长。

1. 充分发挥德美劳教育积极作用，培养学生全面发展

学校为全面贯彻国家的教育方针，利用通识课平台为全体学生精心开设了《新型冠状病毒防疫安全公益课》《大学美育》《生态文明——撑起美丽中国梦》《幸福心理学》等 25 门涵盖了人文社科、自然科学、艺术体育、创新创业等类型的课程供自主选择，发布了学生通识课学习操作指南，以闯关式递进学习设置引导学生线上学习，将视频观看、闯关学习和随机化试题考核"三合一"。

各学院全程监控学生生命安全、身体健康、心理情绪、在线学习、顶岗实习、毕业就业情况，做到了身体状况的日报告、零报告，做到了异常状况的早发现、早报告、早处理；各专业根据专业特色、岗位需求开设了美育德育课程，将美育教育与劳动教育纳入人才培养学分，开展了劳动、卫生、孝亲、体育活动；各班级及时召开主题班团会，组织学生学习、讨论疫情防控知识，动员学生积极下沉社区开展志愿服务活动，做好爱国主义教育、生命安全教育、网络安全教育。

2. 明确教学工作重点，让"战疫"期间教学高质量

专项工作领导小组按照上级教育主管部门的要求，指导各教学团队精心打磨、系统筹划，以利用现有优质网络课程资源开展教学为主体，以做好学习组织、布置作业、辅助答疑等工作为重点，以少数优秀骨干教师通过网络直播教学作为补充，形成了节奏适度、强度适中的延期开学在线学习课程体系。

各二级学院结合原教学计划专业课的安排，以专业群为单位，经过筛选和统筹，确定了阶段性、模块化的课程和在线学习内容，逐门课程制定线上学习指导方案，充分利用建筑工程技术、工程造价等国家专业教学资源库的课程资源、在线实训教学资源，在广联达科技公司的建筑云课程等建筑类在线教学平台推进实施在线教学准备工作，通过课程平台开展校级 SPOC 教学或利用国家 MOOC 学院在线开放课程开展专业课程的线上教学工作，组成"N 个专业教师 +N 个班级专职辅导员 +1 个信息技术支持"的结构化在线教学团队，充分发挥"互联网 + 教育"的优势，为师生提供延期开学期间的学习支持，在线教学工作针对性强，特色鲜明且稳定有序，有效实现"停课不停学"、保障如期开展教学。

3. 信息化引领课堂教学，课程思政融入课程

形成了教学形式百花齐放、精彩纷呈的面貌，实现了"课课用平台、班班用资源、人人用空间"。任课教师充分利用国家、省级资源库和精品在线开放课程，依托智

慧教学系统和网络学习空间积极开展线上授课和线上学习等在线教学活动，实现信息技术与教育教学深度融合，保证疫情防控期间教学进度和教学质量，疫情激发了教师应用信息技术的内生动力。

（1）在教学设计上，以学生为主体。课程负责人谢颖、袁婧老师充分调研，深入沟通，确定以"导入→导学→导思"作为教学主线，精心设计。导入——利用丰富的在线精品课程资源库，为网上教学提供足够的资源和多样的呈现方式，激发学生求知欲；导学——教师分解讲授，再现重难点，确保学有所得；导思——充分发挥网络平台启发诱导、释疑解惑的作用以及网络课程回放功能，让知识传播不再是单向的过程。

（2）在内容把握上，以教材为遵循。一方面，紧扣教材。课程团队集体备课，认真研究教材和中央文件，把握教材中的核心要点，确保思政课讲授的"准确性"。另一方面，紧贴时事。思政课属于政治性和理论性非常强的课程，思政课教师不仅要讲好"有字之书"，更要讲好"无字之书"。课程团队紧扣时代脉搏，将当前疫情防控中彰显的中国精神和先进事迹融入教学内容，彰显思政课育人时效，强化学生政治认同、思想认同和情感认同。

4. 加强心理教育宣传，用心为师生穿上心理"防护服"

心理中心根据学校防控领导小组要求，制定了《心理健康教育工作实施方案》《疫情防控期间心理干预应急预案》，编制了《湖北城市建设职业技术学院心理防护指南》《疫情防控宣传手册（教职工心理健康篇）》，除介绍了心理防护应对措施外，还公布了学校和各地各级有影响力的心理援助热线电话，为全校师生提供全时段、全覆盖、全领域的立体化心理援助体系。2020年1月29日起，心理健康教育中心组织7名专兼职心理咨询师，克服人员分散、通信不畅、设备不足等困难，分层分类开展心理援助。学校心理健康教育中心组织全校师生154人开展团体辅导10场，组织师生参加心理健康教育活动、讲座20场，面向311名师生提供了心理疏导，开展在线心理咨询46人次。

马克思主义学院通过集体网上教研研讨，坚持"以学生为中心"，发挥团队教师力量，为学生开设大学生心理健康教育、创新创业基础等公共在线课程。

5. 规范信息化过程管理，着力实习育人

各二级学院积极调整学生顶岗实习任务和在线学习方案，调整取消世赛、国赛、省赛等学生技能竞赛返校集训计划，重新制定备赛训练方案。各赛项指导教师、教练们通过网络、QQ、微信等多种远程指导方式，开展网上在线实训教学指导与学习。

3.1.3.5　效果分析

疫情在线教学在整体教与学的效果上，与 2019 秋季传统课堂教学相比近于等效。教师和学生调查表明，在线教学均实现了本阶段的课程目标，尽管课堂从校园转移到网络空间，但教学效果几乎与面授课程相当，更为明显的是教师信息化教学能力与学生人才培养质量提升显著。

1. 优化形成了海量的优质在线课程教学资源

学校教师本学期在职教云平台建课 447 门，建设资源 3437962 个，创建课堂教学 7714 个，开展课堂活动 15168 个，批改作业 27 万次，组织考试 28345 次，学生做题 6472720 道。因事而化，创新考试方式，6000 余人参加《计算机应用基础》在线测试，线上云考试成主流。

《计算机应用基础》是湖北城市建设职业技术学院的公共基础课程，自 2014 年开始实施分层分类教学。疫情防控期间以丁文华、岳晓瑞为负责人的课程团队，利用已建成的在线开放课程，制定课程考核实施方案，线上组卷，对全校 2019 级 4322 名大一学生进行了计算机能力线上测试。课程团队充分利用职教云线上监考功能，校领导在线巡视监考实况，各班级辅导员线上监考，课程团队的老师们实时在线，及时反馈解决考生遇到的问题，全方位保障了测试考试的规范有序。测试考试结束后，课程教学团队根据系统自动生成的成绩，利用大数据、小题分，多维度进行考情分析，助力学生管理团队精准分班分类，帮助教学团队制订分层分类的教学内容与进度的调整方案，真正实现精准育人。

2. 探索推进了系统有效的云端教学质量评价新模式

（1）形成多维度集合的"在线督导评学评教模式"。学校质管处组织学生、教师、督导开展在线教学评学评教，校院两级教学督导共评线上课达 312 人次，授课质量评价满意度测评入围教师比例高于前学期 7%，学生平均出勤率 94.5%，说明我校教师和学生在特殊时期对网络授课形式的适应能力较强。在线教学过程中，授课教师重视线上教学，教学准备充分，线上授课平台操作技术熟练，重视立德树人，线上教学开展顺利。

（2）形成了过程全覆盖的"云考试评价模式"。各专业利用职教云、问卷星、超星等考试系统开展了在线课程阶段考核，从考试情况来看，90%课程基本达到既定教学目标，考试成绩呈正态分布，少部分课程存在两极分化严重、实践操作和主观分析计算能力较为薄弱的问题，各专业已制定补课计划，找出了课程教学存在的问题，找到了后续改进方向。

3.1.4　实践校企合作深度融合　助力高质量技能型人才培养——上海市建筑工程学校

技能人才是人才队伍的重要组成部分，"互联网+""中国制造2025""人工智能"等战略思想的提出影响着各行各业发展。随着"工匠精神"渐入人心，"劳动光荣、技能宝贵、创造伟大"社会氛围日益浓厚，技能人才队伍规模日益壮大。企业更需要具有解决实际问题、团队合作、兼具工匠精神的技能人才。上海市建筑工程学校通过校企合作深度融合，探索"三双"人才培养做法，实践"理论实践双纲并举、专兼结合双师施教、工学交替双轨同步"。近年来，培养了一大批毕业就能胜任企业工作的优秀技能型人才。

3.1.4.1　建设背景

上海市建筑工程学校由中国百强企业上海建工集团创办，现隶属于上海城建职业学院，是一所具有建筑行业特色鲜明的国家级重点中等专业学校、国家中等职业教育改革发展示范学校。先后获建设部、上海市职教先进集体、中国建设领域人才培养特别贡献奖、首届上海市文明校园、上海市依法治校示范校等荣誉称号。学校坚持以"改革创新、办出特色、提高质量"为办学目标，现开设四个中高职贯通培养专业、五个中等职业教育专业。

该校工程造价专业开设于1980年，是学校土木水利工程类三大核心专业之一，历经40年建设与发展，先后被认定为上海市中等职业学校国家示范重点专业、上海市重点专业、精品特色专业和示范性品牌专业，累计培养毕业生3500余名。自2016年开展上海市示范性品牌专业建设以来，遵循"依托建工,融入行业,服务社会"的办学理念，以提高人才培养质量为核心，突出专业特色，为专业发展和中高职贯通高水平专业建设奠定基础。职业院校培养高质量、高技能人才的重要手段是校企合作。目前复杂多变的国际国内经济形势和产业转型升级，对学校人才培养提出了新的更高要求，进一步促使校企合作向深度和广度融合。该专业在校企合作深度融合方面进行了有效探索和尝试。

3.1.4.2　主要创新做法

1. 企业优秀文化浸润，铸造工匠精神

校园文化是凝聚人心、展示学校形象、提高学校文明程度的重要体现。工程造价专业与 30 多家企业开展校企合作，尤其是上海建工集团等行业领头企业，对接企业需求，学习"开拓创新、追求卓越""拼搏、求实、创新"的企业精神，坚持"文化是第一管理、创新是第一动力、人才是第一资源、学习是第一需要"的核心理念。紧密结合企业文化要求和职业技能培养需要，使企业文化融入到校园文化之中。

在开展技能培训、实习实训时，注重把"6S"管理等企业文化与校园文化有机融合，把企业对员工的职业素养要求贯穿于人才培养整个过程，努力营造笃学精艺的学习氛围、敢闯敢拼的职场氛围，不断提高师生的职业技能水平和职业素养，从而炼就学生吃苦耐劳、追求卓越的品质，有效提升学生职业素养，为铸就工匠精神奠定坚实基础。

2. 校企共建工程造价工作室，创设真实教学场景

在学校示范品牌专业建设中，依靠学校深厚的企业合作基础，成立"工程造价工作室"，采用"校骨干教师＋企业专家联合教学"合作育人模式，"引企入校"，创设真实教学场景。

工程造价工作室采用"真图实练"方法，在工程造价专业指导委员会指导下，与企业、行业专家共同优化课程设置，尤其强调项目化教学，由企业提供真实的施工图纸，聘用企业能工巧匠参与教学，学生、教师与企业合作完成真实的工程项目算量，做到教学与企业工程同步。

通过校内工程造价工作室与企业真实工程项目合作，让学习由仿真情境进入真实环境，实现学生能力的顺利过渡，有效培养企业所需的技能"上手型"人才。

3. "请进来、走出去"相结合，实现双向互通

（1）企业专家进校园。一是"校骨干教师＋企业专家联合教学"校企协同育人。由专业带头人、骨干教师、企业专家共同合作，采用双主体教学模式，促进学生技能水平提升，有助于加深相关理论知识的理解。二是校企共建特色课程。组建企业、学校、行业以及职业教育专家一体化的校企合作专业指导委员会,设置精准专业课程,从易到难逐级训练,从单一课程到综合实操,逐步强化难度,从而使学生工程算量技术水平得到提升。三是采用"专业讲座、定向选拔"创新学习方式。邀请企业专家到校开展专业讲座,传授行业最前沿的专业知识与实际信息,通过与学生有效互动,从而使学生巩固技能基础,了解行业在市场中发展趋势以及创新理念形成,培养职业技能水平。

(2)教师和学生走出去。每年安排教师定期到企业实践,促进教师专业技能发展,提升教师实践教学水平,建设一支高质量"双师型"教学团队。该专业与32家企业开展校企合作,共建32个实习实训基地,与企业建立生产实习基地+顶岗实习培养模式。本着"优势互补,互惠互利"原则,根据课程需求,安排学生到企业进行现场参观学习,激发学生学习热情;根据课程实训环节安排学生跟着企业技术师傅学习相应实操知识,提升学生专业技能;根据专业教学计划规定安排学生到校企合作单位进行六个月顶岗实习,进一步提升学生专业及岗位素养能力。学生通过不同阶段学习,实践技能得到强化,职业素养增强;企业通过不同时段考察,签约率提升,用人满意度提高。

3.1.4.3 成效与影响

1. 技能人才培养水平凸显,办学成效显著

连续四年参加全国职业院校"建设教育杯"职业技能工程算量竞赛获个人1个一等奖、2个二等奖,团体3个二等奖。在2017、2019年上海市"星光计划"第七、八届中等职业学校技能大赛中,荣获工程算量(全能)团体第一名,个人赛均包揽前五名。

该专业学生先后获得上海市优秀学生干部、中小学生百优道德实践风尚人物奖、正直勇敢奖、自强不息少年以及闵行区好青年、优秀志愿者等多项荣誉。专业综合实力明显提升,人才培养质量显著提高,学生就业率保持在99%以上,薪资和职业期待吻合度均在本市职业院校中名列前茅,就业单位对毕业生的满意度较高。

优秀人才脱颖而出:毕业生2010届丁越任上海大地建筑集团有限公司项目经济师;2012届许飞任质鼎建筑装饰有限公司总经理;2013届朱雅琴任上海建工集团工程研究总院科研财务负责人;2015届徐梦迪任上海渊基建筑科技有限公司生产运营

部经理等。

2. 教师专业发展形式多样，教学成果丰硕

通过企业专家和能工巧匠与专业教师结对、定期进课堂、参与教研、开发课程资源、共建专业实训室，共谋专业发展等形式，稳步提升校内教师专业发展，教学成果显著。

1 名教师荣获全国金牌指导教师荣誉称号；1 名教师荣获上海市星光计划三星级指导教师称号；4 名教师在上海市"星光计划"中等职业学校技能大赛工程算量（全能）比赛中荣获优秀指导教师；2 名老师荣获 2016 年上海市中等职业学校第七届教师教学法改革交流评优活动优胜奖；4 名教师荣获 2019 年上海市闵行区教育局微课比赛一、二、三等奖；3 名教师在全国高等院校 BIM 全过程造价管理比赛中荣获优秀指导教师等荣誉。

教师团体荣获 2017 年上海市"星光计划"第七届职业院校技能大赛信息化教学大赛特等奖；2017 年全国职业院校信息化教学大赛中职组信息化课堂教学比赛一等奖。

3. 专业影响力持续增强，社会认可度进一步提升

该专业通过承办职业技能比赛项目、上海市中小学生职业体验日活动、职后培训、工程造价咨询服务等，积极拓展社会服务功能，不断提升专业服务水平。同时，与广联达科技股份有限公司产教融合，共促发展，开展全国高等院校 BIM 招投标沙盘培训班（上海站）、BIM 建模师资培训班等技术服务项目，牵头开发上海市中等职业学校工程造价专业教学标准等。近年来，该专业行业内影响力持续扩大，社会声誉进一步得到提升。

3.1.5　抓创新深入探索　树标杆再启新局——新疆第一职业训练院

新疆安装高级技工学校创办于 1982 年。38 年来，学校始终秉承"创办精品、追求特色、立足市场、服务社会"的办学宗旨；发扬"勇于拼搏，敢为人先"的亮剑精神；坚持"小特精"，勇于吃"螃蟹"，逐步发展成今天集技工教育、技师研修、竞赛集训、就业服务、公共实训、技能评价六位一体的新疆第一职业训练院。

训练院把握新疆作为我国"一带一路"新丝绸之路建设核心这一重大历史机遇，在学习区外职业训练院试点单位经验和总结自身发展特色的基础上，充分发挥技工院校技能人才培养和促进就业主阵地作用，适应推进经济发展、社会稳定和长治久安的要求，对原有技能人才培养的功能和资源进行整合、补充和强化；突破现有机制体制约束，通过服务多样化、运作市场化、教学方法实用化、职业鉴定一体化，使学校有生机、学生有目标、教师有方向、企业有盼头，从而培养出一批批"德智体美劳"的高素质技能人才，成功建设成区内技工教育高端引领，特色发展的新平台，为培养高素质技术技能人才战略总目标提供有力的保障。

经新疆维吾尔自治区人民政府批准的"新疆第一职业训练院"，不断突破传统路径依赖，充分发挥产业优势，深化产教融合，完善人才培养协同机制，为新疆的职业教育提供可复制、可推广的新模式。

3.1.5.1 育人为本，技工教育在立标中强实效

新疆安装高级技工学校源自企业——中建安装工程有限公司，而中建安装起源于部队，一直秉持着"军魂匠心"的企业文化理念。建校后传承"军魂匠心"，从自身的特点和实际出发，形成了独具特色的准军事化管理教育模式，取得良好的育人效果。

1. 习惯培养，准军事化管理一以贯之

借鉴军队管理经验，构建军事化管理模式。训练院引进教官管理模式，根据中职学生的特点实行军事化管理。引入退伍军人作为教官，具体负责学校军事化管理工作的实施。学校以军队的纪律规范学生；军队的作息管理学生；军队的内务要求学生，形成自己的学生管理特色——坚持班级六项评比制度，即早操（课间操）、晚自习、环境卫生、教室卫生、宿舍内务和课堂日志六项。宿舍内务严格按军事化执行，要求做到"四线五净一平整"，即被子一条线、毛巾一条线、鞋子一条线、牙具一条线；被褥净、地面净、墙壁净、门窗净、食具牙具净和铺面平整。

"教育就是习惯的培养"，准军事化管理，既提高了学生的竞争意识、团队意识、集体荣誉感，又培养学生纪律意识、自律意识、劳动意识，养成良好的行为习惯，以良好的习惯影响学生的一生。

2. 德技并修，构建德育教育系统工程

围绕"立德树人"根本任务，构建"四位一体""三全育人"德育教育系统工程。准军事化管理培养学生举止文明、自主管理、遵守秩序、锻炼身体、讲究卫生、勤俭节约、吃苦耐劳的精神；培养方案的实施使学生养成良好的读书习惯、学习习惯、

动手习惯，孕育培养学生的工匠精神，提高学生的交流能力、技能水平、文化修养和社会能力；校园文化建设筑起学生的安全意识、法律意识、责任意识、诚信意识，维护学生心理健康，提高学生的艺术修养。

将课程思政贯穿到学校的各项活动中，在教学中加入安全意识、劳动教育、工匠精神及美育等。通过课程思政、每周一升旗仪式、早读朗诵《弟子规》、课前五分钟进行唱红歌、宣贯《习近平讲故事》《自治区重大决策部署应知应会》、晚点名等多种方式对学生进行德育渗透，达到以德育人、以美育人、以文化人。

通过长期实施系列安全教育、军体两操活动、民族团结杯篮赛、"12.9"红色教育、技能文体社团、节日传统教育、党团青年大学习等举措，不断打造德育工作新特色，全面提升学生综合素养，促进优质就业。

3. 工学交替，校企协同育人

在培养模式上采用"理实融合、工学交替、德技并修"教学模式，以突出技能为重要目的的"实训＋理论＋实习＋理论"间断进行的培养方式，使工学交替落到实处，逐步实现就业的"零距离"。

专业设置以市场、行业需求为导向，紧密结合区域社会经济发展需要，围绕职业提升发展战略，全力推进一体化教学改革，科学合理开设专业课程，打造精品专业。

动态修订专业人才培养方案，构建"通用能力课＋专业能力课＋素质能力拓展课程"的课程体系，按照理实融合的教学模式和德技并修育人模式，实施课程一体化改革，搭建完整的一体化教学体系。通过一体化教学改革，教学从"知识的传递"向"知识的处理和转换"转变；教师从"单一型"向"行为引导型"转变；学生由"被动接受的模仿型"向"主动实践、手脑并用的创新型"转变；教学组织形式由"固定教室、集体授课"向"室内外专业教室、实习车间"转变；教学手段由"口授、黑板"向"多媒体、网络化、现代化教育技术"转变，从而以"一体化"的教学模式体现职业教育的实践性、开放性、实用性。

引进"7S"管理模式，实现教学场地一体化。"7S"即整理、整顿、清扫、清洁、素养、安全、节约，训练院将一体化教学场所管理与企业车间管理接轨，模拟车间的真实环境有助于学生更好的实现"学生"与"员工"角色转换，实现教学管理一体化。

创新现代学徒制试点工作，实现三方受益共赢。训练院与特变电工新疆昌特输变电配件有限公司多次协商，双方采取以先招工后招生模式合作办学。通过"工"与"学"交替，即"实训＋理论＋实习＋理论"的方式，实施校企协同育人。2019年，昌特输变电配件有限公司的李成浩在"2019年中国技能大赛—第一届全国钢结构焊接职业技能竞赛"上获得个人铜奖，成功实现新疆地区在焊接机器人全国大赛获奖零的突破，校企合作办学结出丰硕果实。

3.1.5.2 特色引领，竞赛集训强机制出成效

训练院在各级各类职业技能竞赛中成绩斐然。2017年、2018年被人社部连续两年评定为第44届、45届世界技能大赛中国集训基地。目前已通过技能竞赛已培养出3名全国技术能手。建立了自治区级—国家级—世界技能大赛的递进式技能竞赛人才培养及选拔机制，建立和完善了保障竞赛集训高效开展的技能训练、体能训练、意志品质训练、语言训练等机制。

1. 以赛促教、以赛促学，注重转化竞赛成果

近五年来学校教师、学生多名多次取得自治区及国家级奖项。2015年浙江慈溪举办的中国技能大赛，学校派出12名选手参赛，有10人分别获得三金、二银、四铜的优异成绩。2016年5月在天津举办的全国职业院校技能大赛中，学校获得中职组焊接技术一等奖的好成绩，实现了新疆焊接类职业竞赛30年的最好成绩。同年7月在中国技能大赛建筑金属构造项目的3名选手入选世赛国家集训队；2018年在国家级和自治区级技能竞赛中，共荣获一等奖7人、二等奖2人、三等奖2人、优秀指导教师8人。学生马星宇成功入选第45届世界技能大赛建筑金属构造项目国家集训队。2019年在自治区职业院校技能大赛暨全国职业院校技能大赛新疆区预赛中，获教师组和学生组4个一等奖。2019年，在"乌鲁木齐市第十七届职业学校技能大赛"中，分别获焊接技术和电器设备安装与调试一、二、三等奖。2019年中国技能大赛—中国钢结构焊接大赛冲压工（冷作钣金工）中，学校获得金奖两名，铜奖一名。目前学校"建筑金属构造项目"（冷作钣金工）已成功进入国内该项目第一方阵。

训练院及时转化竞赛成果，并将之运用到课堂教学中。一是以赛代训，培养提升了老师的技能教学水平；二是运用任务驱动教学法，把各类竞赛的赛题融入日常的教学里，使精品教育转化为普适教育；三是根据新疆区域技能选手特点，编制大

赛训练手册，训练教材。

2. 发挥竞赛优势，带动技能脱贫

发挥竞赛集训基地作用，坚持把发展技工教育培训作为维护稳定、推动发展、促进就业、脱贫攻坚的一项重要举措。在开展南疆对口帮扶的同时，积极承担起"三区三州"技能竞赛新疆区的赛前集训及选拔工作。2019 年在自治区职业院校技能大赛暨全国职业院校技能大赛新疆区预赛中，学校帮扶南疆四所学校 14 名参赛选手共获得 5 个二等奖，1 个三等奖，3 个优秀奖。在为期 3 天的全国 2019 年"三区三州"职业技能大赛上，新疆维吾尔自治区 48 名选手斩获 7 金、12 银、16 铜的佳绩，总奖牌榜排名第一。

目前，训练院的竞赛集训已全面覆盖到自治区人力资源和社会保障厅、教育厅、自治区总工会及新疆生产建设兵团，将逐渐完成对全疆竞赛集训体系模块的搭建工作。

3.1.5.3　发挥优势，技师研修打造强引擎

发挥自治区焊接高技能人才培训基地优势，在自治区人力资源和社会保障厅的支持下独立承担技工院校焊接专业师资培训；实施"技师培训项目"，聚焦新产业、新经济发展方向；校企深度合作，与 20 多家企业共同建立职工培训基地，"双元一体"的教育主体已基本形成。校企双方资源互补，实施企业技师的岗前培训、岗位技能提升培训及管理培训。

训练院建有国家级宋思军焊接大师工作室和王振冷作钣金大师工作室，搭建技能研修、经验交流、专业建设沟通平台，为高技能人才开展技术研修、技术攻关、技术技能创新和带徒传技等创造了条件；博士后工作站的成功申报，为行业、为政府、为社会提供安全评价与诊断结果，带动职业院校教师和专业的发展。

3.1.5.4　产业为要，公共实训谋划新格局

公共实训坚持产业为要，以高技能人才培训基地为依托，落实国家基本职业培训包制度，组织开发相关专业技能训练包。积极服务社会，承担国内外行业、协会的专业技能培训任务。针对不同层次的培训需求，提供适于多领域，多专业，多样化的培训服务，并逐渐扩大在行业中的影响力。

1. 发挥行企优势，拓展实训规模

训练院是中国焊接协会会员单位、中国工程建设焊接协会新疆办事处、新疆维吾尔自治区机械工程学会焊接专业委员会及自治区职工焊接协会理事长单位、自治

区焊接高技能人才培训基地、德国焊接学会（DVS）焊接指导教师 / 焊工联合培训基地等，完成了整个焊接行业自新疆至国家层面以及国际层面的贯通，有力地拓展了职业院校技工教育实训功能。

2. 紧密对接产业链，发挥服务产业发展的支撑作用

2020 年因新冠肺炎疫情的影响，训练院及时转变培训方式，紧密对接产业链，逐步实现培训遍地开花。2020 年 3 月南疆四地州有组织转移劳动力培训 586 人；住建行业培训 283 人；应急管理局特种作业安全培训 726 人；市场监督管理局特种设备作业人员安全培训 647 人；石油行业专用操作工种培训 962 人。

3.1.5.5 校企合作，就业服务增强影响力

训练院开发校企合作课程，积极拓宽就业市场，多渠道、多途径的开展就业服务工作，为学生及各类人员未来发展奠定良好基础。近 3 年，复转军人就业及监狱服刑人员等各种再就业培训 3.6 万人次；其他院校学生技能考评及住建行业、特种行业技能考评达 3 万人次，为新疆区域的社会稳定和长治久安提供了人才支撑。

建校以来，学校学生就业率始终保持在 98% 以上，学生就业选择性大，收入稳定，对口就业率达 90%。

3.1.5.6 提高质量，技能评价实现双促进

训练院建有自治区建设行业职业技能岗位考核站，国家第九职业技能鉴定所，自治区安全生产管理局（特种作业）考核站，凭着规范严谨的职业技能鉴定程序与标准，不仅满足了学生及企业员工取得职业资格证书的需求，也为行业、企业培养了大批技能人才。

2020 年，为了适应新科技革命和产业变革对高素质复合型技术技能人才的需求，训练院制定工作方案，成功申报并开展"1+X"证书——特殊焊接技术项目试点工作，目前考核站点已审批通过。训练院将有序开展学历证书和职业技能等级证书所体现的学习成果的认定、积累和转换，加快学历证书和职业技能等级证书互通衔接，为技术技能人才持续成长拓宽通道。

3.2　继续教育与职业培训案例分析

3.2.1　重拾工匠精神　打造海外人才管理项目——中国建筑集团有限公司赴日海外研修项目案例

3.2.1.1　背景介绍

近年来，中国建筑集团有限公司（以下简称"中建集团"）从国内行业排头迈向世界一流，从世界 500 强第 292 位跃升至第 21 位，连续七年保持全球最大投资建设集团地位。然而，中建集团也清醒地认识到，对标新发展理念，对标世界一流企业还存在短板和不足。特别是随着企业由高速增长转入高质量发展阶段，一些长期积累的深层次矛盾正在逐步显露，一方面体现在基础管理不够牢，核心技术不够强，项目管理不够精细化，环保意识弱，安全生产管理有隐患等问题；另一方面体现在经营布局迅速扩大，经营模式快速提升，出现管理资源分散、项目管理人才储备不足、项目精细化管理经验缺乏等问题；再一方面，集团近几年狠抓国际化发展战略经营，也造成懂管理、善管理的海外人才需求量大大增加。为此，集团在"十三五"人才工作专项规划明确提出，要坚持"专业化、职业化、国际化"的人才策略，打造海外人才管理项目，培养具备运营海外项目能力的核心管理团队。而加强人才培养体系再建设，夯实基层基础，特别是要加强项目精细化管理，抓好项目团队尤其是关键岗位的建设，抓好施工组织、技术质量、安全生产管理，打造覆盖全产业链的"绿色"竞争力，提升项目团队关键岗位的管理能力，培养高素质、职业化的项目管理专业序列人才，培养具有全球视野、了解海外市场发展、具备一定领导力、专业力和外语能力的国际化优秀青年骨干人才，为中建集团未来发展储备力量，也成为当务之急。

3.2.1.2　解决方案

近年来，随着中国建筑企业走出去的步伐不断加快，国内建筑企业开始向欧美日等发达国家建筑市场和同行看齐，通过外派考察团队、交流生、驻地代表等方式来了解国外建筑业市场，学习发展经验。作为近邻之一的日本，建筑业发展水平走世界前列，尤其在装配式、低能耗建筑等方面已处在世界领先。在此形势下，中建集团借鉴了中建大成公司（以下简称"中大公司"）较成熟的赴日本研修的培训方案，通过驻地学习交流，学习低能耗建、精细化细管理等经验，努力提高企业的国际化水平，使企业快速、科学、全面地建立全球化、系统性的应对体系。

中大公司是由中建股份和日本大成在伊拉克综合医院、北京香格里拉饭店等项目成功合作基础上，于 1986 年 3 月共同出资成立的建筑施工企业，各持股 50%。自成立以来，先后承建了北京外交公寓、珠海南区水厂、太行高速京蔚段等优质工程，竣工面积近 650 万平方米。同时利用合资企业的优势，在双方人员短期交流的基础上，2015 年起，中大公司陆续选派管理人员赴大成建设株式会社（以下简称"日本大成"）进行中长期研修，引进大成建设 OJT 人才培养方法，学习日本大成的精细化管理技术。截止目前共派出 6 批 12 名研修生，学习成果得到双方的一致认可。

根据中建集团与日本大成公司高层互动所达成的共识，针对赴日本研修人员希望学习日本大成先进的施工工艺以及现场的精细化管理手段，并带回国内推广实施，持续促进个人业务能力提升与企业业务优化的需求，中建集团于 2018 年 4 月份开始策划赴日本大成研修项目框架方案。该项目整体规划分为四个阶段：甄选、培养与发展、实践与转化、评估与完善。项目实施阶段分为准备阶段，即学员选拔—确定方案—入学通知；实施阶段，即行前培训—日本研修—在岗实践；成果阶段，即课题报告—经验萃取—毕业典礼汇报。参见图 3-1。

图 3-1　中建集团赴日研修培训项目整体规划

3.2.1.3　方案实施

1. 成立机构、明确职责

为保证研修项目顺利实施，中建集团成立了海外研修实施项目组，具体职责分工见表 3-1。

中建集团海外研修实施项目组具体职责分工 表 3-1

部门	分工	职责
人力资源部	牵头统筹赴日研修培训	(1) 负责协调中建党校（中建管理学院）及中大公司等单位与研修有关的工作； (2) 组织协调子企业、中建党校（中建管理学院），共同实施第一期赴日研修班，主要负责项目策划、研修生选拔、跟踪培养等； (3) 牵头总结第一期赴日研修班经验，积极推动后续海外研修项目的策划和实施，把控海外研修项目策划、研修生选拔等关键环节质量； (4) 落实研修生研修期间的薪酬福利等各项待遇； (5) 逐步规范海外研修工作流程，形成海外研修工作标准
中建党校（中建管理学院）	具体负责研修的组织和执行工作	(1) 根据研修策划方案，组织实施必要的培训，如语言培训、海外适应性培训、领导力培训等； (2) 协助研修生组建班委，推进研修生建立自主管理机制； (3) 协助专业机构开展研修生海外研修期间的心理辅导； (4) 跟进研修生日常研修情况，汇总《工作周报》反馈各方； (5) 保持与研修生的日常沟通，确保将研修生的困难，紧急突发情况等及时反馈各方； (6) 研修结束后，协助组织完成研修总结及复盘等工作
中建大成	具体负责研修的组织和执行工作	(1) 负责与日本大成对本次研修所有事宜进行直接沟通； (2) 负责办理研修生出入境相关手续； (3) 协调赴日研修期间研修生的工作、学习、待遇等有关事项

2. 研修准入、组织实施

2018 年 5 月 4 日，开始启动赴日研修项目，以专项通知形式发至各工程局、专业公司，候选人需有项目经理经验，35 岁以下。经过个人自荐、组织核准，共有 43 人通过初步筛选。

2018 年 5 月 14 日，中建集团人力资源部与中大公司共同组织了面试（协调安排京外研修生就近跨单位视频），共 16 人通过初选。2018 年 6 月 11 日起，初选研修生集中在北京参加由中建党校（中建管理学院）组织的 4 天领导力培训和相关测评（性格特点、创新意识、学习能力等），期间中大公司派出人员对研修需做准备及初步安排做了专题授课，根据培训反馈和测评结果，确定 10 人参加语言培训。因入选研修生大多无日语基础，项目组特聘请新东方老师自 2018 年 7 月 10 日起每天进行 10 小时的日语强化集训。2018 年 7 月 29 日，对语言测评结果和集训期间参与情况做了综合评估，最终确定 7 名研修人员。

为尽快适应研修环境，研修生赴日本大成研修临行前，还特意增加了有关日本文化、生活礼仪、知识产权和商业秘密的课程。

2018年10月15日～2019年6月28日，在日本大成进行实地研修学习期间，为了让研修生能够有更好的语言基础，每周安排了8～16学时日语培训。

根据专业不同，7名研修生在日本期间，安排实地研修的项目有：大手町1-2-4项目、梅丘项目和新国立竞技场项目、东京都环状七号线地下调节池（石神井川区间）项目。在研修后期安排了游学，分别前往了北海道札幌体育馆、东京都外环大泉隧道项目、千叶pc工场、东京港临港道路南北线、JIM科技株式会社等项目和公司。

3. 研修汇报、经验萃取

本期研修生归国后，集团立即召开了海外研修班复盘总结座谈会。会上，海外研修实施项目组汇报了研修过程中的具体实施细则，7名赴日研修生用中日双语汇报了在日本项目258天学习成果分享等情况。据了解，这批研修生在回国后的一年间，已在集团内部进行了近16次的赴日研修成果分享，并将学习和体会到的日式精益求精的工作理念、认真负责的工作态度、好的管理制度和办法应用到日常工作中，影响着身边的同事和团队。

3.2.1.4 特色与创新

1. 行前选拔

本次研修拟派遣学员，在一定程度上代表中建基层管理核心的业务水平。与日方交流，一方面是学习日方先进的管理经验，同时通过扎实的研修交流基础展现中建员工的业务水平和精神面貌。行前，集团总部组织团队对研修生的业务素质、项目经验、精神面貌、性格特征进行了模拟规划，采用国内先进的人才测评体系对拟派研修生进行全方位审核，并在研修生的选拔、集中培训、赴日期间全过程保持淘汰制度。甚至不排除因选拔人才无法达到所设定目标而告之日方此次研修计划无法成行的结果，以坚定的制度保障确保所派人员符合本次研修的要求。

2. 研修方式

与以往国内组织的10天左右的短期海外参观学习不同，研修生深入一线、以日方公司员工的身份直接参与项目管理，与"公司—项目部—施工队"三方均可进行深入学习、交流。这种长时间的"浸入式"教育和培训，所能学习和领悟的东西是普通的短期参观不能比拟的。通过这种研修方式，一是可以对每一届、每一位研修生的成果进行归纳、总结、提炼，逐步形成一套有效的且可以随着研修工作不断自我更新、创新、完善的管理办法。二是便于长期的了解国外最新先进理念、管理技术，为国内建筑业"走出去"的培训和教育做好基础。

3. 远程管理

为了加强对研修生在日期间的管理工作，项目组制定了赴日研修期间管理办法。一是建立沟通机制。与日本大成建立良好合作关系，确保研修按计划执行；二是定期回访。项目组定期以视频会、单独沟通等方式，对研修生反馈的问题和困难给予帮助和解决，保障工作生活条件和学习环境；三是撰写每周周报。研修生每周将项目进展、学习内容，个人体会等汇集报告，便于项目组掌握学习进度和需求，及时协调、调整学习计划；四是自主管理。成立班委，研修生更加充分主动地参与学习管理，激发研修生内在驱动力。

3.2.1.5　效果与借鉴

1. 效果分析

（1）研修生主动投入是确保研修质量的前提。本期研修生选拔当时均为项目经理，有较强的项目管理经验，暂时中断在本单位的岗位职责，用整整一年的时间进行培训研修，付出了很大的代价，因此在研修过程中无须过多督促，均全程主动投入，学习刻苦努力。在没有日语基础的情况下，研修生在短短 3 个月基本达到了日常交流的水平。迅速转换身份，从日常衣食住行着手，认真学习垃圾分类、注意卫生间清洁使用等，积极融入当地环境。以普通管理人员身份，以归零心态，积极投身现场工作，通过近 9 个月的主动学习，深入了解了日本建筑业项目管理全貌，学习了工匠精神和精细化管理，并能追根溯源体会到精髓所在。观察领悟到日本工程项目中人员生产力高、人均产值高、资源利用率高的具体实施方法，养成了做事计划性强，事前充分准备，事中细致专研的工作习惯。

（2）研修双方良好合作是研修成功的保障。中建集团与日本大成高层沟通，双方均有意扩大交流范围和深度，营造良好合作平台。集团人力资源部、中建管理学院、中大公司与日本大成充分商讨形成研修详细计划，包含从研修选拔、培训组织、行前座谈，到研修期间的定期多点视频、过程评估、专项事务沟通等。为使中建集团近年来首次研修活动取得理想效果，各相关方都积极做出了很大的努力。项目组明确了各职责分工，定期盘点督促，保障了计划有效执行。一是在成行前的语言培训阶段，就感受到日本大成对此次研修的重视，有两次日本大成较高职级的人员来京，专程赶到远在雁栖湖的培训点，陪研修生一起上了一两个小时的课，跟大家座谈，以介绍、鼓励为主，并提出学习建议。本期研修生有交通专业的，日本大成特意安排到东京深邃防洪项目，房建专业也安排到2020年东京奥运会新国立体育场等重要项目研修。二是赴日研修后，为使研修生更快适应，研修第一周日本大成即组织在大东京地区的中国员工进行迎新恳亲会。进入现场后，各项目所长(项目经理)都专门组织了欢迎活动。日本大成竹内部长研修期间，安排了2次全体研修生的交流和数次的项目单独交流，并专门安排了日本大成管理制度和业务流程课程的学习，春节后，大成竹内部长特意再次来北京，与中建集团人力资源部做期中评估、商讨改进措施和今后批次计划。研修期间，日本大成定期安排周末外地项目游学，远至九州、北海道等地。日本大成的安排，体现他们的细致严谨，更是对中建集团的尊重和礼遇。

（3）研修活动是对国际化人才培养方式的有益探索与尝试。对于中建集团来讲，本次研修项目是与国际先进公司在更广泛领域开展合作的一次有益的尝试，有助于积极推动中建集团与国际先进公司的对外技术交流、人才培养合作，尤其是第三国市场项目合作等业务的开展，同时也为中建集团人才培养助推建设世界一流示范企业，探索了实质性的路径。

2. 几点借鉴

根据对本期赴日海外研修项目的复盘思考，对下一步优化实施海外研修项目提供了四点借鉴和思路。

（1）构建更加合理有效的管控结构。通过前期摸索形成的经验及管理机制样板引路，为业务及时匹配，方便归国后人才使用跟踪，如决策实施今后批次研修，人力资源部负责配合保障相关支撑，更有利于统筹下属单位资源，促进与研修方的良好合作。

（2）构建更加合理有效的研修流程。提前一年进行研修生的初选，多维度的宣传和选拔，便于研修生工作的交接与安排。初选名单确认后，利用一年的准备期，推动拟派研修生自主语言学习，行前4个月组织不长于一周的语言集训和测试，以测试成绩作为调整名单依据。在日研修期间按照"0.25+4+4+0.25"的安排，即大成总部熟悉及办理各种手续7天（0.25月），每4个月进行一次项目轮换（4+4），预留 7 天进行经验总结与分享（0.25 月），总时长 260 天。

（3）形成结果导向、以用为始的研修循环。加大研修生的使用。研修生回国后纳入海外人才库，研修目的重在管理培训，并不需局限用于海外项目，但与研修国相关的业务应重点考虑，应长期跟踪归国研修生的使用。

（4）推广经验，扩大海外研修范围。经过评估，原计划尝试的美国、欧洲研修因各种原因，目前条件尚不成熟。相比于世界其他国家，日本的社会环境与文化传统与我们较为相近，他们的经验更容易被我们学习借鉴，建议继续并适度扩大对日研修。

3.2.2　教育培训工作与双重预防机制的矩阵应用——中铁北京工程局集团

近年来，中铁北京工程局集团有限公司（以下简称中铁北京局集团），始终将教育培训和双重预防有机结合，落实抓好安全管理工作，从而实现企业本质安全的愿景。构建风险分级管控与隐患排查治理双重预防体系是"基于风险"过程安全管理理念的具体实践，是实现事故"纵深防御"和"关口前移"的有效手段。再结合企业实际，进行有针对性的安全教育培训，形成矩阵应用，将能有效解决预防预警安全责任虚化和安全教育培训缺乏针对性的问题。

3.2.2.1　实施背景

1. 改变安全质量管理体系及运行效果不佳的需要

企业安质机构总体较规范，但专职人员数量不足，且高素质专业人员所占比例偏低，教育培训工作难以结合现场实际。

（1）安质机构方面：总体较规范，具体专职队伍变化多、不稳定，个别单位未配置专职稽查队，个别项目安全总监配置不满足要求。

（2）人员配置方面：专职安全管理人员数量不足，且高素质人员所占比例偏低。存在专职人员学历较低、专业覆盖缺口多、职称普遍偏低、经验不足、监督能力不强等问题。

（3）教育培训方面：企业教育培训制度较为完善但落实不力。部分单位教育培训计划落实不到位，培训教材选择没有针对性。

2. 解决各职能部门之间安全质量管理职责定位、分工的需要

企业各职能部门之间由于系统安全质量职责不清，都笼统包含有"监督管理"

之意、之型。不能有效落实安全质量责任制，未明晰安全质量工作系统管理与综合监督的关系及企业领导人员、项目部领导，职能部门、现场作业人员的安全质量责任范围、责任边界，工序安全管控责任未落实到具体人头。

3. 解决企业安全质量管理方面存在的共性、惯性问题的需要

（1）基层劳动力素质不高。分包管理难度大、漏洞多，作业人员自我保护意识差，这是当前安全事故频发的重要原因。

（2）施工组织或专项方案落实不到位。风险辨识、台账建立不认真，施工措施不联系实际，方案一编了之，交底一交了之，不检查落实情况，不组织对管理人员和作业人员的培训等。

（3）风险工序识别与卡控不到位。管理力量不足，人员素质不高，风险识别能力不强，具体措施不力等。

（4）"三违"现象屡禁不止。班组长责任制不到位、安全教育培训覆盖不到位，内容简单重复，未分工种、分工序实施有针对性的培训，现场从业人员安全技能低，施工现场"三违"前禁后犯等。

3.2.2.2　中铁北京局集团教育培训体系

中铁北京局集团紧密围绕"安全第一、预防为主、综合治理"的方针，结合企业安全生产发展战略要求，深耕培训体系设计，逐步建立起分层分级的培训组织体系、标准规范的培训运营体系、多维立体的培训课题体系、共建共享的培训资源体系、"互联网＋技术"移动的知识学习平台，形成良性学习生态圈。

（1）分层分级的培训组织体系。中铁北京局集团所属各子分公司上下齐动，将本单位的组织机构、人员信息、学习状态等提供信息架构，列出清单，配合软件公司建立教育平台。在录入系统的同时局安质部及时针对项目施工工序，将培训课件及时在系统平台中发布，以便各层级学员进行培训学习。

（2）标准规范的运营体系。在熟练掌握初学阶段各项操作应用基础上，加入其他功能，如学习计划、测试中心、考试中心、错题集等，多层次、多方位对学员进行培训、考试；协同软件公司技术人员，随时就使用过程中遇到的疑难问题及系统功能完善要求等进行交流和完善。

（3）共建共享的资源体系。通过对各子分公司、项目部进行调研沟通，对这种新型培训模式进行评估，持续改进，实现资源共享，后台管控目标。

（4）多维立体的课题体系。按铁路、公路、房建、市政、机场专业板块，分单元工序制作技术交底、作业指导书、事故案例、操作规程等课件，突出现场操作人员学习内容。结合安全质量人才队伍建设规划构建多专业培训课程体系，形成多维立体的体系格局。

（5）"互联网＋技术"移动学习平台。引进"互联网＋技术"安全培训平台"安培在线"，包含在线学习、在线考试、手机移动学习、移动电子教室、培训管理功能、安全法律法规库、多媒体电子课程包、海外安全培训八大功能；建立了"下达培训计划、建立培训档案、安排考试、统计培训考试结果"全过程管理机制；做到了集团公司、子分公司和项目部全覆盖，13 个子分公司、110 个项目部全面采用了安培在线平台；实现了项目部负责人、安全管理人员、一线员工全员参与。目前安培在线共注册人员 12000 余名，通过集中培训、网络远程培训等多种培训方式完成培训160 期，参培人次达 15000 余人（含协作队伍人员）。

3.2.2.3　教育培训的课件来源与培训形势

中铁北京局集团明确了各子分公司相应职责。要求各单位积极配合集团组织开发电子课件，根据风险特征及隐患严重程度，分级进行过程管控，根据表现特征对应编制或选择教育培训课件，做到干什么、学什么，确保员工学习内容具有针对性，教育培训重点设立栏目包含：铁路、公路、房建、市政、机场等多专业板块的现行法律法规、规章制度、操作规程、安全文化、标准化建设、入场教育、事故案例分析等多方面内容。各单位安监部门承担本单位员工在线学习日常管理和系统维护工作，制定员工在线学习计划并负责落实。

中铁北京局集团着力打造"五个能力提升工程"专项培养计划，围绕领导力、安全技能、安全标准化、安全文化、海外工程 5 个方面，通过邀请国内外专家授课、现场咨询答疑、领导亲自授课、技术人员经验交流等培训方式，致力于培养一支素质优良、能引领企业高质量发展的现代化安质团队，能推动企业安全质量管理传承与创新的专业化人才队伍。

（1）领导力提升培训。按照集团领导干部的不同层级，每年集中举办两期培训。培训以现行法律法规、规章制度、操作规程、重大危险源管控、经典案例分析、现场咨询答疑等形式，引导全员开阔安全质量管理视野、培养创新思维、提高现场管控能力。

（2）安全技能提升培训。针对集团各项目专业性特征，对从事各工程管理人员、作业工人进行的安全技能提升培训。包括岗位安全操作规程规范与操作训练，特殊工种的操作培训，新技术、新设备、新设施的使用操作等教育，提升施工现场管理水平。

（3）安全标准化提升培训。强化企业安全生产工作的规范化、科学化、系统化和法制化，规范生产行为，使各生产环节符合有关安全生产法律法规和标准规范的要求，人、机、料、法、环处于良好的生产状态。强化风险管理和过程控制，注重绩效管理和持续改进，有效提高企业安全生产水平。

（4）安全文化提升培训。通过对企业员工的观念、道德、态度、情感、品行等深层次的人文因素的强化，利用教育培训、宣传、奖惩、创建群体氛围等手段，不断提高全员的安全素质，改进其安全意识和行为，从而使企业员工从被动地服从安全管理制度，转变成自觉主动地按安全要求采取行动。

（5）海外管理能力提升培训。为提升海外人员的科学管理能力和实际运作能力。每年举办两期海外能力提升培训班，邀请国内知名企业专家人员讲授国际工程安全质量管理体系，提升海外项目安全管理水平。

3.2.2.4 实施效果

为深入贯彻落实《中共中央国务院关于推进安全生产领域改革发展的意见》精神，在企业内全面构建建筑工程施工安全风险分级管控和隐患排查治理双重预防控制体系，中铁北京局集团依据安全质量责任制，及时组织各子分公司收集、汇总并分析近五年来本单位各专业、各工序存在的安全质量隐患问题，建立本企业的施工安全风险库和事故隐患清单库。针对项目领导班子、职能部门和具体操作岗位，将作业场所、风险评估等级、隐患特征、具体部门和岗位，汇总分析局网络教育平台现有课程内容、专业体系，有针对性地在全局范围内根据现场实际需增设的课程及意见建议，形成总需求表。在此基础上，制作对应应知应会培训课件并固化到分工序《项目安全质量现场管控责任清单》，形成责任矩阵。力求通过隐患排查具体化将安全质量责任制切实落实在项目班子、管理人员、现场管理人员和班组。

中铁北京局集团在建工程项目安全风险管控上按照"分级管理、分级负责"的基本原则，健全和完善工程项目安全风险分级监管机制，明确各层级的监管职责，同时结合安全教育培训，将安全风险分级、隐患排查治理双重预防机制与教育培训管理形成矩阵，持续改进，有效控制安全风险，消除重大安全质量隐患，严控各类生产安全事故发生。针对局在建工程性质、类别和特点的不同，以专业覆盖为基本方法，从营业线施工、地铁工程、隧道工程、桥梁工程、房建工程、爆破和拆除工程、其他工程等类别工程项目的安全风险程度、施工技术复杂程度和风险转化为事故后的危害程度，将风险项目（工程）由高至低划分为一级、二级、三级、四级共四个等级。在项目开工前，根据工程结构的难点、特点、地质、环境及季节变化等因素，对照附表中工程风险分级控制类别，对项目的风险工序逐一识别和分级细化确认。

项目开工三个月内须将"风险项目（工程）清单"和"分级控制表"及"在建工程项目管理台账"一并报上级单位。各级工程技术管理部门对本单位的安全风险项目评审、识别确认后，局、公司、项目、班组均建立"在建重、难点工程施工动态风险管理台账"，分别按季、月、周、天及时发布、更新。根据各单位上报台账汇总并再次辨识、评价，形成各层级《重大危险源台账》并下发执行。

隐患排查清单管理。及时组织建立本企业的施工安全风险库和事故隐患清单库，明确施工安全风险、风险等级、管控层级、管控措施、责任部门及人员，隐患级别、所属类型、所在位置、责任部门和责任人、整改措施及整改情况等内容。通过网络教育学习平台，发布本企业的施工安全风险库和事故隐患清单库，并结合现场实际开发相应培训课件，按照风险及隐患分类有针对性地进行培训教育，做到每个作业面都有风险等级、隐患特征、主责部门和主责人、对应明确应知应会的培训课件。

教育培训管理信息化。安全风险分级，隐患排查治理，教育培训管理各信息化系统相融合，完善排查标准和方法，对应针对性培训课件，课件栏目分类了安全文化、安全法制、安全制度、安全技术、应急预案、安全质量标准化、操作规程、作业指导书等，按照施工工序，围绕工法、工艺、管理，采用碎片化、系统化、工艺工装技术，围绕新材料、新工艺、新技术，保证培训课件内容和深度全面满足各专业和工序管控要点和措施。培训工作不仅在国家要求的学时方面控制，按照现场操作人员、管理人员、技术人员、主要负责人等分别设立课件，要在"应知、应会"的内容方面下达学习任务，确保干什么就学什么。

教育培训效果管控。首先是为加强培训学习过程考核和监督手段，研发了学员二维码，通过手机 App 扫码，即时获取该学员的基本情况、学习记录、学习时间、考试记录等信息，有利于进行抽查验证、过程监督，及时掌握员工学习情况并进行针对性的再培训。其次是重点加强对班组长的安全教育培训工作。克服了枯燥的理论性培训，集中组织各班组作业人员，利用网络教育培训平台进行学习，不定期组织现场培训；同时将安全施工标准化和操作规程两类课件作为必修课学习，每月在局安质系统范围内通报学习情况，强化作业班组建设。

通过近年来的创新应用，企业员工的安全意识与技能普遍得到提高，安全管理基础工作由碎片化转化为科学化、系统化。目前，中铁北京局集团 12 个子分公司、160 余个项目部全面采用了网络教育学习培训平台进行在线教育培训学习，实现了管理人员、技术人员、一线员工全员参与。平台现有注册人员 16000 余名，通过集中培训、网络远程培训等多种培训方式完成培训 160 余期，参培人次达 18000 余人（含协作队伍人员），确保三级教育成效，通过后台管控、前台实施，已取得了良好的效果。

探索安全教育培训与安全风险分级管控、隐患排查治理双重预防机制的矩阵应用，就是针对安全生产领域认不清楚、想不到位、管不到位及教育培训不到位问题的解决方案。安全生产通过教育培训认识到位了，技能提高了，风险管控全覆盖了，当系统各分级管控到位时就不会形成事故隐患，隐患一经发现及时治理就不会酿成安全事故，实现企业的安全发展目标。

3.2.3　基于企业战略的河南五建教育培训工作的创新实践

3.2.3.1　问题的提出

1. 建设施工企业战略转型升级势在必得

随着我国经济发展进入"新常态"，建筑业步入到平稳发展期。随着国家投融资监管、行业监管等一系列政策的出台，建筑工程行业市场集中度、央企所占市场份额持续提升，市场竞争持续升级，马太效应明显。行业企业利润水平存在分化现象，资质等级高、资金实力强的头部企业通过产业价值链延伸，盈利能力逐渐提升，但行业整体利润率依然不容乐观。种种迹象说明建筑工程行业企业依靠传统粗放式发展时代已经结束，如何构建核心竞争力，实现战略转型升级是建筑施工企业不得不面对的问题。

2. 河南五建转型升级，战略实施"双百计划"

河南五建建设集团有限公司创建于 1953 年，总部位于中原腹地——郑州市。经过六十余年的发展，现已成为一家以建筑安装施工、市政基础设施建设为主管业务，融房地产开发、投资等多元化经营为一体的现代企业集团。公司具有建筑工程施工总承包特级资质，年生产（施工）能力 200 亿元以上，员工 3000 余人。为了构建企业核心竞争力，实现企业可持续发展，河南五建紧抓行业发展趋势，战略实施"双百计划"，即百亿产值，百年老店。

3. 河南五建确立人才引领发展的战略地位

人才是企业发展的第一资源，当企业战略目标确定后，人才就是决定因素。用什么样人才决定了什么结果。按现有项目部体制平均完成年收入测算，要实现产值百亿以上，至少还需产生 10 个项目部，这就需要大量的工程项目经理来开疆拓土，需要人才辈出的后备人才支持企业持续发展，需要系统科学的人才选拔和培养体系。因此，河南五建树立了"人才资源是科学发展第一资源"和"人才引领发展"的理念，使人才资源转化为决策要素、金融要素、核心竞争要素，使河南五建实现转型升级，实现华丽转身，走上可持续发展之路。

4. 职工教育培训是实现企业战略的重要推动力

人才是建筑施工企业稳定发展和进步的核心资源之一，企业要想健康、持续发展，首要任务是做好职工教育培训工作。

5. 培训质量低产出不足以支撑企业战略的实现

河南五建培训中心成立于 20 世纪 80 年代初，为五建的发展和进步起到了至关重要的推动作用，但随着集团战略转型的需要，培训中心低产出的教育模式已经不能满足企业持续高质量发展的要求，已不足以支撑企业"双百计划"的实现，通过诊断分析，存在以下的问题。

（1）公司只是对部分人群进行了系列培训，缺乏覆盖全员的系统化培训体系。

（2）关键核心人才的标准定义不清晰，对关键核心人才的培训不精准。

（3）培训主要依靠外援，内训师资体量不够，体系不完善。

（4）未调动员工的学习主动性，员工是被迫式的学习方式。

（5）对于中高层的培训方式单一，内容有效性差，公司每年采购一些常见领导力课程，内容针对性不强，培训内容难以转化到实际工作；方法实操性弱：领导干部工作任务繁多，无法保证不影响工作的情况下，提升管理者的参与度并保证效果。

（6）缺乏有效的培训效果评估体系。

3.2.3.2　解决方案

构建基于胜任力模型的培训体系

河南五建高度重视低产出的培训模式与集团公司持续高质量发展的矛盾，通过走访行业标杆企业、调研基层单位、与第三方人才管理咨询公司合作等方式，对原有培训体系进行改进，引入了胜任力模型对原有培训体系进行改革创新。

胜任能力是指在一个组织中与工作或情境相关的绩效优异的员工所具备的动机、自我概念与个性，价值观与态度、技能和知识等关键特征的集合。胜任能力是可衡量、可观察、可指导的，并对员工的个人绩效以及企业的成功产生关键影响。建立胜任力模型，是基于胜任力的人力资源管理系统构建的逻辑起点，是一系列基于胜任力的人力资源管理职能的重要基础和参照标准，为胜任力理论具体运用于企业员工培训搭建了桥梁。基于胜任力模型的员工培训就是依照胜任力模型的要求，对员工承担特定职位所需的关键胜任力的培养，提高个体和组织整体胜任力水平，并不断完善充实胜任力模型，从而最终提高人力资源对企业战略支持能力。基于胜任力模型的培训体系是个性化的培训发展方式，通过对员工胜任力的分类分层的剖析后，参照岗位胜任力模型，比较容易发现胜任力的差距，从而确定员工培训内容，并通过科学的培训效果评估，来实现培训工作的持续改进。参见图 3-2。

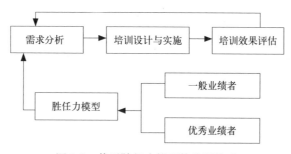

图 3-2　基于胜任力模型的培训体系

3.2.3.3　方案实施

1. 启动培训战略管理，建立分层分类的培训发展体系

培养对象分层次管理能够精细识别管理对象的发展层次，实施层次对应的有效管理，提高管理的效率，减少管理手段与管理对象发展层次的不对称而导致的管理

资源浪费。

　　河南五建根据公司基本情况，将培训划分为三个层次，集团、分公司及项目部。培训平台分层后，对人员进行梳理，识别出各层次培训的关键岗位，集团主要侧重于对公司高管、分/子公司班子成员、项目经理、商务经理、技术负责人、安全经理等岗位的培训；分/子公司主要侧重于对科室负责人、骨干员工等的培训；项目部侧重于对项目部人员、应届大学生的培养。

　　培训平台分层后，对人员进行梳理，识别出各层次培训的关键岗位。①集团级培训，是将战略类的培训任务，落实到集团。针对各级单位领导人员和后备领导人员，重点进行企业战略培训和管理工具培训，提升开拓能力。②分公司级培训，是将管理类、价值观类、规章制度类、技术类的培训任务，落实到分公司。针对新晋职工，重点进行规章制度培训。针对项目骨干技术人员，重点进行技术技能的培训。针对项目部和公司各级领导人员，重点进行价值观和管理能力培训。③项目部级培训，是将一线施工现场的培训任务，落实到项目部上。第一，所以可以利用下雨天、停工期等无法施工的时间进行一线技术型职工的培训，规范其技术应用行为，丰富其施工知识储备。第二，可以利用冬季来对企业职工进行系统的管理类培训和考核。

　　2. 确定不同岗位的胜任力模型

　　在基于胜任力模型的员工培训中，确定企业的岗位胜任力模型是关键。因此河南五建通过与第三方合作的方式确定不同岗位的胜任力模型，开发了自身的"岗位胜任力模型库"。例如，项目经理的胜任力模型见表 3-2。

河南五建项目经理胜任力模型　　　　　　　　　　表 3-2

大维度	小维度
想做事	追求卓越
能经营	经营关系
搭班子	建立成功团队
作决策	系统化思考
	高质量决策
强执行	推动执行
	专业引领
	坚韧

续表

大维度	小维度
有担当	承担管理职责
讲诚信	诚信可靠
学习创新	学习创新

3. 人才盘点

通过人才盘点，可以帮助培训中心确定各个岗位培训的轻重缓急。在构建完成不同岗位的胜任力模型后，河南五建以此为标准对现有各级人才现状进行了人才盘点，通过人才盘点了解现有各级人才现状，通过企业战略、企业文化等要素进行系统整合分析，明确当前与未来人才需求的差距，针对性开展人才裂变，内部挖潜形成"人才池"，从而保证各级关键岗位人才的持续有效供应。河南五建人才现状图如图 3-3 所示。

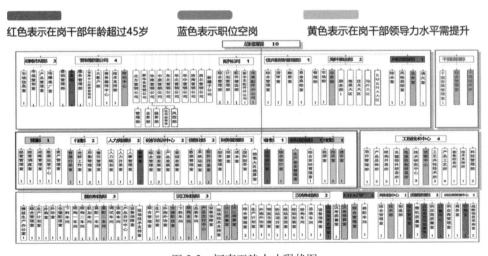

图 3-3 河南五建人才现状图

4. 根据胜任力模型界定培训需求

评估员工的素质和胜任力现状并对照胜任力模型寻找二者的差距，以此来界定企业的培训需求。在基于胜任力的培训体系中，胜任力模型为培训需求分析提供了可参照的标准。以胜任力模型为基础，对集团 183 名项目经理进行调查后，发现项目经理在管理技能方面的低分项主要集中在规划安排、监察反馈、激励推动、目标设置、任务分配、培养下属这 6 个方面。对集团 88 名在职的项目经理及后备进行调查后，发现项目经理在专业能力提升方面的低分项主要集中在工程项目全过程造价控制及施工成本管理、商务谈判技巧、工程项目整体精细化系统管理实务、项目管理五大过程（启动、计划、执行、监控、收尾）、建筑施工企业三次经营制胜之道与四大盈利工具落地实战、团队建设与高效沟通技巧、可以提升个人综合能力的知识（招投标、合同管理、工程索赔、变更签证、联营挂靠等）、合同管理与风险防范、工程项目变更索赔倍增利润和结算争议处理、工程项目进度管理及进度方案优化等 9 个方面。

5. 依据培训需求合理制定培训内容

通过对现有各级员工与相对应的胜任力模型进行对照，得出每个人的胜任力与岗位标准胜任力最低要求之间的差距，让每个学员开始做自我认知和改善，深刻了解自己的优势和短板，并且制定自己的 IDP 改善计划。主要包括以下两个方面的内容：

（1）聚集提升。企业根据人才盘点与调研的结果，针对员工的共性问题展开集中培训，得到聚集提升的效果。表 3-3 是河南五建根据项目经理管理技能方面集中出现的低分项开展的培训计划。

河南五建项目经理 2020 年人才培养计划 表 3-3

课程类目	分享主题	课时	分享人	案授课方式
为啥干？为谁干？	企业经营之道	3 小时	陈保国	授课
	项目管理的成功之道	3 小时	杜慧鹏	中建政研
如何接好活	《无敌中标——招投标赢利模式》	6 小时	外部	
	项目经理如何做好二次经营以及商务谈判技巧	6 小时	内部	
如何干好活	工程项目整体精细化系统管理实务	6 小时	外部	资深承包人做得好的进行分享
	建设工程项目造价成本全过程跟踪策划和精细化管控	3 小时	内部	重大项目项目经理
如何赚到钱	利润为王——工程项目精细化成本管控与三次经营制胜之道	3 小时	外部	
	《项目经理秘诀——以商务为核心的施工项目全过程精细化管理 落地实战》	6 小时	外部	商务经理和项目经理，分子公司承包人都上此课程
	项目经理的如何投入产出比最大化的开展工作	3 小时	内部	

续表

课程类目	分享主题	课时	分享人	案授课方式
如何当领导	项目经理共性提升（目标设置，激励推动，培养下属，团队管理协作）	12小时	外部	优秀的项目经理进行分享
	如何打造高绩效的团队	3小时	外部专家	
如何防风险	《施工合同风险防控与结算清欠实务》	6小时	内部	
	《建设工程变更索赔十五操作与法律风险防范》	6小时	外部	

（2）针对性的培训。对于未达到胜任力最低要求的员工有针对性地制定相应的培训内容，进行有针对性的培训，短时间内快速提升弱势能力。

6. 以考促培

河南五建从公司各系统选拔最优秀的人才组建了10个专项小组进行知识萃取及经验总结，从而形成了自己的题库。每次培训前，会针对培训内容对参加培训的员工进行电子测评。培训后会再次进行电子测评，以两次电子测评的结果来评估培训的整体效果和员工个人能力提升情况。通过全面推行以考促训，彻底改变过去培训质量不高和效果不好、培训难以量化考核等问题。将培训效果可视化、可量化，调动了员工参加培训的主动性和积极性。

3.2.3.4　特色与创新

（1）实现员工自我认知与角色认知的统一。培训的目的与要求就是帮助员工弥补不足，从而达到岗位的要求。而培训所遵循的原则就是投入最小化、收益最大化。基于胜任能力分析，针对岗位要求结合现有人员的素质状况，为员工量身定做培训计划，帮助员工认知自身不足，通过培训弥补自身"短木板"，实现有的放矢，突出培训的重点，省去分析培训需求的繁琐步骤，杜绝不合理的培训开支，提高了培训的效用，取得更好的培训效果，进一步开发员工的潜力，为企业创造更多的效益。

（2）基于胜任力模型针对性地开发培训课程。公司对不同岗位，有相应的胜任力要求，对在这些岗位上的员工现有的素质和能力特点、知识水平等进行评价，可以发现有哪些不足。针对这些知识能力上的短板设计课程，可以保证培训有的放矢，有利于提升关键员工和经理们的能力素质，提高员工的绩效。

（3）健全人力资源管理体系。面对在新经济条件下出现的新问题，人力资源管理者应不断地拓展思路，寻找新的应对方案。综合胜任力模型实现把合适的人，在合适的时间，放在合适的位置。

（4）制定员工 IDP 改善，营造有利于培训转化的环境。培训的成功，首先是集团上下的高度重视和全力支持，其次人力资源的策划和运营能力也不可或缺。回去以后根据个人发展计划（IDP），增加学习技能的机会，建立微信群，面对未来的全球化竞争，通过坚实的人力资源管理能力和人才管理系统，发挥人才价值，支持、引领业务发展。

（5）采取多元化培养方式保证培训效果。以领导力发展的 3C 理论模型为依据，结合诊断出的团队问题和访谈问题，采取"线上 + 线下""理念 + 行动""考察 + 阅读"的模式开展混合式的培养，培养过程中以学员为中心，让学员从"让我学"转变为"我要学"，激发自我学习和提升的潜能。以项目总经理培训班为例，可以倾注集团最优质资源，以"用优秀的人培养优秀的人"和"在战争中学习战争"为培养理念。全程聚焦项目经营，高管解析经营思路和策略，内外部标杆学习开拓经营视野，集中培训传授策略和技能，专题沙龙分享经验和方法，关键任务实践锻炼经营能力，从而全方位、多维度提升学员的项目经营能力。

（6）以线上线下相结合保证培训可操作性。通过在线学习平台，以学员为中心，线上线下相结合。此外，线上可以邀请公司内部优秀项目操作经验分享，为学员打开工作思路，向优秀学习，向标杆靠齐。将内部的讲师队伍快速构建起来，公司好的隐形的知识显性化。学员在课前学习专业知识，可以进行自我评估，课前预习，课堂学习，强化复习以及应用训练，在学习的过程中可以闯关，让学习更加趣味化。

3.2.3.5 效果分析

通过实施培训体系，提高现有员工的胜任力水平，提升员工的绩效表现，以满足组织现有的业务需求。与此同时，根据行业与市场的未来发展，前瞻性地为实现未来的人力资源战略实施奠定夯实基础。另外，培训体系的实施也在一定程度上满足员工自我发展的需求，提升其在组织内的职业竞争力。

（1）帮助企业招聘与选拔出与岗位匹配度更高的人才。传统的招聘与选拔，往往只注重是岗位要求中的个别方面，如技术能力、知识学历、工作经验等外显性的素质，没有考虑到高绩效所需要的其他内隐性的素质要求，往往导致企业雇佣了那些不能胜任工作岗位的人。然而，基于胜任素质模型的人员招聘与选拔，挑选的不仅仅是能做这些工作的人，更是具备胜任素质和能够取得优秀绩效的人。处于胜任力特征结构表层的知识和技能，相对易于改进和发展；而处于胜任力特征结构深层的、隐性的动机、行为方式、人格特质等，则难于评估和改进，但对于胜任素质却有着重要的贡献。这样，人和职位的匹配不仅体现在知识、技能的匹配上，还体现在内隐素质的匹配。这样，才可能将企业的核心价值观、战略导向和共同愿景落实到员工的日常行为过程中，造就卓越的优秀业绩。其次通过人才盘点，可以发现人才，清晰呈现人才特征，明确人才的优势与不足，可以针对性进行人才培养，并将合适的人才放置到合适的岗位上，实现岗位与人才的最优化配置。

（2）帮助企业准确定位培训需求。培训系统的目的是为企业提供岗位高绩效所需的某些特质，然而培训内容并不是始终都能瞄准最关键的素质，因此常常达不到预期的培训效果。如果使用以胜任素质为基础的模型进行培训，就能够依据职位分析中所构建的胜任素质模型，重点内容是高绩效者比普通绩效者表现突出的特征，帮助企业准确定位培训需求，保障整个培训系统做正确的、对企业有价值的工作，使得培训的内容与方式能够对工作真正有所帮助，让企业和员工双方都受益，建立起企业与员工的双赢模式。

（3）实现企业人才与价值倍增。通过人才盘点，可以使更多的人才出现在人力资源管理者面前，并按照不同维度进入企业人力资源信息数据库中，使更多的人才能够脱颖而出，从而使企业人力资源倍增。通过项目经理能力提升，可以使企业人才结构更加合理，通过优胜劣汰达到减员增效的效果，同时为企业补充更多的人才，从而在项目、工期、质量、安全、效益等方面实现提升。

（4）进一步丰富了企业培训资源。基于胜任力模型的课程体系丰富了公司培训的多样性。通过满足公司各部门的培训需求，选择合适的培训课程，培训讲师，配置合适的培训资源，储备大量及时、准确的培训信息，建立起自己有效的培训资源库。同时与比较知名的专业培训机构保持好一定的合作关系，及时掌握比较前沿的市场或技术动态信息，横向了解同行业相关的热门需求，调整工作思路。

（5）建立企业内部讲师队伍，开发内部培训课程。内部讲师队伍的建设与管理是培训体系重要的组成部分。他们了解公司的状况，公司内的一些基本培训，比如企业文化、规章制度、专业技能、业务培训等课程由内部讲师来讲授，具有更大的优势。通过建立讲师管理的制度，可以更好地发挥内部讲师的优势。

（6）胜任力模型对员工培训的改进。培训的目的就是帮助员工弥补不足、达到岗位要求；所遵循的原则就是投入最小化、收益最大化。基于胜任力分析，针对岗位要求结合现有人员的素质状况，可以为员工量身定做培训计划，帮助员工弥补自身"短板"的不足，有的放矢突出培训重点，从而提高培训效用，取得更好的培训效果。

3.2.4 项目经理团队"领航"培养计划——中亿丰建设集团股份有限公司

3.2.4.1 项目背景

中亿丰建设集团股份有限公司原名"苏州二建建筑集团有限公司"，始建于1952年，历经60余年发展，已成为江苏省知名大型建筑承包商，连续多年跻身中国民营企业500强，2019年新签合同额近300亿元、营业收入超过200亿元，公司以大型工程总承包施工为主营业务，在城市规划、建筑设计、基础设施、交通、房地产、商业综合体、民用住宅、公共建筑等各个领域提供全产业链全过程建设与服务的大型综合性建筑集团企业，中亿丰将持续推进企业从"快速增长"到"持续、稳健、有质量的快速增长"的战略升级，推动以客户为中心，以奋斗者为本、以经营和利润为导向的机制落地，提质增效，奋发生长，顺利完成"2+5"发展战略的总体目标的实现。

企业发展、人才先行，中亿丰建设集团作为一家以施工为主的企业，以项目经营为核心业务，项目经理团队是公司发展的核心人才梯队，基于公司发展的历史背景及项目经理团队现状的分析，从过往业绩表现和未来潜能上综合评估找差距，未来如何构建一支数量充足、质量过硬、结构合理、懂经营、善管理的项目经理团队是集团人力资源部门人才队伍建设的核心内容，也是支撑公司高质量发展进程中不可或缺的一支核心力量团队，因此项目经理团队"领航"培养计划应运而生。

3.2.4.2 培训需求分析

基于对关键人才队伍的锁定，从以下3个方面进行培训需求的分析。

1. 厘团队人才现状、厘过往培训现状

（1）团队人才现状。随着公司高质量发展的转型升级与深化变革，对项目经理的数量和质量上的要求也在不断提高，要实现项目经营规模与利润双增长的目标，除了过硬的专业能力外，项目经理的经营思维与项目领导力是非常重要的软实力，从公司前期发布的培训需求调研问卷及领导访谈，汇总的数据结果可以看出，现有项目经理群体在学历、年龄、专业、能力上是有参差的，主要表现在平均年龄偏大、专业不对口、能力素养不满足经营要求等。而公司未来需要更多高素质的可操盘工程总承包的项目经理，对项目经理的三次经营能力、项目策划能力、团队领导能力、沟通能力、谈判能力、职业化素养等都是需要进一步提升的。

（2）过往的培训现状。在过去几年的时间，公司每年年末年初也会集中进行专题培训，在之前的培训工作中，对项目经理的培养存在"两缺两难"的问题：

1）缺系统化和标准化。之前的培训内容更多的是基于当下业务遇到的紧急问题或领导要求做培训内容的安排，比较零散，缺乏系统，没有系统就没有力量，没有培养标准就没有方向。

2）缺效果。时间问题，之前的培训更多的是年末年初集中学习，大班讲座的形式开展，学习形式单一枯燥，调动不了学习激情，难以把握学习效果。

3）难转化。大班讲座，虽然进行了培训，但学完后很难进行跟进落地，实际转化效果差。

4）难协调。由于项目经理工作上的特殊性，时间与空间上不好协调组织，组织安排上存在一定的"工学矛盾"。

2. 建标准

通过领导访谈、行业对标、绩优分析、借助测评工具、建模工作坊等方式，对中亿丰各个产业板块的项目经理的通用能力进行建模，聚焦在以下七个能力维度，从项目经理的思维方式、商务能力、执行力、沟通能力、团建力、学习能力、创新能力等七个维度进行学习提升，简称项目经理七力模型。

3. 找差距

基于测评结果、校准找出群体差距，对于能力培养的难易程度及重要性做课程的排列计划。

3.2.4.3 学习项目设计

1. 学习项目设计思路

总基调：定好位，选对人、精准匹配需求。

为了避免"强扭的瓜不甜",基于测评结果和部门推荐,公司按照择优标准对学员做了精心的甄选,而非无差别的全覆盖。在学员甄选时除了年龄、学历、业绩表现等硬性指标外,也很重视学员学习的意愿度和个人上进心。

(1)定好位。一是以终为始,以业务目标为导向;二是不贪多贪全,而是聚焦在效果与应用上;三是坚持以学员为中心,激发学员的学习欲望,充分调动学员积极性。

(2)选对人。一是自身有成长的需求和意愿;二是对公司有基本的文化认同、稳定性强,公司认为其具有可培养的潜力;三是愿意遵守学习纪律,配合学习活动,实现学习目标;四是有一定的自学能力和施工项目管理经验(2年以上15年以下)。

(3)精准匹配需求。一是坚持"内容为王",注重课程研发,面向问题设计课程;二是重视项目运营工作,塑造组织学习文化,加强团队凝聚力;三是线上线下相结合,推广先进的组织学习理念与技术,学习方式不拘一格;四是专业知识与能力提升并重,强调知行合一;五是立足于循序渐进、阶段重点突出,长期培养,逐步体系化。

项目设计全景图如图3-4所示。

图 3-4　学习项目设计全景图

2. 课程计划

学习项目的课程计划见表3-4。

学习项目的课程计划 表 3-4

类别	课程主题	学分	课时（h）
专业强化类	施工总承包管理	3	6
	生产管理降本增效	2	1.5
	如何做好项目管理	3	6
	工程技术与质量管理	3	6
	项目合同管理及风险控制	2	3
	项目财务管理	2	3
	PPP 项目实务	2	6
	BIM 技术应用	2	3
	信息数据与生产决策	2	3
	技术管理与工程创优	2	3
	分包招投标管理	2	3
	项目安全管理与事故案例分析	3	6
	标杆项目观摩学习	2	3
	项目管理中的客户关系管理	2	3
	公司发展战略解读	2	3
领导力提升类	高效能项目经理的七项修炼	2	12
	项目经理的管理角色认知与职业化提升	3	6
	360 度团队沟通与影响之道	3	12
	高绩效团队建设	3	6
	突发事件应对与公关能力	3	6
	甲方客户的双赢谈判路线图	3	6
	教练式领导力	3	12
思辨会	思辨会一期	6	3
	思辨会二期	6	3
	思辨会三期	6	3
主题沙龙	主题沙龙一期	6	3
	主题沙龙二期	6	3
标杆考察	内部示范项目参访	6	6
	对标单位示范项目参访	6	6

3.学习方式

每次课程结束之后，一周内安排学员提交"学以致用计划表"，一个月内提交"实际应用案例表"，每三个月举行一次主题思辨会与专题沙龙会议，并及时跟进导师的辅导情况及问题反馈，让学习跨越从知到行的鸿沟，进行学以致用的落地。

3.2.4.4　学习项目实施

1.效果保障措施

学习效果的好坏，不能单独只看讲师讲授方面，更要注重整个体系的设计与配套机制的保障。公司从精准内容、标准牵引、落地工具的设计、具体工作场景的迁移辅导、奖惩机制与评比机制的设计多角度构建学习项目的闭环管理。

（1）标准牵引。编制项目经理能力模型、职业发展通道、项目管理手册。

（2）机制驱动。采用积分制、积分排名、末位淘汰、管理委员会评定等机制。

（3）精准内容。向问题设计学习内容。

（4）团队学习。以朋辈指导与学习小组的方式结成学习团队，互助互学，共同成长。

（5）工作辅导。采用双导师制（业务导师与管理导师）对学员在工作中或行动学习中遇到的困难及时给予辅导。

（6）工具配套。学习护照训前、训中、训后全流程工具化管理、教室内学习看板管理、班级群电子看板管理等。

2.推动机制

（1）促使高层参与。项目运行的好坏，和学员直接上级的关注与参与是分不开的，公司会积极邀请集团高管参与到项目开营、思辨会评委、优秀学员评价委员会、课程主体分享的环节中。

（2）班级自主管理。开班之初会选择班委成员，班长、学习委员、小组组长，并要求学员在学习护照上签订学习承诺书，共同制定奖惩制度，将罚款纳入班费，用集体纪律约束个人行为，用环境影响个人。

（3）积分量化跟踪。通过建立积分制，对学员在学习过程中的表现和完成各种学习任务的情况进行量化跟踪，后续作为学员评价的重要依据。

（4）评优奖励。在结业时，针对表现优异的班级、学员、讲师、课程开发者、导师与助教，适当给予表彰与奖励。

（5）文化驱动。通过班干部的带头作用，在班级中倡导"平等、互助、分享、务实、成人达己"的学习文化，营造适合学员成长的文化氛围，通过组织文化影响学员个体。

3. 项目落地

为了确保项目落地且有效果，需要各项工作有序、细致地展开，重点做好表 3-5 所列的四类工作。

学习项目落地的四类工作

表 3-5

工作类别	工作内容
基础工作	实地调研、信息收集、测评实施、学员甄选、课件与案例收集、线上平台准备
辅导工作	针对学员、内训师、导师进行一对一或统一辅导
运营工作	班级运营、项目干系人管理、项目过程记录、项目报道推送、资料归档
制度/标准制定	积分制标准、内部课程开发标准、导师管理制度

3.2.4.5　项目成果

2019 年实施的"领航计划"一期，已经培养了 54 位项目经理，52 位通过考核顺利结业，经过为期一年的内部专业的学习、外部领导力提升相关知识的学习，过程中举行了三次主题思辨会、三次团队沙龙、二次标杆项目现场的考察与交流，在学习过程中，不光学到了知识，更宝贵的是吸取了小组智慧，每次学习之后，学员都会基于自己的思考与实践填写学以致用计划表、管理场景应用案例萃取表，项目结束总计收集到 428 分管理场景应用案例，最终通过优中选优，选取其中具有广泛借鉴意义的典型场景案例 70 份汇编成了"案例手册"作为中亿丰项目经理除项目管理操作手册之外的又一重要工作参考手册。

通过三次贴合公司项目经管方针的主题进行小组思辨，通过正反两方的观点碰撞与博弈，最终很好地统一了思想、升级了认知，让团队协作与项目执行上扫清了一部分沟通障碍，对实际工作的推动具有实效意义。

在学习的过程中，学员不光学到了知识，也加强了团队之间的交流与融合，在项目的全过程跟进中，也可以更好地识别人才与发现人才，为公司提供更加专业和精准的人才管理建议。

在内部课程的学习与分享的过程中，也更好地萃取到了业务专家的专业知识，发现了一批优秀的内训师团队，萃取出了 24 门优质课程，在教学相长的过程中，更好地做到了企业知识的传承与优秀经验的推广，这个是外部资源无法比拟的价值。

2020 年 6 月份基于项目经理团队的数据对比，参与过 2019 年"领航计划"的学员与没有参与过"领航"计划培训的团队横向比较，在项目团队成员流失率、员工满意度、业务满意度的平均值上分别高出 7.3%、15.4% 和 11.6%。

3.2.5　"互联网＋安全教育培训"在建设行业的应用实践与创新

"安全为天，教育先行"。安全教育与培训是企业安全生产管理的重要与基础的工作。特别是建筑施工行业，危险隐患多、安全事故发生率高，如何提高安全生产效率、减少与杜绝各类伤亡事故的发生是亟待解决的问题。同时建筑施工企业一线从业人员文化素质普遍偏低，安全意识薄弱，安全知识匮乏。加强安全技术培训是全面提高职工素质、改善企业安全生产局面，实现企业长治久安的关键。

作为国内领先的互联网服务厂商，耀安科技响应国务院"互联网＋"发展战略，采用"互联网＋安全培训"的模式，在建设行业内率先推出"安培在线"互联网安全教育平台。平台整合了在线学习、在线考试、手机移动学习、施工企业政策法规库、多媒体精品课程等功能，是传统安全培训的一次革命，有效地解决传统安全培训存在的诸多问题。目前平台已广泛应用于中铁北京工程局集团、中交四公局集团、中国葛洲坝集团、中建一局发展公司等施工企业，创造卓越的社会效益。

3.2.5.1　传统安全教育存在的问题

目前我国的安全生产培训主要依赖第三方安全培训机构或企业自身，主要以传统的课堂式培训为主。但传统的课堂式培训，局限性非常明显，主要表现为：

（1）培训组织难度大，培训体系不健全。传统的安全培训组织难度大，特别是矿山、建筑施工等行业，作业面广，员工工作分散，组织一次课堂式培训时间长、难度大。

（2）培训手段单一，培训方式落后，员工培训效果差。传统的"填鸭式"课堂培训形式单一，缺乏交互性，员工培训兴趣低，培训效果差。

（3）工与学的矛盾突出。建筑施工等企业的一线员工大部分来自农村，一线从业人员只想拼命挣钱，认为安全培训影响工作；同时一些企业的基层管理人员往往存在重视抓生产进度，忽视安全培训的问题，使工与学的矛盾更加突出。

（4）传统培训成本高。目前很多企业由于受市场环境影响，经济效益不好，企业在投入方面更加谨慎，而传统的安全培训，需要聘请教师、开发课程，培训成本较高。

（5）培训师资不足。建筑施工等企业安全培训与教育的教师主要为兼职的安全管理人员与专业技术人员或聘请外部的专家，企业普遍存在师资不足问题。

（6）海外安全教育的新课题。随着一带一路战略，中国企业正在走出去，如何有效地开展海外安全培训，实现海外工程安全教育与培训的监管，是一个全新课题。

因此，顺应互联网发展趋势，引入新技术，创新培训方式方法十分必要。

3.2.5.2 "互联网 +"在建设教育和培训的应用

针对传统企业安全培训的问题，耀安科技开发了"安培在线"平台，开创了基于互联网的在线安全教育。通过实施"互联网 + 安全培训"建设，有效地解决了企业安全培训的诸多问题，搭建面向全员的安全培训体系，实现有效、全员、可持续的安全培训，夯实企业安全管理基础。

1. 面向公司管理人员、安全管理人员、专业技术人员等的安全教育

"安培在线"平台提供强大的在线学习管理功能，通过安培在线平台，安排员工在通过电脑上网或手机 App 进行自主学习。

（1）学习计划。企业可以对企业员工安排学习计划，要求学员在一定的时间段内必须完成课程的学习,分为"必修课"和"选修课";员工也可以自己制订学习计划，通过学习计划，有效地管理员工的安全学习。

（2）我的学习。员工可以通过"我的学习"进行在线学习，可以查看线上课程、直播课程和历史课程。系统支持交互式学习，员工在学习的过程中，学员可以添加学习笔记和提问。

（3）在线练习、模拟考试、考试。平台提供在线练习、模拟考试、考试等功能，通过"以考促学"提升员工学习的效果。通过系统施工企业可以建立适合自身的安全考试题库。根据岗位、人员类型建立不同的题库分类。试题的类型分为单选题、多选题、判断题等。

2. 面向一线从业人员的安全教育

针对建筑施工企业项目部安全教育的实际情况，如项目部一线农民工智能手机

普及率不高，网络环境不好，"安培在线"平台开发了客户端程序，并配合二代身份证识别仪，从而支持项目部一线工人在会议室等场所集中视频学习，通过现场身份证识别仪、投影机、笔记本电脑，为企业组建一个移动的电子教室，有效地解决项目部安全教育问题。

（1）培训签到。利用二代身份证识别仪，可以轻松实现现场电子签到。

（2）集中视频学习。现场登录"安培在线"平台，观看多媒体课件。

（3）培训记录。培训活动结束，系统自动生成每个人的培训记录，建立员工培训档案。

3. 开发手机移动学习 App，丰富员工的培训手段

开发了针对全员使用的手机 App 程序，特别适合一线员工进行安全生产培训。员工通过手机，可以实现随时随地的移动学习

（1）边走边学，碎片化学习充分利用空闲时间，化零为整。

（2）支持课程视频下载后离线观看，帮助员工节省流量。

（3）支持手机进行练习测试、模拟考试等，通过测试、练习促进员工学习。

（4）支持手机进行安全知识的查询、检索，将学习应用到工作中。

（5）支持二维码的应用，扫描。

4. 开发系列多媒体电子课程包，丰富安全教育的课件资源

平台为本，内容为王。安培在线联合大型施工企业及高校专家团队，依托安培在线强大的课件开发团队，开发了系列"建筑行业安全生产培训课件"；课件包括《工程项目施工人员安全指导手册》《建筑一线工人安全知识系列课件》《建筑工人入场安全教育》《建筑施工安全操作规程》《建筑通用安全知识》《建筑行业安全事故案例分析》《交通建设工程安全培训课件》等几百门精品多媒体课件。课件采用现代多媒体技术，包括 3D 虚拟仿真、情景动漫、Flash 动画等形式，课件生动、趣味、交互性强，极大地提高了课件的效果。课件覆盖了企业管理人员、安全管理人员、班组长、员工的安全生产培训内容，并建立了基于互联网的云课程中心，企业可根据行业的管理要求，建立适合本企业的安全生产管理课程体系。

5. 强化安全教育与培训管理功能，实现三级安全教育的制度化、体系化

培训管理是贯穿安培在线的核心管理功能。通过培训管理，有效地建立安全培训管理体系，实现从培训计划、培训实施、培训统计分析的有效管理，有助于企业

安全教育与培训的科学化、制度化、体系化。

（1）培训计划管理。企业可以按单位、部门建立培训计划。

（2）培训实施。通过线上、线下组织学习活动，同时对每个员工的安全培训与学习情况进行记录，自动生成每个员工的培训学习档案。

（3）培训评估。通过练习、测试、考试实现对学员的考核；系统支持对培训活动、培训课程等的评估。

（4）培训报表。系统可以自成各种培训统计报表，实现单位、部门、员工的学习培训情况统计分析。

6. 延伸海外安全教育培训

随着"一带一路"倡议的发展，海外工程越来越多，如何有效地开展海外安全培训，也是大型集团公司所关注的问题。安培在线采用互联网＋的模式，平台支持全球200多个国家与地区访问，对于海外安全教育与培训提供了很多的手段。目前，大量施工企业海外项目部正利用安培在线平台进行海外安全生产教育与培训。

3.2.5.3　方案实施

"互联网＋安全培训"是对传统安全培训的全面创新，在培训的形式、内容、载体等方面进行了多全面的变革，建筑施工企业应用"安培在线"平台，开展基于互联网的安全教育，主要的做法如下：

1. 规范化、流程化应用安培在线平台

第一阶段为实名制阶段。集团及各下属子分公司将本单位的组织机构、人员信息等录入平台，管理员针对项目施工工序，将培训课件及时发布在平台，以便各层级学员进行培训学习。

第二阶段为学习阶段。在实名制信息及学习资源完善后，利用平台学习计划、测试中心、考试中心等功能，多层次、全方位对学员进行培训、考试。

第三阶段为效果评估及改进阶段。企业协同平台技术人员建立沟通机制，随时就使用中遇到的疑难问题及新的需求等进行请教、交流和沟通，对这种新型培训模式进行评估，持续改进完善平台功能。

2. 安全教育与培训管理信息化

实现培训管理与信息化与深度融合，企业可以有效地建立安全培训管理体系，实现从培训计划、培训执行、培训过程、培训档案、培训统计的信息化管理。培训不是形式，培训也不再是盲目地开展，而是体系化、全面化地落实与开展，有助于企业安全培训的科学化、制度化、体系化。

3. 加强教育培训过程管控

首先是为加强培训学习过程考核和监督手段，利用学员二维码功能，通过手机App扫码，即时获取该学员的基本情况、学习记录、学习时间、考试记录等信息，有利于进行抽查验证、过程监督，及时掌握员工学习情况并进行针对性的再培训。其次是重点加强对班组长的安全教育培训工作。克服了枯燥的理论性培训，集中组织各班组作业人员，利用网络教育培训平台进行学习，不定期组织现场培训。

4. 建立完善激励考核机制

施工企业制订平台使用考核办法，对项目部的应用情况进行考核。同时为激励员工学习，让员工从"要我学"到"我要学"，企业建立学习积分管理制度，平台提供积分管理功能，积分激励贯穿整个学习活动。可以定义积分规则，学员在平台上参与学习、参加考试及其他相关操作后，会获得一定的积分奖励。

3.2.5.4 "互联网＋安全培训"的特色与创新

（1）基于互联网、移动电子教室与手机的在线学习，扩大了培训的覆盖面。安全培训提供的基于互联网、移动电子教室、手机的学习，特别适合于一线从业人员的学习，扩大了培训的覆盖面，企业可轻松地通过云服务实现了安全教育的全员覆盖。

（2）面向各层级管理人员、安全管理人员、专业技术人员等，利用在线安全培训平台进行全员安全教育；面向一线从业人员的安全教育，利用系统桌面端程序，建立移动电子教室，实现全员教育；开发了离线端程序，并配合二代身份证阅读器，支持项目部一线从业人员在会议室等场所集中进行视频学习。通过现场身份证阅读器、投影仪、笔记本电脑，为企业组建一个移动的电子教室，有效地解决项目部安全教育问题。

（3）开发了针对全员使用的手机App，特别适合一线员工进行安全生产培训。员工通过手机，可以实现随时随地的进行学习培训，丰富员工的学习手段。

（4）提高了安全培训组织实施的工作效率。通过互联网平台，从培训计划的安排、培训活动的开展、题库的建设、试卷的自动组卷、考试的组织安排、培训记录与档案的管理，都能通过平台自动完成，极大地提高了安全管理人员的工作效率。

（5）安全知识管理系统包括安全法规、安全标准、操作规程、应急预案等安全知识管理。政策法规库收录了建筑行业的安全法规、标准规程等，同时根据国家政策法规的要求，及时动态进行更新。企业也可以通过知识管理系统，管理企业自身的知识库，实现知识的共享。

（6）安全教育云平台极具行业推广价值。该系统的开发在行业内率先响应了国务院安委会的"积极推进'互联网＋安全培训'建设"的精神要求，全面创新了传统安全教育的手段与内容，将三级安全教育落到实处，夯实了安全生产基础，有效地杜绝企业的安全伤亡事故，创造良好的社会效益，具有行业推广价值。

3.2.5.5 "互联网＋安全培训"的效益

（1）基于互联网的培训云服务是一种全新的培训方式，通过手机 App 等方式移动学习，拓宽了培训渠道，解决了工学矛盾等问题。

（2）互动式在线学习，增强了培训效果。在线培训系统支持图文、动漫、3D 虚拟仿真等多种多媒体课件，同时系统提供边学边练、在线提问等多种交互式学习模式，使培训具有生动性、趣味性，提高了培训效果。

（3）"安培在线"提供云课程中心，丰富了企业培训课件。"安培在线"提供了大量的精品多媒体课件，课件采用动漫、3D 虚拟仿真等形式，解决企业课件制作成本高、制作周期长、课件资源不足的问题。

（4）提高了培训效率，实现统一监管。通过互联网平台，从培训计划的安排、培训活动的开展、题库的建设、试卷的自动组卷、考试的组织安排、培训记录与档案的管理，都能通过平台自动完成，极大地提高了安全培训管理人员的工作效率，有助于企业对下级单位安全教育工作开展的监管。

（5）"互联网＋"模式，支持海外项目部的远程安全教育与培训，实现集团内部全球培训共享。在"一带一路"的国家政策指引下，企业海外工程与项目越来越多，传统管理方式下海外项目的安全培训组织难度大，"安培在线"部署在全球领先的"阿里云"平台上，服务范围覆盖全球 200 多个国家和地区，有力地支持企业海外项目安全培训的组织与开展。

（6）基于互联网"云服务"的学习手段，降低了培训费用。平台采用"互联网＋"的应用模式，企业无须购买任何硬件设备，仅需通过购买服务的方式，就可以实现学习。相比其他的培训方式，将很大程度上降低培训费用。

3.2.6 对口帮扶中组部舟曲省级脱贫攻坚农村贫困劳动力培训

为深入贯彻落实习近平总书记视察甘肃重要讲话，特别是在视察山丹培黎学校时关于"发展职业教育前景广阔、大有可为，我支持你们"的重要指示精神，舟曲县启动甘肃省级脱贫攻坚农村贫困劳动力培训计划，依托舟曲职业中等专业学校建设巴藏大型机械培训基地，紧抓中组部定点帮扶重大机遇，着眼阻断贫困代际传递，让藏区贫困劳动力掌握技术，拓宽就业门路，巩固脱贫攻坚成果。

住房和城乡建设部人事司、中组部驻舟曲扶贫工作组等负责同志高度重视，由舟曲县人民政府商请中国建设教育协会，启动舟曲 2020 "挖掘机技能班" 和 "装载机技能班" 第一期帮扶计划。

3.2.6.1 搭建帮扶团队，提供专业服务

中国建设教育协会组织建设机械职业教育专委会协调了以专委会土方机械教导部牵头，组织北京建筑机械化研究院有限公司、中国建筑科学研究院建筑机械化研究分院、甘肃机电职院天水安光汽车驾驶培训有限公司、天水市四海工程机械职业技能培训学校等业内单位与舟曲职专签订了整体帮扶协议。

帮扶协议涉及理论培训、实操培训、考核辅导、技术指导、条件保障、安全服务、师资集训、支持保障等。建机专委会秘书处派出教学指导专家陈春明老师带队，驻场组织指导，高质量完成帮扶任务。

其他协作方在行业政策、咨询指导方面为该项目提供了全力支持。

3.2.6.2 完成的帮扶重点任务

1. 确保培训过程人身安全，做好安全指导培训

（1）指导重点。训练场地完善技术指导，安全实训与训练过程安全指导；场地教具动作轨迹布局、实操秩序安全设计、路线规划；训练场和设备现场使用维护；日间实训、住宿乘车、住宿就餐、夜训安全指导；教学教务、课程框架设计、教学备课咨询辅导等。

（2）实操安全用品配备与示范指导。制定实训防护用品配备方案、演示培训防护用品的使用；完善教务管理，记录留存必要的资料、影像资料、建档表单，形成考勤记录与学习档案；指导车辆教学过程的综合安全保障。

2. 精心指导实训基地建设、配备实体教具，制订实训方案

（1）实训项目规划。近期以就业面上大宗岗位需求为主（挖掘、装载、叉车）为主训项目。中远期以拓展技能配套与特种设备、特种作业培训为主（土方、路面、塔式起重机、起重等）。

（2）实训基地规划。对 4200m² （6 亩）场地，结合实训设备布局和行走路线，指导三通一平，优化土石沙各工况实训区的配置方案，规划了办公用房、实训教室、仿真模拟教室等功能区。

（3）实训设备教具配备。指导编制近期机种投入预算，结合租用方式进一步优化第一期的教学装备配置和教具配套方案。实施中针对舟曲山地工况，配置了 2 台 20 挖机、3 台 60 挖机、1 台 65 挖机、1 台 220 挖机；2 台 30 装载机、1 台 50 装载机、小型挖机 2 台、模拟教学设备、仿真教室等。

3. 选派专业教师和教练员实施师资集训与现场实训

（1）以四海学校为主体落实对口教学教务及辅助保障支持，选派 15 人的师资及后备服务团队。专业配置上，选派挖掘机、装载机、土方机械、施工安全教学有丰富经验和专业特长的专家教师。

（2）师资配备。设置总协调教练 1 名，领队教练 1 名，实机教练 5 名，理论兼实操安全教师 1 名，教务 1 名，保障人员 3 名，基地支持 3 人。

（3）实训上机。人机比 1∶20 以内，教练一对一、重点个别辅导。覆盖每日保养维护、上机基本演示、作业动作示范、过程要点指导等。

（4）后勤保障。由四海学校在协会专委会指导下，随时支援响应舟曲培训需求，提供人力物力支持。

4. 课程设计、师资培养、实训示范要点

（1）师资培训要点。师资人员安全生产培训、山地教学教法风险教育、尊重藏区风俗习惯的教育、参训人员及管理人员人身意外保险和工地劳动常见保险知识传授、职业规划课程、实训场文化氛围方案、标语横幅制作、集训安全课堂、基本文化课、爱国主义教育方案、班前安全教育、班中培训要点点评、上机一对一辅导、施工安全标准化常识传授、工匠精神传授、面向基础偏低的西部学员群体的特色教学教法。

（2）学员实训要点。机械化联合施工演示实训；以数台 60 型挖机结合多台中小设备实训演练、机械化联合作业选配作业演示、多机种教具认知训练、交叉作业事

故防范与安全指导服务、事故场景模拟及后果案例培训；实训整体安全方案；指导训练场全套器材器具用品的选配、保管、维护、使用指导、实训安全指导等整体解决方案。

综上，在行业服务和技术指导方面，为舟曲巴藏实训场地建设、教学设施装备配置和实训帮扶项目落地实施，全程服务。聚焦"师资帮扶、行业服务、指导扶持"三个主攻方向，逐项落实对口帮扶、协作支援、定点服务等重点任务，加强师资培训与对口协作，解决舟曲师资教练短缺问题，对接行业职院校，以共建协作完善专业能力建设。

3.2.6.3 帮扶项目总体进度的控制

根据舟曲巴藏实训基地的场地设备情况，结合学员居住地域的分布特点，对学员分 8 个实训组，多机种每组 15 ~ 20 人。

1. 总体项目周期

总体项目周期为 60 天。主要阶段包括：启动集训进驻、开班、理论授课、实操训练、考试结业等。主要节点分布参见表 3-6。

<table>
<tr><td colspan="3">帮扶项目主要节点分布</td><td>表 3-6</td></tr>
<tr><td>序号</td><td colspan="2">控制节点主要内容</td><td>学时（天）</td></tr>
<tr><td>1</td><td colspan="2">师资集训、前期物资储运、山地现场实训准备</td><td>7</td></tr>
<tr><td>2</td><td colspan="2">报名开班、半军事化训练，开训仪式与毕业典礼</td><td>5</td></tr>
<tr><td>3</td><td colspan="2">理论授课、提升学员自身素质文化课、常识课</td><td>5</td></tr>
<tr><td>4</td><td colspan="2">实操训练、实习指导、上机指导、一对一辅导</td><td>15 ~ 25</td></tr>
<tr><td>5</td><td colspan="2">理论考试、实操考试、结业辅导、强化训练</td><td>5</td></tr>
<tr><td>6</td><td colspan="2">夜训维护、阅卷总结、人员疏散、物资返运基地</td><td>10</td></tr>
</table>

2. 培训质量控制

主要分为：理论授课、实操训练、重点辅导、心理疏导等关键节点。

（1）理论培训质量控制节点。挖掘机、装载机的基本理论常识、设备基本组成、工作原理、日常维修维护要点；施工机械基础知识、机种机械化联合作业常识；工地安全生产知识、事故防范与个人防护知识；职业道德与人员手册；个人职业发展；农民工城市就业、主流机型认知等常识。

（2）实操训练培训质量控制节点。挖掘机主要动作演示、上机体验、上机实训示范、模拟机训练、维护动作演示、润滑加油操作、上下板车与设备转场动作训练、典型运用（行走、挖沟、平坡、甩方、转场及其他动作）、工况适应：山地条件下作业示范训练、事故逃生示范、设备保养、机器防护、安全标志、设备标志、道路标志、设备操作指挥手势、安全流程等认知。

（3）重点辅导与心理疏导。实施一对一机上指导、进行心理辅导、树立职业自豪感；疏导安全事故阴影，树立个人能力自信，鼓励勇敢上机，精细训练动作。

3.2.6.4　协调共享行业资源，保障帮扶任务成功

建设机械职业教育专业委员会指导科学制定培训计划，围绕重点机种展开技能实训；共研新教具新教法，提供实训示范、教学互动、专家讲座综合服务；以"整班帮扶""实训帮扶""结对帮扶""教务帮扶"为特色，针对西部山地实训提炼标杆示范经验。

该项目对舟曲免费提供了协会组织编写的 16 个机种的工程机械实训教材；举办了专家讲座、职业规划及施工安全作业讲座，拓展了学员知识能力视野；以社团服务方式赠阅提供了《中国建设教育》《建筑机械化》《建筑机械》《中国电梯》等行业科技期刊。

为增强教学中的互动，提升培训效果，还在巴藏实训基地举办了首场"匠心杯"技能比武挑战赛，激发了学员和教师爱岗敬业、钻研技术、敢于争先的热情，圆满成功，达到了预期效果。实训中五名教师获得舟曲职专先进个人称号，四名领队教师被专委会授予模范领队和模范教师荣誉。中组部驻舟曲扶贫工作组组长张向涛书记和舟曲职专的领导们亲临现场观摩了整场活动，为模范教师办法了荣誉证书。舟曲电视台全程进行了报道。

3.2.6.5　项目成果与帮扶效果

在甘肃省委、省政府全力支持下，在舟曲县委、县政府和中组部驻舟曲扶贫工作组负责同志的领导下，"舟曲县 2020 年省级脱贫攻坚农村人才实训项目第一期挖掘机装载机培训班"顺利结业。结业仪式上，舟曲学员们为帮扶团队送上锦旗，敬献上洁白的哈达。中国建设教育协会迎风飘扬的红色队旗上写满了汉藏学员炽热的语言"感党恩，报国家，感谢党的好政策"，表达了全体教师教练员和汉藏学员响应习总书记寄语青年成才报国，实现技能脱贫的决心和信心。

该项目受到中组部驻舟曲扶贫工作组组长张向涛书记、甘肃省教育厅等领导同志的表扬与好评。希望协会一如既往，继续担当责任，协助把舟曲建机技能人才的培训做下去。通过开展培训，为舟曲培养一批技术高超、业务精湛、服务本地的技能人才，为全县上下打赢脱贫攻坚战、早日走上致富之路提供有力的人才和技术保障。

通过多方面的帮扶协作，舟曲职业中等专业学校已被甘肃省委组织部授予"甘肃省级农村实用人才教育培训基地"，成为甘南州 8 县市唯一开展职业学历教育的中职学校。当地贫困人员通过舟曲职专巴藏培训基地学习掌握了实实在在的劳动技能，成为村寨技能脱贫致富的劳动带头人。

3.2.6.6　总结与体会

中国建设教育协会和全体帮扶单位、专家教师团队秉持公益为先理念，担当尽责，把技能扶贫作为脱贫攻坚和社团服务的主攻方向，在脱贫攻坚战的决胜之年，以坚忍不拔的态度，抓铁有痕的力度，在舟曲帮扶项目中跑出了脱贫攻坚的加速度！

该项目传承了中国建设教育协会"自律　自强　自力　互信　互济　互爱"的会训和同舟共济互爱互助的人文精神，以匠心文化助力人人出彩，帮扶藏区青年自强自力，实现职业理想，展现报国情怀、巩固了脱贫成果。"一个党员就是一面旗帜"，参与帮扶的单位、党员教师、行业专家与舟曲守望相助、并肩战斗，发扬奉献精神，克服疫情影响，爬高山、上陡坡，不怕滑坡落石，不怕生活艰苦，冒着严寒风雪，按期进驻舟曲职专巴藏实训基地，实施了专家服务与精准课程。

"知识改变命运，匠心助力一代青年实现出彩人生"舟曲汉藏学员感党恩，报国家，感谢党的好政策，在实训中刻苦努力，以知识技能改变了自己人生命运。尤其巾帼不让须眉的藏花女学员们顺利结业，成为新时代藏乡自立自强女性的代表，成为家庭脱贫致富的主力军！全体帮扶单位、专家教师以匠心助力舟曲一代青年实现了出彩人生。

各帮扶单位发挥共产党员先锋队榜样作用，传承弘扬劳模精神、劳动精神、工匠精神，以强烈的政治担当和历史使命感，以专家精准指导、全程帮扶、社团价值服务，为舟曲藏乡人民交出一份满意答卷！

第4章　中国建设教育年度热点问题研讨

本章根据相关杂志发表的教育研究类论文，总结出推进"双一流"建设、思政课程与课程思政建设、"双师型"教师队伍建设、现代学徒制、"1+X"证书制度5个方面的20类突出问题和热点问题进行研讨；结合住房和城乡建设行业领域职业教育专业调研论证工作，对住房和城乡建设行业领域职业教育专业发展情况进行了分析。

4.1　推进"双一流"建设

4.1.1　一流本科教育改革的重点和方向选择

浙江大学眭依凡认为："一流本科教育"是指向一流人才培养的概念，厘清"一流本科教育"概念对一流学科和一流大学建设具有重要意义。从人才培养的视角分析，我国一流本科教育存在"缺乏对育人使命的守持理性""人才培养目标不高且缺乏操作性""培养模式单一落后""创新文化氛围淡薄"等问题。改革一流本科教育的重点与方向是："立德树人：回归人才培养使命的坚守""培养拔尖创新型人才：创新人才培养目标""能力发展优先：创新培养模式。"

(1) 立德树人：回归人才培养使命的坚守。就大学组织的本质属性而言，人才培养是大学存在和发展的首要理由，是大学区别于其他社会组织的不变特征即属性特征。由于人才培养是大学一切工作的出发点和立足点，因此大学的组织架构、制度体系、学科建设、文化营造等都是围绕如何高质量实施和完成人才培养这一根本任务的设计安排，脱离了人才培养大学就不再是真正意义的大学。世界一流大学无不以拔尖创新人才培养为其立身之本并以此享誉世界，所以一流本科教育必须以此为借鉴，在回归"立德树人"使命的前提下，围绕拔尖创新人才培养这一根本任务选择改革重点和发展方向。

（2）培养拔尖创新型人才：创新人才培养目标。培养目标在整个人才培养体系中具有统领性，因此提升一流本科教育质量必须从创新人才培养目标入手，唯此才能根本改变培养目标定位过低、培养目标同质化现象严重以及培养目标模糊等带来的人才培养体系诸要素质量不高且操作性不强的一系列问题。基于使人才培养目标更具操作性的考虑，可以把培养目标分解为素质（健康的身心素质，爱国情操、社会责任感及职业道德，国际视野及文化包容和合作精神）、知识（扎实的专业理论基础，广博的尤其是与专业相关学科的知识，本领域开阔的理论视野及前沿发展）、能力（应用专业理论解决实际问题的能力，计算能力与实际应用能力，语言能力和交际能力，创新能力，独立工作能力和管理能力，不断学习的能力）三维共 12 个二级指标。但这仅是基于一般大学的具有普适性的人才培养目标设计的，一流本科教育的人才培养目标设计应该更富有个性特色和更高要求。一流本科教育的最重要标志是一流人才培养，缺失了一流人才培养目标，一流人才培养则失去方向引领和依据支撑。

（3）能力发展优先：创新培养模式。在"互联网＋教育"及"人工智能＋教育"的时代，知识获取及知识积累的渠道和方式的多样化及顺捷性，彻底改变了大学先知识积累、后能力发展的传统人才培养模式。大学生的知识结构取决于课程体系设计及其内容选择，大学生的能力结构则主要取决于培养模式。由于时代变迁对大学提出了能力培养较之知识传授更迫切更重要的人才培养要求，所以我们的本科教育尤其是一流本科教育必须强化如下的教学理性：在"互联网＋教育"及"互联网＋人工智能"的时代，必须积极应对现实和未来世界的变化和需要，通过创新培养模式改进教学方法以提高大学生的知识创新能力、动手解决问题能力、不断自我学习和发展能力。

参见《现代教育管理》2019 年第 6 期"一流本科教育改革的重点与方向选择——基于人才培养的视角"。

4.1.2 "双一流"建设背景下高水平行业特色型大学发展应该处理好的三对关系

华北电力大学苟振芳、李双辰认为：资源配置作为高水平行业特色型大学办学面临的基本问题，可以折射出其改革发展的很多问题。在国家优先发展教育、建设教育强国的宏观背景下，高水平行业特色型大学不仅需要政府对其持续投入办学资源，而且这些高校能否提升获取与优化配置各类办学资源的能力是衡量其综合办学水平的一个重要方面。对此，"双一流"建设背景下高水平行业特色型大学的发展应该处理好以下三对关系。

（1）外部资源扩张与内部结构调整的关系。高等教育快速发展时期持续多年的国家重点建设政策和社会共建机制，以政府专项资金和行业资源的方式支持了一批行业高水平特色型大学的建设，为这些高校建设高层次人才队伍和改善教学科研基本条件奠定了良好的基础。但是，行业大学在推进大学快速发展的同时，也不可避免地形成了依靠持续性资源扩张的办学思维，导致其忽视了按教育规律优化配置内部资源。在"双一流"建设的办学环境下，随着全球性开放学术市场的形成，大学办学资源更加需要依靠自身办学的内生动力和办学实力水平来获取。与许多综合类一流大学相比，高水平行业大学在资源配置方面不但存在着较为明显的差距，而且面临的情势更加复杂：大学人才培养与科技服务在面向社会需求与提升学术水平方面的矛盾更加突出，大学内部结构调整与质量提升的任务更加繁重。面向新的办学目标，高水平行业大学应注重对教育规律的研究，在科学的顶层设计下着力推动内部办学资源的优化配置，使学科资源和人才资源发挥最大的办学效益。

（2）资源优势丧失与加快创新发展的关系。行业特色是行业大学办学最鲜亮的底色，更是行业大学获取资源最为突出的优势。但是，在自主开放的高等教育市场环境下，受管理体制、学科定位与办学水平等因素的限制，一些行业大学正在逐渐失去办学资源的优势和特色。随着国家经济形势的变化，市场急需能够支撑行业创新发展的自主型创新人才和领军人才，这个变化使目前包括高水平行业大学在内的一批行业大学难以适应和对接。而那些在学科尖端领域提前布点、创新发展的一流大学可能会较快适应这种变化，抢先争取到行业资源。为此，高水平行业大学要有充分的危机意识和忧患意识，它们只有在学科结构调整、创新人才培养、科技攻关方向与实力等方面跟上行业变化与发展的步伐，才能保持资源优势，获得可持续发展。

（3）处理好组织边界与资源重组的问题。高水平行业特色型大学的发展应在特色鲜明的研究型大学办学目标的引导下整体发展。在推进一流学科建设中需要打破学科、院系、部门的组织边界进行资源的交叉重组，这对高校管理机制改革提出了很高的要求。现实情况中，大学院系众多、组织壁垒严重，特别是人们积习多年的"单位意识""本位主义"及"组织编制"思维等都是学科交叉融和中面临的操作难度较大的体制与机制障碍。因此，"双一流"建设的一个关键问题就是需要以一种新的理念进行管理机制的配套性综合改革，打破组织边界及各种机制壁垒，推动学科实质性的相互支撑、交叉共生、协同发展，这是新时期的加快高水平行业特色型大学一流学科建设的必然要求。

参见《高等教育研究》2019 年第 40 卷第 5 期"'双一流'建设背景下高水平行业特色型大学的资源配置与发展"。

4.1.3　地方高校"双一流"建设的路径选择

深圳大学校长李清泉认为："双一流"建设通过动态调整的竞争机制，有助于引导地方高校发挥相对优势，多元化、特色化发展。地方高校需要直面"双一流"建设的机遇和挑战，探索一条特、新、闯的"双一流"创建路径。

（1）坚持特色发展，以一流学科带动整体发展。在国家"双一流"建设赛道中，地方高校要找准自己的跑道，旗帜鲜明地迈入特色化差异化的错位发展新路。地方高校要坚持"有所不为，有所为"的战略定力，不盲目争创全能冠军，而在有历史积淀、有显著特色的领域深挖深耕，创建以自身优势特色学科为主体的一流学科，重点突破，带动全局。在发展逻辑上，要做强传统优势学科、做精重大战略急需学科、做实新兴交叉融合学科，但要注重规划引导下的学科适应性演化与能动性成长，不能搞行政干预式的特色发展。

（2）坚持立德树人，以一流人才引领地方发展。高端拔尖人才的积聚对科学中心的加速形成和科学创新资源的吸引作用无可替代。地方高校建设一流学科，必须更加注重发挥高端拔尖人才的引领作用。引进一流人才必须尊重规律，一是要打造人才积聚生态；二是要布局先行，根据发展所需精准引进所缺人才；三是尊重学院的自主权，把人才引育的支部建在具体学科上，与已有学科团队协同作战。一流专业是培育一流人才的基础，一流专业要与经济社会发展同频共振。地方高校要进一步深化校企合作、产教融合，推动教育链、人才链无缝对接产业链、创新链，优化专业布局，培育来即能战的高素质应用型人才。校企深度协同育人是提升应用型人才培养质量的关键一招，地方高校要更加主动地"引企入教"，"锚定"领军企业的产业标准、技术标准和认证标准，针对性地变革学校的人才培养标准、专业教学标准。教研深度融合育人是提升育人质量的突破重点，要把科研优势转化为人才培养优势。

（3）坚持创新驱动，以实际贡献获得反哺发展。地方高校要精准定向，集中精力，突出特色，货真价实，研以致用。要根据地方产业所急、经济社会所需与学校学科所优，找准方向，紧瞄全球性、区域性经济社会发展所需，进行深层链接和精准对接。要以"大问题、大平台、大团队、大项目"，促进产出大成果，从双向融合中把握突破式创新的重大机遇；要盯准重点，分层分类进行钻研突破，进一步突出强化与地方发展比翼齐飞的内涵和特色，从而以实实在在的创新贡献获得地方政府大力支持。

（4）坚持治理优化，以内生动力驱动跨越发展。地方高校要不断优化内部治理结构。一是在契约治理上下功夫。建立健全以章程为统领的现代大学制度体系，进一步完善学校重大决策、重大事项等信息公开制度，为学校内涵发展，为依法治校、强化监督、科学决策、规范管理提供契约基础与制度保障，持续提升规则导向的契约治理能力。二是在责任治理上下功夫。建立并不断完善以"立规、合规、问责"为核心要素的治理机制，推进管理重心下移，完善两级管理体制，形成校院同心发展、学术权力和行政权力相互支撑、充满活力的大学内部治理结构；把富于责任心、敢于担当、善于担当的干部队伍纳入良性治理体系，形成自我完善、自我改革、自我提升的内生动力机制体制；落实好学院党政联席会议等制度，压实责任，解决问题，协同共进，持续提升问题导向的责任治理能力。三是在韧性治理上下功夫。为有效应对在"双一流"建设和高教改革过程中可能面临的高度复杂性、多重脆弱性和低度预知性等多领域、多层级风险，各高校尤需构建诸多利益相关方共同参与的治理格局。

参见《中国高等教育》2019年第15/16期"地方高校加快创建'双一流'大学的实践与探索"。

4.1.4　以"两融合"驱动"双一流"高校创新创业教育研究

南京林业大学徐新洲认为:高校创新创业教育是一项系统工程,在推进国家"双一流"建设中,高校创新创业教育存在诸多短板和问题。并从产教融合和科教融合视角入手,阐述了创新创业教育与产教融合、科教融合发展的内在逻辑,提出了"两融合"驱动"双一流"高校创新创业的实践路径。

(1) 坚持以服务社会发展需求为导向,统筹人才培养局部和全局目标。"双一流"高校要从国家战略高度提升对创新创业教育的认识,精准把握人才培养的质量规格以及专业结构要与社会发展需求、行业产业结构和趋势相适应,全面提升高校创新创业人才与社会发展的契合度,提升人才培养对区域社会发展的贡献度。

(2) 践行知行合一的实践育人理念,落实教育行动由理论转向实践。"双一流"高校创新创业教育人才培养要积极践行知行合一的实践育人理念,既要注重理论知识和通识教育,更要注重实践教育学习,侧重培养大学生分析问题、解决问题的能力。

(3) 整合多元教育教学要素和资源,打造产教科教融合全要素育人。依托产教科教融合协同的优质载体,整合全方位的人力、信息、物资等多方要素,使政府、社会、行业、企业和各类科研机构的各种资源能够融入高校的创新创业教育平台中,为创新创业教育提供资源共享保障。

(4) 依托产教科教融合育人共同体,全方位完善课程以及师资建设。结合经济社会发展需求,汇聚产教科教融合育人共同体各类资源和平台,促进政府资源、社会资源、行业资源、科研资源开放共享,构建以"课程、科研、竞赛、实训及孵化"为核心的创新创业课程体系。通过多种内容的融合和多种方式的整合,把创新创业教育与专业教育有机结合,开展教育资源共享在线课程学习,健全创新创业课程体系,提升创新创业课程育人价值。

(5) 发挥产教科教全过程协同育人,形成创新创业工作保障新机制。"双一流"高校要把培养具有创新思维、创业意识、创业精神和创造能力的全面自由发展的大学生作为创新创业教育人才培养的根本任务,建立面向全体教育工作者参与,形成覆盖政府、行业、企业以及相关科研机构在内的全要素参与、全过程协同、全方位融合的创新创业教育"三全育人"机制。

参见《学校党建与思想教育》2020年第10期"以'两融合'驱动'双一流'高校创新创业教育研究"。

4.2　思政课程与课程思政建设

4.2.1　以"四个着力"办好思政课

湖南科技学院曾宝成认为：办好高校思想政治理论课，应着力建强马克思主义学院这一关键平台，着力建强马克思主义理论学科这一基础支撑，着力推动"思政课程"向"课程思政"转变这一有效途径，着力建强教师队伍这一重要力量。

4.2.1.1　着力建强马克思主义学院这一关键平台

一是确保办学方向不偏，确保马克思主义学院的教学、科研和学科建设等中心工作始终高举马克思主义旗帜、彰显马克思主义属性。二是确保办学初心不改，全面贯彻党的教育方针，解决好培养什么人、怎样培养人、为谁培养人这个根本问题。三是确保办学力度不减，始终把马克思主义学院作为重点学院，聚焦政策、聚集资源、聚合力量，全力支持马克思主义学院建设。

4.2.1.2　着力建强马克思主义理论学科这一基础支撑

一是提升人才队伍素质。要通过内培、外引、借智等方式，广识英才、广揽英才，加强人才团队建设。同时，要进一步创造人才成长的良好环境。二是提升学术研究质量。要坚持把中国特色社会主义理论体系贯穿研究和教学全过程，坚持把研究回答重大理论和现实问题作为主要研究方向，充分发挥研究基地作用，加强理论工作"四大平台"建设，加强新形势下智库建设，不断深化对党的创新理论成果的研究阐释，推出一批重头文章、重要成果，进一步打造社科理论品牌，将科研成果转化为教学资源。三是突出学科发展特色。学科研究要突出时代性、创新性、地域性，注重研究主题与时代发展热点难点问题相结合，研究成果与地方经济社会发展相结合，学科发展与思想政治教育课程建设相结合。

4.2.1.3　着力推动"思政课程"向"课程思政"转变这一有效途径

一是将"思政课程"打造成"金课"。要按照习近平总书记强调的"八个统一"

的要求，全面推进思想政治理论课改革创新，积极推进微课、慕课、翻转课堂等教学模式改革，自觉将革命文化和社会主义先进文化资源融入思政课教学，丰富教学资源和内容，使思想政治理论课有思想、有温度、有品质、有趣味，变得让学生"爱听、想听、乐听"。二是将"课程思政"建设推向高潮。培养德智体美劳全面发展的社会主义建设者和接班人，仅仅依靠思想政治理论课这个主渠道是不够的，必须充分挖掘梳理其他各门课程的德育元素，加快实施由"思政课程"走向"课程思政"的教育教学改革步伐，让每位教师都扛上"思政担"，每门课程都飘出"思政味"，形成全员、全课程的大思政教育体系。三是将"网络思政"打造成新平台。坚决、主动、迅速占领网络育人阵地，使互联网这个育人工作最大变量变成最大增量。

4.2.1.4　着力建强教师队伍这一重要力量

一是提高教师基本素养。广大教师要按照习近平总书记提出的政治要强、情怀要深、思维要新、视野要广、自律要严、人格要正"六要"要求，自觉坚持"八个统一"，践行"四个引路人"，争做"四有"好教师，履行好学生成长成才指导者和引路人的职责。二是充实教师队伍力量。要有一支战斗力强的思政课教师队伍，一支执行力强的管理干部队伍，一支研究力强的科研队伍，一支引导力强的辅导员队伍。三是优化思政队伍结构。要全面落实《关于领导干部上讲台开展思想政治教育的意见》，聘请不同学科背景的学者和实际工作部门负责同志担任思想政治理论课兼职教师。坚持"开放办学，推动学科力量融合"的建设理念，通过"特聘""双聘"等方式，从其他高校或研究机构邀请资深专家担任马克思主义理论教学与研究领头人，使"练内功"与"引外援"相得益彰。坚持配齐与育强、严管与厚爱、激励与约束"三个结合"，搭建学习平台、构筑事业舞台、打通职业通道，全面推进思政队伍整体质量不断提升。

参见《中国高等教育》2019 第 8 期"以'四个着力'办好思政课"。

4.2.2　新时代高校思政课程与课程思政协同育人的路径探析

福建农林大学黄秀玲、福建工程学院吴再发认为：各类课程与思想政治理论课同向同行是立德树人的本质要求，是新时代推进人才培养，发挥课程育人的关键点。并在分析课程思政与思政课程协同育人推进的实践成效及存在的不足的基础上，从政策导向、组织保障、课程设计、师资建设等方面提出实现协同育人的解决路径。

4.2.2.1 政策导向

从教育行政部门角度出发，一方面要持续加强和释放对思政课程和课程思政建设支持力度的政策导向，另一方面要加强监督考核，完善相应的考评机制，推动高校强化推动课程思政建设的积极性和主动性。从高校角度出发，亦要为落实思政课程和课程思政协同育人创设有利条件，要认真贯彻习近平总书记有关高校思想政治工作的重要讲话、论述，认真落实有关制度、文件。同时要结合学校实际，在相关的制度政策、资源投入、职称评聘、科研立项、教学投入等为课程思政开展创造有利条件，加大经费投入、考核评价等各方面的保障力度，真正使政策导向发挥最大的推动效应。

4.2.2.2 组织保障

强化高校党委对思政课程和课程思政协同育人工作的领导是推动课程思政建设的首要条件。推进思政课程与课程思政协同育人，必须实施"一把手工程"，强化组织保障，在科研立项、成果申报、经费支持、绩效考评等方面予以倾斜，从学校层面不断强化思政课程和课程思政协同育人的浓郁氛围。

4.2.2.3 课程设计

当前，推动思政课程与课程思政协同育人的一个关键点需要从调整修订专业培养方案着手，对课程教学大纲进行修订，明确要求专业教师对课程定位、教学目标、效果、内容等进行全方位的重新审视，深入挖掘各门课程蕴含的思政育人元素，并经教务部门、学校思政课程和课程思政协同育人领导小组审定；在教学督导过程中，对具有思政教育元素的课程可进行专项督导听课；在学生评教环节中，应设置有关"课程思政"实施情况、效果的专项评分，定期对课程思政的运行情况、效果进行分析、总结、改进。同时，坚持"思政课程"的课程建设标准，不断提升思政课教学的针对性和实效性。要持续完善思政课集体备课、听课巡课、教学内容和教学质量监控制度，将思政课教育教学贯穿于学生学习生活的全过程，同时依托各种丰富多彩的校园文化活动、社会实践活动，将课堂的显性教育和第二课堂的隐性教育有机结合。

4.2.2.4 师资建设

教师是课程思政建设的主导者、引领者，高素质的教师队伍是课程思政成功与否的关键。应该强化师资队伍的培育力度、特别是提升广大教师的育人意识和能力。

一是要将教书育人的要求明确贯穿到课堂的教育教学中，贯彻到督导考核、职称评聘、绩效奖励等各个方面；二是要加强教育引导，强化师德师风教育，使广大教师切实认识到肩负的育人职责。三是采取措施，增进思政课教师与其他教师的沟通交流，促进不同学科教师的交流、互鉴，同时对于思政课程和课程思政应注意区分、合理分工，避免同质化。四是强化能力提升，高校教师发展中心等负责师资培训的部门应积极通过教师工作坊、典型公开课、选树优秀课程思政案例、设立课程思政专项教研项目等方式，不断营造有利于课程思政建设的氛围，强化广大教师的积极性和主动性。

此外，高校在推动思政课程与课程思政协同育人体系的过程中，要注重挖掘本地区、本校丰富的地方文化资源、校本资源，注重结合学校的办学定位、培养层次、学科方向等深入挖掘思政育人元素，创新课程思政方法方略，有效形成特色鲜明的思政课程和课程思政协同育人机制。

参见《福建教育学院学报》2020 第 12 期"新时代高校思政课程与课程思政协同育人的路径探析"。

4.2.3 高职院校通识教育"课程思政"实施策略

唐山工业职业技术学院张立荣、吴杰认为：课程思政是将思想政治教育融入课程教学和改革，实施"三全育人"的重要举措。实施"课程思政"需要教师转变陈旧的教学观念，增强课程思政意识，提升课程思政教学的能力。借助教学诊改理念，以诊断与改进为手段，以发展思维不断发现问题、解决问题，有助于有效推进课程思政建设，实现通识教育课程高质量发展。

4.2.3.1 思想上高度重视，为课程思政建设扎根铸魂

课程思政的育人实效取决于教师的课程思政建设意识和建设水平。如果教师对课程思政存在质疑，缺乏认同，那么课程思政就无法真正落实到位。通识课教师课程思政的教学水平有待提升，教师发挥思政育人的态度和积极性需要调动。教师要发自内心的认为，自己在课程中达成的最重要目的，并不单纯是知识传授，还包含价值塑造和能力培养。

4.2.3.2 教学上加强课程内容建设，保障课程育人实效

课程思政不等于思政理论课，与传统思政课程的内容不同，应该涵盖人生观、

世界观、价值观以及中国传统文化等更加丰富、广泛的内容。通识课程进行课程思政建设时要结合自己的课程内容、课程目标等特点，重新梳理教学内容、教学方法以及教学手段，将本学科所蕴含的思政元素进行系统梳理与重塑，落实到课程目标设计、课程标准修订、教材选用及教案课件编写等各个方面并贯穿于课堂教学、教学研究和作业布置等教学各个环节。

课程思政不仅要融入课堂教学建设，也要走出教室，融入第二课堂和第三课堂，积极拓展课程思政建设方法和途径。

4.2.3.3　队伍上强化师资队伍素养建设，发展育人成才骨干力量

提升教师个人思想政治素质是实施"课程思政"的基础，关系着课程思政工作的质量。教师对于学生的影响，不仅在于课堂上怎么说，更在于课堂之外怎么做。每位教师的言谈话语、行为举止都对学生起着潜移默化的影响。学高为师，德高为范，教师首先要坚定理想信念，增强教书育人的责任和担当，不断提升课堂上开展思想政治教育的能力。

4.2.3.4　制度上顶层设计，推进课程思政规范化建设

推进课程思政建设需要学校、职能部门、教学单位和教师 4 个层面共同努力。学校层面以"三全育人"体制机制建设为引领，完善育人制度体系，增强育人制度协调，将课程思政建设纳入学校改革发展重要议程，不断明晰工作思路，制定本校课程思政建设工作方案。职能部门立足部门业务职责，主动落实课程思政建设责任，积极参与课程思政建设，形成协同育人工作格局。教学单位着力发挥好课程思政建设推动者作用，拟定课程思政建设实施方案，组织落实，充分发挥教研室等基层教学组织作用，建立课程思政集体教研制度，充分调动每一位教师开展课程思政的积极性，不断提升教师课程思政建设的意识和能力。教师要切实履行课程思政直接组织者和实施者责任，把课程思政理念融入课程建设，编写、出版体现课程思政要求的教材、讲义或教学资料，不断提炼课程思政的特色和亮点。

参见《工业技术与职业教育》2020 第 4 期 "高职院校通识教育" 课程思政 "实施策略"。

4.2.4　以思政案例为载体的高校课程思政教育教学

北京科技大学冯梅等认为：思政案例可以将思政元素和学科知识精准嵌入课程

思政的教学内容中，并在课程思政的教学环节中实现"思政元素外显"和"学科知识内化"的转换，融合课程思政中的价值观引领与知识点传授，在教育教学实践中实现教学相长，在更好发挥隐性教育育人功能的同时，落实立德树人根本任务。

4.2.4.1　教学载体：课程思政中的思政案例

案例教学作为一种开放的互动式教学法，主要被应用于管理学等学科的教育教学实践中，其优势是通过对各种案例的分析与比较，从中抽象出某些一般性的知识或理论，达到让学生基于对实际情景的思考，拓宽学科视野、丰富学科知识的教学目的。案例教学在高校课程思政中的应用正是以此为原则，旨在借助案例来活化课程知识，提高学生运用马克思主义立场、观点、方法分析问题和解决问题的能力。

思政案例属于形式较为丰富的课程思政教学载体，是以若干个启发思考题为经线，以课程知识点为核心，以思政热点为引领，铺就而成的具有真实情节的教学案例，可以融学科专业资源与思想政治资源于一体，用微小却鲜活的事例让课堂"活"起来，促使专业课程结构更合理、内容更充实、形式更活泼；可以为学生构建模拟性、全局性的知识情景以提高学生分析问题与解决问题的能力，让社会主义核心价值观在学生心中扎根。

思政案例由"案例主体"和"思政说明"两部分构成。其中，"案例主体"与课程特定章节的知识结构相对应，主要是较为详细和准确地描述已发生的学科或社会热点事件，辅以图片或图表对事件进行全方位呈现，是具有高度可读性的教学素材。"思政说明"则以问题为导向，通过对"案例主体"素材的凝练与挖掘，列举思政热点与课程知识点，并以此为基础设计启发思考题与参考答案，是包括具体教学计划与教学板书的教师备课素材。

4.2.4.2　思政元素：思政案例中的价值观引领

相对于思政课程，课程思政更加强调依托鲜活的学科实际，融合专业基本原理和马克思主义基本原理，达到润物细无声的育人效果。因此，打造能有效承载思政元素，并生动化、具体化其中蕴含的精神信仰与价值观的教学载体就成为开展课程思政教育教学的重要基础。从开发思政案例的角度来看，"案例主体"立足于中国特色社会主义伟大实践挖掘思政元素，充分体现了用"小故事"讲好"大道理"的案例教学思路，即通过对学科或社会热点事件故事化、情节化的阐述，确保思政案例在富有思想性与政治性的同时又寓教于乐，既满足将思想政治教学资源蕴含于案例素材的教学要求，又能潜移默化地实现课程思政的整体育人目标。

高等教育在致力于培养专业人才的同时，还应坚持深入挖掘并发扬专业课程中蕴含的爱国主义情怀、社会责任感、人文底蕴、科学精神等价值。因此，必须在教育教学中进一步"显化"全方位的价值引领，通过恰当的教学方式打通学科实践与社会实际、个人追求与国家需求之间的桥梁。

4.2.4.3 学科知识：思政案例中的知识点传授

从高校课程思政的教学内容来看，"思政说明"是承载专业课程学科知识的重要基础，"案例主体"则是实现"学科知识内化"的关键依托。

对高等教育而言，"课程"是专业知识体系的高度凝结，教材是展现专业知识体系的重要"图谱"，"课程思政"则可以被视为是基于课堂教学这一主渠道、课程教材这一"知识图谱"，绘就高校"三全育人"格局"总画卷"的"点睛之笔"。而以课堂拓展阅读形式所呈现的思政案例，在有效发挥思想政治教育功能的同时，更是专业课程体系化教材的重要补充。课程思政可以充分依托学科背景与特点，选用紧密贴合学科发展趋势、聚焦关键科学问题的相关素材进行教学，在拓宽学科视野之余，培养学生自主"消化"学科知识点的能力，实现内在的融会贯通。

4.2.4.4 教学相长：思政案例中的教育教学实践

从高校课程思政的教学过程来看，教师对思政案例的开发是拓展课程思政教学内容的实践，对思政案例的讲授则是改良课程思政教学环节的实践。

对高校课程思政而言，教师高度凝练学科知识和深入挖掘思政元素的能力是开展教育教学实践的先决条件，也是其育人思维和学科认知情况的体现；教师精准把握学生需求和学习心理的能力是提升教学实践效果的重要基础，更是教学手段与教学环节合理性的体现。因此，对思政案例的运用就成为课程思政教育教学实践的有效渠道之一，这既要求教师具备以整合学科知识和思政元素为基础的拓展课程思政教学内容的能力，又要求教师具备以融通学生需求和引起学生共鸣为目标的改良课程思政教学环节的能力，为教师实现教学思维的拓展与认知维度的融合，促成教学手段的综合与教学气氛的调节提供实践平台。

参见《中国高等教育》2020第15/16期"以思政案例为载体的高校课程思政教育教学初探"。

4.3　"双师型"教师队伍建设

4.3.1　新时期职业教育"双师型"教师队伍建设策略

甘肃交通职业技术学院李宏伟、徐化娟认为："双师型"教师队伍建设是当前职业教育大发展和大变革时期亟待破解的难题之一。在《国家职业教育改革实施方案》指引下，职业院校要与企业合作，以盘活资源、校企共建、挖潜转型、增量提质为主要手段，多措并举加快"双师型"教师队伍建设，以适应职业教育发展的需求。

4.3.1.1　明确标准，加快双师认定

"职教 20 条"明确界定"双师型"教师是"同时具备理论教学和实践教学能力的教师"。教育行政主管部门和学校应根据这一精神，抓紧研究开发"双师型"教师的认定标准，制定"双师型"教师的聘用和管理办法，并有计划开展"双师型"教师的认定和聘用工作，给教师提供明确的方向指引。

4.3.1.2　校企分工，形成培养机制

国家发展改革委、教育部发布了《建设产教融合型企业实施办法（试行）》，鼓励企业深度参与产教融合、校企合作，在职业院校、高等学校办学和深化改革中发挥重要主体作用。校企双方应取长补短、通力合作，形成学校教师和企业讲师"联合培养、互通互动"的机制——职业院校在建立企业学生实训基地的基础上，选择技术实力强、实践岗位多、场地临近学校的企业建立教师培训基地；企业同样在学校建立企业讲师培训基地，选拔技术能手参加学校培训和教学实践；学校负责教学能力的提高，企业负责实践能力的提升；经过双方共同培养和认定，打造一支学校企业通用、教学生产互动的"双师型"教师队伍，逐步开发和建设企业、行业和社会"双师型"教师资源库。

4.3.1.3　学校主导，发挥政策优势

师资队伍建设是学校工作的重中之重，"双师型"教师队伍的建设一定要纳入学校的发展规划并认真加以落实。职业院校要结合"职教 20 条"精神和本校实际，认真调研师资队伍状况，制定出三年、五年和长期的师资队伍发展规划，三年规划的重点应该放在现有教师的培养上。同时，学校还要出台教师下企业培训的支持和

鼓励政策，在工资待遇、职称晋升等方面以提高教师的实践教学能力为导向，释放政策红利，解决老师的后顾之忧，争取在短期内解决现有教师理论能力强、实践教学能力弱的问题。

4.3.1.4　要教师主动，制定职业规划

"双师型"教师具有教师和职业人的双重职业特征，不仅要当老师，而且还要有自己的技术专业和专长；要"能讲会做"，还要"能指导别人去做"。这就要求职业院校的教师要对自己的职业有清楚地认知，主动制定自己的职业生涯发展规划，主动探索"教师匠师"融合发展的职业模式，走专业化发展的道路，不断提高专业技能水平和实践教学能力，不仅要做教学名师，还要有志于成为手艺人、工匠、技艺传承人。

4.3.1.5　挖潜转型，盘活现有师资

一是抓住实践教学能力差这一短板，尽快有针对性地培训有实践教学能力基础的老师，帮助其尽快提高实践教学能力以达到相关要求；二是突出专业群建设，淡化专业边界，鼓励一些专业相近的教师在专业群内转型和流动，激发教师自主成长发展的积极性；三是培养以课程为基础，以骨干"双师型"教师为核心，分工协作的"双师型"教学团队。借鉴德国职业教育教师的分类培养办法，根据老师的专长进行理论教师、专业课教师、实习指导教师的重新划分和定位，做到术业有专攻和人尽其用。

4.3.1.6　培基固本，打造双师梯队

职业院校要注重"双师型"教师的梯队建设，以"教学名师团队""大师工作室"为平台，制定教师团队发展规划，发扬传帮带、师带徒的优良传统，注重老中青结合，重点培养青年教师，还要抓紧抓好有实践经验的企业技术人员的引进工作，建立"双师型"教师资源库，促进"双师型"教师队伍的提升换代，实现可持续发展。

参见《中国高等教育》2020第9期"新时期职业教育'双师型'教师队伍建设策略研究"。

4.3.2　工匠精神视角下高职"双师型"教师队伍建设

安阳职业技术学院杜晓光认为：当前高职"双师型"教师队伍建设主要存在规模较小、来源单一，结构不优、能力不强，认识不足、理念滞后，培养不力、制度不全等问题。据此，提出工匠精神视角下高职"双师型"教师队伍建设路径。

4.3.2.1　筑师德建设之基

工匠精神崇尚以德为先。"双师型"教师要模范践行高尚师德，发扬优良师风，落实立德树人根本任务。一是以营造尊崇工匠精神的浓厚氛围为切入点，将立德树人放在首要位置。二是以师德师风系列教育活动为载体，教育广大教师端正教学态度、遵守学术道德、规范教学行为，倾注匠心教好书育好人。

4.3.2.2　铸理念创新之魂

工匠精神追求"新益求新"。创新是"双师型"教师专业能力发展的助推器，而理念的创新更为重要。只有树立创新思维，勇于改革创新，"双师型"教师才能不断掌握新知识、新规范、新工艺、新技术，永葆创新活力。一是把营造好学之气和创新之风作为硬核任务，制订"双师型"教师学习和创新计划，教育引导广大教师树立好学尚新理念。二是把提升"双师型"教师专业能力作为师资队伍建设的重点，教育引导广大教师树立能力本位的理念。

4.3.2.3　强能力建设之要

工匠精神强调技艺精湛。"双师型"教师不仅要精通理论，能讲授理论知识，还要精于技能，能传授专业技能。高职教育以培养高素质技术技能人才为己任，不断提升专业能力是"双师型"教师的主要任务。"双师型"教师只有具备高超的专业技能，才能为各行各业培养出"大能手"。一是建立"双师型"教师能力素质发展中心，制定"双师型"教师能力素质建设中长期规划，组建具有专业特色的"双师型"教师团队。二是为"双师型"教师搭建能力展示平台。

4.3.2.4　走合作共享之路

工匠精神主张合作包容。合作共享是"双师型"教师队伍建设的有效方法。校政合作、产教融合、工学结合、合作育人是促进高职院校实现可持续发展的必由之路。"双师型"教师只有联系企业、服务社会，才能准确把握经济社会发展趋势，深入了解新技术、新工艺的应用与发展。一是与政府部门开展合作，在资金投入、人才引进、教师待遇、培训交流、项目合作等方面争取支持。二是与行业企业开展合作，与企业共商共建共享"双师型"教师培养培训基地和企业实践基地。三是与兄弟院校开展合作。依托区域内高校人才资源优势，建立区域内"双师型"教师资源库，为优化师资配置、推动互动学习、促进人才流动、加强团队建设提供数据平台支持。

4.3.2.5　立制度建设之本

工匠精神讲究标准规范。制度标准是"双师型"教师队伍建设的重要保障。要严格资格准入、人才引进、培训、考核评价、经费保障等管理制度，明确企业培养责任。

4.3.2.6　借兼职教师之力

工匠精神提倡博采众长，引进兼职教师有利于优化"双师型"教师队伍。根据"双师型"教师团队建设需要，合理引进兼职教师，进一步加强对兼职教师的管理，把好兼职教师的"入口关"和"质量关"，确保兼职教师"为我所用"，切实发挥兼职教师的作用。要采取有效措施，选好、留好、用好兼职教师。

参见《教育与职业》2020第11期"工匠精神视角下高职'双师型'教师队伍建设"。

4.3.3　高职院校"双师型"教师队伍的"四五六"培养模式

河南测绘职业学院时会省、朱文军分析了职业院校师资队伍建设面临的问题和挑战，详细介绍了通过搭建四个平台，启动五项工程，实施六种培养措施的"四五六"师资队伍培养模式。

4.3.3.1　搭建四个平台，畅通培养渠道

一是为教师搭建培训进修的平台，为教师培训进修提供良好保障；二是为教师搭建技能竞赛的平台，并定期举办技能竞赛，提高教师业务技能；三是为教师搭建生产实践的平台，推进产校融合、校企合作，和企业联合培养学生，建立教学实践基地，有计划安排专业教师到教学实践基地进行生产实践；四是为教师搭建教研教改的平台，引领教改教研，通过一系列教研活动，推进教学改革。

4.3.3.2　启动五项工程、打造多梯级、立体化师资队伍

五项工程具体是指，通过系统性教学，使职业院校的毕业生能掌握一门艺术技能，一项体育技能，考取一种职业资格证书，参加一项专业技能竞赛，参加一项专业实践项目。高职院校必须采取有效手段，优化教师成长环境。按照"内培外引、提升质量，高职院校教育专家与行业专家、高职院校教师与企业兼职教师、高职院校指导教师与企业指导教师三结合"的思路，不断完善管理制度和激励机制，优化教师成长环境，打造素质优良的师资团队。对于教师的培养，一是采用名师引领、以老带新等模式促进骨干教师成长；二是采取职业院校内部基础培训、提高

培训、生产培训、企业实践培训、国内交流培训等措施，提高教师素质；三是采取内培外引，为拔尖人才的成长创造条件，并充分发挥拔尖人才在专业建设、教学改革等方面的引领作用，提高教师队伍的整体素质；四是制定双师型教师遴选管理办法，选拔专业基础好、潜力大、学风正的中青年教师带任务到企业脱产学习；五是建立专业教师岗位达标制度，制定专业教师岗位知识与技能考核达标实施办法，学院与企业专家一道对专业教师进行技能达标考核；六是职业院校出台聘请企业兼职教师制度，聘请行业专家、企业工程技术人员担任兼职教师，对专业教师进行"传、帮、带"，并出台了企业兼职教师管理办法等文件，规范了兼职教师的聘任、管理和考核程序。

4.3.3.3　实施六种培养措施，提高教师专业素质

一是鼓励职业院校的教师提高学历；二是实施听课制度及教师培养制度；三是加强新入职教师培训，使新教师上岗过外业实训关、生产实践关、岗前培训关、岗前试讲关、技能达标关；四是制定教师技能竞赛制度；五是专业教师赴企业实践；六是制定专业教师技能考核制度。

4.3.3.4　重点提升教师六方面能力

通过搭建四个平台，实施六种培养措施，增强教师的自我提升、德育工作、专业教学、教育科研、生产实践、团队协作等六个方面的能力。

参见《教育教学论坛》2020 第 50 期"产教深度融合的高职院校'双师型'教师队伍建设探究"。

4.3.4　中职学校"双师型"教师培养策略

成都天府新区职业学校唐治敏认为："双师型"专业教学团队是新时期中职学校"双师型"教师培养的中坚力量，打造一支"双师型"专业教学团队，显得尤为重要。中职学校应从观念转变、机制形成、方案落实及考核评价等几方面着手，积极探索"双师型"教师培养模式，参照国家标准，结合学校实际情况开展培养，打造适应新时期要求的专业教学团队。

4.3.4.1　构建师资培训培养机制

一要转变观念，提高对"双师型"教师队伍的认识；二要营造氛围，汇聚民主、开放、和谐的团队凝聚力；三要建章立制，构建"双师型"教学团队培养管理机制。

4.3.4.2 打造"双师型"教学团队

一要明确培养目标，抓好"领头羊"，做好"中坚"，带动"群羊"；二要落实培训方案，结合学校具体某个专业部教师实际，制订并落实专业带头人及各层级骨干教师培养方案；三要发挥示范辐射作用，通过多种渠道，充分展示专业带头人及骨干教师在专业领域的新知识、关键技能和成长经验。

4.3.4.3 兼顾兼职教师的培养

制定并完善学校兼职教师聘用制度、培养制度、考核制度、管理办法等，深入行业企业聘请专家或技术骨干作为兼职教师，安排不少于专业部教师总数 25% 的教师通过流动顶岗等形式，积极面向社会聘用专业技术人员、高技能人才等担任专兼职教师。一要产教融合，吸引忠实的兼职教师；二要校企合作，优化兼职教师队伍；三要以赛促教，提升专业部办学的综合实力。

参见《教育科学论坛》2020 第 18 期"中职学校'双师型'教师校本培养策略"。

4.4 现代学徒制

4.4.1 现代学徒制人才培养的行业联合学院模式

浙江建设职业技术学院蔡晨晨、杨文领认为：现代学徒制作为近年来国家推行的一种新型办学方式，是深化产教融合，推进工学结合的有效途径。针对当前现代学徒制人才培养试点工作中存在的合作机制不健全等问题，围绕建筑行业发展和转型升级要求，提出通过行业协会、院校、企业三方共同建立行业联合学院的方式，实现建筑类高职院校现代学徒制人才培养。

（1）依托职教集团，行校企共同成立联合学院。作为职业教育改革创新办学的新途径，组建职业教育集团（联盟）可以融合地方政府、行业协会、职业院校、企业、科研院所等相关资源，最大限度实现职教资源的优化配置。2009 年，浙江建设职业技术学院在浙江省住房和城乡建设厅的支持与领导下，成立了浙江省建设职业教育集团。集团充分结合建筑专业特色及行业企业的发展需求，深化产教融合。依托职教集团，由行业协会牵头联合职业院校、协会下属各企业共同成立行业联合学院，形成三方办学主体格局。行业联合学院的运行机制如图 4-1 所示。

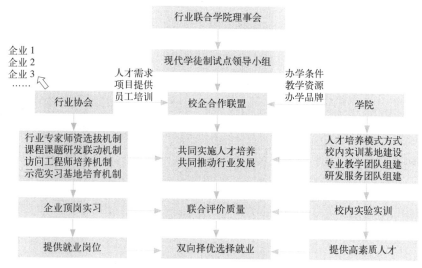

图 4-1　行业联合学院的运行机制

（2）行业联合学院模式下现代学徒制实施路径。行业联合学院根据现代学徒制的要求创新校企共同育人模式，选择建筑装饰技术工程（建筑幕墙）专业作为现代学徒制试点专业，并成功申报了国家首批现代学徒制试点。在行校企三方共同参与的基础上，以建筑幕墙行业的真实需求为导向，行校企共同研讨构建了"三类课程、四个阶段、两本证书、四级层次"人才培养途径，简称"三四二四"模式，如图 4-2 所示。

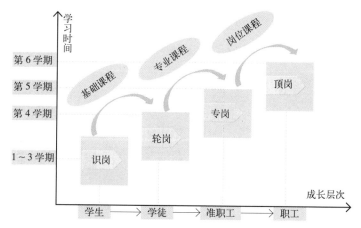

图 4-2　行业联合学院的人才培养路径

参见《教育教学论坛》2020 第 51 期"建筑类高职院校现代学徒制人才培养路径研究"。

4.4.2　我国职业教育现代学徒制实施建议

陕西职业技术学院建筑工程学院王晓芳认为：我国学徒制目前存在国家保障体系不足、企业参与动力不够、校企合作培养模式不健全等诸多问题。在现代学徒制实施过程中，我国现阶段学徒培养应该结合具体国情和高职院校职业教育的现状，通过让企业得到实惠、国家层面的制度保障体系、厘清校企合作权责边界、校企合作模式更加自由、尊重学徒的个人发展需求等措施，激发企业、学生参与现代学徒制的热情，建立长效机制，以保证现代学徒制的可持续发展。

（1）让企业得到实惠。企业员工到学校从教要给予待遇、职称方面的政策，解决他们从初级到高级职称的待遇问题，让他们乐于从教。学校要想企业所想，急企业所急。校企合作不能回避利益，只有建立在双方核心利益基础之上的合作才能长久和稳固。

（2）国家制度建设。职业教育若要服务好国家发展战略，国家需要在法律法规中对促进产教融合、校企合作上更加细化完善，对企业与学校的合作模式和责任做硬性要求，明确对参与职业教育的企业的激励性政策。

（3）校企合作权责边界的落实。校企合作权责应体现在由学校、企业、学生三方签订现代学徒制人才培养模式《协议书》，即现代学徒制实施之前必须签订"三份协议"，即学校与企业、企业与学徒、学校与学徒的协议。这三份实际上重塑了教学关系、实习关系和劳动关系，无论对于学校还是企业而言，学生的双重身份关系就意味着学校教育、企业生产发展的高度融合，意味着双重的育才责任。

（4）打造自由的合作模式。现代学徒制培养中，学生尽管有"企业学徒工"和"学校在校生"的双重身份，但更侧重显示在校生的身份，同时师傅也只把指导学生看作其附属职责。形成自由合作模式，打造校企共赢合作体，学校教师和企业师傅通过兼职、特聘、双向聘任等方式跨界合作，形成师资团队，借助"互联网＋教育"的推广，学徒可以通过多路径多方式接受学习指导，建立师徒学习共同体的契约关系，维系良好的师徒关系，促进师傅、教师与学徒的能力和水平共同提升。

（5）重视学徒的个人发展需求。三方协议除了规定相关培养细则、安全措施等实施过程的遵守，还应该考虑保证学徒能够适应企业培养模式的学习环境，让学生有一定的自由选择权，并保障其在学习发展中的各项权利的实现。培养手段和方法、培养内容、培养过程和构建的课程体系也应能充分考虑学徒的个人发展需求，在学校和企业条件允许下尽可能满足学徒的多样化课程，学徒可以根据自身职业发展规划进行选择。

参见《陕西职业教育与应用技术研究》2020 第 2 期 "我国职业教育现代学徒制实施建议"。

4.4.3　高职学校土建类专业现代学徒制人才培养模式

云南城市建设职业学院杨再奇、马旭以该校建筑工程学院土建类（建筑室内设计、建筑工程技术、工程测量技术）三个专业为例，介绍了 "现代学徒制" 的培养模式，通过贯穿学生培养全过程，紧密结合现代学徒制的多种培养模式相互补充、多层次、全方位的实用型人才培养，提升人才培养质量，可为同类专业、同类院校的人才培养提供借鉴。

（1）专业校企合作。学校联合昆明建英建筑工程有限公司，按照平等、互利、自愿的原则组建 "建英建筑现代学徒制资料员班"，建筑工程技术教研室成立 "现代学徒制大师工作室"，引入实际项目进行师带徒、老带新人才培养。实行工学交替、在岗成才模式，实行三天在企业、两天在学校的 "3+2" 培养模式。2016 年 6 月，学校与昆明布拉纳整体家居设计院成立 "布拉纳现代学徒制班" "项目化教学班"，打破传统教学模式，开始全新的 "现代学徒制" 人才培养。依托专业、改革课程、拓展实训和提升管理运行机制的改革，促使学徒在真实的环境中成长成才，提高学生的工匠精神，培养学生发现问题、解决问题的能力，提高学生的创造力。

（2）企业学习的校企合作模式。企业学习是为学生搭建就业前的专业实践平台，学生通过到企业参与场景学习、过程学习、项目学习，了解企业的运行情况，体验企业的实际工作，为今后的就业创业奠定坚实基础，为增加专业知识和提高专业技能提供帮助，合作的企业可以通过这样的平台吸引更多的学生参与企业实践，从中选拔出更多的可用和可造人才。同时，有效地缩小学校培养与企业需求之间的差距，促使学生更快地胜任工作岗位。

（3）企业课程的校企合作模式。按照有关要求对工科类专业实践类课程不能低于学分总数的 30%，课程设计、综合实习、短期实训等教学环节每个学期都有，之前这些环节都是由任课教师负责，教学内容相对空洞、纯粹和滞后，现在通常邀请相关企业的工程师和技术骨干，与任课教师共同商讨教学内容，企业的工程师有项目实战经验，又依托企业的实际项目进行针对性和实战性教学。普遍反映学生对项目化学习的浓厚兴趣，教学效果较好。

（4）共建专业实训室的校企合作模式。学校与合作企业开展双基地实践教学活动。与昆明建英建筑工程有限公司等企业深入合作，企业为学徒在工厂提供实践工作岗位，为学徒提供设备，建立校内企业实践工作室。学生可以充分利用专业实验室和相关资源，业余时间在创新实验室进行专业技术训练，积极参加相关的大学生专业竞赛活动，从事实验实训和创新性学习等活动。

（5）学校企业双导师。学校与企业密切合作，聘请企业技术骨干在企业担任企业师傅，到校参与校内课程讲授。学校的专职教师普遍学历层次较高，大多数老师都是学校到学校的角色转变而已。由于很多专职教师从学校到学校的变化使得缺乏真实企业的工作经验。企业师傅恰恰弥补了专业教师实践能力缺乏的弱点。利用在实践中的经验，教授学徒具体的项目工作技能。通过校内专职教师和校外企业师傅的合作，共同打造企业—学校教师团队，从而打造出专兼结合的"双导师型"教师队伍。

（6）聘请校外创业导师。学校自主培养专职教师，通过每年不少于两个月的企业实践经验不断提高专职教师的实践工作能力。除此之外，学校重点聘请企业导师到校担任创业导师。

（7）全面修订人才培养方案。学校不断与企业召开人才培养工作专题研讨会，先后采纳企业提出的修改意见建议30余条，对各专业培养方案进行了全面修订，加强课程设计和课程实训环节，将企业真实的项目实战引入实践教学体系。完善了各个专业的课程教学大纲和实验教学大纲，使人才培养方案更加符合产业要求，更加贴近用人单位的实际。

参见《科学咨询（教育科研）》2020第9期"浅谈高职学校土建类专业"现代学徒制"的培养模式"。

4.4.4 中职学校现代学徒制人才培养改进策略

福建建筑学校黄晓丽认为：现代学徒制的价值追求包含了企业利益追求、学校利益追求和学生利益追求三个方面,其实现假设是利益相关者主观意愿强烈,运行机制顺畅,保障制度健全,然而在现实中,中职学校现代学徒制人才培养面临实施主体困扰、制度支撑困扰、实施标准困扰等现实困境,需要从三个方面加以解决,分别是从市场调节和政策导向方面调动企业参与积极性,从宏观和微观层面增强中职学校适应力,从过程和结果两个方面加强现代学徒制人才培养的标准体系建设。

4.4.4.1 从市场调节和政策导向方面调动企业参与积极性

(1)发挥市场调节作用。由于营利是企业的一个重要目标,所以从保障企业主体利益来思考,用较高的利益作为吸引力能引导企业积极参与到校企合作中来。为此,政府要抓紧制定出台奖励和优惠政策,在资金、税收、人才等方面给予企业一定的优惠。同时区别对待,分类激励。对于不同类型的企业采取不同的激励政策。

(2)加强政策导向。从长期来看,调动企业参与的积极性,还应该从深化产教融合、打通教育链和产业链、加强职业教育集团化办学来思考,通过加强职业教育集团化办学来推动企业积极性提高。

4.4.4.2 从宏观和微观层面促进中职学校增强适应力

从宏观层面来说,国家要做好职业教育作为类型教育的顶层制度设计,深入研究职业教育办学规律,建立与确定职业教育的管理体制和管理模式,在组织机构、治理结构、运行机制等方面进行规定,建立一套完整的职业教育的管理体制。同时要给予中职学校办学更多的自主权和灵活性。在政策上给予放开,增强职业教育办学的活力。

落实到中职学校层面,学校要真正按照类型教育的思维来办学,按照国家规定的职业教育的管理体制和管理模式,出台适合自己的具有自身特色的管理制度和办法。学校要找准校企利益结合点,主动邀请企业参与校企合作,主动探索建立适合学校特色的现代学徒制运行机制。

4.4.4.3 从过程和结果两个方面加强现代学徒制人才培养标准体系的建设

要做好现代学徒制的标准化建设,关键就要落实好培养过程的标准化和毕业条件的标准化建设两个方面。培养过程的标准化,重点在于建立规范的教学运行和质量监控体系,其具体做法为梳理现代学徒制人才培养的各个环节,理清各个环节中可能影响质量的关键点，针对每一个关键点确定具体的管理方案和标准体系，比如人才培养方案、师傅选拔标准、教学标准、技术标准、岗位标准、岗位训练标准、实习标准等。对于毕业条件的标准化，由于现代学徒制融合了学校、行业和企业三者之间的合作关系，因而要注重专业教学标准、行业标准和企业人才标准三个标准的统一，在评价时，要注重将学校考评与企业评价和第三方评价结合起来。

参见《教育教学论坛》2020第51期"中职学校现代学徒制人才培养面临的困境与突围策略"。

4.5 "1+X"证书制度

4.5.1 构建和应用"1+X"证书制度的关键要素

浙江广厦建设职业技术学院王兴、王丹霞认为："1+X"证书制度要在国家资历框架和学分银行的建设基础上，满足以产教融合、职普融通、终身学习、中高职贯通为核心要素和关键特征的现代职业教育体系改革发展要求。有效构建和应用"1+X"证书制度的关键要素包括两个基础、一个架构、五个主体和一个保障体系。

（1）两个基础：统一的国家资历框架和学分银行。"1+X"证书制度是新时期人才评价体系改革的一种具体探索，而国家资历框架是构建现代职业教育人才评价体系的制度基础。因此，构建国家资历框架是"1+X"证书制度的重要前提，要在国家层面建立统一的国家资历框架与职业技能等级标准体系。学分银行是人才评价体系中一个关键性的基础设施，是"1+X"证书制度的另一个重要基础。

（2）一个架构：纵向递进、横向衔接的多模块体系。"1+X"证书体系关键在于架构的设计。在纵向上呈多模块递进状态，如图4-3所示。在横向上，职业教育和培训一体化背景下，技能等级证书呈融通衔接状态，如图4-4所示。

（3）五个主体：以职业教育培训评价组织为主，政府、企业、行业、职业学校共同参与。X证书涉及多个主体，关系到谁发证、谁鉴定、谁培训、谁监督、谁认可。X证书的实施应该以职业教育培训评价组织为主，政府、行业、企业、职业学校共同参与，多个主体共同发力。

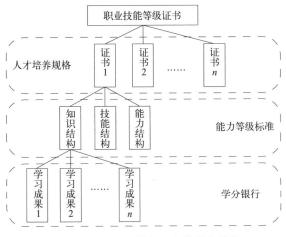

图 4-3　职业技能等级证书的纵向结构

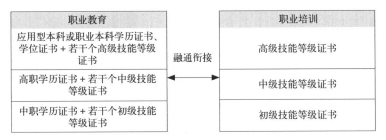

图 4-4　职业技能等级证书的横向结构

（4）一个保障：有效的质量监督和评价制度。要真正将"1+X"证书制度落实到位，发挥好人才培养指挥棒、职业教育改革突破口的作用，还必须要有一套行之有效的质量监督和评价制度，包括质量标准、监测指标、监控过程以及质量保障和改进过程等内容，为"1+X"证书制度的实施提供保障。这需要从我国的实际情况出发，吸收德国、澳大利亚、美国以及加拿大等职业教育发达国家成功经验，积极开展制度实施和推广。

参见《职业技术教育》2019 年第 40 卷第 12 期"'1+X'证书制度的若干关键问题研究"。

4.5.2　"1+X"证书制度下职业教育课程体系策略

长沙航空职业技术学院谢盈盈认为："1+X"证书制度的颁布，对职业院校人才培养提出新的要求，必将推动以就业为导向的职业教育课程改革，催化课程体系重构。"1+X"证书制度下职业教育课程体系重构是一项系统工程，涉及课程开发主体、课程培养目标、课程结构、课程内容、课程实施等诸多方面。

（1）课程开发主体：由单一主体向多元主体转变。课程开发主体决定着课程的质量，职业教育课程开发工作通常由职业院校独立承担，这也是导致课程教学与产业、企业发展需求脱节的重要原因之一。职业教育为生产一线培养技术技能人才，课程建设是职业教育育人的核心载体，企业作为职业教育的需求主体及重要的利益相关者，理应成为课程开发的主体之一。在"1+X"证书制度试点背景下，作为职业技能等级证书及标准的建设主体的培训评价组织也应成为职业教育课程开发的主体之一。

（2）课程培养目标：向培养复合型技术技能人才转变。传统课程体系的构建以"双证书"制度为背景，所培养的专业技术人才的针对性较强，获得"双证书"的毕业生可以顺利胜任对口的职业岗位工作。但"学历证书 + 职业资格证书"的固定组合所面向的只是同一类型、标准化的职业岗位，随着"学历证书"内涵范围的扩大和"若干职业技能等级证书"在纵向的多等级和横向领域的不设限，"1+X"证书制度之下的课程目标在于培养能适应若干职业岗位需求的复合型技术技能人才。

（3）课程结构：由课证并行向课证融通转变。在当前职业院校"公共基础课—专业基础课—专业技能课—毕业设计及顶岗实习"的课程体系结构中，专业基础课、专业技能课中虽然部分包含了职业资格证书或职业技能等级证书所对应的知识内容。但是由于整体上的课程结构是横向封闭的、纵向单进程的，学历教育课程和证书培训课程仍处于并行状态，学生要获得相应的职业资格证书或职业技能等级证书仍需要在学历教育之外接受成体系的培训。要打造"1+X"制度下课证融通的课程体系，其关键一是在于实现职业技能等级证书所包含的课程模块与传统专业核心课程模块的对接融合；二是在于充分利用专业群平台，实现跨专业的模块选择。

（4）课程内容：由碎片化平面化向连贯化层次化转变。一是要改变以知识的内在逻辑为主线的课程内容编排方式，将知识逻辑和工作逻辑结合起来。二是改变单一化的基于目标分解向度的知识选择与组织，打造知识分解与聚合的完整闭环，注重跨课程甚至跨专业的知识点的组合。三是要改变平面化的知识结构，注重知识的加深和拓展，分析职业技能等级标准与传统专业课程内容之间的交集，将职业技能等级标准中按层次开发的学习成果单元有机融入课程教学内容。重视知识的先后联系和层层递进，同时扩宽内容广度，使课程内容表现出"螺旋式"上升的走势。此外，还要根据最新产业、职业岗位的需求，及时调整、更新课程教学内容，让课程内容具有应变性、创新性和时代性的特征。

（5）课程实施："1+X"证书制度之下要培养能将课程知识融合创新的复合型技术技能人才，在课程实施上要由基于教向基于学转变，更多地关注学生的多元化需求，给予其自由选择的空间，夯实其自主选择的能力。其一，教师在教学中应扮演引导者、促进者而不是权威的角色。所有的教学行为都立足于学生的学，搭建教学支架，在学生面临困难时提供必要的帮助，逐步引导知识理解的深入、技能操作的纯熟，实现理论与实操、不同领域知识经验的融合。其二，提供具有实用性、职业性和先进性的真实教学情境，让学生有更高的参与感和融入感，将流程化、格式化、模板化的显性知识变得可亲可近，将有利于职业生涯可持续发展的默会知识变得可感可思。其三，充分利用信息化教学手段，基于学习情况和需求分析，向学生推送兼具针对性和多样性的学习资源，实现泛在学习和个性化学习，让学生逐渐成长为一个独立的学习者，为终身学习奠定基础。

参见《高等职业教育—天津职业大学学报》2020 第 6 期"'1+X'证书制度下职业教育课程体系改革策略"。

4.5.3　"1+X"证书制度试点背景下 BIM 技术人才培养方案设计

广西建设职业技术学院积极主动对接行业前沿，大力推动 BIM 技术应用发展，先后建成 BIM 技术应用研究中心等实训基地，与区内外知名企业开展校企合作，基于"1+X"证书制度试点，进行了高等职业院校 BIM 人才培养方案的探索。目前，学院 BIM 技术应用已覆盖建筑全专业教学，已建成了国内首家基于云平台下的全专业正向一体化 BIM 技术应用体系，覆盖建筑设计、施工管理、成本控制、运营维护等建筑全过程。广西建设职业技术学院吴昆对其"1+X"证书制度试点背景下 BIM 技术人才培养方案设计进行了总结。

（1）BIM 技术应用人才培养模式改革与创新。一是搭建"院—系—专业—课程"联动体系，通过联动体系的建立，促进了学校 BIM 技术应用工作，贯穿了人才培养全过程。二是探索"1+1+N"（即"一个企业导师 + 一个校内教师 + 若干学生"）的新型校企双元育人教学模式，形成"产教融合、校企双元育人"体系。三是构建"以训为主、战训结合、真题实战"对标"1+X"证书制度试点的人才培养模式。"以训为主"是指覆盖全体土建类专业学生，以 BIM 课程实训为主要内容，通过训练，学生基本能够达到 BIM 基础建模的水平，可以实现考取 BIM 职业技能等级初级证书；"战训结合"是指利用学校实际在建项目分专业科目为实训内容，培养学生参与项目实践能力，可以实现考取 BIM 职业技能等级中级证书；真题实战是指利用校企合作单位真实工程项目，甄选优秀学生参与其中，提升学生实际工作能力，通过工作锻炼取得 BIM 职业技能等级高级证书。

（2）校企深度融合 BIM 应用技术实训课程体系建设。一是结合生源及技能等级要求进行课程体系模块化重构。以建筑工程技术为例，专业课程进行"1+BIM课程重构魔方"的模块化重构，根据不同生源需求，智能定制出符合不同生源入口的课程体系，以完成人才分层次培养。形成了包含"德育模块""基础素质课程模块""专业基础课程模块""专业能力课程模块"和"BIM 证书课程模块"的"1+X"专业课程体系。二是应用新技术、新工艺、新规范更新课程标准及课程内容。三是以学校二期教学楼和学生宿舍 BIM+ 装配式工程等实际工程案例 BIM 模型为应用基础，开发基于工作过程主线线上线下 BIM 课程资源。

（3）对接"1+X"证书师资需求，强化 BIM 教师能力建设。一是组建"双师型"BIM 教师队伍。通过专项培训、讲座、短期培训、技术研发创新、出国进修访学、工作坊、沙龙访谈等多种形式培养骨干教师及创业导师的教育教学能力，选聘企业高级技术人员担任产业导师，充实团队力量，与建筑行业建筑信息模型制作与应用领域知名企业进行实质性的联系合作，打造一支"专兼结合"的 BIM 师资团队。二是开展团队教师实训指导能力和技术技能专项培训，培训内容突显"需求诊断"，立足学校与教师需求，实施个性化培训。通过 BIM 项目推进、BIM 活动沙龙、企业轮岗实践、与产业导师一对一等方式，多维度多方式地进行校企师资培养，把专项培训融入校企"双元"育人的多个环节中。

（4）加强校企深度融合下的实训基地建设。一是整合资源、校企融合建设实训基地，适应"1+X"证书制度试点需要。二是依托实训基地，加大社会服务的力度。

参见《中国职业技术教育》2019 第 27 期"'1+X'证书制度试点背景下的 BIM技术人才培养模式研究与实践"。

4.5.4　BIM 领域"1+X"证书制度试点专业人才培养模式改革

武汉交通职业学院李秀等以武汉交通职业学院工程造价专业参与 BIM 领域的"1+X"证书试点为例，提出在"1+X"证书制度试点背景下，实现试点专业的学历教育与职业证书培训相统一的改革措施。

（1）构建专业学历教育与职业技能等级考试标准深度融合的课程体系。基于最新的工程造价专业教学标准和 BIM 职业技能等级标准，构建反映参与试点的工程造价专业的专业教学标准与 BIM 职业技能等级考试标准深度融合的课程体系，形成了包含"职业素质课程模块""专业基础课程模块""专业技能课程模块""BIM 技能课程模块"和"综合实训课程模块"的"1+X"专业课程体系。其中"BIM 技能课程模块"课程的教学内容、难度、深度与 BIM 职业技能等级的初级和中级要求相匹配。

（2）创新学历教育与职业技能等级考试培训的教育教学模式。"1+X"制度试点专业的人才培养，要兼顾学历教育与职业技能培训两个方面的要求，专业毕业的学生，一方面要获得与学历证书相匹配的专业知识技能，同时获得与职业技能等级证书要求的职业技能。对本试点工程造价专业的学生来讲，既要培养学生的工程造价管理知识技能，也要培养 BIM 职业证书所要求的 BIM 应用技能。在试点专业的人才培养教学工程中，主要采用"项目驱动，教训融合"教学模式，以实际的综合性项目作为载体，对教学内容进行教学模块构建。基于教学工程与工作过程对接、教学标准与工作标准对接的思路，将各教学模块融入实际的工程项目中，学生在老师的指导下参与项目的实施，老师在指导学生实施项目的过程中完成知识技能的传授，学生在项目的实施过程中学习、巩固和应用知识技能。

（3）建设满足学历教育及职业技能培训的创新型双师队伍。一是加强专业带头人培养。专业负责人要加强"1+X"证书制度新理念的学习，准确把握试点工作的背景与意义、职业技能等级证书及标准的内涵与要求，带领专业团队做好人才培养模式等试点建设工作的顶层设计。二是实施专业教师素质提高计划，搭建社会服务的平台。三是加强与企业合作，建立稳定的兼职教师资源库，与企业建立"人才互通、资源共享、技术支持"的人才合作机制。

（4）校企联合开发建设"书证融通"教材。校企合作，共同研讨分析专业的教学标准，分析 BIM 职业技能等级标准、教学内容和教学标准，开发满足学历教育和职业技能等级培训双重需要的教材，同时将反映建筑行业企业新技术、新工艺、新规范、新标准的知识技能纳入教材中。同时，配套于教学方式的改革对教材进行改革。

（5）加强校企深度融合下的实训基地建设。工程造价专业是一个强调技能应用的专业，工程能力在工程实践问题的解决中十分重要，基于学历教育与BIM职业技能等级考试双重培养要求，尤其应注重其专业实践能力的塑造。专业建设中应注重校企合作，共建实训基地。利用实训基地，采用专业实习、顶岗实习的模式，培养学生应用BIM技术解决工程估价、工程项目风险分析、工程项目管理、工程项目招标投标技能。

参见《职业技术教育》2020第6期"高职'1+X'育训结合教学改革探索——以黄河水利职业技术学院为例"。

4.6　住房和城乡建设领域职业教育专业发展情况分析

按照教育部《关于开展职业院校专业目录动态调整调研论证工作的通知》（教职成司函〔2020〕13号）的要求，全国住房和城乡建设职业教育教学指导委员会（以下简称住房城乡建设行指委）制订了住房和城乡建设行业职业院校专业目录动态调整的调研论证工作方案，组建由行业职业教育专家、院校专家及行业企业专家组成的专业目录调整专家组，明确了工作任务并进行了合理工作分工。以行业指导、行业企业及职业院校三部分为主体，对住房和城乡建设行业领域技术技能人才培养、专业目录实施情况等内容，通过电话访谈、视频会议、问卷调查多种方式完成调研工作。结合此次调研工作，对住房和城乡建设行业领域职业教育专业发展情况分析。

4.6.1　住房和城乡建设领域人才需求新变化分析

4.6.1.1　新一轮科技革命和产业变革对本行业人才需求的影响

随着新一轮科技革命和产业变革的推进，各大行业进入了以科技发展为依托的高速发展期。住房和城乡建设行业坚定不移贯彻新发展理念，在城市农村人居环境改善发展、传统建筑业转型及房地产、勘察设计、市政公用等行业市场化改革方面取得了较大的成绩，同时随着行业不断转型升级对专业技术技能人才需求日益加大。

（1）传统建筑业发展方式的转型，对健全工程管理体制机制，改革工程组织实施方式和提升质量安全监管能力提出了新要求，建筑产业向信息化、数字化、智能化不断发展，行业企业对掌握基本的信息化技术，了解信息化管理常用技术手段，能够运用信息化工具进行管理工作的产业化工人、现场施工管理人员、运维人员等需求不断加大。如建筑信息模型技术员、装配式建筑施工员。

（2）随着新时代我国主要社会矛盾的转变，城市农村人居环境的提升改善工作成为住房和城乡建设行业的重点。城市规划建设管理，农村住房设计建造，分别适合城市和农村特点的燃气、供水、生活垃圾污水处理等市政公用配套设施建设，基层物业管理建设等工作在向智能化、数字化发展。智能化工程现场、物业运维、社区网格化管理及城市智慧管理等方面需要更多的专业技术技能人才。

4.6.1.2　住房和城乡建设行业发展对技术技能人才培养、专业目录调整的新要求

梳理分析国家有关部门和地方近 3 年出台的本行业发展规划及最新版本的产业结构调整指导目录、产业统计分类、新职业等，可以发现行业发展对技术技能人才培养、专业目录调整的新要求。

在 2017 年住房和城乡建设部发布的《住房城乡建设部关于印发建筑业发展"十三五"规划》中明确提出了"十三五"时期的三个主要任务，包括推动建筑产业现代化、推动建筑节能与绿色建筑发展、发展建筑产业工人队伍。2019 年全国住房和城乡建设工作会议中对今后提升城市人居环境质量、改善农村人居环境也有较为系统的工作布置。产业结构调整指导目录在基于 2011 年修正版基础上进行了调整，发布了 2019 年产业结构调整指导目录。其中，增加了建筑信息模型（BIM）相关技术开发与应用、既有房屋建筑抗震加固技术研发与工程应用、装配式钢结构绿色建筑技术体系的研发及推广三项产业。

在行业新职业设置上，2019 年人社部等三部门联合发布了 15 个新职业信息，其中就包括建筑信息模型技术员。而 2020 年 2 月 25 日，人力资源社会保障部与市场监管总局、国家统计局联合向社会发布了 16 个新职业，第二批新增职业中包含

了装配式建筑施工员。

基于国家政策、行业发展规划、产业结构及人才需求变化，目前新增的建筑信息模型技术员及装配式建筑施工员是近几年来行业紧缺的高技能人才。据网络调查数据，装配式建筑相关岗位人才缺口达五百万规模，而建筑信息模型技术岗位人员缺口也有六十多万。因此社会及院校急需培养大批的高技能人才填补市场需求，职业教育改革也面临着市场的挑战。

根据上述调查结果，技术技能人才培养需要朝着信息化、数字化、智能化方向推进。从产业结构调整上看，专业目录调整也需要结合新职业及市场新需求进行动态调整。高职土建施工类专业考虑增加装配式建筑专业，高职建设工程管理类、房地产类和土建施工类考虑增加建筑信息模型（BIM）专业方向，在职业类别中可分别对应建筑信息模型技术员及装配式建筑施工员。

4.6.1.3　本行业部分企业、专家代表性意见

1. 施工企业专家意见

建筑信息模型技术作为行业信息化的发展载体，将会不断深入传统岗位进行普及，为实现建筑业信息化、数字化发展提供数据支持。同时，建筑信息模型技术可以为装配式建筑深化设计及施工提供技术支持，是装配式建筑深化设计及施工不可分割的组成部分。因此在增加专业方向的同时，增加专业间的融合，提高专业融合度，为建筑业产业化发展做好技术衔接。

专家更多的是希望在产学衔接中，能够建立起职业院校与行业企业间的沟通机制，保持信息互通。同时能够做好职业教育的产教融合，为企业的人才培养投入减负。这样要求意味着职业院校需要更好地深入行业，了解行业发展，时刻保持与行业的同步。

从专业调整的角度，业内专家及相关企业根据自身需求也提出了一些建议。如职业院校在专业设置中，应根据行业职业发展的角度来设定专业，契合企业用人需求，结合工程项目施工人员专业技能要求进行专业及课程体系更新，保持职业院校人才培养与行业发展相接轨。具体来说，就近几年发布的新职业，职业院校应着重加强新职业人才培养的诉求分析。如建筑信息模型技术员，基于对专业的分析可以预见，该项技术的发展将会成为施工现场岗位人员必须掌握的一项基本技能。因此在传统的土建施工专业类中可以考虑在不同的专业中增加专业方向，甚至考虑作为基础课程纳入所

有土建施工专业课程体系中,培养人人懂建筑信息模型(BIM)技术的新时尚,协助建筑业发展朝着信息化的发展迈进。

2. 绿色建筑与智能建筑领域专家意见

智能化工程施工人员无专业技术人员,知识和技能不足以满足智能化工程所需的知识基础和专业技能,智能楼宇管理师更倾向于建成系统的运维,缺乏安装工的特殊技能(如专业设备、线缆的端接技术等),此外的其他人员更难满足要求。智能化工程现场人员来源主体的劳务公司并不具备智能化工程施工这个新型岗位的培训培养和相关管理能力,也缺乏有效组织定岗培养的相关资源、教育和标准体系,从业人员队伍的质量和管理无论是从用人单位的反馈评价还是与类似行业安装工的横向比较上都处于垫底状况。安装质量是行业发展木桶效应的短板,其中智能化工程安装工质量水平低下是导致系统难以达到设计目标的重要原因。建议在中等职业学校增加"弱电工"工种的技能培训。

4.6.1.4 本行业到 2022 年的技术技能人才供需情况分析研判

通过对"十三五"期间行业发展的总结,结合产业结构调整,未来几年,建筑信息模型员、装配式建筑施工员、装配式建筑现场作业人员、智能化工程安装现场管理人员市场需求较大。同时根据目前土建施工行业情况,现场安全员及材料员等岗位由于企业重视程度及岗位待遇等问题,导致此类岗位存在人才缺口。加之院校人才培养方向的问题,使得该类人才培养数量始终跟不上行业发展的脚步,造成了企业大规模缺少安全员及材料员等岗位人员。

4.6.2 现行专业目录实施情况

4.6.2.1 现行专业目录实施情况概述和在教育教学中发挥的作用

(1)现行高职专业目录中,土木建筑大类共分七个二级类专业,参见表 4-1。根据对高职院校调研,大部分院校表示现有专业目录反映了培养人才业务规格和工作方向,在设置调整专业,实施人才培养,授予学位,安排招生,指导毕业生就业,进行教育统计、信息处理和人才需求预测等工作的重要依据。对引导高等学校拓宽专业口径,增强适应性,加强专业建设和管理,提高办学水平和人才培养质量,发挥了积极作用。现行目录在中高本专业衔接的上不能满足学生多元选择的需求,职业类别没有随着《中华人民共和国国家职业分类大典》的变化而调整。

现行高职专业目录中的土木建筑大类专业 表 4-1

二级专业类代码	二级专业类名称	2020 年办学点数量	2019 年在校生数量
5401	建筑设计类	657	90921
5402	城乡规划与管理类	47	1453
5403	土建施工类	687	104674
5404	建筑设备类	284	22074
5405	建设工程管理类	827	136500
5406	市政工程类	186	11558
5407	房地产类	196	10832

数据来源：全国高等职业学校专业设置管理系统。

（2）各中职院校在开展专业建设时，主要依据教育部颁布的《中等职业学校专业目录》和《中等职业学校专业教学标准》制定专业人才培养实施方案，现有专业目录中的土木水利类专业在各省市实施贯彻得较为顺利，对各中职院校的教育教学工作发挥了指导性作用。近几年来，随着高校扩招，越来越多的学生选择升学，学校的教学也逐步往专业基础知识、通识性方面教学。按照现行专业目录实施教学，明确人才培养规格，进行专业知识、能力、素质结构分析，提炼就业岗位核心职业能力；围绕职业知识、能力、素质要求，与企业合作进行课程开发，可以建立以职业为导向的基于工作过程的课程体系、实践教学体系，以校企合作、现代学徒制的工学结合为手段，切实提高学生职业技能。对学校的人才培养质量提高、体制机制建设、校企深度合作具有推动作用，对于带动整个专业群建设发展都具有示范和引领作用。

4.6.2.2 存在主要困难问题

1. 高职工程管理方向

一是工程管理类专业的实践手段和实训基地建设比较薄弱，结合项目实践难度较大；二是双师型专业老师缺乏，大部分老师都是从学校走向学校，缺乏实践能力。

各专业办学中存在的问题：

（1）建筑经济管理专业。建筑经济管理专业在一些老牌建筑类院校开办较多，近些年新开办该专业的学校极少。因历史发展原因，建筑经济管理专业的名称比较宽泛，家长、考生和用人单位对该专业的定位和培养目标不甚了解，在某些学校，该专业与工程造价专业相互交叉，界定不够明晰。

（2）建设项目信息化管理专业。建设项目信息化管理专业人才是目前建筑业亟需的人才，但由于该专业是一个新专业，专业建设不够成熟，可借鉴的成功案例不多，目前开办的学校较少。建设项目信息化管理专业的课程开设内容较浅，专项师资相对缺乏，专业培养特色不够鲜明，校企合作开展有困难，跟不上建筑企业转型升级对掌握建筑信息化手段的需要。

2. 高职房地产类方向

（1）开设专业院校少，规模小。房地产检测与估价、城市信息化均为新目录专业，前者与房地产经营与管理在专业定位、课程设置、职业面上交叉较多，后者涉及的专业领域广，专业方向不好把握。房地产类专业年招生规模大多在 2 个班，近 4 成物业管理院校年招生仅 1 个班，与行业劳动密集型特征不符。

（2）招生困难，师资缺乏。调研发现，招生困难是专业实施过程中最大问题，在房地产经营与管理、房地产检测与估价、物业管理专业建设中占比分别为54.17%、41.67% 和 82.14%。进一步发现，物业管理招生困难与专业名称关系最大，85.71% 受访院校认为物业管理招生困难是因为专业名称的社会认可度较低，尤其是物业管理整体水平不高的欠发达地区。50% 受访院校则认为房地产经营与管理招生困难源于经纪人群体素质与较低的就业门槛。认为政府应增设房地产经纪行业从业门槛，试行房地产经纪人从业准入制度，提升从业人员素质，形成房地产经纪行业的专业特性，提升房地产经营与管理的人才培养地位。相对而言，影响房地产检测与估价和城市信息化专业实施的前两位因素是师资和实训条件缺乏，原因是专业目录调整带来的教学体系变化。如开设房地产检测与估价专业的院校课程体系中检测类课程不超过 3 门（含 3 门），而估价类课程 4 门及 4 门以上的占比 22.2%。说明专业开设需要时间积淀，估价类课程一直是原房地产经营与估价专业的重要课程模块，而房屋质量检测、环境检测、设备仪器、危房监测等课程与原有专业知识跨度较大，师资缺乏。城市信息化管理是 2016 年才开始招生的新专业，各院校的师资和实训设施积累少，还普遍不完善。同时，房地产检测与估价和城市信息化专业硬件设施投资较大，如果不是学校骨干专业，可投入经费和能承担实训室建设的师资均无法满足专业实施要求。

3. 高职建筑设备方向

（1）建筑设备工程技术专业：招生有一定困难。虽然社会需求很大，就业形势很好，但不少地区的学校招生计划完成率都不太高，尤其是第一志愿填报率较低。专业主要面向建筑设备安装行业，行业需求量大、技术难度大、技术更新快，迫切需求水、电暖工程的设计、施工和维护管理高水平复合人才。但由于建筑设备工程与土建工程相比投入小，工程量也小，社会的认知度相对就低。但随着建筑物的逐渐饱和，建筑设备工程市场将会不断的增长，对人才的需求也会增加，所以，专业名称不宜经常变动，专业内涵变化可以通过增加方向来实现。

（2）供热通风与空调工程技术专业：专业名称不具有吸引力，看不出专业内涵。考生及家长对该专业就业岗位理解有误区。该专业开设之初，主要服务于生产（暖通空调设备生产企业、热力公司、建筑安装企业），服务于民生（城镇供热热用户）。随着社会经济的发展，行业的转型升级，该专业增加了服务于居住生活环境的改善、建筑节能及绿色建筑的核心技术等领域，直接影响着建筑能耗、能源利用、居住环境改善等方面，目前的专业方向已经不能很好的满足社会职业需求。

（3）建筑电气工程技术专业：招生存在问题。就业市场对建筑电气工程技术人才需求很大，每位毕业生都有几个岗位可以选择，就业率达到100%。但是从几年的招生情况来看并不理想，大部分院校第一志愿上线率等都很低，每年都需要调剂，部分学校经过调剂也不能达到招生计划，导致开本专业的院校数量逐年减少，在校生人数也随之减少。

（4）建筑智能化工程技术专业：师资短缺，多数都是电气自动化、电子信息等学科老师，该专业是一个边缘学科，涉及的专业比较多，所以对老师的要求较高。

（5）工业设备安装工程技术专业：同样面临师资短缺问题，由于上行本科专业停办20年，上行专业的缺失，使教师来源中断，改行的专业教师培养提升路径匮乏，造成专业教师后继无人，这是该专业难以发展壮大的主要原因。学制三年，培养时间偏短，很难把全部重要的知识点讲透，造成学生知识储备不够，在实际工作中遇到大型复杂工程，便显出功底不足。由于本专业没有本科层次学生，企业只能拔高使用专科毕业生，企业勉为其难，学生则力不从心。

4. 中职方面

（1）实践教学环节仍需加强。由于企业专家或能工巧匠的工作特点和时间分配上难以完成实践教学所需，校外兼职教师的聘请也存在较大难度，而校内教师的实践教学能力还需进一步加强和提升，各学校在实施实践教学方面都面临师资不足，课程学时不够的难题。校外实践教学未能与施工企业形成有效衔接，校企合作有待进一步强化和精准对接。

（2）基本教学条件有待提高。校内实训基地未能得到充分发挥，设备和资源不能共享，实习实训设备具有投入大、运行费用高的特点，但实训室使用率却较低，在一定程度上限制了专业的发展。

（3）招生存在困难。近几年，高职院校扩招，招生数出现连续减少的现象，个别专业在学校中出现了连年零入学率。在招生数下降的同时，中职学校的生源质量普遍降低，中职教育缺乏社会认可度，用人单位在招工时缺乏职业资格标准，盲目追求高学历，致使中等职业教育成了"胸无大志"初中生的"收容所"。

（4）专业目录中新技术应用的体现。按照建设行业发展趋势和技术发展现状，新技术应用在现行专业目录中未能及时体现，如装配式建筑施工和 BIM 技术应用等。教育部等四部委联合发布了《关于在院校实施学历证书＋若干职业技能等级证书制度的试点方案》，也开发了适合建设行业的相关职业技能等级证书，但在中等职业学校专业目录（2019 年修订）中职业证书举例中没有体现。为进一步提高土木水利类毕业生的就业能力，建议增设由行业企业主导的相关职业技能等级证书。

4.6.3　高职专业目录动态调整建议

4.6.3.1　土建施工类

1. 增设一个新专业

增设专业名称为：装配式建筑工程技术。设置理由如下：

（1）国家倡导：长期以来，我国建筑业一直处于高消耗、粗放型、低质量的发展环境，与工业化要求差距较大，社会各方面对建筑业变革提升的呼声很高。近年来，我国建筑业人工成本逐年上升，劳动力缺乏现象不断加剧，从业人员老龄化问题日益突出，环保要求不断提高。在我国建筑业转型升级的大背景下，自 2016 年 2 月起，国务院、住房和城乡建设部陆续出台了十余个关于推进装配式建筑的文件和规定。国务院办公厅《关于进一步加强城市规划建设管理工作的若干意见》中提出：力争用 10 年的时间将装配式项目的市场占比达到 30%；2016 年 9 月，国务院办公厅发布《关于大力发展装配式建筑的指导意见》，提出要以京津冀、长三角、珠三角三大城市群为重点推进地区，常住人口超过 300 万的其他城市为积极推进地区，其余城市为鼓励推进地区，因地制宜发展装配式混凝土结构、钢结构和现代木结构等装配式建筑，标志着装配式建筑已经上升到国家战略层面。

（2）行业发展：《2019～2025年中国装配式建筑行业发展现状分析及市场前景预测报告》显示，全国各地都在积极的推进装配式建筑项目实施，新建装配式建筑的规模不断壮大。据统计，2015年全国新建装配式建筑面积为7260万平方米；2016年全国新建装配式建筑面积为1.14亿平方米，较2015年同比增长57%；2017年全国新建装配式建筑面积达到1.5亿平方米，占2017年新开工房屋面积比例的8.4%，面积较2016年增长31.6%；2011～2017年全国新建装配式建筑面积复合增速高达123.6%。2017年全国装配式建筑及相关配套产业（清洁能源、一体化装饰、智能家居等）总行业规模达到5333亿元，较2016年增加38.6%；2018年全国新建装配式建筑面积已经达到1.9亿平方米，预计市场空间约为4750亿元。根据政策目标，到2020年装配式建筑在新建建筑中的占比将达15%以上，2025年达到30%。

（3）人才需求：有资料显示，近期内生产及施工企业对各类装配式建筑人才的需求缺口约为100万人，随着装配式建筑在市场占比的快速增加，钢结构及木结构装配式建筑的融入，装配式建筑的结构形式、适用领域的不断扩大，人才的需求前景将持续向好。高职培养的是面向施工生产一线的技术技能型人才，随着装配式建筑对一线岗位从业人员知识技能要求的不断提高，大量的高职土建施工类毕业生将会在装配式建筑工程的现场施工技术与管理、装配式部品部件生产与管理、装配式建筑体系的拆分及深化设计等领域发挥骨干作用，就业前景良好。

（4）办学基础：在本次调研获取的67份建筑工程技术专业办学信息中，开设装配化施工专门化方向的院校有19所，为该专业现有3个专门化方向的"第一方向"。据了解，2013年就有高职院校设置了装配化施工专门化方向，并开始招生，通过对三届毕业生就业情况统计，就业率和专业对口率均趋于100%。国家在装配式建筑领域的规范、标准、图集陆续发布，目前已经涵盖了装配式建筑的各个领域，技术路径和工艺工法日益成熟，对专业办学提供了权威的依据和有效的技术支撑。据了解，开设装配化施工专门化方向的院校均采用与装配式企业合作的方式开发《人才培养方案》，在课程体系构件、课程模式创新、教师队伍建设、实训平台建设、教学资源配置等方面进行了大胆的创新和积极的投入，目前已经形成可以固化、有推广价值的办学经验与成果，设置装配式建筑工程技术专业的条件基本成熟。

设置"装配式建筑工程技术"专业之后，建筑工程技术专业"装配化施工"专门化方向取消。

2. 调整一个专门化方向

调整的专门化方向名称为：建筑工程技术专业"智能化施工"专门化方向。调整方法为：取消建筑工程技术专业"施工信息化"专门化方向，用"智能化施工"专门化方向覆盖。调整理由如下：

（1）适应新业态：智能建造是我国建筑业转型升级的重要标志之一，是近年来国家倡导和推进的一种全新的建造理念和方法。智能建造的推广和普及，将彻底转变我国传统建筑业"粗放型、高能耗、高消耗、低质量"的落后局面，将成为建造绿色建筑、智能建筑的必要手段，将有效地推进我国建筑生产沿着"建造→智能建造→智能制造"的技术路径发展，最终实现全行业的转型与变革。智能建造（也有专家称之为智慧建造）作为一个新事物，目前还有一些问题有待研究和破解。目前的研究普遍认为，智能建造是一个涵盖建筑全领域的"新业态"，包括了规划、设计、生产、施工、管理、运维等全产业链。本科院校自 2017 年开设智能建造专业，目前的办学点已有几十个，但不同院校对智能建造的专业内涵也不尽相同，有的侧重管理、有的侧重施工。在建筑工程技术专业框架内设置"智能化施工"专门化方向，专门化培养目标定位将聚焦土建施工领域，利用有限的教学空间完成土建施工领域适应新业态要求的技术技能型人才培养。

（2）提升信息化：以建筑信息模型（BIM）为核心载体的建筑信息化也是我国建筑业转型升级的重要组成部分，它的普及应用将使建筑业走入一个全新的信息化领域，将在根本上改变传统的规划、设计、生产、施工、管理、运维模式和手段，将有效推进建筑向"建造更快捷，使用更舒适、更安全、更环保、更绿色"的方向发展。《高等职业教育（专科）专业目录》（2015 年）设置了建筑工程技术专业"施工信息化"专门化方向，目的就是为了推进土建施工领域信息化技术应用人才的培养。经过几年的实践，已经达到了预期的目标，实现了服务行业、服务企业、服务院校效果。智能建造离不开信息化的环境和技术，"云计算、大数据、物联网、移动互联、人工智能"的现代信息化环境为智能建造搭建了必备的空间。设置"智能化施工"专门化方向在某种意义上说是"施工信息化"的升级和拓展，在专门化内涵上将以服务智能建造为核心，并对二者进行有机的融合和整体设计，成为促进建筑信息化在土建施工领域的有力推手，为今后设置专业积累经验。

（3）探索跨界育人："智能化施工"将以土建施工为对应业务领域，在对专业课程进行整体优化的基础上融入计算机编程、自控技术、施工机器人应用、BIM 技术应用、装配式技术等新的教学内容。"智能化施工"专门化方向具有一定的"跨界"色彩，将会成为高职教育的"新工科"。目前，适应土建类专业的 3 个"1+X"项目中包括了建筑信息化模型（BIM）技能和装配式建筑构件生产与安装技能，这两项技能与智能建造关系密切，也为"智能化施工"专门化方向的专业及课程改革提供了抓手，有利于实现"书证融通"。

3. 保留其他专业及专门化方向

保留其他的专业及专门化方向。通过对行业企业的访谈，征求办学单位的意见，工作组本着"服务行业、服务企业、对应岗位，有个性、有特色、有需求"的原则，对现有专业的发展前景逐一进行了认真地研判和分析，认为它们均有社会及行业需求，知识技能轮廓清晰合理，与岗位对接紧密，有特定的业务领域，有良好的发展空间。只要加强持续引导、指导和宣传，一定能在合理的范围内发展壮大。

调整后专业（专门化方向）设置建议参见表4-2。

土建施工类调整后专业（专门化方向）设置建议　　　　　　　　表 4-2

序号	专业（专门化）名称	备注
1	建筑工程技术	原有专业
(1)	质量与安全方向	原有专门化方向
(2)	智能化施工方向	新调整专门化方向
2	建筑钢结构工程技术	原有专业
3	土木工程检测技术	原有专业
4	地下与隧道工程技术	原有专业
(1)	基础工程方向	原有专门化方向
(2)	盾构工程方向	原有专门化方向
(3)	隧道工程方向	原有专门化方向
5	装配式建筑工程技术	新增专业

4.6.3.2　建筑设备类

（1）建筑设备工程技术专业：建议调整建筑设备工程技术专业目录中衔接中职

和本科专业举例（参见表4-3），其他不作调整。

建筑设备工程技术专业目录中衔接中职和本科专业举例　　　　表 4-3

专业类	专业代码	专业名称	专业方向举例	主要对应职业类别
5404 建筑设备类	540401	建筑设备工程技术	建筑水电技术	建筑工程技术人员 建筑安装施工人员

（2）供热通风与空调工程技术专业：根据调研结果，供热通风与空调工程技术专业主要面向建筑设备安装行业，行业需求量大，技术更新快，由于建筑设备工程与土建工程相比投入小，工程量也小，社会的认知度相对较低。随着建筑市场的逐渐饱和，行业的转型升级，建筑设备工程市场将会不断的增长，供热通风与空调工程技术专业逐步开始服务于建筑节能、低能耗建筑、居住环境改善等专业领域，对人才的需求也会增加，所以建议增加建筑节能、能源利用专业方向。

（3）建筑电气工程技术专业：主要对应专业类别需根据最新发布的《中华人民共和国国家职业分类大典》进行调整，增加建筑信息模型员；衔接中职专业举例，建议调整为建筑设备安装、楼宇智能化设备安装与运行、电气技术应用、电气运行与控制、供用电技术、电子技术应用、计算机网络技术；接续本科专业举例，建议调整为建筑电气与智能化、工程管理、电气工程与智能控制、智能建造、电气工程及其自动化、物联网工程、网络工程。

（4）建筑智能化工程技术专业：主要对应专业类别需根据最新发布的《中华人民共和国国家职业分类大典》进行调整，增加建筑信息模型员；衔接中职专业建议增加机电设备安装与维修。

（5）工业设备安装工程技术专业：虽然专业点不足 10 个，但是专业定位准确、特色突出、不可取代，就业率和就业质量"双高"，当前市场需求不断加大，毕业生长期供不应求。如果以专业点不够 10 个而"一刀切"终止办学，对解决行业转型发展和企业急需必然造成大的负面影响。因此，建议继续保留本专业；本专业的名称准确，无需修改，专业归为土建大类符合当前形势并有助于建筑行业转型发展；衔接中职专业偏少，目录中举例中专专业为机电设备安装与维修，应增加建筑设备安装等。

（6）消防工程技术专业：主要对应专业类别需根据最新发布的《中华人民共和

国国家职业分类大典》进行调整，增加建筑信息模型员；衔接中职专业举例，建议调整为建筑设备安装、楼宇智能化设备安装与运行、电气技术应用、电气运行与控制、供用电技术、电子技术应用、计算机网络技术、机电一体化，接续本科专业举例，建议调整为建筑电气与智能化、工程管理、智能建造、电气工程与智能控制、物联网工程、网络工程、建筑环境与能源应用工程、给排水科学与工程。

4.6.3.3　建设工程管理类

1.开办建设项目信息化管理专业建议

学校开办建设项目信息化管理专业有些滞后，跟不上行业的需求，与行业需求有些脱节，主要原因是校企合作深度不够，开办新专业有困难。建议信息化发达地区的企业与高水平院校强强联合，在该专业建设方面起到示范性作用，引领该专业在全国范围内的大批量发展。

2.新增专业建议

建议增加安全管理专业。培养能够适应经济建设和社会发展需要，掌握企业安全生产技术管理知识和操作技能，具有从事安全管理、设计、评价、监测、监督、预防控制等工作的专门人才。

3.专业调整建议

(1)将建设工程监理专业合并入建设工程管理专业，或作为建设工程管理专业的一个方向进入专业目录，以解决现有该专业招生和就业较困难的局面。

(2)在建设工程管理专业中增加有关BIM课程,取消建设项目信息化管理专业。

4.6.3.4　市政工程类

取消环境卫生工程技术专业。该专业自开设以来没有高职院校设置，全国专业布点数为零，从调研结果看，目前学校、家长、学生对专业名称及培养方向不认同。

4.6.3.5　房地产类

(1)开设房地产经营与管理专业的定位、人才培养基本和原有房地产经营与估价相同，而房地产检测在学生、家长方面认知度不高，师资设备要求较高，导致开设院校较少。建议房地产估价与检测专业内涵增加：房屋使用周期的检测与监测，或将房地产检测与估价调整为房地产经营与管理房屋检测方向。增设不动产大数据应用方向。

(2)城市信息化管理专业内涵建议增加：将BIM、GIS等技术应用于城市管理,体现现代信息技术在城市管理中的应用。

4.6.3.6　建筑设计类

建筑设计类的 7 个专业和城乡规划类中的城乡规划、村镇建设与管理专业经专家论证，从专业名称、专业标准、课程设置、实训条件、师资队伍、招生就业等方面来看，均能满足行业需求，符合行业发展方向，无需作出专业目录调整。

4.6.4　中职专业目录动态调整建议

4.6.4.1　调整原有专业的建议

（1）"楼宇智能化设备安装与运行"专业：保留原专业，根据国家标准《智能建筑工程施工规范》GB50606—2010 中的术语描述进行更名，将原"楼宇智能化设备安装与运行专业"更名为"智能建筑工程施工与运维专业"。其中"施工"包含了"安装与调试"，"运维"包含了"运行与维护"，内涵更加准确。

（2）"市政工程施工"专业：近年来，BIM 通过与其他前沿 IT 技术，如移动互联、云计算以及大数据等的紧密整合，持续地引领着工程建设行业技术与流程的变革，建议在市政工程施工专业增加"1+X"建筑信息模型（BIM）职业技能等级证书。

4.6.4.2　同意或保留 2019 版征求意见稿的调整方案

根据调研分析，所涉及的土木水利类专业，社会认可度高，相关行业企业从业人员基本能覆盖各个专业的研究方向及毕业生的就业方向和技能特长。2019 版中职调整方案的建筑工程施工、建筑装饰、工程造价、城市燃气输配与应用、供热通风与空调施工运行等专业符合院校办学实际，故不再进行调整。

4.6.5　有关政策建议

4.6.5.1　关于高职教育的政策建议

（1）保持《专业目录》的先进性。要发挥行指委的作用，通过各种渠道收集和了解行业的发展动态和发展趋势，了解企业的需求和岗位变迁，发挥《专业目录》引领专业设置、规范专业办学的指导功效。

（2）突出《专业目录》的对应性。通过《专业目录》对专业要素的界定，明确专业人才所对应的职业岗位（群)，借助"1+X"项目的推动，把学生的技能水平"显性化"，使用人单位直观地掌握学生技能和岗位要求的对接度，进一步突出高职教育的应用性特色。

（3）体现《专业目录》的前瞻性。在保证主流专业健康持续发展的同时，《专业目录》应着重关注新兴专业的设置和发展，在认真调研论证的基础上，适时为新兴专业提供必要和良好的办学发展空间。努力做到"既养护好大树，又培育好幼苗"。

（4）实现《专业目录》的动态化。坚持《专业目录》动态调整的工作思路，做到专业设置"主体性、前瞻性、动态化、可持续"有机结合。专业设置要努力对标行业、企业和岗位发展需求，要进一步提升专业设置的"服务能力"，实现《专业目录》的"有进有出"。

（5）积极开展职业教育本科的专业设置研究。依托行指委组建专门的研究团队结合高职专业发展、基础条件和社会需求的实际，开展职业教育本科专业设置的研究，为真正构建"中高本"互通的职业教育体系打好基础。

4.6.5.2 关于中职教育的对策建议

（1）修订完善有关制度。针对专业建设修正和完善《中等职业学校的专业设置与调整管理办法》，遵循社会需求的原则，要适应区域经济建设和社会发展的需要，适应地方产业、行业经济结构调整发展趋势。对一些社会发展和经济建设急需的专业，鼓励职业院校创造条件，积极举办。

（2）专业设置结构与布局。专业设置和调整应有利于提高教育教学质量和办学效益，形成合理的专业结构与布局，推进学校教育教学改革。设置专业应符合科学技术发展的趋势，并与专业（特色）发展规划相适应。同时，设置的专业应对所属学科、专业群的发展起到重要的支撑作用或具有较好的发展前景，有利于发挥学校办学整体优势。

（3）实现中高职的有效衔接。实现中高职的有效衔接能够从根本上改变中等职业教育作为"终结性教育"的形象，积极搭建中高职教育立交桥，为广大学生提供更多的发展机会。中高职专业目录在具体专业的衔接上仍存在问题，需做进一步修订，其修订依据主要从满足社会需求和个人需求两方面：在社会层面上，要满足社会对不同层次的技术技能型人才的需求。中等职业教育和高等职业教育定位于不同层次的职业教育。通过两种不同层次的职业教育培养出的人才，其具备的技术技能的层次也不尽相同。随着经济的发展与社会的进步，一方面，社会对不同层次的技术技能型人才各有所需，另一方面，社会对高级技术技能型人才的需求不断增加。

在个人层面上，要促进技术技能型人才职业生涯的发展。在终身教育理念的指导下，对职业教育而言，终身教育应使个人具备应对社会、经济发展变化的职业能力，为个人的职业生涯发展服务。因此，为满足社会和个人对中高职教育的迫切需求，结合行业发展新业态、新模式，应逐步加强对中高职专业目录的修订。在修订中高职专业目录时，要及时做好沟通，特别是对《中等职业学校专业目录》中"继续学习专业举例"一栏中列举的高职专业与《高等职业教育（专科）专业目录》和《专科专业目录增补名单》中的具体专业相一致，避免"中职教育在专业设置上向上断接"，"高职教育专业设置无中生有"等问题的出现，使中职教育摆脱"终结性教育"的影子，有了建设发展的新方向和新目标；高职教育能够以中职教育为基础、为平台，在规定的学制内进一步提高高职人才的培养质量。统筹协调好中职和高职阶段的教育，满足社会对高级技术技能型人才的需求以及个人职业生涯的持续发展。

第5章 2019年中国建设教育大事记

5.1 住房和城乡建设领域教育大事记

5.1.1 高等教育

【2018—2019年度高等学校建筑学专业教育评估工作】2019年，全国高等学校建筑学专业教育评估委员会对北京建筑大学、郑州大学、山东建筑大学、武汉理工大学、厦门大学、安徽建筑大学、西安交通大学、烟台大学、天津城建大学、新疆大学、福建工程学院、河南工业大学、湖北工业大学等13所学校的建筑学专业教育进行了评估，对湖南科技大学1所学校的建筑学专业进行了中期检查。评估委员会全体委员对各学校的自评报告进行了审阅，于5月派遣视察小组进校实地视察。之后，经评估委员会全体会议讨论并投票表决，做出了评估结论并报送国务院学位委员会。2019年高校建筑学专业评估结论见表5-1。

2019年高校建筑学专业评估结论 表5-1

序号	学校	本科合格有效期	硕士合格有效期	备注
1	北京建筑大学	6年 (2019.5～2025.5)	6年 (2019.5～2025.5)	本科复评 硕士复评
2	郑州大学	6年 (2019.5～2025.5)	6年 (2019.5～2025.5)	本科复评 硕士复评
3	山东建筑大学	6年 (2019.5～2025.5)	6年 (2019.5～2025.5)	本科复评 硕士复评
4	武汉理工大学	4年 (2019.5～2023.5)	6年 (2019.5～2025.5) (有条件)	本科复评 硕士复评
5	厦门大学	6年 (2019.5～2025.5)	6年 (2019.5～2025.5)	本科复评 硕士复评

续表

序号	学校	本科合格有效期	硕士合格有效期	备注
6	安徽建筑大学	6 年 (2019.5 ~ 2023.5)	4 年 (2016.5 ~ 2020.5)	本科复评
7	西安交通大学	有效期截至 2019.5	6 年 (2019.5 ~ 2025.5) （有条件）	硕士复评
8	烟台大学	4 年 (2019.5 ~ 2023.5)	—	本科复评
9	天津城建大学	4 年 (2019.5 ~ 2023.5)	6 年 (2019.5 ~ 2025.5)	本科复评 硕士复评
10	新疆大学	4 年 (2019.5 ~ 2023.5)	—	本科复评
11	福建工程学院	4 年 (2019.5 ~ 2023.5)	—	本科复评
12	河南工业大学	2019.5 ~ 2023.5	—	本科复评
13	湖北工业大学	4 年 (2019.5 ~ 2023.5)（有条件）	—	本科初评
14	湖南科技大学（中期）	4 年 (2017.5 ~ 2021.5)	—	中期检查

截至 2019 年 6 月，全国共有 69 所高校建筑学专业通过专业教育评估，受权行使建筑学专业学位（包括建筑学学士和建筑学硕士）授予权，其中具有建筑学学士学位授予权的有 68 个专业点，具有建筑学硕士学位授予权的有 44 个专业点，详见表 5-2。

建筑学专业评估通过学校和有效期情况统计表　　表 5-2
（截至 2019 年 5 月，按首次通过评估时间排序）

序号	学校	本科合格有效期	硕士合格有效期	首次通过评估时间
1	清华大学	2018.5 ~ 2025.5	2018.5 ~ 2025.5	1992.5
2	同济大学	2018.5 ~ 2025.5	2018.5 ~ 2025.5	1992.5
3	东南大学	2018.5 ~ 2025.5	2018.5 ~ 2025.5	1992.5
4	天津大学	2018.5 ~ 2025.5	2018.5 ~ 2025.5	1992.5
5	重庆大学	2013.5 ~ 2020.5	2013.5 ~ 2020.5	1994.5
6	哈尔滨工业大学	2013.5 ~ 2020.5	2013.5 ~ 2020.5	1994.5
7	西安建筑科技大学	2013.5 ~ 2020.5	2013.5 ~ 2020.5	1994.5

续表

序号	学校	本科合格有效期	硕士合格有效期	首次通过评估时间
8	华南理工大学	2013.5 ～ 2020.5	2013.5 ～ 2020.5	1994.5
9	浙江大学	2018.5 ～ 2025.5	2018.5 ～ 2025.5	1996.5
10	湖南大学	2015.5 ～ 2022.5	2015.5 ～ 2022.5	1996.5
11	合肥工业大学	2015.5 ～ 2022.5	2015.5 ～ 2022.5	1996.5
12	北京建筑大学	2019.5 ～ 2025.5	2019.5 ～ 2025.5	1996.5
13	深圳大学	2016.5 ～ 2023.5	2016.5 ～ 2020.5	本科 1996.5/ 硕士 2012.5
14	华侨大学	2016.5 ～ 2020.5	2016.5 ～ 2020.5	1996.5
15	北京工业大学	2018.5 ～ 2022.5	2018.5 ～ 2022.5	本科 1998.5/ 硕士 2010.5
16	西南交通大学	2014.5 ～ 2021.5	2014.5 ～ 2021.5	本科 1998.5/ 硕士 2004.5
17	华中科技大学	2014.5 ～ 2021.5	2014.5 ～ 2021.5	1999.5
18	沈阳建筑大学	2018.5 ～ 2025.5	2018.5 ～ 2025.5	1999.5
19	郑州大学	2019.5 ～ 2025.5	2019.5 ～ 2025.5	本科 1999.5/ 硕士 2011.5
20	大连理工大学	2015.5 ～ 2022.5	2015.5 ～ 2022.5	2000.5
21	山东建筑大学	2019.5 ～ 2025.5	2019.5 ～ 2025.5	本科 2000.5/ 硕士 2012.5
22	昆明理工大学	2017.5 ～ 2021.5	2017.5 ～ 2021.5	本科 2001.5/ 硕士 2009.5
23	南京工业大学	2018.5 ～ 2025.5	2018.5 ～ 2022.5	本科 2002.5/ 硕士 2014.5
24	吉林建筑大学	2018.5 ～ 2022.5	2018.5 ～ 2022.5	本科 2002.5/ 硕士 2014.5
25	武汉理工大学	2019.5 ～ 2023.5	2019.5 ～ 2025.5(有条件)	本科 2003.5/ 硕士 2011.5
26	厦门大学	2019.5 ～ 2025.5	2019.5 ～ 2025.5	本科 2003.5/ 硕士 2007.5
27	广州大学	2016.5 ～ 2020.5	2016.5 ～ 2020.5	本科 2004.5/ 硕士 2016.5
28	河北工程大学	2016.5 ～ 2020.5	—	2004.5
29	上海交通大学	2018.5 ～ 2022.5	2018.5 ～ 2022.5	本科 2006.6/ 硕士 2018.5
30	青岛理工大学	2018.5 ～ 2025.5	2018.5 ～ 2022.5	本科 2006.6/ 硕士 2014.5
31	安徽建筑大学	2019.5 ～ 2023.5	2016.5 ～ 2020.5	本科 2007.5/ 硕士 2016.5
32	西安交通大学	有效期截止到 2019.5	2019.5 ～ 2025.5(有条件)	本科 2007.5/ 硕士 2011.5
33	南京大学	—	2018.5 ～ 2025.5	2007.5
34	中南大学	2016.5 ～ 2020.5	2016.5 ～ 2020.5	本科 2008.5/ 硕士 2012.5
35	武汉大学	2016.5 ～ 2020.5	2016.5 ～ 2020.5	2008.5
36	北方工业大学	2016.5 ～ 2020.5	2016.5 ～ 2020.5	本科 2008.5/ 硕士 2014.5
37	中国矿业大学	2016.5 ～ 2020.5	2016.5 ～ 2020.5	本科 2008.5/ 硕士 2016.5
38	苏州科技大学	2016.5 ～ 2020.5	2017.5 ～ 2021.5	本科 2008.5/ 硕士 2017.5
39	内蒙古工业大学	2017.5 ～ 2021.5	2017.5 ～ 2021.5	本科 2009.5/ 硕士 2013.5

续表

序号	学校	本科合格有效期	硕士合格有效期	首次通过评估时间
40	河北工业大学	2017.5 ~ 2021.5	—	2009.5
41	中央美术学院	2017.5 ~ 2021.5	2017.5 ~ 2021.5	本科 2009.5/ 硕士 2017.5
42	福州大学	2018.5 ~ 2022.5	2018.5 ~ 2022.5	本科 2010.5/ 硕士 2018.5
43	北京交通大学	2018.5 ~ 2022.5	2018.5 ~ 2022.5	本科 2010.5/ 硕士 2014.5
44	太原理工大学	2018.5 ~ 2022.5	2018.5 ~ 2022.5	本科 2010.5/ 硕士 2018.5
45	浙江工业大学	2018.5 ~ 2022.5	—	2010.5
46	烟台大学	2019.5 ~ 2023.5	—	2011.5
47	天津城建大学	2019.5 ~ 2023.5	2019.5 ~ 2025.5	本科 2011.5/ 硕士 2015.5
48	西北工业大学	2016.5 ~ 2020.5	—	2012.5
49	南昌大学	2017.5 ~ 2021.5	—	2013.5
50	广东工业大学	2018.5 ~ 2022.5	—	2014.5
51	四川大学	2018.5 ~ 2022.5	—	2014.5
52	内蒙古科技大学	2018.5 ~ 2022.5	—	2014.5
53	长安大学	2018.5 ~ 2022.5	2018.5 ~ 2022.5	本科 2014.5/ 硕士 2018.5
54	新疆大学	2019.5 ~ 2023.5	—	2015.5
55	福建工程学院	2019.5 ~ 2023.5	—	2015.5
56	河南工业大学	2019.5 ~ 2023.5	—	2015.5
57	长沙理工大学	2016.5 ~ 2020.5	—	2016.5
58	兰州理工大学	2016.5 ~ 2020.5	—	2016.5
59	河南大学	2016.5 ~ 2020.5	—	2016.5
60	河北建筑工程学院	2016.5 ~ 2020.5	—	2016.5
61	华北水利水电大学	2017.5 ~ 2021.5	—	2017.5
62	湖南科技大学	2017.5 ~ 2021.5	—	2017.5
63	华东交通大学	2018.5 ~ 2022.5	—	2018.5
64	河南科技大学	2018.5 ~ 2022.5	—	2018.5
65	贵州大学	2018.5 ~ 2022.5	—	2018.5
66	石家庄铁道大学	2018.5 ~ 2022.5	—	2018.5
67	西南民族大学	2018.5 ~ 2022.5	—	2018.5
68	厦门理工学院	2018.5 ~ 2022.5 （有条件）	—	2018.5
69	湖北工业大学	2019.5 ~ 2023.5 （有条件）	—	2019.5

【2019—2020年度高等学校城乡规划专业教育评估工作】2019年，住房和城乡建设部高等教育城乡规划专业评估委员会对北京建筑大学、广州大学、青岛理工大学、北京林业大学、天津城建大学、四川大学、广东工业大学、长安大学、郑州大学、福州大学、贵州大学、桂林理工大学12所学校的城乡规划专业进行了评估。评估委员会全体委员对各校的自评报告进行了审阅，于5月派遣视察小组进校实地视察。经评估委员会全体会议讨论并投票表决，做出了评估结论，参见表5-3。

2019—2020年度高等学校城乡规划专业评估结论

表5-3

序号	学校	本科合格有效期	硕士合格有效期	备注
1	北京建筑大学	6年 （2019.5～2025.5）	4年 （2017.5～2021.5）	本科复评
2	广州大学	4年 （2019.5～2023.5）	4年 （2019.5～2023.5）	本科复评 硕士复评
3	青岛理工大学	6年 （2019.5～2025.5）	6年 （2018.5～2024.5）	本科复评
4	北京林业大学	4年 （2019.5～2023.5）	2019.5～2023.5	本科复评 硕士复评
5	天津城建大学	4年 （2019.5～2023.5）	4年 （2019.5～2023.5）	本科复评 硕士初评
6	四川大学	6年 （2019.5～2023.5）	4年 （2019.5～2023.5）	本科复评 硕士初评
7	广东工业大学	4年 （2019.5～2023.5）	4年 （2019.5～2023.5）	本科复评 硕士初评
8	长安大学	6年 （2018.5～2024.5）	—	本科复评
9	郑州大学	6年 （2019.5～2025.5）	6年 （2019.5～2025.5）	本科复评 硕士初评
10	福州大学	4年 （2019.5～2023.5）	4年 （2019.5～2023.5）	本科复评 硕士初评
11	贵州大学	4年 （2019.5～2023.5）	—	本科初评
12	桂林理工大学	4年 （2019.5～2023.5）	—	本科初评

截至2019年5月，全国共有50所高校的城乡规划专业通过专业评估，其中本科专业点49个，硕士研究生专业点34个，详见表5-4。

城乡规划专业评估通过学校和有效期情况统计表
（截至 2019 年 5 月，按首次通过评估时间排序）

表 5-4

序号	学校	本科合格有效期	硕士合格有效期	首次通过　评估时间
1	清华大学	—	2016.5 ～ 2022.5	1998.6
2	东南大学	2016.5 ～ 2022.5	2016.5 ～ 2022.5	1998.6
3	同济大学	2016.5 ～ 2022.5	2016.5 ～ 2022.5	1998.6
4	重庆大学	2016.5 ～ 2022.5	2016.5 ～ 2022.5	1998.6
5	哈尔滨工业大学	2016.5 ～ 2022.5	2016.5 ～ 2022.5	1998.6
6	天津大学	2016.5 ～ 2022.5	2016.5 ～ 2022.5（2006 年 6 月至 2010 年 5 月硕士研究生教育不在有效期内）	2000.6
7	西安建筑科技大学	2018.5 ～ 2024.5	2018.5 ～ 2024.5	2000.6
8	华中科技大学	2018.5 ～ 2024.5	2018.5 ～ 2024.5	本科 2000.6/ 硕士 2006.6
9	南京大学	2014.5 ～ 2020.5（2006 年 6 月至 2008 年 5 月本科教育不在有效期内）	2014.5 ～ 2020.5	2002.6
10	华南理工大学	2014.5 ～ 2020.5	2014.5 ～ 2020.5	2002.6
11	山东建筑大学	2014.5 ～ 2020.5	2014.5 ～ 2020.5	本科 2004.6/ 硕士 2012.5
12	西南交通大学	2016.5 ～ 2022.5	2016.5 ～ 2022.5	本科 2006.6/ 硕士 2014.5
13	浙江大学	2016.5 ～ 2022.5	2016.5 ～ 2022.5	本科 2006.6/ 硕士 2012.5
14	武汉大学	2018.5 ～ 2024.5	2018.5 ～ 2024.5	2008.5
15	湖南大学	2018.5 ～ 2024.5	2016.5 ～ 2022.5	本科 2008.5/ 硕士 2012.5
16	苏州科技大学	2018.5 ～ 2024.5	2018.5 ～ 2024.5	本科 2008.5/ 硕士 2014.5
17	沈阳建筑大学	2018.5 ～ 2024.5	2018.5 ～ 2024.5	本科 2008.5/ 硕士 2012.5
18	安徽建筑大学	2016.5 ～ 2022.5	2016.5 ～ 2020.5	本科 2008.5/ 硕士 2016.5
19	昆明理工大学	2016.5 ～ 2020.5	2016.5 ～ 2020.5	本科 2008.5/ 硕士 2012.5
20	中山大学	2017.5 ～ 2021.5	—	2009.5
21	南京工业大学	2017.5 ～ 2023.5	2017.5 ～ 2021.5	本科 2009.5/ 硕士 2013.5
22	中南大学	2017.5 ～ 2021.5	2017.5 ～ 2021.5	本科 2009.5/ 硕士 2013.5
23	深圳大学	2017.5 ～ 2023.5	2017.5 ～ 2021.5	本科 2009.5/ 硕士 2013.5
24	西北大学	2017.5 ～ 2023.5	2017.5 ～ 2021.5	2009.5
25	大连理工大学	2014.5 ～ 2020.5	2018.5 ～ 2022.5	本科 2010.5/ 硕士 2014.5
26	浙江工业大学	2018.5 ～ 2024.5	—	2010.5
27	北京建筑大学	2019.5 ～ 2025.5	2017.5 ～ 2021.5	本科 2011.5/ 硕士 2013.5
28	广州大学	2019.5 ～ 2023.5	2019.5 ～ 2023.5	本科 2011.5/ 硕士 2019.5

序号	学校	本科合格有效期	硕士合格有效期	首次通过 评估时间
29	北京大学	2015.5 ～ 2021.5	—	2011.5
30	福建工程学院	2016.5 ～ 2020.5	—	2012.5
31	福州大学	2019.5 ～ 2023.5	2019.5 ～ 2023.5	本科 2013.5/ 硕士 2019.5
32	湖南城市学院	2017.5 ～ 2021.5	—	2013.5
33	北京工业大学	2018.5 ～ 2022.5	2018.5 ～ 2022.5	2014.5
34	华侨大学	2018.5 ～ 2022.5	2018.5 ～ 2022.5	本科 2014.5/ 硕士 2018.5
35	云南大学	2018.5 ～ 2022.5	—	2014.5
36	吉林建筑大学	2018.5 ～ 2022.5	—	2014.5
37	青岛理工大学	2019.5 ～ 2025.5	—	2015.5
38	天津城建大学	2019.5 ～ 2023.5	2019.5 ～ 2023.5	本科 2015.5/ 硕士 2019.5
39	四川大学	2019.5 ～ 2023.5	2019.5 ～ 2023.5	本科 2015.5/ 硕士 2019.5
40	广东工业大学	2019.5 ～ 2023.5	—	2015.5
41	长安大学	2019.5 ～ 2025.5	2019.5 ～ 2023.5	本科 2015.5/ 硕士 2019.5
42	郑州大学	2019.5 ～ 2023.5	2019.5 ～ 2023.5	本科 2015.5/ 硕士 2019.5
43	江西师范大学	2016.5 ～ 2020.5	—	2016.5
44	西南民族大学	2016.5 ～ 2020.5	—	2016.5
45	合肥工业大学	2017.5 ～ 2021.5	—	2017.5
46	厦门大学	2017.5 ～ 2021.5	—	2017.5
47	河南城建学院	2018.5 ～ 2022.5（有条件）	—	2018.5
48	北京林业大学	2019.5 ～ 2023.5	2019.5 ～ 2023.5	本科 2019.5/ 硕士 2019.5
49	贵州大学	2019.5 ～ 2023.5	—	2019.5
50	桂林理工大学	2019.5 ～ 2023.5	—	2019.5

【2018—2019 年度高等学校土木工程专业教育评估工作】2019 年，住房和城乡建设部高等教育土木工程专业评估委员会对山东科技大学、北京科技大学、扬州大学、厦门理工学院、江苏大学、南京工业大学、山东建筑大学、西安理工大学、宁波大学、华东交通大学、河南城建学院、辽宁工程技术大学、温州大学、武汉科技大学、福建农林大学 15 所学校的土木工程本科专业进行了评估。评估委员会全体委员对各校的自评报告进行了审阅，于 5 月派遣视察小组进校实地视察。经评估委员会全体会议讨论并投票表决，做出了评估结论，参见表 5-5。

2018—2019 年度高等学校土木工程专业教育评估结论　　　　表 5-5

序号	学校	学位类别	本科合格有效期	评估类型
1	山东科技大学	学士	2019.5～2025.12（有条件）	本科复评
2	北京科技大学	学士	2019.5～2025.12（有条件）	本科复评
3	扬州大学	学士	2019.5～2025.12（有条件）	本科复评
4	厦门理工学院	学士	2019.5～2025.12（有条件）	本科复评
5	江苏大学	学士	2019.5～2025.12（有条件）	本科复评
6	南京工业大学	学士	2019.5～2025.12（有条件）	本科复评
7	山东建筑大学	学士	2019.5～2025.12（有条件）	本科复评
8	西安理工大学	学士	2019.5～2025.12（有条件，2018 年 5 月至 2019 年 5 月不在有效期内）	本科复评
9	宁波大学	学士	2019.5～2025.12（有条件，2018 年 5 月至 2019 年 5 月不在有效期内）	本科复评
10	华东交通大学	学士	2019.5-2025.12（有条件，2018 年 5 月至 2019 年 5 月不在有效期内）	本科复评
11	河南城建学院	学士	2019.5～2025.12（有条件）	本科初评
12	辽宁工程技术大学	学士	2019.5～2025.12（有条件）	本科初评
13	温州大学	学士	2019.5～2025.12（有条件）	本科初评
14	武汉科技大学	学士	2019.5～2025.12（有条件）	本科初评
15	福建农林大学	学士	2019.5～2025.12（有条件）	本科初评

截至 2019 年 5 月，全国共有 102 所高校的土木工程专业通过评估，详见表 5-6。

高校土木工程专业评估通过学校和有效期情况统计表　　　　表 5-6
（截至 2019 年 5 月，按首次通过评估时间排序）

序号	学校	本科合格有效期	首次通过评估时间	序号	学校	本科合格有效期	首次通过评估时间
1	清华大学	2013.5～2021.5	1995.6	52	青岛理工大学	2014.5～2020.5	2009.5
2	天津大学	2013.5～2021.5	1995.6	53	南昌大学	2015.5～2021.5	2010.5
3	东南大学	2013.5～2021.5	1995.6	54	重庆交通大学	2015.5～2021.5	2010.5
4	同济大学	2013.5～2021.5	1995.6	55	西安科技大学	2015.5～2021.5	2010.5
5	浙江大学	2013.5～2021.5	1995.6	56	东北林业大学	2015.5～2021.5	2010.5
6	华南理工大学	2018.5～2024.12	1995.6	57	山东大学	2016.5～2022.5	2011.5
7	重庆大学	2013.5～2021.5	1995.6	58	太原理工大学	2016.5～2022.5	2011.5
8	哈尔滨工业大学	2013.5～2021.5	1995.6	59	内蒙古工业大学	2017.5～2023.5	2012.5
9	湖南大学	2013.5～2021.5	1995.6	60	西南科技大学	2017.5～2023.5	2012.5

序号	学校	本科合格有效期	首次通过评估时间	序号	学校	本科合格有效期	首次通过评估时间
10	西安建筑科技大学	2013.5 ～ 2021.5	1995.6	61	安徽理工大学	2017.5 ～ 2023.5	2012.5
11	沈阳建筑大学	2012.5 ～ 2020.5	1997.6	62	盐城工学院	2017.5 ～ 2023.5	2012.5
12	郑州大学	2017.5 ～ 2023.5	1997.6	63	桂林理工大学	2017.5 ～ 2023.5	2012.5
13	合肥工业大学	2012.5 ～ 2020.5	1997.6	64	燕山大学	2017.5 ～ 2023.5	2012.5
14	武汉理工大学	2017.5 ～ 2020.5	1997.6	65	暨南大学	有效期截至2017.5	2012.5
15	华中科技大学	2013.5 ～ 2021.5（2002 年 6 月至2003 年 6 月不在有效期内）	1997.6	66	浙江科技学院	2018.5-2024.12（有条件）（2017年 6 月至 2018年 5 月不在有效期内）	2012.5
16	西南交通大学	2015.5 ～ 2021.5	1997.6	67	湖北工业大学	2018.5 ～ 2024.12（有条件）	2013.5
17	中南大学	2014.5 ～ 2020.5（2002 年 6 月至2004 年 6 月不在有效期内）	1997.6	68	宁波大学	2019.5 ～ 2025.12（有条件，2018年 5 月至 2019年 5 月不在有效期内）	2013.5
18	华侨大学	2017.5 ～ 2023.5	1997.6	69	长春工程学院	2018.5 ～ 2024.12（有条件）	2013.5
19	北京交通大学	2017.5 ～ 2023.5	1999.6	70	南京林业大学	2018.5 ～ 2024.12（有条件）	2013.5
20	大连理工大学	2017.5 ～ 2023.5	1999.6	71	新疆大学	2018.5 ～ 2024.12（有条件）（2017年 6 月至 2018年 5 月不在有效期内）	2014.5
21	上海交通大学	2017.5 ～ 2023.5	1999.6	72	长江大学	2017.5 ～ 2023.5	2014.5
22	河海大学	2017.5 ～ 2023.5	1999.6	73	烟台大学	2017.5 ～ 2023.5	2014.5
23	武汉大学	2017.5 ～ 2023.5	1999.6	74	汕头大学	2017.5 ～ 2023.5	2014.5
24	兰州理工大学	2014.5 ～ 2020.5	1999.6	75	厦门大学	2018.5 ～ 2024.12（有条件）（2017年 6 月至 2018年 5 月不在有效期内）	2014.5

续表

序号	学校	本科合格有效期	首次通过评估时间	序号	学校	本科合格有效期	首次通过评估时间
25	三峡大学	2016.5 ~ 2022.5（2004 年 6 月至 2006 年 6 月不在有效期内）	1999.6	76	成都理工大学	2017.5 ~ 2023.5	2014.5
26	南京工业大学	2019.5 ~ 2025.5（有条件）	2001.6	77	中南林业科技大学	2017.5 ~ 2023.5	2014.5
27	石家庄铁道大学	2017.5 ~ 2023.5（2006 年 6 月至 2007 年 5 月不在有效期内）	2001.6	78	福建工程学院	2017.5 ~ 2023.5	2014.5
28	北京工业大学	2017.5 ~ 2023.5	2002.6	79	南京航空航天大学	2018.5 ~ 2024.12（有条件）	2015.5
29	兰州交通大学	2012.5 ~ 2020.5	2002.6	80	广东工业大学	2018.5 ~ 2024.12（有条件）	2015.5
30	山东建筑大学	2019.5 ~ 2025.5（有条件）	2003.6	81	河南工业大学	2018.5 ~ 2024.12（有条件）	2015.5
31	河北工业大学	2014.5 ~ 2020.5（2008 年 5 月至 2009 年 5 月不在有效期内）	2003.6	82	黑龙江工程学院	2018.5 ~ 2024.12（有条件）	2015.5
32	福州大学	2018.5 ~ 2024.12（有条件）	2003.6	83	南京理工大学	2018.5 ~ 2024.12（有条件）	2015.5
33	广州大学	2015.5 ~ 2021.5	2005.6	84	宁波工程学院	2018.5 ~ 2024.21（有条件）	2015.5
34	中国矿业大学	2015.5 ~ 2021.5	2005.6	85	华东交通大学	2019.5 ~ 2025.12（有条件，2018 年 5 月至 2019 年 5 月不在有效期内）	2015.5
35	苏州科技大学	2015.5 ~ 2021.5	2005.6	86	山东科技大学	2019.5 ~ 2025.12（有条件）	2016.5
36	北京建筑大学	2016.5 ~ 2022.5	2006.6	87	北京科技大学	2019.5 ~ 2025.12（有条件）	2016.5
37	吉林建筑大学	2017.5 ~ 2023.5（2016 年 6 月至 2017 年 5 月不在有效期内）	2006.5	88	扬州大学	2019.5 ~ 2025.12（有条件）	2016.5
38	内蒙古科技大学	2016.5 ~ 2022.5	2006.6	89	厦门理工学院	2019.5 ~ 2025.12（有条件）	2016.5

续表

序号	学校	本科合格有效期	首次通过评估时间	序号	学校	本科合格有效期	首次通过评估时间
39	长安大学	2016.5 ~ 2022.5	2006.6	90	江苏大学	2019.5 ~ 2025.12（有条件）	2016.5
40	广西大学	2016.5 ~ 2022.5	2006.6	91	安徽工业大学	2017.5 ~ 2020.5	2017.5
41	昆明理工大学	2017.5 ~ 2023.5	2007.5	92	广西科技大学	2017.5 ~ 2020.5	2017.5
42	西安交通大学	2017.5 ~ 2020.5	2007.5	93	东北石油大学	2018.5 ~ 2024.12（有条件）	2018.5
43	华北水利水电大学	2018.5 ~ 2024.12（有条件）（2017年6月至2018年5月不在有效期内）	2007.5	94	江苏科技大学	2018.5 ~ 2024.12（有条件）	2018.5
44	四川大学	2017.5 ~ 2023.5	2007.5	95	湖南科技大学	2018.5 ~ 2024.12（有条件）	2018.5
45	安徽建筑大学	2017.5 ~ 2023.5	2007.5	96	深圳大学	2018.5 ~ 2024.12（有条件）	2018.5
46	浙江工业大学	2018.5 ~ 2024.12（有条件）	2008.5	97	上海应用技术大学	2018.5 ~ 2024.12（有条件）	2018.5
47	陆军工程大学	2018.5 ~ 2024.12（有条件）	2008.5	98	河南城建学院	2019.5 ~ 2025.12（有条件）	2019.5
48	西安理工大学	2019.5 ~ 2025.12（有条件，2018年5月至2019年5月不在有效期内）	2008.5	99	辽宁工程技术大学	2019.5 ~ 2025.12（有条件）	2019.5
49	长沙理工大学	2014.5 ~ 2020.5	2009.5	100	温州大学	2019.5 ~ 2025.12（有条件）	2019.5
50	天津城建大学	2014.5 ~ 2020.5	2009.5	101	武汉科技大学	2019.5 ~ 2025.12（有条件）	2019.5
51	河北建筑工程学院	2014.5 ~ 2020.5	2009.5	102	福建农林大学	2019.5 ~ 2025.12（有条件）	2019.5

【2018—2019年度高等学校建筑环境与能源应用工程专业教育评估工作】2019年，住房和城乡建设部高等教育建筑环境与能源应用工程专业评估委员会对西安

建筑科技大学、吉林建筑大学、青岛理工大学、河北建筑工程学院、中南大学、安徽建筑大学、中国矿业大学、东北电力大学、燕山大学、江苏科技大学、湖南科技大学 11 所学校的建筑环境与能源应用工程专业进行了评估。评估委员会全体委员对学校的自评报告进行了审阅，于 5 月份派遣视察小组进校实地视察。经评估委员会全体会议讨论并投票表决，做出了评估结论，参见表 5-7。

2018—2019 年度高等学校建筑环境与能源应用工程专业评估结论　　表 5-7

序号	学校	学位类别	本科合格有效期	评估类型
1	西安建筑科技大学	学士	5 年（2019.5 ~ 2024.5）	本科复评
2	吉林建筑大学	学士	5 年（2019.5 ~ 2024.5）	本科复评
3	青岛理工大学	学士	5 年（2019.5 ~ 2024.5）	本科复评
4	河北建筑工程学院	学士	5 年（2019.5 ~ 2024.5）	本科复评
5	中南大学	学士	5 年（2019.5 ~ 2024.5）	本科复评
6	安徽建筑大学	学士	5 年（2019.5 ~ 2024.5）	本科复评
7	中国矿业大学	学士	5 年（2019.5 ~ 2024.5）	本科复评
8	东北电力大学	学士	5 年（2019.5 ~ 2024.5）	本科初评
9	燕山大学	学士	5 年（2019.5 ~ 2024.5）	本科初评
10	江苏科技大学	学士	5 年（2019.5 ~ 2024.5）	本科初评
11	湖南科技大学	学士	5 年（2019.5 ~ 2024.5）	本科初评

截至 2019 年 5 月，全国共有 49 所高校的建筑环境与能源应用工程专业通过评估，详见表 5-8。

高校建筑环境与能源应用工程评估通过学校和有效期情况统计表　　表 5-8
（截至 2019 年 5 月，按首次通过评估时间排序）

序号	学校	本科合格有效期	首次通过评估时间	序号	学校	本科合格有效期	首次通过评估时间
1	清华大学	2017.5 ~ 2022.5	2002.5	26	兰州交通大学	2016.5 ~ 2021.5	2011.5
2	同济大学	2017.5 ~ 2022.5	2002.5	27	天津城建大学	2016.5 ~ 2021.5	2011.5
3	天津大学	2017.5 ~ 2022.5	2002.5	28	大连理工大学	2017.5 ~ 2022.5	2012.5
4	哈尔滨工业大学	2017.5 ~ 2022.5	2002.5	29	上海理工大学	2017.5 ~ 2022.5	2012.5
5	重庆大学	2017.5 ~ 2022.5	2002.5	30	西南交通大学	2018.5 ~ 2023.5	2013.5

续表

序号	学校	本科合格有效期	首次通过评估时间	序号	学校	本科合格有效期	首次通过评估时间
6	陆军工程大学	2018.5 ~ 2023.5	2003.5	31	中国矿业大学	2019.5 ~ 2024.5	2014.5
7	东华大学	2018.5 ~ 2023.5	2003.5	32	西南科技大学	2015.5 ~ 2020.5	2015.5
8	湖南大学	2018.5 ~ 2023.5	2003.5	33	河南城建学院	2015.5 ~ 2020.5	2015.5
9	西安建筑科技大学	2019.5 ~ 2024.5	2004.5	34	武汉科技大学	2016.5 ~ 2021.5	2016.5
10	山东建筑大学	2015.5 ~ 2020.5	2005.6	35	河北工业大学	2016.5 ~ 2021.5	2016.5
11	北京建筑大学	2015.5 ~ 2020.5	2005.6	36	南华大学	2017.5 ~ 2022.5	2017.5
12	华中科技大学	2016.5 ~ 2021.5 （2010年5月至 2011年5月不在 有效期内）	2005.6	37	合肥工业大学	2017.5 ~ 2022.5	2017.5
13	中原工学院	2016.5 ~ 2021.5	2006.6	38	太原理工大学	2017.5 ~ 2022.5	2017.5
14	广州大学	2016.5 ~ 2021.5	2006.6	39	宁波工程学院	2017.5 ~ 2022.5 （有条件）	2017.5
15	北京工业大学	2016.5 ~ 2021.5	2006.6	40	东北林业大学	2018.5 ~ 2023.5	2018.5
16	沈阳建筑大学	2017.5 ~ 2022.5	2007.6	41	重庆科技学院	2018.5 ~ 2023.5	2018.5
17	南京工业大学	2017.5 ~ 2022.5	2007.6	42	安徽工业大学	2018.5 ~ 2023.5	2018.5
18	长安大学	2018.5 ~ 2023.5	2008.5	43	广东工业大学	2018.5 ~ 2023.5	2018.5
19	吉林建筑大学	2019.5 ~ 2024.5	2009.5	44	河南科技大学	2018.5 ~ 2023.5	2018.5
20	青岛理工大学	2019.5 ~ 2024.5	2009.5	45	福建工程学院	2018.5 ~ 2023.5	2018.5
21	河北建筑工程学院	2019.5 ~ 2024.5	2009.5	46	燕山大学	2019.5 ~ 2024.5	2019.5
22	中南大学	2019.5 ~ 2024.5	2009.5	47	江苏科技大学	2019.5 ~ 2024.5	2019.5
23	安徽建筑大学	2019.5 ~ 2024.5	2009.5	48	湖南科技大学	2019.5 ~ 2024.5	2019.5
24	南京理工大学	2015.5 ~ 2020.5	2010.5	49	东北电力大学	2019.5 ~ 2024.5	2019.5
25	西安交通大学	2016.5 ~ 2021.5	2011.5	—	—	—	—

【2018—2019年度高等学校给排水科学与工程专业教育评估工作】2018年，住房和城乡建设部高等教育给排水科学与工程专业评估委员会对长安大学、桂林理工大学、武汉理工大学、扬州大学、山东建筑大学、太原理工大学、合肥工业大学、济南大学、武汉科技大学9所学校的给排水科学与工程专业进行了评估。评估委员会全体委员对各校的自评报告进行了审阅，于5月派遣视察小组进校实地视察。经评估委员会全体会议讨论并投票表决，做出了评估结论，参见表5-9。

2018—2019 年度高等学校给排水科学与工程专业评估结论　　　表 5-9

序号	学校	学位类别	本科合格有效期	评估类型
1	清华大学	学士	6 年（2019.5 ~ 2025.5）	本科复评
2	同济大学	学士	6 年（2019.5 ~ 2025.5）	本科复评
3	重庆大学	学士	6 年（2019.5 ~ 2025.5）	本科复评
4	哈尔滨工业大学	学士	6 年（2019.5 ~ 2025.5）	本科复评
5	武汉大学	学士	6 年（2019.5 ~ 2025.5）	本科复评
6	苏州科技大学	学士	6 年（2019.5 ~ 2025.5）	本科复评
7	吉林建筑大学	学士	6 年（2019.5 ~ 2025.5）	本科复评
8	四川大学	学士	6 年（2019.5 ~ 2025.5）	本科复评
9	青岛理工大学	学士	6 年（2019.5 ~ 2025.5）	本科复评
10	天津城建大学	学士	6 年（2019.5 ~ 2025.5）	本科复评
11	南华大学	学士	6 年（2019.5 ~ 2025.5）	本科复评
12	安徽工业大学	学士	6 年（2019.5 ~ 2025.5）	本科初评
13	河北工程大学	学士	6 年（2019.5 ~ 2025.5）	本科初评
14	长春工程学院	学士	6 年（2019.5 ~ 2025.5）	本科初评

截至 2019 年 5 月，全国共有 42 所高校的给排水科学与工程专业通过评估，详见表 5-10。

高校给排水科学与工程专业评估通过学校和有效期情况统计表　　　表 5-10
（截至 2019 年 5 月，按首次通过评估时间排序）

序号	学校	本科合格有效期	首次通过评估时间	序号	学校	本科合格有效期	首次通过评估时间
1	清华大学	2019.5 ~ 2025.5	2004.5	22	吉林建筑大学	2019.5 ~ 2025.5	2009.5
2	同济大学	2019.5 ~ 2025.5	2004.5	23	四川大学	2019.5 ~ 2025.5	2009.5
3	重庆大学	2019.5 ~ 2025.5	2004.5	24	青岛理工大学	2019.5 ~ 2025.5	2009.5
4	哈尔滨工业大学	2019.5 ~ 2025.5	2004.5	25	天津城建大学	2019.5 ~ 2025.5	2009.5
5	西安建筑科技大学	2015.5 ~ 2020.5	2005.6	26	华东交通大学	2015.5 ~ 2020.5	2010.5
6	北京建筑大学	2015.5 ~ 2020.5	2005.6	27	浙江工业大学	2015.5 ~ 2020.5	2010.5
7	河海大学	2016.5 ~ 2021.5	2006.6	28	昆明理工大学	2016.5 ~ 2021.5	2011.5
8	华中科技大学	2016.5 ~ 2021.5	2006.6	29	济南大学	2018.5 ~ 2024.5（2017 年 6 月至 2018 年 5 月不在有效期内）	2012.5

续表

序号	学校	本科合格有效期	首次通过评估时间	序号	学校	本科合格有效期	首次通过评估时间
9	湖南大学	2016.5 ～ 2021.5	2006.6	30	太原理工大学	2018.5 ～ 2024.5	2013.5
10	南京工业大学	2017.5 ～ 2023.5	2007.5	31	合肥工业大学	2018.5 ～ 2024.5	2013.5
11	兰州交通大学	2017.5 ～ 2023.5	2007.5	32	南华大学	2019.5 ～ 2025.5	2014.5
12	广州大学	2017.5 ～ 2023.5	2007.5	33	河北建筑工程学院	2015.5 ～ 2020.5	2015.5
13	安徽建筑大学	2017.5 ～ 2023.5	2007.5	34	河南城建学院	2016.5 ～ 2021.5	2016.5
14	沈阳建筑大学	2017.5 ～ 2023.5	2007.5	35	盐城工学院	2016.5 ～ 2021.5	2016.5
15	长安大学	2018.5 ～ 2024.5	2008.5	36	华侨大学	2016.5 ～ 2021.5	2016.5
16	桂林理工大学	2018.5 ～ 2024.5	2008.5	37	北京工业大学	2017.5 ～ 2020.5	2017.5
17	武汉理工大学	2018.5 ～ 2024.5	2008.5	38	福建工程学院	2017.5 ～ 2020.5	2017.5
18	扬州大学	2018.5 ～ 2024.5	2008.5	39	武汉科技大学	2018.5 ～ 2021.5	2018.5
19	山东建筑大学	2018.5 ～ 2024.5	2008.5	40	安徽工业大学	2019.5 ～ 2022.5	2019.5
20	武汉大学	2019.5 ～ 2025.5	2009.5	41	河北工程大学	2019.5 ～ 2022.5	2019.5
21	苏州科技大学	2019.5 ～ 2025.5	2009.5	42	长春工程学院	2019.5 ～ 2022.5	2019.5

【2018—2019年度高等学校工程管理专业教育评估工作】2019年，住房和城乡建设部高等教育工程管理专业评估委员会对广州大学、东北财经大学、北京建筑大学、山东建筑大学、安徽建筑大学、昆明理工大学、嘉兴学院、石家庄铁道大学、长春工程学院、广西科技大学10所学校的工程管理专业进行了评估。评估委员会全体委员对各校的自评报告进行了审阅，于5月派遣视察小组进校实地视察。经评估委员会全体会议讨论并投票表决，做出了评估结论，参见表5-11。

2018—2019年度高等学校工程管理专业评估结论　　　　　　　　　表5-11

序号	学校	学位类别	本科合格有效期	评估类型
1	重庆大学	学士	6年（2019.5 ～ 2025.5）	本科复评
2	哈尔滨工业大学	学士	6年（2019.5 ～ 2025.5）	本科复评
3	西安建筑科技大学	学士	6年（2019.5 ～ 2025.5）	本科复评
4	清华大学	学士	6年（2019.5 ～ 2025.5）	本科复评
5	同济大学	学士	6年（2019.5 ～ 2025.5）	本科复评
6	东南大学	学士	6年（2019.5 ～ 2025.5）	本科复评
7	武汉理工大学	学士	6年（2019.5 ～ 2025.5）	本科复评

续表

序号	学校	学位类别	本科合格有效期	评估类型
8	北京交通大学	学士	6 年（2019.5 ~ 2025.5）	本科复评
9	郑州航空工业管理学院	学士	6 年（2019.5 ~ 2025.5）	本科复评
10	天津城建大学	学士	6 年（2019.5 ~ 2025.5）	本科复评
11	吉林建筑大学	学士	6 年（2019.5 ~ 2025.5）	本科复评
12	大连理工大学	学士	6 年（2019.5 ~ 2025.5）	本科复评
13	西南科技大学	学士	6 年（2019.5 ~ 2025.5）	本科复评
14	西安科技大学	学士	4 年（2019.5 ~ 2023.5）	本科初评
15	河南理工大学	学士	4 年（2019.5 ~ 2023.5）	本科初评

截至 2019 年 5 月，全国共有 54 所高校的工程管理专业通过评估，详见表 5-12。

高校工程管理专业评估通过学校和有效期情况统计表　　　　表 5-12
（截至 2019 年 5 月，按首次通过评估时间排序）

序号	学校	本科合格有效期	首次通过评估时间	序号	学校	本科合格有效期	首次通过评估时间
1	重庆大学	2019.5 ~ 2025.5	1999.11	28	河北建筑工程学院	2015.5 ~ 2020.5	2010.5
2	哈尔滨工业大学	2019.5 ~ 2025.5	1999.11	29	中国矿业大学	2016.5 ~ 2022.5	2011.5
3	西安建筑科技大学	2019.5 ~ 2025.5	1999.11	30	西南交通大学	2016.5 ~ 2022.5	2011.5
4	清华大学	2019.5 ~ 2025.5	1999.11	31	华北水利水电大学	2017.5 ~ 2023.5	2012.5
5	同济大学	2019.5 ~ 2025.5	1999.11	32	三峡大学	2017.5 ~ 2023.5	2012.5
6	东南大学	2019.5 ~ 2025.5	1999.11	33	长沙理工大学	2017.5 ~ 2023.5	2012.5
7	天津大学	2016.5 ~ 2022.5	2001.6	34	大连理工大学	2019.5 ~ 2025.5	2014.5
8	南京工业大学	2016.5 ~ 2022.5	2001.6	35	西南科技大学	2019.5 ~ 2025.5	2014.5
9	广州大学	2018.5 ~ 2024.5	2003.6	36	陆军工程大学	2015.5 ~ 2020.5	2015.5
10	东北财经大学	2018.5 ~ 2024.5	2003.6	37	广东工业大学	2015.5 ~ 2020.5	2015.5
11	华中科技大学	2015.5 ~ 2020.5	2005.6	38	兰州理工大学	2016.5 ~ 2020.5	2016.5
12	河海大学	2015.5 ~ 2020.5	2005.6	39	重庆科技学院	2016.5 ~ 2020.5	2016.5
13	华侨大学	2015.5 ~ 2020.5	2005.6	40	扬州大学	2016.5 ~ 2020.5	2016.5
14	深圳大学	2015.5 ~ 2020.5	2005.6	41	河南城建学院	2016.5 ~ 2020.5	2016.5
15	苏州科技大学	2015.5 ~ 2020.5	2005.6	42	福建工程学院	2016.5 ~ 2020.5	2016.5

续表

序号	学校	本科合格有效期	首次通过评估时间	序号	学校	本科合格有效期	首次通过评估时间
16	中南大学	2016.5 ~ 2022.5	2006.6	43	南京林业大学	2016.5 ~ 2020.5	2016.5
17	湖南大学	2016.5 ~ 2022.5	2006.6	44	东北林业大学	2017.5 ~ 2021.5	2017.5
18	沈阳建筑大学	2017.5 ~ 2023.5	2007.6	45	西安理工大学	2017.5 ~ 2021.5	2017.5
19	北京建筑大学	2018.5 ~ 2024.5	2008.5	46	辽宁工程技术大学	2017.5 ~ 2021.5	2017.5
20	山东建筑大学	2018.5 ~ 2024.5	2008.5	47	徐州工程学院	2017.5 ~ 2021.5	2017.5
21	安徽建筑大学	2018.5 ~ 2024.5	2008.5	48	昆明理工大学	2018.5 ~ 2022.5	2018.5
22	武汉理工大学	2019.5 ~ 2025.5	2009.5	49	嘉兴学院	2018.5 ~ 2022.5	2018.5
23	北京交通大学	2019.5 ~ 2025.5	2009.5	50	石家庄铁道大学	2018.5 ~ 2022.5	2018.5
24	郑州航空工业管理学院	2019.5 ~ 2025.5	2009.5	51	长春工程学院	2018.5 ~ 2022.5	2018.5
25	天津城建大学	2019.5 ~ 2025.5	2009.5	52	广西科技大学	2018.5 ~ 2022.5	2018.5
26	吉林建筑大学	2019.5 ~ 2025.5	2009.5	53	西安科技大学	2019.5 ~ 2023.5	2019.5
27	兰州交通大学	2015.5 ~ 2020.5	2010.5	54	河南理工大学	2019.5 ~ 2023.5	2019.5

5.1.2 干部教育培训工作

【制定印发干部教育培训规划】为贯彻落实中共中央《2018—2022 年全国干部教育培训规划》精神，结合住房和城乡建设部以及住房和城乡建设系统实际，制定并印发了《住房和城乡建设部关于贯彻落实〈2018—2022 年全国干部教育培训规划〉的实施意见》，明确今后五年住房和城乡建设部干部教育培训的指导思想、目标任务和工作措施。

【积极开展机关干部培训工作】组织新招录公务员培训。7 月中旬对近两年新录用、接收的 28 名公务员和军转干部进行了培训。开展中国干部网络学院举办的党史、新中国史网上专题学习，11 月下旬组织部机关司局级干部和直属单位领导班子成员进行网上学习，参训率达 99.2%。

【指导开展系统干部培训工作】结合"不忘初心、牢记使命"主题教育活动和"根在基层"青年干部调研实践活动，以提高系统领导干部专业化能力培训针对性有效性为主题深入开展调研，形成了代表人事司上报的调研报告。聚焦推动致力于绿色发展的城乡建设，指导全国市长研修学院举办住建系统领导干部培训班 22 期，包括主管厅长培训班 1 期，共培训县以上住建系统领导干部 1194 人。举办住房和城乡建设系统干部教育培训工作培训班，培训全国各省厅干部教育培训工作负责人65 人。

【举办市长培训班】2019 年，受中组部委托，住房和城乡建设部共承办 7 期市长专题研究班（含 1 期境外培训班），共培训地方党政领导干部 232 人。部领导高度重视市长培训工作，王蒙徽部长多次对市长培训作出重要指示，对相关课程设置提出明确要求，易军、倪虹、黄艳等部领导亲自到培训班授课，并与学员座谈交流。

【组织开展处级以上干部集中轮训班】按照《"不忘初心、牢记使命"主题教育领导小组关于主题教育学习教育的实施方案》，分期分批举办主题学习班，部机关处级以上党员干部，直属单位领导班子成员等 340 余人参加学习。为抓好贯彻党的十九届四中全会精神集中教育培训，采取线上与线下、集中轮训与自主学习相结合的方式，于 2019 年 12 月 11 日至 13 日举办第一期专题教育培训，168 名部机关处以上干部、直属单位领导班子成员参加。

【印发培训计划并开展领导干部及专业技术人才培训】印发《住房城乡建设部办公厅关于印发 2019 年部机关及直属单位培训计划的通知》（建办人〔2019〕17 号），根据部计划安排，部机关、直属单位和有关社团举办各类培训班 287 项，415 个班次，共培训 54520 人。住房和城乡建设部人事司举办支援新疆培训班、支援定点扶贫县和对口支援县基层干部培训班各 1 期，培训相关地区领导干部和管理人员 408 名，住房和城乡建设部补贴经费 46.72 万元。

【2019 年度领导干部调训工作】2019 年，根据中央组织部、中央和国家机关工委等部门下达住房和城乡建设部的领导干部专题培训和专题研修计划，全年共选派部领导 12 人次参加省部级干部专题培训班，司局级干部 72 人次参加专题培训班和研修班，处级干部 13 人次参加相关培训。

【组织学习第五批全国干部学习培训教材】第五批全国干部学习培训教材出版发行后，根据中组部、中宣部通知要求，及时印发《通知》进行部署，组织部机关、直属单位和有关社会团体认真学习贯彻习近平总书记为第五批全国干部学习培训教材所作《序言》精神，协调经费为部机关每名司局级干部、每个处室统一购买了教材。

【成立全国市长研修学院系列培训教材编委会并开发特色课程教材】成立全国市长研修学院系列培训教材编委会，王蒙徽部长亲自担任编委会主任，组织部相关司局和全国城乡规划建设管理领域的专家学者编写了以"致力于绿色发展的城乡建设"为主题的系列教材，全面阐述城乡建设领域绿色发展的理念、方法和路径。教材在 2019 年举办的 7 期市长专题研究班上进行了试讲使用。

【完成中组部案例编写工作】根据中组部关于组织编写"贯彻落实习近平新时代中国特色社会主义思想、在改革发展稳定中攻坚克难的生动案例"的工作部署，住房和城乡建设部入选并如期编写完成 6 个主题教育案例、6 个教学案例和 6 个教学手册，并成功入选《贯彻落实习近平新时代中国特色社会主义思想、在改革发展稳定中攻坚克难的生动案例》丛书。

【全国市长研修学院（部干部学院）国家级专业技术人员继续教育基地积极开展专业技术人员培训工作】依托国家级继续教育基地，举办"万名总师培训计划"班次 7 期，培训大型骨干设计院、施工企业"总师"等高层次专业技术人员 1002 人，实现了行业内高层次、骨干专业技术人员的知识更新。

【举办全国专业技术人才知识更新工程高级研修班】根据人力资源社会保障部全国专业技术人才知识更新工程高级研修项目计划，2019 年住房和城乡建设部在北京举办"城乡水务高质量绿色发展高级研修班""绿色建筑技术高级研修班"，培训各地相关领域高层次专业技术人员 132 名，经费由人力资源社会保障部全额资助。

5.1.3 职业资格管理工作

【住房和城乡建设领域职业资格考试情况】2019 年，全国共有 185 万人次报名参加住房和城乡建设领域职业资格全国统一考试（不含二级），共有 28 万人次通过考试并取得职业资格证书。详见表 5-13。

2019 年住房城乡建设领域职业资格全国统一考试情况统计表　　表 5-13

序号	专业	2019 年参加考试人数	2019 年取得资格人数
1	一级注册建筑师	57926	4583
2	二级注册建筑师	16581	3096
3	一级建造师	1123203	154553
4	一级注册结构工程师	17411	3001
5	二级注册结构工程师	6951	1756
6	注册土木工程师（岩土）	13230	2457

续表

序号	专业	2019 年参加考试人数	2019 年取得资格人数
7	注册公用设备工程师	18243	3040
8	注册电气工程师	11211	2085
9	注册化工工程师	1218	430
10	注册土木工程师（水利水电工程）	1709	558
11	注册土木工程师（港口与航道工程）	488	171
12	注册土木工程师（道路工程）	8325	5610
13	注册环保工程师	1424	270
14	一级造价工程师	323555	34449
15	房地产估价师	17528	4034
16	房地产经纪人	58783	20698
17	监理工程师	87062	32354
18	注册安全工程师（建筑施工安全）	85795	8566
合计		1850643	281711

【住房城乡建设领域职业资格注册情况】截至 2019 年底，住房和城乡建设领域取得各类职业资格人员共 216.5 万（不含二级），注册人数 127 万。详见表 5-14。

住房城乡建设领域职业资格人员专业分布及注册情况统计表　　　　表 5-14
（截至 2019 年 12 月 31 日）

行业	类别	专业	取得资格人数	有效注册人数	备注
	（一）注册建筑师（一级）		41243	34843	
	注册建筑师（二级）		24504	—	未掌握
勘察设计	（二）勘察设计注册工程师	1. 土木工程 岩土工程	25804	17775	
		1. 土木工程 水利水电工程	11055	—	未注册
		1. 土木工程 港口与航道工程	574	—	未注册
		1. 土木工程 道路工程	5610	—	未注册
		2. 结构工程（一级）	57908	38711	
		3. 公用设备工程	41827	28673	
		4. 电气工程	30411	18645	
		5. 化工工程	9488	5285	
		6. 环保工程	7912	—	未注册

行业	类别	专业	取得资格人数	有效注册人数	备注
建筑业	（三）建造师（一级）		1143613	608424	
	（四）监理工程师		346291	187835	
	（五）造价工程师（一级）		263008	176300	
房地产业	（六）房地产估价师		66936	60762	
	（七）房地产经纪人		104894	40965	
（八）注册安全工程师（建筑施工安全）			8566	51999	
总计			2165140	1270217	

【完成全国注册建筑师管委会换届】按照去行政化的要求，会同住房和城乡建设部建筑市场监管司指导中国建筑学会、注册中心研究酝酿全国注册建筑师管委会人选名单。5月，住房和城乡建设部联合人社部印发通知，组建新一届全国注册建筑师管理委员会人员，召开全国注册建筑师管理委员会换届会议，易军副部长出席并讲话。

【优化职业资格专业设置】积极与人社部沟通推进勘察设计工程师相关工作，取消勘察设计注册工程师石油天然气、冶金、采矿/矿物、机械4个专业类别的准入类职业资格，启动组建新一届全国勘察设计注册工程师管理委员会。

【完善执业资格相关制度】为统一和规范注册建筑师职业资格设置和管理，加强专业技术人才队伍建设，进一步优化营商环境，会同市场司指导全国注册建筑师管理委员会修订并印发《全国注册建筑师管理委员会章程（试行）》。

5.1.4　人才工作

【开展行业从业人员职业技能鉴定工作试点】为做好国家职业资格目录清单中涉及住房和城乡建设行业的11个技能人员职业工种技能鉴定工作，2019年1月，印发了《住房和城乡建设部关于做好住房和城乡建设行业职业技能鉴定工作的通知》（建人〔2019〕5号），指导各地开展相关工作。2019年8月，印发了《住房和城乡建设部办公厅关于开展住房和城乡建设行业职业技能鉴定试点工作的通知》（建办人函〔2019〕491号），确定了17家单位机构开展职业技能鉴定试点，明确了试点目标、任务、步骤等。2019年9月，住房城乡建设部执业资格注册中心在广州召开行业职业技能鉴定试点工作交流会，对试点工作进行具体部署。

【继续组织编修行业从业人员职业标准】2019 年颁布了古建筑传统木工、古建筑传统瓦工、古建筑传统油工、古建筑传统彩画工、古建筑传统石工、模板工、建筑门窗安装工行业职业技能标准。获准立项城镇燃气、城镇排水、环卫、市政、装配式建筑、建筑节能、安装等行业 40 余个工种的行业职业技能标准的编修工作。获准立项住房和城乡建设领域施工现场专业人员标准编修，历史文化名城名镇名村保护修缮工程专业人员、建设工程消防设计审查验收人员职业标准的编制工作。

【加强行业职业技能竞赛组织管理】指导中国建筑业协会、中国城市燃气协会举办吊装工、燃气管道调压工等工种行业职业技能竞赛，规范竞赛管理。积极参与世界技能大赛组织筹备工作，推荐竞赛专家、裁判、选手。在第 45 届世界技能大赛上，涉及建设行业的 14 个赛项中，混凝土、砌筑、水处理、花艺、建筑石雕 5 个赛项获得金牌，另获得 3 枚银牌、6 个优胜奖。组织专家编写了一套世界技能大赛训练导则，涵盖木工、园艺、砌筑、瓷砖贴面、水处理技术、油漆与装饰、管道与制暖、抹灰与隔墙系统 8 个赛项内容。2019 年 6 月，经住房和城乡建设部常务会审议通过，发文授予 377 名在行业技能竞赛中成绩优秀的选手"全国住房城乡建设行业技术能手"称号，弘扬工匠精神，带动全行业技能水平提升。

【推动施工现场专业人员教育培训试点工作】为进一步加强现场专业人员教育培训，落实"放管服"改革要求，2019 年 1 月印发《住房和城乡建设部关于改进住房和城乡建设领域施工现场专业人员职业培训工作的指导意见》（建人〔2019〕9 号），不断改进施工现场专业人员职业培训工作，提高施工现场专业人员技术水平和综合素质，保证工程质量安全。2019 年 6 月印发《住房和城乡建设部办公厅关于推进住房和城乡建设领域施工现场专业人员职业培训工作的通知》（建办人函〔2019〕384 号），进一步明确职责，细化培训工作流程，指导开展试点工作。2019 年 7 月，在青岛召开施工现场专业人员培训工作研讨会，对政策进行解读，进一步转变思想，切实从提高从业人员素质出发，抓好培训工作。委托并指导中国建筑工业出版社开展施工现场专业人员全国统一测试题库命题工作，共涉及 14 个岗位，命题 42337 道，终审入库 42058 道。启动了施工现场专业人员职业标准修订工作，组织专家编制并审定施工现场专业人员继续教育大纲，通过继续教育，使从业人员熟悉掌握相关新标准、新材料、新技术、新工艺，完善相关专业知识结构，提升专业素质和职业道德素养。

【加强职业教育指导】与教育部联合举办了全国职业院校职业技能竞赛，涉及工程测量、建筑装饰技能、建筑设备安装与调控（给排水）、建筑智能化系统安装与调试、建筑工程识图、建筑装饰技术应用六个赛项。指导全国住房城乡建设行业教育教学指导委员会及各专业指导委员会开展活动，研究在行业职业教育中，贯彻落实《国家职业教育改革实施方案》的要求精神。根据新版高职专业目录分两批对土木建筑类专业教学标准开展修订工作，涉及住房和城乡建设行业指导委员会指导的专业教学标准顺利完成有关工作，第一批 17 个专业教学标准待印发，第二批 13 个专业教学标准通过审查。

【深化职称制度改革】落实职称制度改革精神，指导部人力资源开发中心，进一步修改完善部职称评审工作管理办法、实施办法、专家管理办法，加快推进部高级职称评审委员会备案，组织职称评审标准修订等工作。规范开展 2019 年度职称评审工作，加强职称评审专家的动态管理和随机抽取，细化工作流程，确保职称评审工作的公平公正。2019 年度部职称评审工作各项工作顺利完成。

【加强专家管理服务】按照工作计划，成立了住房城乡建设部科学技术委员会历史文化保护与传承、住房和房地产、房地产市场服务、园林绿化、城镇水务、市政交通、城市环境卫生、建筑产业转型升级、工程质量安全、绿色建造、城市轨道交通工程建设、既有建筑抗震加固、超限高层建筑工程技术、建筑节能与绿色建筑、科技协同创新、标准化、智慧城市、建筑设计、城市设计、人居环境、城市安全与防灾减灾、农房与村镇建设 22 个专业委员会。为加强专家人才管理服务，2019 年住房城乡建设行业从业人员培训管理信息系统新增了专家库模块，将各专业委员会组成人员作为首批入库专家，为住房城乡建设行业健康发展提供智力支持。

5.2 中国建设教育协会大事记

【工作概况】

2019 年，协会在上级部门的关心和指导、协会各专业委员会的配合、各地方建设教育协会的支持和秘书处全体员工的共同努力下，会员发展数量保持持续增长；

科研工作扎实推进；各类论坛成果丰硕；竞赛和活动增加了知名度和吸引力；培训工作推陈出新；内引外联工作取得积极进展；新兴项目展示了良好的发展前景。

【协会活动】

协会组织召开了五届五次理事会、五届九次常务理事会、五届十次常务理事会、第六届会员代表大会、六届一次常务理事会、2019 年地方建设教育协会联席会议、《中国建设教育》编委会工作会议、《中国建设教育发展年度报告》编写工作会议、建筑装饰技能实训教学研讨会、首届建设行业文化论坛等，并参加了各专业委员会的年会、分会、评审会等。通过各类会议有效推动了协会工作的开展。

【第六届会员代表大会】2019 年 12 月 21 日，中国建设教育协会第六届会员代表大会在深圳召开，共有来自会员单位的 295 名代表参加了会议。大会全面总结了中国建设教育协会第五届理事会过去五年的工作，充分肯定五年来协会取得的成绩，确定未来五年里，协会将在"研究、咨询、协作、交流、服务"的工作方针指引下，全面贯彻落实新发展理念，创新工作思路，不断拓展协会工作职能，团结全国广大建设教育工作者，为建设教育事业的发展做出更大贡献。大会选举产生了协会第六届理事会，刘杰同志当选协会理事长，王凤君、李 平、刁志中、王广斌、王要武、方东平、叶浩文、李守林、吴泽、赵峰、宫长义、徐家斌、高延伟、黄志良、崔征、崔恩杰、阎卫东、彭明褚当选副理事长。在随后召开的协会六届一次理事会议决定，王凤君兼任协会秘书长，李奇、胡晓光、傅钰、赵研任副秘书长。

【协会分支机构工作】

2019 年，协会新成立了文化工作委员会、教学质量保障专业委员会、现代学徒制专业委员会、建筑工程安全专业委员会 4 个专委会。现中国建设教育协会下属 17 个分支机构。会员单位从 2019 年初的 1074 家增加到 1195 家，实现了规模与影响力的双提升。协会各分支机构积极发挥主体作用，各项工作成绩显著，发展空间不断上升。

一是常规工作常抓不懈。各分支机构先后召开了会员大会、常委扩大会、主任办公会等，建筑企业人力资源（教育）工作委员会、继续教育委员会、城市交通教育专业委员会、培训机构工作委员会按期圆满完成换届工作。协会各专委会在开展合作交流、教学研究、教育培训以及各类竞赛活动中发挥主力军作用，同时参与了《中国建设教育发展年度报告》相关章节的起草工作。

二是重点工作精心策划，各具特色。普通高等教育委员会开展了"教育教学科研立项与成果评选""教育教学改革与研究论文征集""暑期国际学校"等活动。高等职业与成人教育专业委员会，举办了中国古建筑技术师资二期培训班、"装配式+BIM"建筑技术师资培训班等，受到参培教师普遍好评。院校德育工作专业委员会开展建设类院校思政课教师学习研讨活动。技工教育委员会带领会员单位参加各级各类技能大赛，在第45届世界技能大赛上其会员单位分别获得一金一银一优胜的好成绩。建设机械职业教育专业委员会加强制度建设与风险防控，明确主体责任，规范培训行为，探索新型服务模式，积极开展公益事业。教育技术专业委员会在组织大赛及活动方面表现突出，举办的"全国高等院校学生BIM应用技能网络大赛、建筑信息模型（BIM）职业技能研修班"等交流会具有相当的影响力。房地产人力资源（教育）工作委员会在重新激活以后，举办了"第十一届全国大学生房地产策划大赛全国总决赛"。建筑工程病害防治技术教育专业委员会在既有建筑的鉴定和加固改造、建筑病害防治等方面开展了职业培训、标准制定、教材出版和公益讲座等活动。文化工作委员会举办了首届建设行业文化论坛和摄影比赛。

【地方联席会议】

2019年8月，中国建设教育协会组织、湖北省建设教育协会主办的第十七届地方建设教育协会联席会议在宜昌召开。与地方协会在职业标准及其考试大纲和教材的编制、科研课题立项和评审、职业技能大赛组织、多媒体课件比赛等方面，合作成效显著。各方在探索大协会与地方协会合作的新模式、新机制、合作内容与方式方面达成了统一共识。

【协会科研工作】

2019年，协会教育科研活动取得了以下成绩：

《中国建设教育发展报告（2018）》顺利完成出版发行工作。

教育教学科研工作。协会加大了课题按期结题的催缴力度，通过各种渠道、会议等宣传协会的科研工作，帮助会员单位做好课题的结题验收。对于验收合格的课题，做到随到随结，努力为会员单位做好服务工作。根据2017年以来教育教学科研课题结题情况统计，平均结题率为70%。

住房和城乡建设部交办的课题研究工作。积极协助住房和城乡建设部完成了《市政公用设施运行管理人员职业标准》的复审工作；配合高校专业评估，完成了评估资料的整理工作。

【协会刊物编辑工作】

2019 年，《中国建设教育》杂志全年发行纸质刊物 5000 余册。为了不断提高会刊和简报的质量，协会编辑部在突出协会特色方面狠下功夫，紧密围绕协会的中心工作、品牌产品和突出业绩进行及时报道和宣传。会刊紧密配合协会重点工作，形成了高校论坛、高职论坛、中职论坛专栏。同时根据国家形势和行业热点问题，增设了课程思政、热烈庆祝中华人民共和国成立 70 周年等 6 个栏目。

2019 年，中国建设教育协会完成了 6 期杂志和 6 期简报的编辑出版发行工作，并且及时地将刊物上传到中国知网、中国建筑工业出版社网站和协会网站。6 期刊物共刊登论文 174 篇，其他类型文章 56 篇，编辑信息 33 篇。出版专刊 2 期，发行纸质刊物 5000 余本，实现全年订阅 553 套（4006 本）。6 期简报共报道消息 15 篇。

【协会主题论坛】

2019 年，协会成功举办以下论坛。

2019 年 5 月，协会主办，文化工作委员会承办的首届建设行业文化论坛在河南省平顶山市举行，来自全国 70 余家建筑类高校及企事业单位的领导和嘉宾参加，举办 3 场主题学术报告，11 家单位作主题发言。论坛的主题为"传承·创新·发展"。

2019 年 6 月，协会主办，普通高等教育委员会组织，福建工程学院承办的第十五届全国建筑类高校书记、校（院）长论坛暨第六届中国高等建筑教育高峰论坛国际会议于在福建工程学院举行。来自全国 26 所建筑类高校的书记、校（院）长共 70 余人参加。论坛的主题为"《中国教育现代化 2035》及'一带一路'倡议下建筑类高校深化综合改革与高质量人才培养"。

2019 年 7 月，高等职业与成人教育专业委员会举办的第十一届书记院长论坛在西宁举行，来自全国的 150 多位代表参加了论坛。论坛的主题为"建设 改革 创新 发展"。

2019 年 12 月，中等职业教育专业委员会四届二次全体会员大会暨第二届书记（校长）论坛在湖南长沙召开。论坛的主题是《深化"三教"改革提升人才培养质量》。协会副理事长兼秘书长王凤君作了《全面贯彻国家职业教育改革实施方案的思考》，中建五局的高级人力资源管理师陈艳红作了《非人力资源的人力资源管理》专题报告。

2019 年 12 月，首届"全国建设类技工院校院（校）长、书记论坛"暨"技工教育委员会第七届二次会议"在安徽合肥举行，来自全国 16 所建筑类技工院校的书记、校长，以及会员单位代表共计 34 人参加。论坛的主题为《建设类技工学校的发展机遇和挑战》。

【大赛与活动】

2019 年，协会成功举办以下主题活动。

2019 年 2 月，协会顺利联合主办 2018 年中国技能大赛首届全国装配式建筑职业技能竞赛"中央空调系统安装与维护"赛项。本次竞赛分为职工组和学生组两个组别，主要检验参赛选手的中央空调系统运行操作技能，共有来自全国各地的 54 名选手报名参赛。

2019 年 2 月，协会顺利联合主办 2018 年中国技能大赛"三一杯"首届全国装配式建筑职业技能竞赛（学生组）总决赛。来自全国各地建筑类院校的 53 支代表队、106 名选手参加了总决赛。

2019 年 3 月，协会顺利联合主办 2018 年中国技能大赛"三一杯"首届全国装配式建筑职业技能竞赛（职工组）总决赛。来自全国 14 个省市的 34 家企业、41 支队伍、109 名选手参加了总决赛。

2019 年 5 月，协会主办的第十届全国高等院校"斯维尔杯"BIM 大赛总决赛在兰州、南宁两地隆重开赛。共有 459 所院校的 463 支代表队参加决赛。期间举办了"BIM-CIM 技术发展及教育交流论坛""用人单位与学生双选交流会"。

2019 年 5 月，协会主办的 2019 年全国职业院校技能大赛建筑装饰技能赛项（中职组），在青岛市黄岛区开赛。共有来自全国的 87 支代表队，174 名选手参加了比赛。

2019 年 5 月，协会主办的全国职业院校技能大赛工程测量（中职组）比赛在江苏省常州市开赛。共有来自全国的 35 支代表队、827 名选手参加了比赛。

2019 年 6 月，协会主办的 2019 年全国职业院校技能大赛（中职组）建筑设备安装与调控（给排水）赛项，在南京开赛共有来自全国的 26 支代表队、326 名选手参加了比赛。

2019 年 6 月，协会主办的水暖系统安装技能竞赛在上海开赛。

2019 年 7 ~ 8 月，协会在贵州、重庆两地举办了"大国工匠·建设未来"夏令营活动，来自全国 25 个省、市、自治区的 68 所院校的优秀大学生、优秀贫困生、骨干青年教师和标杆青年产业工人共计 87 名师生参加了夏令营。

2019 年 10 月，协会主办的 2019 年中国技能大赛——"碧桂园杯"第二届全国装配式建筑职业技能竞赛总决赛，

2019 年 10 月，协会主办的第四届全国建筑类院校虚拟建造综合实践大赛，在浙江开赛。

2019 年 10 月，协会主办的 2019 年全国高等院校 BIM 应用技能大赛在南京、长沙隆重举行。

2019 年 11 月，协会主办的第二届中国房地产校企协同创新发展峰会暨第十一届全国大学生房地产策划大赛全国总决赛在深圳举行。共有来自全国高等院校的 163 支队伍参加决赛。

2018 年 11 月，协会组团参加第十九届中国国际城市建设博览会。展会上，协会携会员单位及合作单位组建行业教育专区，展示了各单位的办学成果、科研成果及产品、课程资源成果、新型教具、教育技术成果及系列教材等内容。

2019 年 12 月，协会主办的 2019 年全国职业院校"建设教育杯"职业技能竞赛，在青岛平度市开赛。

2019 年 12 月，协会主办的"中建七局杯"庆祝新中国成立 70 周年摄影作品大赛，在河南省平顶山市举行。自 7 月份启动以来，共征集到作品 7580 幅，评出一等奖 3 名、二等奖 6 名、三等奖 9 名、优秀奖 50 名、入围奖 82 名。

【BIM 工作】

2019 年 5 月与 11 月，协会积极开展全国 BIM 应用技能考评工作。举办住房城乡建设领域 BIM 应用专业技能培训考试(统考)，同时新增有计划的"随报随考"方式，截至 2019 年底约有 1.7 万余人参加考试。通过对考生实际工作能力考核，达到提高 BIM 从业人员的知识结构与能力的目的。

协会积极组织开展全国 BIM 应用技能师资培训工作。2019 年共计开展了 5 个师资培训班。分别为:第十一届全国高等院校学生"斯维尔杯"建筑信息模型（BIM）应用技能大赛暑期师资培训班、2019 年全国高等院校 BIM 应用技能暑期师资培训班、

第二届 2019 绿色建筑模拟技术应用暑期师资培训班、第四届全国建筑类院校虚拟建造综合实践大赛暑期师资培训班、2019 年第一期 BIM 应用技能师资培训班，共计培训 495 人。

【学分银行工作】

2019 年，学分银行注册人员达到 2 万人。在与国家开放大学学分银行合作的学习成果认证、积累与转换项目"BIM 建模应用技能证书认证单元制定项目"中，已基本完成 BIM 建模证书与学历教育课程的对接研究工作，为非学历学习成果与学历教育的互融互通奠定了基础。

【培训工作】

2019 年协会培训工作呈现出一系列新特点，主要表现在：

常规培训业务规范有序，超额完成承包指标。职业能力培训共发放证书约 16 万本。在继续教育培训方面，培训人数 2915 人。在短期培训和职业技术培训方面，共发出各类培训文件 115 份，申报培训班 194 期，成功举办 104 期，71 期未办成，19 期待办。成功率 59.4%，参培人员 5000 多人次。在学历教育与取证方面，考取工程管理职业能力证书（本科）达 7811 人，建筑工程职业能力证书（专科）2000 人。

为了持续扩大影响力，协会不断开拓培训新领域，不断拓展国际合作新项目：

面向职业院校教师开展多种层次培训。成功主办《国家职业教育改革实施方案》文件解读和"1+X"证书制度等职业教育热点问题研讨会，来自全国职业院校的领导和教师、建筑企业技术人员、省市建设教育协会领导和新闻工作者等 160 余人参加了会议。"中国古建筑技术师资培训班"，受到职业院校专业教师们的一致好评。与汉斯·赛德尔基金会共同主办了"中德汽车专业技术培训班"；与浙江省建设协会合作开展金华职业学院创新创业教育师资培训，深受教师们的喜欢。

根据企业需求，协会培训中心与北京市海淀区国建教育培训中心共同组织，为中广核集团所有项目部进行了建设工程监理专业知识培训；与北京市建培文化发展中心和建筑工程病害防治技术教育专委会创新性的完成了"海南省堤坝白蚁防治技术规程草案"，填补了海南省的空白；2019 年新增检验检测类培训项目 6 个，新增了安全监管员、安全巡视员、扬尘治理员等项目，编写了教学大纲，开展了多期新增项目职业培训。此外，设备与设施管理、房地产策划和环境污染治理、地下空间工程等一批项目已经申报，陆续进入项目论证、审批和招生培训。

加强部门资源与能力建设，扩大社会影响力。建立了培训中心微信公众号，完善了培训新项目申报文本。组织企业一线专家编写了《建筑工程测量与实例》《轨道交通工程测量与实例》和《市政工程测量与实例》系列教材。举办了公益活动，培训中心领导出席了"最高人民法院建设工程施工合同新司法解释"解析及推进人民调解工作公益培训会议，取得良好社会效益。此外，积极开展院校和培训机构调研，签署多项合作协议。

第6章 2019—2020年中国建设教育相关政策、文件汇编

6.1 中共中央、国务院下发的相关文件

6.1.1 《国家职业教育改革实施方案》(国发〔2019〕4号)

2019年1月24日,国务院以国发〔2019〕4号文印发了《国家职业教育改革实施方案》,国家职业教育改革实施方案全文如下:

职业教育与普通教育是两种不同教育类型,具有同等重要地位。改革开放以来,职业教育为我国经济社会发展提供了有力的人才和智力支撑,现代职业教育体系框架全面建成,服务经济社会发展能力和社会吸引力不断增强,具备了基本实现现代化的诸多有利条件和良好工作基础。随着我国进入新的发展阶段,产业升级和经济结构调整不断加快,各行各业对技术技能人才的需求越来越紧迫,职业教育重要地位和作用越来越凸显。但是,与发达国家相比,与建设现代化经济体系、建设教育强国的要求相比,我国职业教育还存在着体系建设不够完善、职业技能实训基地建设有待加强、制度标准不够健全、企业参与办学的动力不足、有利于技术技能人才成长的配套政策尚待完善、办学和人才培养质量水平参差不齐等问题,到了必须下大力气抓好的时候。没有职业教育现代化就没有教育现代化。为贯彻全国教育大会精神,进一步办好新时代职业教育,落实《中华人民共和国职业教育法》,制定本实施方案。

总体要求与目标:坚持以习近平新时代中国特色社会主义思想为指导,把职业教育摆在教育改革创新和经济社会发展中更加突出的位置。牢固树立新发展理念,

服务建设现代化经济体系和实现更高质量更充分就业需要，对接科技发展趋势和市场需求，完善职业教育和培训体系，优化学校、专业布局，深化办学体制改革和育人机制改革，以促进就业和适应产业发展需求为导向，鼓励和支持社会各界特别是企业积极支持职业教育，着力培养高素质劳动者和技术技能人才。经过 5—10 年左右时间，职业教育基本完成由政府举办为主向政府统筹管理、社会多元办学的格局转变，由追求规模扩张向提高质量转变，由参照普通教育办学模式向企业社会参与、专业特色鲜明的类型教育转变，大幅提升新时代职业教育现代化水平，为促进经济社会发展和提高国家竞争力提供优质人才资源支撑。

具体指标：到 2022 年，职业院校教学条件基本达标，一大批普通本科高等学校向应用型转变，建设 50 所高水平高等职业学校和 150 个骨干专业（群）。建成覆盖大部分行业领域、具有国际先进水平的中国职业教育标准体系。企业参与职业教育的积极性有较大提升，培育数以万计的产教融合型企业，打造一批优秀职业教育培训评价组织，推动建设 300 个具有辐射引领作用的高水平专业化产教融合实训基地。职业院校实践性教学课时原则上占总课时一半以上，顶岗实习时间一般为 6 个月。"双师型"教师（同时具备理论教学和实践教学能力的教师）占专业课教师总数超过一半，分专业建设一批国家级职业教育教师教学创新团队。从 2019 年开始，在职业院校、应用型本科高校启动"学历证书＋若干职业技能等级证书"制度试点（以下称 1+X 证书制度试点）工作。

一、完善国家职业教育制度体系

（一）健全国家职业教育制度框架。

把握好正确的改革方向，按照"管好两端、规范中间、书证融通、办学多元"的原则，严把教学标准和毕业学生质量标准两个关口。将标准化建设作为统领职业教育发展的突破口，完善职业教育体系，为服务现代制造业、现代服务业、现代农业发展和职业教育现代化提供制度保障与人才支持。建立健全学校设置、师资队伍、教学教材、信息化建设、安全设施等办学标准，引领职业教育服务发展、促进就业创业。落实好立德树人根本任务，健全德技并修、工学结合的育人机制，完善评价机制，规范人才培养全过程。深化产教融合、校企合作，育训结合，健全多元化办学格局，推动企业深度参与协同育人，扶持鼓励企业和社会力量参与举办各类职业教育。推进资历框架建设，探索实现学历证书和职业技能等级证书互通衔接。

（二）提高中等职业教育发展水平。

优化教育结构，把发展中等职业教育作为普及高中阶段教育和建设中国特色职业教育体系的重要基础，保持高中阶段教育职普比大体相当，使绝大多数城乡新增劳动力接受高中阶段教育。改善中等职业学校基本办学条件。加强省级统筹，建好办好一批县域职教中心，重点支持集中连片特困地区每个地（市、州、盟）原则上至少建设一所符合当地经济社会发展和技术技能人才培养需要的中等职业学校。指导各地优化中等职业学校布局结构，科学配置并做大做强职业教育资源。加大对民族地区、贫困地区和残疾人职业教育的政策、金融支持力度，落实职业教育东西协作行动计划，办好内地少数民族中职班。完善招生机制，建立中等职业学校和普通高中统一招生平台，精准服务区域发展需求。积极招收初高中毕业未升学学生、退役军人、退役运动员、下岗职工、返乡农民工等接受中等职业教育；服务乡村振兴战略，为广大农村培养以新型职业农民为主体的农村实用人才。发挥中等职业学校作用，帮助部分学业困难学生按规定在职业学校完成义务教育，并接受部分职业技能学习。

鼓励中等职业学校联合中小学开展劳动和职业启蒙教育，将动手实践内容纳入中小学相关课程和学生综合素质评价。

（三）推进高等职业教育高质量发展。

把发展高等职业教育作为优化高等教育结构和培养大国工匠、能工巧匠的重要方式，使城乡新增劳动力更多接受高等教育。高等职业学校要培养服务区域发展的高素质技术技能人才，重点服务企业特别是中小微企业的技术研发和产品升级，加强社区教育和终身学习服务。建立"职教高考"制度，完善"文化素质＋职业技能"的考试招生办法，提高生源质量，为学生接受高等职业教育提供多种入学方式和学习方式。在学前教育、护理、养老服务、健康服务、现代服务业等领域，扩大对初中毕业生实行中高职贯通培养的招生规模。启动实施中国特色高水平高等职业学校和专业建设计划，建设一批引领改革、支撑发展、中国特色、世界水平的高等职业学校和骨干专业（群）。根据高等学校设置制度规定，将符合条件的技师学院纳入高等学校序列。

（四）完善高层次应用型人才培养体系。

完善学历教育与培训并重的现代职业教育体系，畅通技术技能人才成长渠道。

发展以职业需求为导向、以实践能力培养为重点、以产学研用结合为途径的专业学位研究生培养模式，加强专业学位硕士研究生培养。推动具备条件的普通本科高校向应用型转变，鼓励有条件的普通高校开办应用技术类型专业或课程。开展本科层次职业教育试点。制定中国技能大赛、全国职业院校技能大赛、世界技能大赛获奖选手等免试入学政策，探索长学制培养高端技术技能人才。服务军民融合发展，把军队相关的职业教育纳入国家职业教育大体系，共同做好面向现役军人的教育培训，支持其在服役期间取得多类职业技能等级证书，提升技术技能水平。落实好定向培养直招士官政策，推动地方院校与军队院校有效对接，推动优质职业教育资源向军事人才培养开放，建立军地网络教育资源共享机制。制订具体政策办法，支持适合的退役军人进入职业院校和普通本科高校接受教育和培训，鼓励支持设立退役军人教育培训集团（联盟），推动退役、培训、就业有机衔接，为促进退役军人特别是退役士兵就业创业作出贡献。

二、构建职业教育国家标准

（五）完善教育教学相关标准。

发挥标准在职业教育质量提升中的基础性作用。按照专业设置与产业需求对接、课程内容与职业标准对接、教学过程与生产过程对接的要求，完善中等、高等职业学校设置标准，规范职业院校设置；实施教师和校长专业标准，提升职业院校教学管理和教学实践能力。持续更新并推进专业目录、专业教学标准、课程标准、顶岗实习标准、实训条件建设标准（仪器设备配备规范）建设和在职业院校落地实施。巩固和发展国务院教育行政部门联合行业制定国家教学标准、职业院校依据标准自主制定人才培养方案的工作格局。

（六）启动 1+X 证书制度试点工作。

深化复合型技术技能人才培养培训模式改革，借鉴国际职业教育培训普遍做法，制订工作方案和具体管理办法，启动 1+X 证书制度试点工作。试点工作要进一步发挥好学历证书作用，夯实学生可持续发展基础，鼓励职业院校学生在获得学历证书的同时，积极取得多类职业技能等级证书，拓展就业创业本领，缓解结构性就业矛盾。国务院人力资源社会保障行政部门、教育行政部门在职责范围内，分别负责管理监督考核院校外、院校内职业技能等级证书的实施（技工院校内由人力资源社会保障行政部门负责），国务院人力资源社会保障行政部门组织制定职业标准，国务院教育行政部门依照职业标准牵头组织开发教学等相关标准。院校内培训可面向社会人群，院校外培训也可面向在校学生。各类职业技能等级证书具有同等效力，持有证书人员享受同等待遇。院校内实施的职业技能等级证书分为初级、中级、高级，是职业技能水平的凭证，反映职业活动和个人职业生涯发展所需要的综合能力。

（七）开展高质量职业培训。

落实职业院校实施学历教育与培训并举的法定职责，按照育训结合、长短结合、内外结合的要求，面向在校学生和全体社会成员开展职业培训。自2019年开始，围绕现代农业、先进制造业、现代服务业、战略性新兴产业，推动职业院校在10个左右技术技能人才紧缺领域大力开展职业培训。引导行业企业深度参与技术技能人才培养培训，促进职业院校加强专业建设、深化课程改革、增强实训内容、提高师资水平，全面提升教育教学质量。各级政府要积极支持职业培训，行政部门要简政放权并履行好监管职责，相关下属机构要优化服务，对于违规收取费用的要严肃处理。畅通技术技能人才职业发展通道，鼓励其持续获得适应经济社会发展需要的职业培训证书，引导和支持企业等用人单位落实相关待遇。对取得职业技能等级证书的离校未就业高校毕业生，按规定落实职业培训补贴政策。

（八）实现学习成果的认定、积累和转换。

加快推进职业教育国家"学分银行"建设，从2019年开始，探索建立职业教育个人学习账号，实现学习成果可追溯、可查询、可转换。有序开展学历证书和职业技能等级证书所体现的学习成果的认定、积累和转换，为技术技能人才持续成长拓宽通道。职业院校对取得若干职业技能等级证书的社会成员，支持其根据证书等级和类别免修部分课程，在完成规定内容学习后依法依规取得学历证书。对接受职业院校学历教育并取得毕业证书的学生，在参加相应的职业技能等级证书考试时，可免试部分内容。从2019年起，在有条件的地区和高校探索实施试点工作，制定符合国情的国家资历框架。

三、促进产教融合校企"双元"育人

（九）坚持知行合一、工学结合。

借鉴"双元制"等模式，总结现代学徒制和企业新型学徒制试点经验，校企共同研究制定人才培养方案，及时将新技术、新工艺、新规范纳入教学标准和教学内容，强化学生实习实训。健全专业设置定期评估机制，强化地方引导本区域职业院校优

化专业设置的职责，原则上每 5 年修订 1 次职业院校专业目录，学校依据目录灵活自主设置专业，每年调整 1 次专业。健全专业教学资源库，建立共建共享平台的资源认证标准和交易机制，进一步扩大优质资源覆盖面。遴选认定一大批职业教育在线精品课程，建设一大批校企"双元"合作开发的国家规划教材，倡导使用新型活页式、工作手册式教材并配套开发信息化资源。每 3 年修订 1 次教材，其中专业教材随信息技术发展和产业升级情况及时动态更新。适应"互联网＋职业教育"发展需求，运用现代信息技术改进教学方式方法，推进虚拟工厂等网络学习空间建设和普遍应用。

（十）推动校企全面加强深度合作。

职业院校应当根据自身特点和人才培养需要，主动与具备条件的企业在人才培养、技术创新、就业创业、社会服务、文化传承等方面开展合作。学校积极为企业提供所需的课程、师资等资源，企业应当依法履行实施职业教育的义务，利用资本、技术、知识、设施、设备和管理等要素参与校企合作，促进人力资源开发。校企合作中，学校可从中获得智力、专利、教育、劳务等报酬，具体分配由学校按规定自行处理。在开展国家产教融合建设试点基础上，建立产教融合型企业认证制度，对进入目录的产教融合型企业给予"金融＋财政＋土地＋信用"的组合式激励，并按规定落实相关税收政策。试点企业兴办职业教育的投资符合条件的，可按投资额一定比例抵免该企业当年应缴教育费附加和地方教育附加。厚植企业承担职业教育责任的社会环境，推动职业院校和行业企业形成命运共同体。

（十一）打造一批高水平实训基地。

加大政策引导力度，充分调动各方面深化职业教育改革创新的积极性，带动各级政府、企业和职业院校建设一批资源共享，集实践教学、社会培训、企业真实生产和社会技术服务于一体的高水平职业教育实训基地。面向先进制造业等技术技能人才紧缺领域，统筹多种资源，建设若干具有辐射引领作用的高水平专业化产教融合实训基地，推动开放共享，辐射区域内学校和企业；鼓励职业院校建设或校企共建一批校内实训基地，提升重点专业建设和校企合作育人水平。积极吸引企业和社会力量参与，指导各地各校借鉴德国、日本、瑞士等国家经验，探索创新实训基地运营模式。提高实训基地规划、管理水平，为社会公众、职业院校在校生取得职业技能等级证书和企业提升人力资源水平提供有力支撑。

（十二）多措并举打造"双师型"教师队伍。

从2019年起，职业院校、应用型本科高校相关专业教师原则上从具有3年以上企业工作经历并具有高职以上学历的人员中公开招聘，特殊高技能人才（含具有高级工以上职业资格人员）可适当放宽学历要求，2020年起基本不再从应届毕业生中招聘。加强职业技术师范院校建设，优化结构布局，引导一批高水平工科学校举办职业技术师范教育。实施职业院校教师素质提高计划，建立100个"双师型"教师培养培训基地，职业院校、应用型本科高校教师每年至少1个月在企业或实训基地实训，落实教师5年一周期的全员轮训制度。探索组建高水平、结构化教师教学创新团队，教师分工协作进行模块化教学。定期组织选派职业院校专业骨干教师赴国外研修访学。在职业院校实行高层次、高技能人才以直接考察的方式公开招聘。建立健全职业院校自主聘任兼职教师的办法，推动企业工程技术人员、高技能人才和职业院校教师双向流动。职业院校通过校企合作、技术服务、社会培训、自办企业等所得收入，可按一定比例作为绩效工资来源。

四、建设多元办学格局

（十三）推动企业和社会力量举办高质量职业教育。

各级政府部门要深化"放管服"改革，加快推进职能转变，由注重"办"职业教育向"管理与服务"过渡。政府主要负责规划战略、制定政策、依法依规监管。发挥企业重要办学主体作用，鼓励有条件的企业特别是大企业举办高质量职业教育，各级人民政府可按规定给予适当支持。完善企业经营管理和技术人员与学校领导、骨干教师相互兼职兼薪制度。2020年初步建成300个示范性职业教育集团（联盟），带动中小企业参与。支持和规范社会力量兴办职业教育培训，鼓励发展股份制、混合所有制等职业院校和各类职业培训机构。建立公开透明规范的民办职业教育准入、审批制度，探索民办职业教育负面清单制度，建立健全退出机制。

（十四）做优职业教育培训评价组织。

职业教育包括职业学校教育和职业培训，职业院校和应用型本科高校按照国家教学标准和规定职责完成教学任务和职业技能人才培养。同时，也必须调动社会力量，补充校园不足，助力校园办学。能够依据国家有关法规和职业标准、教学标准完成的职业技能培训，要更多通过职业教育培训评价组织（以下简称培训评价组织）等参与实施。政府通过放宽准入，严格末端监督执法，严格控制数量，扶优、扶大、扶强，保证培训质量和学生能力水平。要按照在已成熟的品牌中遴选一批、在成长中的品牌中培育一批、在有需要但还没有建立项目的领域中规划一批的原则，以社会化机制公开招募并择优遴选培训评价组织，优先从制订过国家职业标准并完成标准教材编写，具有专家、师资团队、资金实力和 5 年以上优秀培训业绩的机构中选择。培训评价组织应对接职业标准，与国际先进标准接轨，按有关规定开发职业技能等级标准，负责实施职业技能考核、评价和证书发放。政府部门要加强监管，防止出现乱培训、滥发证现象。行业协会要积极配合政府，为培训评价组织提供好服务环境支持，不得以任何方式收取费用或干预企业办学行为。

五、完善技术技能人才保障政策

（十五）提高技术技能人才待遇水平。

支持技术技能人才凭技能提升待遇，鼓励企业职务职级晋升和工资分配向关键岗位、生产一线岗位和紧缺急需的高层次、高技能人才倾斜。建立国家技术技能大师库，鼓励技术技能大师建立大师工作室，并按规定给予政策和资金支持，支持技术技能大师到职业院校担任兼职教师，参与国家重大工程项目联合攻关。积极推动职业院校毕业生在落户、就业、参加机关事业单位招聘、职称评审、职级晋升等方面与普通高校毕业生享受同等待遇。逐步提高技术技能人才特别是技术工人收入水平和地位。机关和企事业单位招用人员不得歧视职业院校毕业生。国务院人力资源社会保障行政部门会同有关部门，适时组织清理调整对技术技能人才的歧视政策，推动形成人人皆可成才、人人尽展其才的良好环境。按照国家有关规定加大对职业院校参加有关技能大赛成绩突出毕业生的表彰奖励力度。办好职业教育活动周和世界青年技能日宣传活动，深入开展"大国工匠进校园""劳模进校园""优秀职校生校园分享"等活动，宣传展示大国工匠、能工巧匠和高素质劳动者的事迹和形象，培育和传承好工匠精神。

（十六）健全经费投入机制。

各级政府要建立与办学规模、培养成本、办学质量等相适应的财政投入制度，地方政府要按规定制定并落实职业院校生均经费标准或公用经费标准。在保障教育合理投入的同时，优化教育支出结构，新增教育经费要向职业教育倾斜。鼓励社会力量捐资、出资兴办职业教育，拓宽办学筹资渠道。进一步完善中等职业学校生均拨款制度，各地中等职业学校生均财政拨款水平可适当高于当地普通高中。

各地在继续巩固落实好高等职业教育生均财政拨款水平达到 12000 元的基础上，根据发展需要和财力可能逐步提高拨款水平。组织实施好现代职业教育质量提升计划、产教融合工程等。经费投入要进一步突出改革导向，支持校企合作，注重向中西部、贫困地区和民族地区倾斜。进一步扩大职业院校助学金覆盖面，完善补助标准动态调整机制，落实对建档立卡等家庭经济困难学生的倾斜政策，健全职业教育奖学金制度。

六、加强职业教育办学质量督导评价

（十七）建立健全职业教育质量评价和督导评估制度。

以学习者的职业道德、技术技能水平和就业质量，以及产教融合、校企合作水平为核心，建立职业教育质量评价体系。定期对职业技能等级证书有关工作进行"双随机、一公开"的抽查和监督，从 2019 年起，对培训评价组织行为和职业院校培训质量进行监测和评估。实施职业教育质量年度报告制度，报告向社会公开。完善政府、行业、企业、职业院校等共同参与的质量评价机制，积极支持第三方机构开展评估，将考核结果作为政策支持、绩效考核、表彰奖励的重要依据。完善职业教育督导评估办法，建立职业教育定期督导评估和专项督导评估制度，落实督导报告、公报、约谈、限期整改、奖惩等制度。国务院教育督导委员会定期听取职业教育督导评估情况汇报。

（十八）支持组建国家职业教育指导咨询委员会。

为把握正确的国家职业教育改革发展方向，创新我国职业教育改革发展模式，提出重大政策研究建议，参与起草、制订国家职业教育法律法规，开展重大改革调研，提供各种咨询意见，进一步提高政府决策科学化水平，规划并审议职业教育标准等，在政府指导下组建国家职业教育指导咨询委员会。成员包括政府人员、职业教育专家、行业企业专家、管理专家、职业教育研究人员、中华职业教育社等团体和社会各方面热心职业教育的人士。通过政府购买服务等方式，听取咨询机构提出的意见建议并鼓励社会和民间智库参与。政府可以委托国家职业教育指导咨询委员会作为第三方，对全国职业院校、普通高校、校企合作企业、培训评价组织的教育管理、教学质量、办学方式模式、师资培养、学生职业技能提升等情况，进行指导、考核、评估等。

七、做好改革组织实施工作

（十九）加强党对职业教育工作的全面领导。

以习近平新时代中国特色社会主义思想特别是习近平总书记关于职业教育的重要论述武装头脑、指导实践、推动工作。加强党对教育事业的全面领导，全面贯彻党的教育方针，落实中央教育工作领导小组各项要求，保证职业教育改革发展正确方向。要充分发挥党组织在职业院校的领导核心和政治核心作用，牢牢把握学校意识形态工作领导权，将党建工作与学校事业发展同部署、同落实、同考评。指导职业院校上好思想政治理论课，实施好中等职业学校"文明风采"活动，推进职业教育领域"三全育人"综合改革试点工作，使各类课程与思想政治理论课同向同行，努力实现职业技能和职业精神培养高度融合。加强基层党组织建设，有效发挥基层党组织的战斗堡垒作用和共产党员的先锋模范作用，带动学校工会、共青团等群团组织和学生会组织建设，汇聚每一位师生员工的积极性和主动性。

（二十）完善国务院职业教育工作部际联席会议制度。

国务院职业教育工作部际联席会议由教育、人力资源社会保障、发展改革、工业和信息化、财政、农业农村、国资、税务、扶贫等单位组成，国务院分管教育工作的副总理担任召集人。联席会议统筹协调全国职业教育工作，研究协调解决工作中重大问题，听取国家职业教育指导咨询委员会等方面的意见建议，部署实施职业教育改革创新重大事项，每年召开两次会议，各成员单位就有关工作情况向联席会议报告。国务院教育行政部门负责职业教育工作的统筹规划、综合协调、宏观管理，国务院教育行政部门、人力资源社会保障行政部门和其他有关部门在职责范围内，分别负责有关的职业教育工作。各成员单位要加强沟通协调，做好相关政策配套衔接，在国家和区域战略规划、重大项目安排、经费投入、企业办学、人力资源开发等方面形成政策合力。推动落实《中华人民共和国职业教育法》，为职业教育改革创新提供重要的制度保障。

6.1.2　《关于深化新时代学校思想政治理论课改革创新的若干意见》

2019 年 8 月，中共中央办公厅、国务院办公厅印发了《关于深化新时代学校思想政治理论课改革创新的若干意见》，并发出通知，要求各地区各部门结合实际认真贯彻落实。《关于深化新时代学校思想政治理论课改革创新的若干意见》全文如下。

为深入贯彻落实习近平新时代中国特色社会主义思想和党的十九大精神，贯彻落实习近平总书记关于教育的重要论述，特别是在学校思想政治理论课教师座谈会上的重要讲话精神，全面贯彻党的教育方针，解决好培养什么人、怎样培养人、为谁培养人这个根本问题，坚持不懈用习近平新时代中国特色社会主义思想铸魂育人，现就深化新时代学校思想政治理论课（以下简称思政课）改革创新提出如下意见。

一、重要意义和总体要求

1. 重要意义。教育是国之大计、党之大计，承担着立德树人的根本任务。思政课是落实立德树人根本任务的关键课程，发挥着不可替代的作用。党的十八大以来，以习近平同志为核心的党中央高度重视思政课建设，作出一系列重大决策部署，各地区各部门和各级各类学校采取有力措施认真贯彻落实，思政课建设取得显著成效。同时也要看到，面对新形势新任务新挑战，有的地方和学校对思政课重要性认识还不够到位，课堂教学效果还需提升，教材内容不够鲜活，教师选配和培养工作存在短板，体制机制有待完善，评价和支持体系有待健全，大中小学思政课一体化建设需要深化，民办学校、中外合作办学思政课建设相对薄弱，各类课程同思政课建设的协同效应有待增强，学校、家庭、社会协同推动思政课建设的合力没有完全形成，全党全社会关心支持思政课建设的氛围不够浓厚。办好思政课，要放在世界百年未有之大变局、党和国家事业发展全局中来看待，要从坚持和发展中国特色社会主义、建设社会主义现代化强国、实现中华民族伟大复兴的高度来对待。思政课建设只能加强、不能削弱，必须切实增强办好思政课的信心，全面提高思政课质量和水平。

2. 指导思想。全面贯彻党的教育方针，坚持马克思主义指导地位，贯彻落实习近平新时代中国特色社会主义思想，坚持社会主义办学方向，落实立德树人根本任务，坚持教育为人民服务、为中国共产党治国理政服务、为巩固和发展中国特色社会主义制度服务、为改革开放和社会主义现代化建设服务，扎根中国大地办教育，同生产劳动和社会实践相结合，加快推进教育现代化、建设教育强国、办好人民满意的教育，努力培养担当民族复兴大任的时代新人，培养德智体美劳全面发展的社会主义建设者和接班人。

3. 基本原则。一是坚持党对思政课建设的全面领导，把加强和改进思政课建设摆在突出位置。二是坚持思政课建设与党的创新理论武装同步推进，全面推动习近平新时代中国特色社会主义思想进教材进课堂进学生头脑，把社会主义核心价值观贯穿国民教育全过程。三是坚持守正和创新相统一，落实新时代思政课改革创新要求，不断增强思政课的思想性、理论性和亲和力、针对性。四是坚持思政课在课程体系中的政治引领和价值引领作用，统筹大中小学思政课一体化建设，推动各类课程与思政课建设形成协同效应。五是坚持培养高素质专业化思政课教师队伍，积极为这支队伍成长发展搭建平台、创造条件。六是坚持问题导向和目标导向相结合，注重推动思政课建设内涵式发展，全面提升学生思想政治理论素养，实现知、情、意、行的统一。

二、完善思政课课程教材体系

4. 整体规划思政课课程目标。在大中小学循序渐进、螺旋上升地开设思政课，引导学生立德成人、立志成才，树立正确世界观、人生观、价值观，坚定对马克思主义的信仰，坚定对社会主义和共产主义的信念，增强中国特色社会主义道路自信、理论自信、制度自信、文化自信，厚植爱国主义情怀，把爱国情、强国志、报国行自觉融入坚持和发展中国特色社会主义事业、建设社会主义现代化强国、实现中华民族伟大复兴的奋斗之中。大学阶段重在增强使命担当，引导学生矢志不渝听党话跟党走，争做社会主义合格建设者和可靠接班人。高中阶段重在提升政治素养，引导学生衷心拥护党的领导和我国社会主义制度，形成做社会主义建设者和接班人的政治认同。初中阶段重在打牢思想基础，引导学生把党、祖国、人民装在心中，强化做社会主义建设者和接班人的思想意识。小学阶段重在启蒙道德情感，引导学生形成爱党、爱国、爱社会主义、爱人民、爱集体的情感，具有做社会主义建设者和接班人的美好愿望。

5. 调整创新思政课课程体系。加强以习近平新时代中国特色社会主义思想为核心内容的思政课课程群建设。在保持思政课必修课程设置相对稳定基础上，结合大中小学各学段特点构建形成必修课加选修课的课程体系。全国重点马克思主义学院率先全面开设"习近平新时代中国特色社会主义思想概论"课。博士阶段开设"中国马克思主义与当代"，硕士阶段开设"中国特色社会主义理论与实践研究"，本科阶段开设"马克思主义基本原理概论""毛泽东思想和中国特色社会主义理论体系概论""中国近现代史纲要""思想道德修养与法律基础""形势与政策"，专科阶段开设"毛泽东思想和中国特色社会主义理论体系概论""思想道德修养与法律基础""形势与政策"等必修课。各高校要重点围绕习近平新时代中国特色社会主义思想，党史、国史、改革开放史、社会主义发展史，宪法法律，中华优秀传统文化等设定课程模块，开设系列选择性必修课程。高中阶段开设"思想政治"必修课程，围绕学习习近平总书记最新重要讲话精神开设"思想政治"选择性必修课程。初中、小学阶段开设"道德与法治"必修课程，可结合校本课程、兴趣班开设思政类选修课程。

6.统筹推进思政课课程内容建设。坚持用习近平新时代中国特色社会主义思想铸魂育人，以政治认同、家国情怀、道德修养、法治意识、文化素养为重点，以爱党、爱国、爱社会主义、爱人民、爱集体为主线，坚持爱国和爱党爱社会主义相统一，系统开展马克思主义理论教育，系统进行中国特色社会主义和中国梦教育、社会主义核心价值观教育、法治教育、劳动教育、心理健康教育、中华优秀传统文化教育。遵循学生认知规律设计课程内容，体现不同学段特点，研究生阶段重在开展探究性学习，本专科阶段重在开展理论性学习，高中阶段重在开展常识性学习，初中阶段重在开展体验性学习，小学阶段重在开展启蒙性学习。

7.加强思政课教材体系建设。国家教材委员会统筹大中小学思政课教材建设，科学制定教材建设规划，注重提升思政课教材的政治性、时代性、科学性、可读性。国家统一开设的大中小学思政课教材全部由国家教材委员会组织统编统审统用，在教材中及时融入马克思主义中国化最新成果、坚持和发展中国特色社会主义最新经验、马克思主义理论学科最新研究进展。地方或学校开设的思政课选修课教材，由各地负责组织审定。研究编制习近平新时代中国特色社会主义思想进课程教材指导纲要，研究编制中华优秀传统文化、革命文化、社会主义先进文化、科技创新文化及总体国家安全观等进课程教材指南，编制中华民族古代历史和革命建设改革时期英雄人物、先进模范进课程教材图谱，分课程组织编写高校思政课专题教学指南，组织专家编写深度解读教材体系的示范教案，实施思政课优秀讲义出版工程，开列马克思主义经典著作、当代中国马克思主义理论著作、中华优秀传统文化典籍书单，建设思政课网络教学资源库。

三、建设一支政治强、情怀深、思维新、视野广、自律严、人格正的思政课教师队伍

8.加快壮大学校思政课教师队伍。各地在核定编制时要充分考虑思政课教师配备要求。高校要严格按照师生比不低于1∶350的比例核定专职思政课教师岗位，在编制内配足，且不得挪作他用，并尽快配备到位。制定关于加强新时代中小学思政课教师队伍建设的意见，加强中小学专职思政课教师配备。各地要统筹解决好思政课教师缺口问题。各高校可在与思政课教学内容相关的学科选择优秀教师进行培训后充实思政课教师队伍，可探索胜任思政课教学的党政管理干部转岗为专职思政课教师机制和办法，积极推动符合条件的辅导员参与思政课教学。高校要积极动员政治素质过硬的相关学科专家转任思政课教师。采取兼职的办法遴选相关单位的骨干支援高校思政课建设。各地应对民办学校指派思政课教师或组建专门讲师团。制定新时代高校思政课教师队伍建设规定。

9. 切实提高思政课教师综合素质。以培育一大批优秀马克思主义理论教育家为目标，制定思政课教师队伍培养培训规划，在中央党校（国家行政学院）及地方党校（行政学院）面向思政课教师举办学习习近平新时代中国特色社会主义思想专题研修班，办好"周末理论大讲堂"、骨干教师研修班，实施好思政课教师在职攻读马克思主义理论博士学位专项计划。建强高校思政课教师研修基地，依托首批全国重点马克思主义学院所在高校重点开展理论研修，依托高水平师范类院校重点开展教学研修，全面提升每一位思政课教师的理论功底、知识素养。建立一批"新时代高校思想政治理论课教师研学基地"，组织思政课教师在国内考察调研，在深入了解党和人民伟大实践中汲取养分、丰富思想。组织思政课骨干教师赴国外调研，拓宽国际视野，在比较分析中坚定"四个自信"。完善国家、省（自治区、直辖市）、学校三级培训体系。本科院校按在校生总数每生每年不低于 40 元，专科院校按每生每年不低于 30 元的标准提取专项经费，用于思政课教师的学术交流、实践研修等，并逐步加大支持力度。中央和地方主流媒体的政论、时政节目要积极推出优秀思政课教师传播理论成果，展示综合素质，增强社会影响力。

10. 切实改革思政课教师评价机制。严把政治关、师德关、业务关，明确与思政课教师教学科研特点相匹配的评价标准，进一步提高评价中教学和教学研究占比。各高校在专业技术职务（职称）评聘工作中，要单独设立马克思主义理论类别，校级专业技术职务（职称）评聘委员会要有同比例的马克思主义理论学科专家。按教师比例核定思政课教师专业技术职务（职称）各类岗位占比，高级专业技术职务（职称）岗位比例不低于学校平均水平，指标不得挪作他用。要将思政课教师在中央和地方主要媒体上发表的理论文章纳入学术成果范畴。实行不合格思政课教师退出机制。

11.加大思政课教师激励力度。增强教师的职业认同感、荣誉感、责任感，把思政课教师和辅导员中的优秀分子纳入各类高层次人才项目，在"万人计划""长江学者奖励计划""四个一批"等人才项目中加大倾斜支持力度。各地要因地制宜设立思政课教师和辅导员岗位津贴，纳入绩效工资管理，相应核增学校绩效工资总量。要把思政课教师作为学校干部队伍重要来源，学校党政管理干部原则上应有思政课教师、辅导员或班主任工作经历。党和国家设立的荣誉称号要注重表彰优秀思政课教师，教育部门要大力推选思政课教师年度影响力人物等先进典型。对立场坚定、学养深厚、联系实际、成果突出的思政课教师优秀代表加大宣传力度，发挥示范引领作用。

12.大力加强思政课教师队伍后备人才培养工作。注重选拔培养高素质人才从事马克思主义理论学习研究和教育教学，统筹推进马克思主义理论学科本硕博一体化人才培养，构建完善马克思主义理论学科本硕博学科体系和课程体系。全国重点马克思主义学院通过提前批次录取或综合考核招生等方式招收马克思主义理论专业本科生，给予推免政策倾斜鼓励优秀马克思主义理论专业本科生攻读硕士学位，采取硕博连读或直接攻读博士学位的方式加强培养。深入实施"高校思想政治理论课教师队伍后备人才培养专项支持计划"，专门招收马克思主义理论学科研究生，并逐步按需增加招生培养指标。加强思政课教师队伍后备人才思想政治工作，加大发展党员力度，提高党员发展质量。

四、不断增强思政课的思想性、理论性和亲和力、针对性

13.加大思想性、理论性资源供给。进一步建强马克思主义理论学科，进入世界一流大学建设的高校应将马克思主义理论学科设为重点建设学科，为思政课建设提供坚实学科支撑。深入研究坚持和发展中国特色社会主义的重大理论和实践问题，为增强思政课的思想性、理论性提供多角度学术支持。充分发挥马克思主义理论学科的领航作用，大力推进中国特色社会主义学科体系建设。根据需求逐步增加马克思主义理论学科博士学位授权点，支持有关高校联合申报马克思主义理论学科博士学位授权点。组织思政课教师及时学习习近平总书记最新重要讲话精神，及时学习相关文件精神，全面理解和准确把握党中央重大决策部署。

14.加大思政课教研工作力度。建立健全大中小学思政课教师一体化备课机制，普遍实行思政课教师集体备课制度，全面提升教研水平。遴选学科带头人担任各门课集体备课牵头人,学校领导干部要积极支持和主动参与。建立思政课教师"手拉手"备课机制,发挥思政课建设强校和高水平思政课专家示范带动作用。加强"全国高校思想政治理论课教师网络集体备课平台"建设,完善思政课教师网络备课服务支撑系统。建立纵向跨学段、横向跨学科的交流研修机制,深入开展相邻学段思政课教师教学交流研讨。推动建立思政课教师与其他学科专业教师交流机制。大力推进思政课教学方法改革,提升思政课教师信息化能力素养,推动人工智能等现代信息技术在思政课教学中应用,建设一批国家级虚拟仿真思政课体验教学中心。

15. 切实加强思政课课题研究和成果交流。国家社科基金规划项目、教育部人文社科研究项目等设立思政课教师研究专项,开展思政课教学重点难点问题和教学方法改革创新等研究,逐步加大对相关课题研究的支持力度。各地要参照设立相关项目并给予经费投入。加强马克思主义理论教学科研成果学术阵地建设,首批重点建设10家学术期刊和若干学术网站,支持新创办一定数量的思政课研究学术期刊。制定思政课教师发表文章的重点报刊目录,将《人民日报》《求是》《解放军报》《光明日报》《经济日报》等中央媒体及地方党报党刊列入其中。委托高校马克思主义学院分片建立高校思政课教学创新中心,设立一批思政课教学质量监测基地。在国家级教学成果奖中单列思政课专项,每2年开展1次全国思政课教学展示活动,定期开展优秀思政课示范课巡讲活动。打造一批思政课国家精品在线开放课程,探索建设融媒体思政公开课,推动优质教学资源共享。

16. 全面提升高校马克思主义学院建设水平。强化"马院姓马、在马言马"的鲜明导向,把思政课教学作为高校马克思主义学院基本职责,将马克思主义学院作为重点学院、马克思主义理论学科作为重点学科、思政课作为重点课程加强建设,在发展规划、人才引进、公共资源使用等方面给予马克思主义学院优先保障。建好建强一批全国重点马克思主义学院和示范性马克思主义学院,依托有条件的高校马克思主义学院建设一批习近平新时代中国特色社会主义思想研究院。建立和完善马克思主义理论学科体系,实施马克思主义理论学科领航工程,在马克思主义理论学习研究宣传上发挥引领带动作用。全面推动各地宣传、教育等部门共建所在地区高校马克思主义学院。实施马克思主义学院院长培养工程,加强马克思主义学院领导班子建设。

17. 整体推进高校课程思政和中小学学科德育。深度挖掘高校各学科门类专业课程和中小学语文、历史、地理、体育、艺术等所有课程蕴含的思想政治教育资源，解决好各类课程与思政课相互配合的问题，发挥所有课程育人功能，构建全面覆盖、类型丰富、层次递进、相互支撑的课程体系，使各类课程与思政课同向同行，形成协同效应。建成一批课程思政示范高校，推出一批课程思政示范课程，选树一批课程思政教学名师和团队，建设一批高校课程思政教学研究示范中心。

五、加强党对思政课建设的领导

18.严格落实地方党委思政课建设主体责任。地方各级党委要把思政课建设作为党的建设和意识形态工作的标志性工程摆上重要议程，党委常委会每年至少召开1次专题会议研究思政课建设，抓住制约思政课建设的突出问题，在工作格局、队伍建设、支持保障等方面采取有效措施。建立和完善省（自治区、直辖市）党委领导班子成员联系高校和讲思政课特别是"形势与政策"课制度，各省（自治区、直辖市）党委和政府主要负责同志每学期结合学习和工作至少讲1次课。各地要把民办学校、中外合作办学院校纳入思政课建设整体布局。思政课建设情况纳入各级党委领导班子考核和政治巡视。

19.推动建立高校党委书记、校长带头抓思政课机制。加强和改进高校领导干部深入基层联系学生工作，推动高校领导干部兼任班主任等工作，建立健全高校党委书记、校长及职能部门力量深入一线了解学生思想动态、服务学生发展的制度性安排。高校党委书记、校长作为思政课建设第一责任人，要结合自身学科背景和工作经历，带头走进课堂听课讲课、带头推动思政课建设、带头联系思政课教师。高校党委常委会每学期至少召开1次会议专题研究思政课建设，高校党委书记、校长每学期至少给学生讲授4个课时思政课，高校领导班子其他成员每学期至少给学生讲授2个课时思政课，可重点讲授"形势与政策"课。开学典礼、毕业典礼讲话等要鲜明体现党的教育方针、积极传播马克思主义科学理论、弘扬社会主义核心价值观。要把思政课建设情况纳入学校党的建设工作考核、办学质量和学科建设评估标准体系。

20.积极拓展思政课建设格局。中央教育工作领导小组要把思政课建设纳入重要议事日程，教育部、中央宣传部等部门要牵头抓好思政课建设，中央军委政治工作部要指导抓好军队院校思政课建设。教育部成立大中小学思政课一体化建设指导委员会，加强对不同类型思政课建设分类指导。有关部门和各地要保证思政课管理人员配备，确保事有人干、责有人负。强化中考、高考、研究生招生考试对学生学习思政课的指挥棒作用，将思政课学习实践情况等作为重要内容纳入综合素质评价体系，探索记入本人档案，作为学生评奖评优重要标准，作为加入中国少年先锋队、中国共产主义青年团、中国共产党的重要参考。坚持开门办思政课，推动思政课实践教学与学生社会实践活动、志愿服务活动结合，思政小课堂和社会大课堂结合，鼓励党政机关、企事业单位等就近与高校对接，挂牌建立思政课实践教学基地，完善思政课实践教学机制。制定关于加快构建高校思想政治工作体系的意见，汇聚办好思政课合力。加大正面宣传和舆论引导力度，推动形成全党全社会努力办好思政课、教师认真讲好思政课、学生积极学好思政课的良好氛围。

6.2　教育部下发的相关文件

6.2.1　《关于实施中国特色高水平高职学校和专业建设计划的意见》（教职成〔2019〕5 号）

2019 年 3 月 29 日，教育部、财政部以教职成〔2019〕5 号文印发了《关于实施中国特色高水平高职学校和专业建设计划的意见》，该意见全文如下：

各省、自治区、直辖市教育厅（教委）、财政厅（局），新疆生产建设兵团教育局、财政局：

为深入贯彻落实全国教育大会精神，落实《国家职业教育改革实施方案》，集中力量建设一批引领改革、支撑发展、中国特色、世界水平的高职学校和专业群，带动职业教育持续深化改革，强化内涵建设，实现高质量发展，现就实施中国特色高水平高职学校和专业建设计划（以下简称"双高计划"）提出如下意见。

一、总体要求

（一）指导思想

以习近平新时代中国特色社会主义思想为指导，牢固树立新发展理念，服务建设现代化经济体系和更高质量更充分就业需要，扎根中国、放眼世界、面向未来，强力推进产教融合、校企合作，聚焦高端产业和产业高端，重点支持一批优质高职学校和专业群率先发展，引领职业教育服务国家战略、融入区域发展、促进产业升级，为建设教育强国、人才强国作出重要贡献。

（二）基本原则

——坚持中国特色。扎根中国大地，全面贯彻党的教育方针，坚定社会主义办学方向，完善职业教育和培训体系，健全德技并修、工学结合的育人机制，服务新时代经济高质量发展，为中国产业走向全球产业中高端提供高素质技术技能人才支撑。

——坚持产教融合。创新高等职业教育与产业融合发展的运行模式，精准对接区域人才需求，提升高职学校服务产业转型升级的能力，推动高职学校和行业企业形成命运共同体，为加快建设现代产业体系，增强产业核心竞争力提供有力支撑。

——坚持扶优扶强。质量为先、以点带面，兼顾区域和产业布局，支持基础条件优良、改革成效突出、办学特色鲜明的高职学校和专业群率先发展，积累可复制、可借鉴的改革经验和模式，发挥示范引领作用。

——坚持持续推进。按周期、分阶段推进建设，实行动态管理、过程监测、有进有出、优胜劣汰，完善持续支持高水平高职学校和专业群建设的机制，实现高质量发展。

——坚持省级统筹。发挥地方支持职业教育改革发展的积极性和主动性，加大资金和政策保障力度。中央财政以奖补的形式通过相关转移支付给予引导支持。多渠道扩大资源供给，构建政府行业企业学校协同推进职业教育发展新机制。

（三）总体目标

围绕办好新时代职业教育的新要求，集中力量建设 50 所左右高水平高职学校和 150 个左右高水平专业群，打造技术技能人才培养高地和技术技能创新服务平台，支撑国家重点产业、区域支柱产业发展，引领新时代职业教育实现高质量发展。

到 2022 年，列入计划的高职学校和专业群办学水平、服务能力、国际影响显著提升，为职业教育改革发展和培养千万计的高素质技术技能人才发挥示范引领作用，使职业教育成为支撑国家战略和地方经济社会发展的重要力量。形成一批有效支撑职业教育高质量发展的政策、制度、标准。

到 2035 年，一批高职学校和专业群达到国际先进水平，引领职业教育实现现代化，为促进经济社会发展和提高国家竞争力提供优质人才资源支撑。职业教育高质量发展的政策、制度、标准体系更加成熟完善，形成中国特色职业教育发展模式。

二、改革发展任务

（四）加强党的建设

深入推进习近平新时代中国特色社会主义思想进教材进课堂进头脑，大力开展理想信念教育和社会主义核心价值观教育，构建全员全过程全方位育人的思想政治工作格局，实现职业技能和职业精神培养高度融合。落实党委领导下的校长负责制，充分发挥党组织在学校的领导核心和政治核心作用，牢牢把握意识形态主动权，引导广大师生树牢"四个意识"、坚定"四个自信"、坚决做到"两个维护"。加强基层党组织建设，将党的建设与学校事业发展同部署、同落实、同考评，有效发挥基层党组织战斗堡垒作用和共产党员先锋模范作用，带动学校工会、共青团等群团组织和学生会组织建设，为学校改革发展提供坚强组织保证。

（五）打造技术技能人才培养高地

落实立德树人根本任务，将社会主义核心价值观教育贯穿技术技能人才培养全过程。坚持工学结合、知行合一，加强学生认知能力、合作能力、创新能力和职业能力培养。加强劳动教育，以劳树德、以劳增智、以劳强体、以劳育美。培育和传承工匠精神，引导学生养成严谨专注、敬业专业、精益求精和追求卓越的品质。深化复合型技术技能人才培养培训模式改革，率先开展"学历证书＋若干职业技能等级证书"制度试点。在全面提高质量的基础上，着力培养一批产业急需、技艺高超的高素质技术技能人才。

（六）打造技术技能创新服务平台

对接科技发展趋势，以技术技能积累为纽带，建设集人才培养、团队建设、技术服务于一体，资源共享、机制灵活、产出高效的人才培养与技术创新平台，促进创新成果与核心技术产业化，重点服务企业特别是中小微企业的技术研发和产品升级。加强与地方政府、产业园区、行业深度合作，建设兼具科技攻关、智库咨询、英才培养、创新创业功能，体现学校特色的产教融合平台，服务区域发展和产业转型升级。进一步提高专业群集聚度和配套供给服务能力，与行业领先企业深度合作，建设兼具产品研发、工艺开发、技术推广、大师培育功能的技术技能平台，服务重点行业和支柱产业发展。

（七）打造高水平专业群

面向区域或行业重点产业，依托优势特色专业，健全对接产业、动态调整、自我完善的专业群建设发展机制，促进专业资源整合和结构优化，发挥专业群的集聚效应和服务功能，实现人才培养供给侧和产业需求侧结构要素全方位融合。校企共同研制科学规范、国际可借鉴的人才培养方案和课程标准，将新技术、新工艺、新规范等产业先进元素纳入教学标准和教学内容，建设开放共享的专业群课程教学资源和实践教学基地。组建高水平、结构化教师教学创新团队，探索教师分工协作的模块化教学模式，深化教材与教法改革，推动课堂革命。建立健全多方协同的专业群可持续发展保障机制。

（八）打造高水平双师队伍

以"四有"标准打造数量充足、专兼结合、结构合理的高水平双师队伍。培育引进一批行业有权威、国际有影响的专业群建设带头人，着力培养一批能够改进企业产品工艺、解决生产技术难题的骨干教师，合力培育一批具有绝技绝艺的技术技能大师。聘请行业企业领军人才、大师名匠兼职任教。建立健全教师职前培养、入职培训和在职研修体系。建设教师发展中心，提升教师教学和科研能力，促进教师职业发展。创新教师评价机制，建立以业绩贡献和能力水平为导向、以目标管理和目标考核为重点的绩效工资动态调整机制，实现多劳多得、优绩优酬。

（九）提升校企合作水平

与行业领先企业在人才培养、技术创新、社会服务、就业创业、文化传承等方面深度合作，形成校企命运共同体。把握全球产业发展、国内产业升级的新机遇，主动参与供需对接和流程再造，推动专业建设与产业发展相适应，实质推进协同育人。施行校企联合培养、双主体育人的中国特色现代学徒制。推行面向企业真实生产环境的任务式培养模式。牵头组建职业教育集团，推进实体化运作，实现资源共建共享。吸引企业联合建设产业学院和企业工作室、实验室、创新基地、实践基地。

（十）提升服务发展水平

培养适应高端产业和产业高端需要的高素质技术技能人才，服务中国产业走向全球产业中高端。以应用技术解决生产生活中的实际问题，切实提高生产效率、产品质量和服务品质。加强新产品开发和技术成果的推广转化，推动中小企业的技术研发和产品升级，促进民族传统工艺、民间技艺传承创新。面向脱贫攻坚主战场，积极吸引贫困地区学生到"双高计划"学校就学。服务乡村振兴战略，广泛开展面向农业农村的职业教育和培训。面向区域经济社会发展急需紧缺领域，大力开展高技能人才培训。积极主动开展职工继续教育，拓展社区教育和终身学习服务。

（十一）提升学校治理水平

健全内部治理体系，完善以章程为核心的现代职业学校制度体系，形成学校自主管理、自我约束的体制机制，推进治理能力现代化。健全学校、行业、企业、社区等共同参与的学校理事会或董事会，发挥咨询、协商、议事和监督作用。设立校级学术委员会，统筹行使学术事务的决策、审议、评定和咨询等职权。设立校级专业建设委员会和教材选用委员会，指导和促进专业建设和教学改革。发挥教职工代表大会作用，审议学校重大问题。优化内部治理结构，扩大二级院系管理自主权，发展跨专业教学组织。

（十二）提升信息化水平

加快智慧校园建设，促进信息技术和智能技术深度融入教育教学和管理服务全过程，改进教学、优化管理、提升绩效。消除信息孤岛，保证信息安全，综合运用大数据、人工智能等手段推进学校管理方式变革，提升管理效能和水平。以"信息技术＋"升级传统专业，及时发展数字经济催生的新兴专业。适应"互联网＋职业教育"需求，推进数字资源、优秀师资、教育数据共建共享，助力教育服务供给模式升级。提升师生信息素养，建设智慧课堂和虚拟工厂，广泛应用线上线下混合教学，促进自主、泛在、个性化学习。

（十三）提升国际化水平

加强与职业教育发达国家的交流合作，引进优质职业教育资源，参与制订职业教育国际标准。开发国际通用的专业标准和课程体系，推出一批具有国际影响的高质量专业标准、课程标准、教学资源，打造中国职业教育国际品牌。积极参与"一带一路"建设和国际产能合作，培养国际化技术技能人才，促进中外人文交流。探索援助发展中国家职业教育的渠道和模式。开展国际职业教育服务，承接"走出去"中资企业海外员工教育培训，建设一批鲁班工坊，推动技术技能人才本土化。

三、组织实施

（十四）建立协同推进机制

国家有关部门负责宏观布局、统筹协调、经费管理等顶层设计，围绕经济社会发展和国家战略需要，适时调整建设重点，成立项目建设咨询专家委员会，为重大政策、总体方案、审核立项、监督评价等提供咨询和支撑。各地要加强政策支持和经费保障，动员各方力量支持项目建设，对接区域经济社会发展需求，构建以"双高计划"学校为引领，区域内高职学校协调发展的格局。"双高计划"学校要深化改革创新，聚焦建设任务，科学编制建设方案和任务书，健全责任机制，扎实推进建设，确保工作成效。

（十五）加强项目实施管理

"双高计划"每五年一个支持周期，2019年启动第一轮建设。制定项目遴选管理办法，明确遴选条件和程序，公开申请、公平竞争、公正认定。项目遴选坚持质量为先、改革导向，以学校、专业的客观发展水平为基础，对职业教育发展环境好、重点工作推进有力、改革成效明显的省（区、市）予以倾斜支持。制定项目绩效评价办法，建立信息采集与绩效管理系统，实行年度评价项目建设绩效，中期调整项目经费支持额度；依据周期绩效评价结果，调整项目建设单位。发挥第三方评价作用，定期跟踪评价。建立信息公开公示网络平台，接受社会监督。

（十六）健全多元投入机制

各地新增教育经费向职业教育倾斜，在完善高职生均拨款制度、逐步提高生均拨款水平的基础上，对"双高计划"学校给予重点支持，中央财政通过现代职业教育质量提升计划专项资金对"双高计划"给予奖补支持，发挥引导作用。有关部门和行业企业以共建、共培等方式积极参与项目建设。项目学校以服务求发展，积极筹集社会资源，增强自我造血功能。

（十七）优化改革发展环境

各地要结合区域功能、产业特点探索差别化的职业教育发展路径，建立健全产教对接机制，促进人才培养与产业需求有机衔接。加大"双高计划"学校的支持力度，在领导班子、核定教师编制、高级教师岗位比例、绩效工资总量等方面按规定给予政策倾斜。深入推进"放管服"改革，在专业设置、内设机构及岗位设置、进人用人、经费使用管理上进一步扩大学校办学自主权。建立健全改革创新容错纠错机制，鼓励"双高计划"学校大胆试、大胆闯，激发和保护干部队伍敢于担当、干事创业的积极性、主动性、创造性。

6.2.2 《关于在院校实施"学历证书+若干职业技能等级证书"制度试点方案》（教职成〔2019〕6 号）

2019 年 4 月 4 日，教育部、国家发展改革委、财政部、市场监管总局以教职成〔2019〕6 号文印发了《关于在院校实施"学历证书+若干职业技能等级证书"制度试点方案》，该方案全文如下：

按照国务院印发的《国家职业教育改革实施方案》（简称"职教 20 条"）要求，经国务院职业教育工作部际联席会议研究通过，现就在院校实施"学历证书+若干职业技能等级证书"制度试点，制定以下工作方案。

一、总体要求

（一）指导思想和基本原则

以习近平新时代中国特色社会主义思想为指导，深入贯彻落实全国教育大会部署，完善职业教育和培训体系，按照高质量发展要求，坚持以学生为中心，深化复合型技术技能人才培养培训模式和评价模式改革，提高人才培养质量，畅通技术技能人才成长通道，拓展就业创业本领。

坚持政府引导、社会参与、育训结合、保障质量，管好两端、规范中间，试点先行、稳步推进的原则。加强政府统筹规划、政策支持、监督指导，引导社会力量积极参与职业教育与培训。落实职业院校学历教育和培训并举并重的法定职责，坚持学历教育与职业培训相结合，促进书证融通。严把证书标准和人才质量两个关口，规范培养培训过程。从试点做起，用改革的办法稳步推进，总结经验、完善机制、防控风险。

（二）目标任务

自 2019 年开始，重点围绕服务国家需要、市场需求、学生就业能力提升，从 10 个左右领域做起，启动 1+X 证书制度试点工作。落实"放管服"改革要求，以社会化机制招募职业教育培训评价组织（以下简称培训评价组织），开发若干职业技能等级标准和证书。有关院校将 1+X 证书制度试点与专业建设、课程建设、教师队伍建设等紧密结合，推进"1"和"X"的有机衔接，提升职业教育质量和学生就业能力。通过试点，深化教师、教材、教法"三教"改革；促进校企合作；建好用好实训基地；探索建设职业教育国家"学分银行"，构建国家资历框架。

二、试点内容

（一）培育培训评价组织

培训评价组织作为职业技能等级证书及标准的建设主体，对证书质量、声誉负总责，主要职责包括标准开发、教材和学习资源开发、考核站点建设、考核颁证等，并协助试点院校实施证书培训。按照在已成熟的品牌中遴选一批、在成长中的品牌中培育一批、在有关评价证书缺失的领域中规划准备一批的原则，面向实施职业技能水平评价相关工作的社会评价组织，以社会化机制公开招募并择优遴选参与试点。试点本着严格控制数量，扶优、扶大、扶强的原则逐步推开。地方有关部门、行业组织要热心支持培训评价组织建设和发展，不得违规收取或变相收取任何费用。

（二）开发职业技能等级证书

职业技能等级证书以社会需求、企业岗位（群）需求和职业技能等级标准为依据，对学习者职业技能进行综合评价，如实反映学习者职业技术能力，证书分为初级、中级、高级。培训评价组织按照相关规范，联合行业、企业和院校等，依据国家职业标准，借鉴国际国内先进标准，体现新技术、新工艺、新规范、新要求等，开发有关职业技能等级标准。国务院教育行政部门根据国家标准化工作要求设立有关技术组织，做好职业教育与培训标准化工作的顶层设计，创新标准建设机制，编制标准化工作指南，指导职业技能等级标准开发。试点实践中充分发挥培训评价组织的作用，鼓励其不断开发更科学、更符合社会实际需要的职业技能等级标准和证书。

（三）融入专业人才培养

院校是1+X证书制度试点的实施主体。中等职业学校、高等职业学校可结合初级、中级、高级职业技能等级开展培训评价工作，本科层次职业教育试点学校、应用型本科高校及国家开放大学可根据专业实际情况选择。试点院校要根据职业技能等级标准和专业教学标准要求，将证书培训内容有机融入专业人才培养方案，优化课程设置和教学内容，统筹教学组织与实施，深化教学方式方法改革，提高人才培养的灵活性、适应性、针对性。试点院校可以通过培训、评价使学生获得职业技能等级证书，也可探索将相关专业课程考试与职业技能等级考核统筹安排，同步考试（评价），获得学历证书相应学分和职业技能等级证书。深化校企合作，坚持工学结合，充分利用院校和企业场所、资源，与评价组织协同实施教学、培训。加强对有关领域校企合作项目与试点工作的统筹。

（四）实施高质量职业培训

试点院校要结合职业技能等级证书培训要求和相关专业建设，改善实训条件，盘活教学资源，提高培训能力，积极开展高质量培训。根据社会、市场和学生技能考证需要，对专业课程未涵盖的内容或需要特别强化的实训，组织开展专门培训。试点院校在面向本校学生开展培训的同时，积极为社会成员提供培训服务。社会成员自主选择证书类别、等级，在试点院校内、外进行培训。新入校园证书必须通过遴选渠道，已取消的职业资格证书不得再引入。教育行政部门、院校要建立健全进入院校内的各类证书的质量保障机制，杜绝乱培训、滥发证，保障学生权益，有关工作另行安排。

（五）严格职业技能等级考核与证书发放

培训评价组织负责职业技能等级考核与证书发放。考核内容要反映典型岗位（群）所需的职业素养、专业知识和职业技能，体现社会、市场、企业和学生个人发展需求。考核方式要灵活多样，强化对完成典型工作任务能力的考核。考核站点一般应设在符合条件的试点院校。要严格考核纪律，加强过程管理，推进考核工作科学化、标准化、规范化。要建立健全考核安全、保密制度，强化保障条件，加强考点（考场）和保密标准化建设。通过考核的学生和社会人员取得相应等级的职业技能等级证书。

（六）探索建立职业教育国家"学分银行"

国务院教育行政部门探索建立职业教育"学分银行"制度，研制相关规范，建设信息系统，对学历证书和职业技能等级证书所体现的学习成果进行登记和存储，计入个人学习账号，尝试学习成果的认定、积累与转换。学生和社会成员在按规定程序进入试点院校接受相关专业学历教育时，可按规定兑换学分，免修相应课程或模块，促进学历证书与职业技能等级证书互通。研究探索构建符合国情的国家资历框架。

（七）建立健全监督、管理与服务机制

建立职业技能等级证书和培训评价组织监督、管理与服务机制。建设培训评价组织遴选专家库和招募遴选管理办法。本着公正公平公开的原则进行公示公告。建立监督管理制度，教育行政部门和职业教育指导咨询委员会要加强对职业技能等级证书有关工作的指导，定期开展"双随机、一公开"的抽查和监督。对培训评价组织行为和院校培训质量进行监测和评估。培训评价组织的行为同时接受学校、社会、学生、家长等的监督评价。院校和学生自主选择 X 证书，同时加强引导，避免出现片面的"考证热"。

三、试点范围及进度安排

（一）试点范围

面向现代农业、先进制造业、现代服务业、战略性新兴产业等 20 个技能人才紧缺领域，率先从 10 个左右职业技能领域做起。省级教育行政部门根据有关要求对符合条件的申报院校进行备案。试点院校以高等职业学校、中等职业学校（不含技工学校）为主，本科层次职业教育试点学校、应用型本科高校及国家开放大学等积极参与，省级及以上示范（骨干、优质）高等职业学校和"中国特色高水平高职学校和专业建设计划"入选学校要发挥带头作用。

（二）进度安排

2019 年首批启动五个领域试点，已确定的五个培训评价组织对接试点院校，并启动有关信息化平台建设；陆续启动其他领域试点工作。2020 年下半年，做好试点工作阶段性总结，研究部署下一步工作。

四、组织实施

（一）明确组织分工

国务院教育行政部门负责做好 1+X 证书制度试点工作的整体规划、部署和宏观指导，对院校职业技能等级证书的实施工作负监督管理职责。国务院市场监督管理部门（国家标准化管理委员会）负责协调指导职业教育与培训标准化建设。各省级教育行政部门主要负责指导本区域 1+X 证书制度试点工作，会同省级有关部门研究制定支持激励教师参与试点工作的有关政策，将参与职业技能等级证书培训与考核相关工作列入教师和教学管理人员工作量范畴，帮助协调解决试点中出现的新情况、新问题。省级有关职能部门负责研究确定证书培训考核收费管理相关政策。试点院校党委要加强对试点工作的领导，按有关规定加大资源统筹调配力度。

（二）强化基础条件保障

各省（区、市）在政策、资金和项目等方面向参与实施试点的院校倾斜，支持学校教学实训资源与培训考核资源共建共享，推动学校建好用好学校自办、学校间联办、与企业合办、政府开办等各种类型的实训基地。要吸引社会投资进入职业教育培训领域。通过政府和社会资本合作（PPP 模式）等方式，积极支持社会资本参与实训基地建设和运营。产教融合实训基地和产教融合型企业要积极参与实施培训。

（三）加强师资队伍建设

各省（区、市）和试点院校要加强专兼结合的师资队伍建设，打造能够满足教学与培训需求的教学创新团队，促进教育培训质量全面提升。要将职业技能等级证书有关师资培训纳入职业院校教师素质提高计划项目。培训评价组织要组建来自行业企业、院校和研究机构的高素质专家队伍，面向试点院校定期开展师资培训和交流，提高教师实施教学、培训和考核评价能力。

（四）建立健全投入机制

中央财政建立奖补机制，通过相关转移支付对各省 1+X 证书制度试点工作予以奖补。各省（区、市）要加大资金投入，重点支持深化职业教育教学改革、加强技术技能人才培养培训等方面，并通过政府购买服务等方式支持开展职业技能等级证书培训和考核工作。参加职业技能等级证书考核的建档立卡等家庭经济困难学生免除有关考核费用。凡未纳入 1+X 证书制度试点范围的培训、评价、认证等，不享受试点有关经费支持。

（五）加强信息化管理与服务

建设 1+X 证书信息管理服务平台，开发集政策发布、过程监管、证书查询、监督评价等功能的权威性信息系统。参与 1+X 证书制度试点的学生，获取的职业技能等级证书都将进入服务平台，与职业教育国家学分银行个人学习账户系统对接，记录学分，并提供网络公开查询等社会化服务，便于用人单位识别和学生就业。运用大数据、云计算、移动互联网、人工智能等信息技术，提升证书考核、培训及管理水平，充分利用新技术平台，开展在线服务，提升学习者体验。

6.2.3 《关于职业院校专业人才培养方案制订与实施工作的指导意见》（教职成〔2019〕13 号）

2019 年 6 月 5 日，教育部以教职成〔2019〕13 号文印发了《关于职业院校专业人才培养方案制订与实施工作的指导意见》，全文如下：

各省、自治区、直辖市教育厅（教委），各计划单列市教育局，新疆生产建设兵团教育局：

专业人才培养方案是职业院校落实党和国家关于技术技能人才培养总体要求，组织开展教学活动、安排教学任务的规范性文件，是实施专业人才培养和开展质量评价的基本依据。党的十八大以来，职业教育教学改革不断深化，具有中国特色的国家教学标准体系框架不断完善，职业院校积极对接国家教学标准，优化专业人才培养方案，创新人才培养模式，办学水平和培养质量不断提高。但在实际工作中还一定程度存在着专业人才培养方案概念不够清晰、制订程序不够规范、内容更新不够及时、监督机制不够健全等问题。为落实《国家职业教育改革实施方案》，推进国家教学标准落地实施，提升职业教育质量，现就职业院校专业人才培养方案制订与实施工作提出如下意见。

一、总体要求

（一）指导思想

以习近平新时代中国特色社会主义思想为指导，深入贯彻党的十九大精神，按照全国教育大会部署，落实立德树人根本任务，坚持面向市场、服务发展、促进就业的办学方向，健全德技并修、工学结合育人机制，构建德智体美劳全面发展的人才培养体系，突出职业教育的类型特点，深化产教融合、校企合作，推进教师、教材、教法改革，规范人才培养全过程，加快培养复合型技术技能人才。

（二）基本原则

——坚持育人为本，促进全面发展。全面推动习近平新时代中国特色社会主义思想进教材进课堂进头脑，积极培育和践行社会主义核心价值观。传授基础知识与培养专业能力并重，强化学生职业素养养成和专业技术积累，将专业精神、职业精神和工匠精神融入人才培养全过程。

——坚持标准引领，确保科学规范。以职业教育国家教学标准为基本遵循，贯彻落实党和国家在课程设置、教学内容等方面的基本要求，强化专业人才培养方案的科学性、适应性和可操作性。

——坚持遵循规律，体现培养特色。遵循职业教育、技术技能人才成长和学生身心发展规律，处理好公共基础课程与专业课程、理论教学与实践教学、学历证书与各类职业培训证书之间的关系，整体设计教学活动。

——坚持完善机制，推动持续改进。紧跟产业发展趋势和行业人才需求，建立健全行业企业、第三方评价机构等多方参与的专业人才培养方案动态调整机制，强化教师参与教学和课程改革的效果评价与激励，做好人才培养质量评价与反馈。

二、主要内容及要求

专业人才培养方案应当体现专业教学标准规定的各要素和人才培养的主要环节要求，包括专业名称及代码、入学要求、修业年限、职业面向、培养目标与培养规格、课程设置、学时安排、教学进程总体安排、实施保障、毕业要求等内容，并附教学进程安排表等。学校可根据区域经济社会发展需求、办学特色和专业实际制订专业人才培养方案，但须满足以下基本要求。

（一）明确培养目标。依据国家有关规定、公共基础课程标准和专业教学标准，结合学校办学层次和办学定位，科学合理确定专业培养目标，明确学生的知识、能力和素质要求，保证培养规格。要注重学用相长、知行合一，着力培养学生的创新精神和实践能力，增强学生的职业适应能力和可持续发展能力。

坚持把立德树人作为根本任务，不断加强学校思想政治工作，持续深化"三全育人"综合改革，把立德树人融入思想道德教育、文化知识教育、技术技能培养、社会实践教育各环节，推动思想政治工作体系贯穿教学体系、教材体系、管理体系，切实提升思想政治工作质量。

（二）规范课程设置。课程设置分为公共基础课程和专业（技能）课程两类。

1. 严格按照国家有关规定开齐开足公共基础课程。中等职业学校应当将思想政治、语文、历史、数学、外语（英语等）、信息技术、体育与健康、艺术等列为公共基础必修课程，并将物理、化学、中华优秀传统文化、职业素养等课程列为必修课或限定选修课。高等职业学校应当将思想政治理论课、体育、军事课、心理健康教育等课程列为公共基础必修课程，并将马克思主义理论类课程、党史国史、中华优秀传统文化、职业发展与就业指导、创新创业教育、信息技术、语文、数学、外语、健康教育、美育课程、职业素养等列为必修课或限定选修课。

全面推动习近平新时代中国特色社会主义思想进课程，中等职业学校统一实施中等职业学校思想政治课程标准，高等职业学校按规定统一使用马克思主义理论研究和建设工程思政课、专业课教材。结合实习实训强化劳动教育，明确劳动教育时间，弘扬劳动精神、劳模精神，教育引导学生崇尚劳动、尊重劳动。推动中华优秀传统文化融入教育教学，加强革命文化和社会主义先进文化教育。深化体育、美育教学改革，促进学生身心健康，提高学生审美和人文素养。

根据有关文件规定开设关于国家安全教育、节能减排、绿色环保、金融知识、社会责任、人口资源、海洋科学、管理等人文素养、科学素养方面的选修课程、拓展课程或专题讲座（活动），并将有关知识融入专业教学和社会实践中。学校还应当组织开展劳动实践、创新创业实践、志愿服务及其他社会公益活动。

2.科学设置专业（技能）课程。专业（技能）课程设置要与培养目标相适应，课程内容要紧密联系生产劳动实际和社会实践，突出应用性和实践性，注重学生职业能力和职业精神的培养。一般按照相应职业岗位（群）的能力要求，确定6—8门专业核心课程和若干门专业课程。

（三）合理安排学时。三年制中职、高职每学年安排40周教学活动。三年制中职总学时数不低于3000，公共基础课程学时一般占总学时的1/3；三年制高职总学时数不低于2500，鼓励学生自主学习，公共基础课程学时应当不少于总学时的1/4。中、高职选修课教学时数占总学时的比例均应当不少于10%。一般以16—18学时计为1个学分。鼓励将学生取得的行业企业认可度高的有关职业技能等级证书或已掌握的有关技术技能，按一定规则折算为学历教育相应学分。

（四）强化实践环节。加强实践性教学，实践性教学学时原则上占总学时数50%以上。要积极推行认知实习、跟岗实习、顶岗实习等多种实习方式，强化以育人为目标的实习实训考核评价。学生顶岗实习时间一般为6个月，可根据专业实际，集中或分阶段安排。推动职业院校建好用好各类实训基地，强化学生实习实训。统筹推进文化育人、实践育人、活动育人，广泛开展各类社会实践活动。

（五）严格毕业要求。根据国家有关规定、专业培养目标和培养规格，结合学校办学实际，进一步细化、明确学生毕业要求。严把毕业出口关，确保学生毕业时完成规定的学时学分和教学环节，结合专业实际组织毕业考试（考核），保证毕业要求的达成度，坚决杜绝"清考"行为。

（六）促进书证融通。鼓励学校积极参与实施1+X证书制度试点，将职业技能等级标准有关内容及要求有机融入专业课程教学，优化专业人才培养方案。同步参与职业教育国家"学分银行"试点，探索建立有关工作机制，对学历证书和职业技能等级证书所体现的学习成果进行登记和存储，计入个人学习账号，尝试学习成果的认定、积累与转换。

（七）加强分类指导。鼓励学校结合实际，制订体现不同学校和不同专业类别特点的专业人才培养方案。对退役军人、下岗职工、农民工和新型职业农民等群体单独编班，在标准不降的前提下，单独编制专业人才培养方案，实行弹性学习时间和多元教学模式。实行中高职贯通培养的专业，结合实际情况灵活制订相应的人才培养方案。

三、制订程序

（一）规划与设计。学校应当根据本意见要求，统筹规划，制定专业人才培养方案制（修）订的具体工作方案。成立由行业企业专家、教科研人员、一线教师和学生（毕业生）代表组成的专业建设委员会，共同做好专业人才培养方案制（修）订工作。

（二）调研与分析。各专业建设委员会要做好行业企业调研、毕业生跟踪调研和在校生学情调研，分析产业发展趋势和行业企业人才需求，明确本专业面向的职业岗位（群）所需要的知识、能力、素质，形成专业人才培养调研报告。

（三）起草与审定。结合实际落实专业教学标准，准确定位专业人才培养目标与培养规格，合理构建课程体系、安排教学进程，明确教学内容、教学方法、教学资源、教学条件保障等要求。学校组织由行业企业、教研机构、校内外一线教师和学生代表等参加的论证会，对专业人才培养方案进行论证后，提交校级党组织会议审定。

（四）发布与更新。审定通过的专业人才培养方案，学校按程序发布执行，报上级教育行政部门备案，并通过学校网站等主动向社会公开，接受全社会监督。学校应建立健全专业人才培养方案实施情况的评价、反馈与改进机制，根据经济社会发展需求、技术发展趋势和教育教学改革实际，及时优化调整。

四、实施要求

（一）全面加强党的领导。加强党的领导是做好职业院校专业人才培养方案制订与实施工作的根本保证。职业院校在地方党委领导下，坚持以习近平新时代中国特色社会主义思想为指导，切实加强对专业人才培养方案制订与实施工作的领导。职业院校校级党组织会议和校长办公会要定期研究，书记、校长及分管负责人要经常性研究专业人才培养方案制订与实施。职业院校党组织负责人、校长是专业人才培养方案制订与实施的第一责任人，要把主要精力放到教育教学工作上来。

（二）强化课程思政。积极构建"思政课程＋课程思政"大格局，推进全员全过程全方位"三全育人"，实现思想政治教育与技术技能培养的有机统一。结合职业院校学生特点，创新思政课程教学模式。强化专业课教师立德树人意识，结合不同专业人才培养特点和专业能力素质要求，梳理每一门课程蕴含的思想政治教育元素，发挥专业课程承载的思想政治教育功能，推动专业课教学与思想政治理论课教学紧密结合、同向同行。

（三）组织开发专业课程标准和教案。要根据专业人才培养方案总体要求，制（修）订专业课程标准，明确课程目标，优化课程内容，规范教学过程，及时将新技术、新工艺、新规范纳入课程标准和教学内容。要指导教师准确把握课程教学要求，规范编写、严格执行教案，做好课程总体设计，按程序选用教材，合理运用各类教学资源，做好教学组织实施。

（四）深化教师、教材、教法改革。建设符合项目式、模块化教学需要的教学创新团队，不断优化教师能力结构。健全教材选用制度，选用体现新技术、新工艺、新规范等的高质量教材，引入典型生产案例。总结推广现代学徒制试点经验，普及项目教学、案例教学、情境教学、模块化教学等教学方式，广泛运用启发式、探究式、讨论式、参与式等教学方法，推广翻转课堂、混合式教学、理实一体教学等新型教学模式，推动课堂教学革命。加强课堂教学管理，规范教学秩序，打造优质课堂。

（五）推进信息技术与教学有机融合。适应"互联网＋职业教育"新要求，全面提升教师信息技术应用能力，推动大数据、人工智能、虚拟现实等现代信息技术在教育教学中的广泛应用，积极推动教师角色的转变和教育理念、教学观念、教学内容、教学方法以及教学评价等方面的改革。加快建设智能化教学支持环境，建设能够满足多样化需求的课程资源，创新服务供给模式，服务学生终身学习。

（六）改进学习过程管理与评价。严格落实培养目标和培养规格要求，加大过程考核、实践技能考核成绩在课程总成绩中的比重。严格考试纪律，健全多元化考核评价体系，完善学生学习过程监测、评价与反馈机制，引导学生自我管理、主动学习，提高学习效率。强化实习、实训、毕业设计（论文）等实践性教学环节的全过程管理与考核评价。

五、监督与指导

国务院教育行政部门负责定期修订发布中职、高职专业目录，制订发布职业教育国家教学标准，宏观指导专业人才培养方案制订与实施工作。省级教育行政部门要结合区域实际进一步提出指导意见或具体要求，推动国家教学标准落地实施；要建立抽查制度，对本地区职业院校专业人才培养方案制订、公开和实施情况进行定期检查评价，并公布检查结果。市级教育行政部门负责指导、检查、监督本地区中等职业学校专业人才培养方案制订与实施工作，并做好备案和汇总。充分发挥地方职业教育教研机构的研究咨询作用，组织开展有关交流研讨活动，指导和参与本地区职业院校专业人才培养方案制订工作。鼓励产教融合型企业、产教融合实训基地等参与专业人才培养方案的制订和实施，发挥行业、企业、家长等的作用，形成多元监督机制。

《教育部关于制定中等职业学校教学计划的原则意见》（教职成〔2009〕2 号）、《关于制订高职高专教育专业教学计划的原则意见》（教高〔2000〕2 号）自本意见印发之日起停止执行。

6.2.4　《关于加强和规范普通本科高校实习管理工作的意见》（教高函〔2019〕12 号）

2019 年 7 月 10 日，教育部以教高函〔2019〕12 号下发了《关于加强和规范普通本科高校实习管理工作的意见》，该意见全文如下：

加强大学生实践能力、创新精神和社会责任感的培养，是提高高等教育人才培养质量的重要内容。实习是高校实践教学的重要环节之一。近年来，在高校和政府机关、企事业单位和社会团体等用人单位共同努力下，产学研融合不断深入，大学生实习工作稳定开展、质量稳步提高。同时，部分高校对实习不够重视、实习经费投入不足、实习基地建设不规范、实习组织管理不到位等现象仍然存在，在一定程度上影响了人才培养质量整体提升。为进一步提高实习质量，切实维护学生、学校和实习单位的合法权益，现就加强和规范普通本科高校实习管理工作提出以下意见。

一、充分认识实习的意义和要求

1. 充分认识实习的意义。实习是人才培养的重要组成部分，是深化课堂教学的重要环节，是学生了解社会、接触生产实际，获取、掌握生产现场相关知识的重要途径，在培养学生实践能力、创新精神，树立事业心、责任感等方面有着重要作用。

2. 准确把握新时代实习的要求。当前，新一轮科技革命和产业革命奔腾而至，正在迅速改变着生产模式和生活模式。以数字化、网络化、智能化、绿色化为代表的新型生产方式，对产业运营、人力资源组织管理提出了新的要求。高校必须坚持以本为本、落实四个回归，积极应变、主动求变，把实习摆在更加重要的位置，加强实习教学改革与研究、健全实习教学体系、规范实习安排、加强条件保障和组织管理，切实加强和规范实习工作，确保人才培养质量不断提升。

二、规范实习教学安排

3.加强实习教学体系建设。高校要根据《普通高等学校本科专业类教学质量国家标准》和相关政策对实践教学的基本要求，结合专业特点和人才培养目标，系统设计实习教学体系，制定实习大纲，健全实习质量标准，科学安排实习内容。鼓励根据实习单位实际工作需求凝练实习项目，开展研究性实习，推动多专业知识能力交叉融合。

4.合理安排实习组织形式。高校要根据专业特点和实习内容，确定实习的组织形式。各类实习原则上由学校统一组织，开展集中实习。根据专业特点，毕业实习、顶岗实习可以允许学生自行选择单位分散实习。对分散实习的学生，要严格实习基地条件、实习内容的审核，加强实习过程指导和管理，确保实习质量。

5.科学制订实习方案。高校要根据实习内容，按照就地就近、相对稳定、节省经费的原则，选择专业对口、设施完备、技术先进、管理规范、符合安全生产等法律法规要求的单位进行实习。要打破理论教学固化安排，根据单位生产实际和接收能力，错峰灵活安排实习时间，合理确定实习流程。

6.选好配强实习指导教师。高校和实习单位应当分别选派经验丰富、业务素质好、责任心强、安全防范意识高的教师和技术人员全程管理、指导学生实习。对自行选择单位分散实习的学生，也要安排校内教师跟踪指导。高校要根据实习教学指导和管理需要，合理确定校内指导教师与实习学生的比例。

三、加强实习组织管理

7.抓好实习的组织实施。高校应当会同实习单位共同制订实习计划，明确实习目标、任务、考核标准等，共同组织实施学生实习。实习指导教师要做好实习学生的培训，现场跟踪指导学生实习工作，检查学生实习情况，及时处理实习中出现的问题，做好实习考核。严禁委托中介机构或者个人代为组织和管理学生实习工作。

8.明晰各方的权利义务。高校在确定实习单位前须进行实地考察评估，确定满足实习条件后，应与实习单位签订合作协议，明确双方的权利、义务以及管理责任。未按规定签订合作协议的，不得安排学生实习。

9.加强学生教育管理。高校要做好学生的安全和纪律教育及日常管理。实习单位要做好学生的安全生产、职业道德教育。学生应当尊重实习指导教师和现场技术人员，遵守学校和实习单位的规章制度和劳动纪律，保守实习单位秘密，服从现场教育管理。

10. 做好学生权益保障。高校和实习企业要为学生提供必要的条件及安全健康的环境，不得安排学生到娱乐性场所实习，不得违规向学生收取费用，不得扣押学生财物和证件。实习前，高校应当为学生购买实习责任险或人身伤害意外险。

11. 加强跟岗、顶岗实习管理。跟岗、顶岗实习是培养应用型人才必不可少的实践环节，各高校要科学组织，依法实施。严格学校、实习单位、学生三方实习协议的签订，明确各自的权利义务和责任。严格遵守工作时间和休息休假的规定，除临床医学等相关专业及实习岗位有特殊要求外，每天工作时间不得超过 8 小时、每周工作时间不得超过 44 小时，不得安排加班和夜班。要保障顶岗实习学生获得合理报酬的权益，劳动报酬原则上不低于相同岗位试用期工资标准的 80%。要保障未成年人的合法权益，不得安排未满 16 周岁的学生顶岗实习。

四、强化实习组织保障

12. 健全工作责任体系。高校是实习管理的主体，学校党政主要负责人是第一责任人，要负责建立实习运行保障体系。教务部门是实习管理的责任部门，要组织开展实习教学改革与研究，建立健全实习管理制度，明确相关部门工作职责和工作流程，做好实习工作的检查督导。各教学单位要会同实习单位落实管理责任，加强实习组织管理，做好安全及其他突发事件的风险处置。

13. 加强实习基地建设。高校要不断深化产教融合，大力推动实习基地建设，鼓励建设满足多专业实习需求的综合性、开放共享型实习基地。要加强实习基地质量建设，充分发挥国家级工程实践教育中心等高水平实习基地的示范引领作用，以国家级、省级一流专业建设带动一流实习基地建设。要结合实习基地条件和实习效果，对实习基地进行动态调整。

14. 推进实习信息化建设。支持有条件的省级教育行政部门和高校加强实习信息化建设，建立实习信息化管理平台，实现校企双方的实习需求信息对接，加强实习全过程管理。支持高校加强现代信息技术、虚拟仿真技术在实习中的应用，鼓励开发相应的虚拟仿真项目替代因生产技术、工艺流程等因素限制无法开展的现场实习。

15. 加大实习经费投入。高校要加大实习经费投入，确保实习基本需求。要积极争取实习单位支持，降低实习成本，确保实习质量。

16. 加强实习工作监管。省级教育行政部门要加强对高校实习工作的监管，重点监督高校本科生培养方案中实习环节设置是否科学合理、实习组织管理是否规范、学生安全和正当权益是否得到保障、实习经费是否充足、实习效果是否达到预定目标等。对实习工作扎实、实习教学改革与研究成效显著的高校予以表彰。对实习过程中存在的违规行为及时查处，对监管不力、问题频发、社会反响强烈的学校和地方，要约谈相关负责人，督促其落实主体责任，并在一定范围内进行通报批评。

6.2.5 《深化新时代职业教育"双师型"教师队伍建设改革实施方案》（教师〔2019〕6号）

2019年8月30日，教育部等四部门以教师〔2019〕6号文印发了《深化新时代职业教育"双师型"教师队伍建设改革实施方案》，该实施方案全文如下：

教师队伍是发展职业教育的第一资源，是支撑新时代国家职业教育改革的关键力量。建设高素质"双师型"教师队伍（含技工院校"一体化"教师，下同）是加快推进职业教育现代化的基础性工作。改革开放以来特别是党的十八大以来，职业教育教师培养培训体系基本建成，教师管理制度逐步健全，教师地位待遇稳步提高，教师素质能力显著提升，为职业教育改革发展提供了有力的人才保障和智力支撑。但是，与新时代国家职业教育改革的新要求相比，职业教育教师队伍还存在着数量不足、来源单一、校企双向流动不畅、结构性矛盾突出、管理体制机制不灵活、专业化水平偏低的问题，尤其是同时具备理论教学和实践教学能力的"双师型"教师和教学团队短缺，已成为制约职业教育改革发展的瓶颈。为贯彻落实《中共中央 国务院关于全面深化新时代教师队伍建设改革的意见》和《国家职业教育改革实施方案》，深化职业院校教师队伍建设改革，培养造就高素质"双师型"教师队伍，特制定《深化新时代职业教育"双师型"教师队伍建设改革实施方案》。

总体要求与目标：坚持以习近平新时代中国特色社会主义思想为指导，贯彻落实习近平总书记关于教育工作的重要论述，把教师队伍建设作为基础性工作来抓，支撑职业教育改革发展，落实立德树人根本任务，加强师德师风建设，突出"双师型"教师个体成长和"双师型"教学团队建设相结合，提高教师教育教学能力和专业实践能力,优化专兼职教师队伍结构,大力提升职业院校"双师型"教师队伍建设水平,为实现我国职业教育现代化、培养大批高素质技术技能人才提供有力的师资保障。

经过5～10年时间,构建政府统筹管理、行业企业和院校深度融合的教师队伍建设机制,健全中等和高等职业教育教师培养培训体系,打通校企人员双向流动渠道,"双师型"教师和教学团队数量充足,双师结构明显改善。建立具有鲜明特色的"双师型"教师资格准入、聘用考核制度,教师职业发展通道畅通,待遇和保障机制更加完善,职业教育教师吸引力明显增强,基本建成一支师德高尚、技艺精湛、专兼结合、充满活力的高素质"双师型"教师队伍。

具体目标:到2022年,职业院校"双师型"教师占专业课教师的比例超过一半,建设100家校企合作的"双师型"教师培养培训基地和100个国家级企业实践基地,选派一大批专业带头人和骨干教师出国研修访学,建成360个国家级职业教育教师教学创新团队,教师按照国家职业标准和教学标准开展教学、培训和评价的能力全面提升,教师分工协作进行模块化教学的模式全面实施,有力保障1+X证书制度试点工作,辐射带动各地各校"双师型"教师队伍建设,为全面提高复合型技术技能人才培养质量提供强有力的师资支撑。

一、建设分层分类的教师专业标准体系

教师标准是对教师素养的基本要求。没有标准就没有质量。适应以智能制造技术为核心的产业转型升级需要,促进教育链、人才链与产业链、创新链有效衔接。建立中等和高等职业教育层次分明,覆盖公共课、专业课、实践课等各类课程的教师专业标准体系。修订《中等职业学校教师专业标准(试行)》和《中等职业学校校长专业标准》,研制高等职业学校、应用型本科高校的教师专业标准。通过健全标准体系,规范教师培养培训、资格准入、招聘聘用、职称评聘、考核评价、薪酬分配等环节,推动教师聘用管理过程科学化。引进第三方职教师资质量评价机构,不断完善职业教育教师评价标准体系,提高教师队伍专业化水平。

二、推进以双师素质为导向的新教师准入制度改革

完善职业教育教师资格考试制度,在国家教师资格考试中,强化专业教学和实践要求,按照专业大类(类)制定考试大纲、建设试题库、开展笔试和结构化面试。建立高层次、高技能人才以直接考察方式公开招聘的机制。加大职业院校选人用人自主权。聚焦专业教师双师素质构成,强化新教师入职教育,结合新教师实际情况，探索建立新教师为期1年的教育见习与为期3年的企业实践制度，严格见习期考核与选留环节。自2019年起，除持有相关领域职业技能等级证书的毕业生外，职业院校、应用型本科高校相关专业教师原则上从具有3年以上企业工作经历并具有高职以上学历的人员中公开招聘；自2020年起，除"双师型"职业技术师范专业毕业生外，基本不再从未具备3年以上行业企业工作经历的应届毕业生中招聘，特殊高技能人才（含具有高级工以上职业资格或职业技能等级人员）可适当放宽学历要求。

三、构建以职业技术师范院校为主体、产教融合的多元培养培训格局

优化结构布局，加强职业技术师范院校和高校职业技术教育（师范）学院建设，支持高水平工科大学举办职业技术师范教育，开展在职教师的双师素质培训进修。实施职业技术师范类专业认证。建设100家校企合作的"双师型"教师培养培训基地和100个国家级企业实践基地，明确资质条件、建设任务、支持重点、成果评价。校企共建职业技术师范专业能力实训中心，办好一批一流职业技术师范院校和一流职业技术师范专业。健全普通高等学校与地方政府、职业院校、行业企业联合培养教师机制，发挥行业企业在培养"双师型"教师中的重要作用。鼓励高校以职业院校毕业生和企业技术人员为重点培养职业教育教师，完善师范生公费教育、师范院校接收职业院校毕业生培养、企业技术人员学历教育等多种培养形式。加强职业教育学科教学论师资队伍建设。支持高校扩大职业技术教育领域教育硕士专业学位研究生招生规模，探索本科与硕士教育阶段整体设计、分段考核、有机衔接的人才培养模式，推进职业技术教育领域博士研究生培养，推动高校联合行业企业培养高层次"双师型"教师。

四、完善"固定岗＋流动岗"的教师资源配置新机制

在现有编制总量内，盘活编制存量，优化编制结构，向"双师型"教师队伍倾斜。推进地方研究制定职业院校人员配备规范，促进教师规模、质量、结构适应职业教育改革发展需要。根据职业院校、应用型本科高校及其专业特点，优化岗位设置结构，适当提高中、高级岗位设置比例。优化教师岗位分类，落实教师从教专业大类（类）和具体专业归属，明确教师发展定位。建立健全职业院校自主聘任兼职教师的办法。设置一定比例的特聘岗位，畅通高层次技术技能人才兼职从教渠道，规范兼职教师管理。实施现代产业导师特聘岗位计划，建设标准统一、序列完整、专兼结合的实

践导师队伍，推动形成"固定岗 + 流动岗"、双师结构与双师素质兼顾的专业教学团队。

五、建设"国家工匠之师"引领的高层次人才队伍

实施职业院校教师素质提高计划，分级打造师德高尚、技艺精湛、育人水平高超的教学名师、专业带头人、青年骨干教师等高层次人才队伍。通过跟岗访学、顶岗实践等方式，重点培训数以万计的青年骨干教师。加强专业带头人领军能力培养，为职业院校教师教学创新团队培育一大批首席专家。建立国家杰出职业教育专家库及其联系机制。建设 1000 个国家级"双师型"名师工作室和 1000 个国家级教师技艺技能传承创新平台。面向战略性新兴产业和先进制造业人才需要，打造一批覆盖重点专业领域的"国家工匠之师"。在国家级教学成果奖、教学名师等评选表彰中，向"双师型"教师倾斜。

六、创建高水平结构化教师教学创新团队

2019 ～ 2021 年，服务职业教育高质量发展和 1+X 证书制度改革需要，面向中等职业学校、高等职业学校和应用型本科高校，聚焦战略性重点产业领域和民生紧缺领域专业，分年度、分批次、分专业遴选建设 360 个国家级职业教育教师教学创新团队，全面提升教师开展教学、培训和评价的能力以及团队协作能力，为提高复合型技术技能人才培养培训质量提供强有力的师资保证。优化结构，统筹利用现有资源，实施职业院校教师教学创新团队境外培训计划，组织教学创新团队骨干教师分批次、成建制赴德国等国家研修访学，学习国际"双元制"职业教育先进经验，每年选派 1000 人，经过 3 ～ 5 年的连续培养，打造高素质"双师型"教师教学创新团队。各地各校对接本区域重点专业集群，促进教学过程、教学内容、教学模式改革创新，实施团队合作的教学组织新方式、行动导向的模块化教学新模式，建设省级、校级教师教学创新团队。

七、聚焦 1+X 证书制度开展教师全员培训

全面落实教师 5 年一周期的全员轮训制度，对接 1+X 证书制度试点和职业教育教学改革需求，探索适应职业技能培训要求的教师分级培训模式，培育一批具备职业技能等级证书培训能力的教师。把国家职业标准、国家教学标准、1+X 证书制度和相关标准等纳入教师培训的必修模块。发挥教师教学创新团队在实施 1+X 证书制度试点中的示范引领作用。全面提升教师信息化教学能力，促进信息技术与教育教

学融合创新发展。健全完善职业教育师资培养培训体系，推进"双师型"教师培养培训基地在教师培养培训、团队建设、科研教研、资源开发等方面提供支撑和服务。支持高水平学校和大中型企业共建"双师型"培训者队伍，认定300个"双师型"教师培养培训示范单位。

八、建立校企人员双向交流协作共同体

加大政府统筹，依托职教园区、职教集团、产教融合型企业等建立校企人员双向交流协作共同体。建立校企人员双向流动相互兼职常态运行机制。发挥央企、国企、大型民企的示范带头作用，在企业设置访问工程师、教师企业实践流动站、技能大师工作室。在标准要求、岗位设置、遴选聘任、专业发展、考核管理等方面综合施策，健全高技能人才到职业学校从教制度，聘请一大批企事业单位高技能人才、能工巧匠、非物质文化遗产传承人等到学校兼职任教。鼓励校企共建教师发展中心，在教师和员工培训、课程开发、实践教学、技术成果转化等方面开展深度合作，推动教师立足行业企业，开展科学研究，服务企业技术升级和产品研发。完善教师定期到企业实践制度，推进职业院校、应用型本科高校专业课教师每年至少累计1个月以多种形式参与企业实践或实训基地实训。联合行业组织，遴选、建设教师企业实践基地和兼职教师资源库。

九、深化突出"双师型"导向的教师考核评价改革

建立职业院校、行业企业、培训评价组织多元参与的"双师型"教师评价考核体系。将师德师风、工匠精神、技术技能和教育教学实绩作为职称评聘的主要依据。落实教师职业行为准则，建立师德考核负面清单制度，严格执行师德考核一票否决。引入社会评价机制，建立教师个人信用记录和违反师德行为联合惩戒机制。深化教师职称制度改革，破除"唯文凭、唯论文、唯帽子、唯身份、唯奖项"的顽瘴痼疾。推动各地结合实际，制定"双师型"教师认定标准，将体现技能水平和专业教学能力的双师素质纳入教师考核评价体系。继续办好全国职业院校技能大赛教学能力比赛，将行动导向的模块化课程设置、项目式教学实施能力作为重要指标。试点开展专业课教师技术技能和教学能力分级考核，并作为教师聘期考核、岗位等级晋升考核、绩效分配考核的重要参考。完善考核评价的正确导向，强化考评结果运用和激励作用。

十、落实权益保障和激励机制提升社会地位

在职业院校教育教学、科学研究、社会服务等过程中，全面落实和依法保障教师的管理学生权、报酬待遇权、参与管理权、进修培训权。强化教师教育教学、继续教育、技术技能传承与创新等工作内容，制定职业教育教师减负政策，适当减少专任教师事务性工作。依法保障教师对学生实施教育、管理的权利。职业院校、应用型本科高校校企合作、技术服务、社会培训、自办企业等所得收入，可按一定比例作为绩效工资来源；教师依法取得的科技成果转化奖励收入不纳入绩效工资，不纳入单位工资总额基数。各地要结合职业院校承担扩招任务、职业培训的实际情况，核增绩效工资总量。教师外出参加培训的学时（学分）应核定工作量，作为绩效工资分配的参考因素。按规定保障中等职业学校教师待遇。

十一、加强党对教师队伍建设的全面领导

充分发挥各级党组织的领导和把关定向作用，充分发挥教师党支部的战斗堡垒作用，加强对教师党员的教育管理监督和组织宣传，充分发挥党员教师的先锋模范作用。实施教师党支部书记"双带头人"培育工程，配齐建强思想政治和党务工作队伍。着力提升教师思想政治素质，用习近平新时代中国特色社会主义思想武装头脑，坚持不懈培育和弘扬社会主义核心价值观，争做"四有"好老师，全心全意做学生锤炼品格、学习知识、创新思维、奉献祖国的引路人。健全德技并修、工学结合的育人机制，构建"思政课程"与"课程思政"大格局，全面推进"三全育人"，实现思想政治教育与技术技能培养融合统一。落实立德树人根本任务，挖掘师德典型、讲好师德故事，大力宣传职业教育中的"时代楷模"和"最美教师"，弘扬职业精神、工匠精神、劳模精神。

十二、强化教师队伍建设改革的保障措施

加强组织领导，将教师队伍建设摆在重要议事日程，建立工作联动机制，推动解决教师队伍建设改革的重大问题。深化"放管服"改革，提高职业院校和各类办学主体的积极性、主动性，引导广大教师积极参与，推动教师队伍建设与深化职业教育改革有机结合。将教师队伍建设作为中国特色高水平高职学校和专业建设计划投入的支持重点，现代职业教育质量提升计划进一步向教师队伍建设倾斜。鼓励各地结合实际，适时提高职业技术师范专业生均拨款标准，提升师范教育保障水平。加强督导评估，将职业教育教师队伍建设情况作为政府履行教育职责评价和职业院

校办学水平评估的重要内容。

6.2.6 《职业院校全面开展职业培训促进就业创业行动计划》（教职成厅〔2019〕5号）

2019年10月16日，教育部办公厅等十四部门以教职成厅〔2019〕5号文印发了《职业院校全面开展职业培训促进就业创业行动计划》，该行动计划（节选）如下：

二、行动措施

（一）广泛开展企业职工技能培训。推动职业院校联合行业企业面向人工智能、大数据、云计算、物联网、工业互联网、建筑新技术应用、智能建筑、智慧城市等领域，大力开展新技术技能培训。通过开展现代学徒制、职业技能竞赛、在线学习等方式，促进企业职工岗位技术技能水平提升。鼓励职业院校联合行业组织、大型企业组建职工培训集团，发挥各方资源优势，共同开展补贴性培训、中小微企业职工培训和市场化社会培训。支持职业院校与企业合作共建企业大学、职工培训中心、继续教育基地。结合学校专业优势，以岗位技术规范为标准，以技术和知识更新调整为重点，加大对困难企业职工转岗转业培训力度。支持职业院校服务中国企业"走出去"，积极开展涉外培训。

（二）积极开展面向重点人群的就业创业培训。鼓励职业院校积极开发面向高校毕业生、退役军人、农民工、去产能分流职工、建档立卡贫困劳动力、残疾人等重点人群的就业创业培训项目。支持职业院校承担春潮行动、雨露计划、求学圆梦计划等政府组织的和工青妇等群团组织开展的培训任务。支持职业院校与行业企业合作开设大学生、退役军人就业技能训练班，开展先进制造业、战略性新兴产业、现代服务业及人才紧缺领域的技术技能培训

……

（四）做好职业指导和就业服务。职业院校要引导参训人员增强市场就业意识，帮助其树立正确的职业观、择业观和创业观。加强就业有关法律法规、职业道德、职业素养、求职技巧等方面的教育。对农村和边远地区、少数民族地区的大龄参训人员，要增加普通话、常用现代化设施（工具、软件）运用等基本技能方面的培训。职业院校要密切与人力资源服务机构、行业企业的合作，共同开展招聘会、就业创业指导、政策宣传等多样化就业服务，为参训人员提供有效的就业信息。

（五）推进培训资源建设和模式改革。职业院校要深入开展培训需求调研，提升培训项目设计开发能力，增强培训项目设计的针对性。积极会同行业企业建设一批培训资源开发中心，面向重点人群、新技术、新领域等开发一批重点培训项目，共同研究制订培训方案、培训标准、课程标准等，开发分级分类的培训课程资源包。积极开发微课、慕课、VR（虚拟现实技术）等数字化培训资源，完善专业教学资源库，进一步扩大优质资源覆盖面。要加强大数据技术的应用，多渠道整合培训资源，鼓励共建共享。突出"短平快"等特点，探索推行"互联网＋培训"模式，通过智慧课堂、移动 APP（应用程序）、线上线下相结合等，开展碎片化、灵活性、实时性培训。鼓励职业院校通过"企业学区""移动教室""大篷车""小马扎"等方式，把培训送到车间和群众家门口。

（六）加强培训师资队伍建设。落实好职业院校教师定期到企业实践制度，鼓励教师参与企业培训、技术研发等活动，提升实践教学能力。充分利用学校实习实训基地、产教融合型企业等，对专业教师进行针对性培训，培养一大批适应"双岗"需要的教师，使教师能驾驭学校、企业"两个讲台"。健全职业院校自主聘任企业兼职教师制度。鼓励职业院校聘请劳动模范、能工巧匠、企业技术人才、高技能人才等担任兼职教师，承担培训任务。完善教师工作绩效考核办法，将培训服务课时量和培训成效等作为教师工作绩效考核的重要内容。

（七）支持多方合作共建培训实训基地。支持职业院校在现有实训基地基础上，建设一批标准化培训实训基地。产教融合型企业要加大对培训实训基地建设支持力度，并积极承担各类培训项目。按照培训项目与产业需求对接、培训内容与职业标准（评价规范）对接、培训过程与生产过程对接的要求，支持校企合作建设一批集实践教学、社会培训、真实生产和技术服务于一体的高水平就业创业实训基地。各地教育行政部门、人力资源社会保障部门要推动当地公共实训基地面向职业院校和城乡各类劳动者提供技能训练、技能鉴定、创业孵化、师资培训等服务。

（八）完善职业院校开展培训的激励政策。支持职业院校开展补贴性培训。推动职业院校培训量计算标准化、规范化，可按一定比例折算成全日制学生培养工作量，与绩效工资总量增长挂钩。各级人力资源社会保障、财政部门要充分考虑职业院校承担培训任务情况，合理核定绩效工资总量和水平。对承担任务较重的职业院校，在原总量基础上及时核增所需绩效工资总量。指导职业院校按规定的程序和办法搞活内部分配，在内部分配时向承担培训任务的一线教师倾斜。允许职业院校将一定比例的培训收入纳入学校公用经费。鼓励支持职业院校按同类专业（群）组建培训联合体，互聘教师开展培训。

（九）健全参训人员的支持鼓励政策。全面落实职业培训补贴、生活费补贴政策，确保符合条件的参训人员应享尽享。加快推进"学历证书＋若干职业技能等级证书"（简称 1+X 证书）制度试点工作，鼓励参训人员获取职业技能等级证书和职业资格证书。依托职业教育国家"学分银行"试点，对职业技能等级证书等所体现的培训成果进行登记和储存，计入个人学习账号，为学习成果认定、积累与转换奠定基础。鼓励符合条件的参训人员接受学历教育，培训成果按规定兑换学分，免修相应课程。职业院校要实施精准培训，切实提高参训人员的就业创业能力，帮助其用好就业创业支持政策。

6.2.7 《职业院校教材管理办法》《普通高等学校教材管理办法》(教材〔2019〕3 号)

2019 年 12 月 16 日，教育部以教材〔2019〕3 号文印发了《中小学教材管理办法》《职业院校教材管理办法》和《普通高等学校教材管理办法》。

《职业院校教材管理办法》全文如下：

第一章 总则

第一条 为贯彻党中央、国务院关于加强和改进新形势下大中小学教材建设的意见，全面加强党的领导，落实国家事权，规范和加强职业院校教材管理，打造精品教材，切实提高教材建设水平，根据《中华人民共和国教育法》《中华人民共和国职业教育法》《中华人民共和国高等教育法》等法律法规，制定本办法。

第二条 本办法所称职业院校教材是指供中等职业学校和高等职业学校课堂和实习实训使用的教学用书，以及作为教材内容组成部分的教学材料（如教材的配套音视频资源、图册等）。

第三条 职业院校教材必须体现党和国家意志。坚持马克思主义指导地位，体现马克思主义中国化要求，体现中国和中华民族风格，体现党和国家对教育的基本要求，体现国家和民族基本价值观，体现人类文化知识积累和创新成果。

全面贯彻党的教育方针，落实立德树人根本任务，扎根中国大地，站稳中国立场，充分体现社会主义核心价值观，加强爱国主义、集体主义、社会主义教育，引导学生坚定道路自信、理论自信、制度自信、文化自信，成为担当中华民族复兴大任的时代新人。

第四条　中等职业学校思想政治、语文、历史课程教材和高等职业学校思想政治理论课教材，以及其他意识形态属性较强的教材和涉及国家主权、安全、民族、宗教等内容的教材，实行国家统一编写、统一审核、统一使用。专业课程教材在政府规划和引导下，注重发挥行业企业、教科研机构和学校的作用，更好地对接产业发展。

第二章　管理职责

第五条　在国家教材委员会指导和统筹下，职业院校教材实行分级管理，教育行政部门牵头负责，有关部门、行业、学校和企业等多方参与。

第六条　国务院教育行政部门负责全国职业院校教材建设的统筹规划、宏观管理、综合协调、检查督导，制定基本制度规范，组织制定中等职业学校公共基础课程方案和课程标准、职业院校专业教学标准等国家教学标准，组织编写国家统编教材，宏观指导教材编写、选用，组织国家规划教材建设，督促检查政策落实。出版管理、市场监督管理等有关部门依据各自职责分工，做好教材管理有关工作，加强对教材出版资质的管理，依法严厉打击教材盗版盗印，规范职业院校教材定价和发行工作。

有关部门、行业组织和行业职业教育教学指导机构，在国务院教育行政部门统筹下，参与教材规划、编写指导和审核、评价等方面工作，协调本行业领域的资源和专业人才支持教材建设。

第七条　省级教育行政部门负责落实国家关于职业院校教材建设的相关政策，负责本地区职业院校教材的规划、管理和协调，牵头制定本地区教材管理制度，指导监督市、县和职业院校课程教材工作。

第八条　职业院校要严格执行国家和地方关于教材管理的政策规定，健全内部管理制度，选好用好教材。在国家和省级规划教材不能满足需要的情况下，职业院校可根据本校人才培养和教学实际需要，补充编写反映自身专业特色的教材。学校党委（党组织）对本校教材工作负总责。

第三章　教材规划

第九条　职业院校教材实行国家、省（区、市）两级规划制度。国务院教育行政部门重点组织规划职业院校公共基础必修课程和专业核心课程教材，根据需要组织规划服务国家战略的教材和紧缺、薄弱领域的教材。省级教育行政部门重点组织规划体现区域特色的公共选修课程和国家规划教材以外的专业课程教材。

第十条　教材规划要坚持正确导向，面向需求、各有侧重、有机衔接，处理好落实共性要求与促进特色发展的关系，适应新时代技术技能人才培养的新要求，服务经济社会发展、产业转型升级、技术技能积累和文化传承创新。

第十一条　国家教材建设规划由国务院教育行政部门统一组织。在联合有关部门、行业组织、行业职业教育教学指导机构进行深入论证，听取职业院校等方面意见的基础上，国务院教育行政部门明确国家规划教材的种类、编写要求等，并根据人才培养实际需要及时补充调整。

省级教材建设规划程序由省级教育行政部门确定，规划完成后报国务院教育行政部门批准。

第四章　教材编写

第十二条　教材编写依据职业院校教材规划以及国家教学标准和职业标准（规范）等，服务学生成长成才和就业创业。教材编写应符合以下要求：

（一）以马克思列宁主义、毛泽东思想、邓小平理论、"三个代表"重要思想、科学发展观、习近平新时代中国特色社会主义思想为指导，有机融入中华优秀传统文化、革命传统、法治意识和国家安全、民族团结以及生态文明教育，弘扬劳动光荣、技能宝贵、创造伟大的时代风尚，弘扬精益求精的专业精神、职业精神、工匠精神和劳模精神，努力构建中国特色、融通中外的概念范畴、理论范式和话语体系，防范错误政治观点和思潮的影响，引导学生树立正确的世界观、人生观和价值观，努力成为德智体美劳全面发展的社会主义建设者和接班人。

（二）内容科学先进、针对性强，选文篇目内容积极向上、导向正确，选文作者历史评价正面，有良好的社会形象。公共基础课程教材要体现学科特点，突出职业教育特色。专业课程教材要充分反映产业发展最新进展，对接科技发展趋势和市场需求，及时吸收比较成熟的新技术、新工艺、新规范等。

（三）符合技术技能人才成长规律和学生认知特点，对接国际先进职业教育理念，适应人才培养模式创新和优化课程体系的需要，专业课程教材突出理论和实践相统一，强调实践性。适应项目学习、案例学习、模块化学习等不同学习方式要求，注重以真实生产项目、典型工作任务、案例等为载体组织教学单元。

（四）编排科学合理、梯度明晰，图、文、表并茂，生动活泼，形式新颖。名称、名词、术语等符合国家有关技术质量标准和规范。倡导开发活页式、工作手册式新形态教材。

（五）符合知识产权保护等国家法律、行政法规，不得有民族、地域、性别、职业、年龄歧视等内容，不得有商业广告或变相商业广告。

第十三条 职业院校教材实行单位编写制。编写单位负责组织编写团队，审核编写人员条件，对教材编写修订工作给予协调和保障。

中等职业学校思想政治、语文、历史课程教材，高等职业学校思想政治理论课教材，由国务院教育行政部门统一组织编写。其他教材由具备以下条件的单位组织编写：

（一）在中华人民共和国境内登记注册、具有独立法人资格、在相关领域有代表性的学校、教科研机构、企业、出版机构等，单位法定代表人须具有中华人民共和国国籍。

（二）有熟悉相关学科专业教材编写工作的专业团队，能组织行业、企业和教育领域高水平专业人才参与教材编写。

（三）有对教材持续进行培训、指导、回访等跟踪服务和研究的专业团队，有常态化质量监控机制，能够为修订完善教材提供稳定支持。

（四）有相应的经费保障条件与其他硬件支持条件，能保证正常的编写工作。

（五）牵头承担国家规划教材编写任务的单位，原则上应为省级以上示范性（骨干、高水平）职业院校或重点职业院校、在国家级技能竞赛中成绩突出的职业院校、承担国家重点建设项目的职业院校和普通高校、行业领先企业、教科研机构、出版机构等。编写单位为出版机构的，原则上应为教育、科技类或行业出版机构，具备专业编辑力量和较强的选题组稿能力。

第十四条 教材编写人员应经所在单位党组织审核同意，并由编写单位集中向社会公示。编写人员应符合以下条件：

（一）政治立场坚定，拥护中国共产党的领导，认同中国特色社会主义，坚定"四个自信"，自觉践行社会主义核心价值观，具有正确的世界观、人生观、价值观，坚持正确的国家观、民族观、历史观、文化观、宗教观，没有违背党的理论和路线方针政策的言行。

（二）熟悉职业教育教学规律和学生身心发展特点，对本学科专业有比较深入的研究，熟悉行业企业发展与用人要求。有丰富的教学、教科研或企业工作经验，一般应具有中级及以上专业技术职务（技术资格），新兴行业、行业紧缺技术人才、能工巧匠可适当放宽要求。

（三）遵纪守法，有良好的思想品德、社会形象和师德师风。

（四）有足够时间和精力从事教材编写修订工作。

编写人员不能同时作为同一课程不同版本教材主编。

第十五条　教材编写实行主编负责制。主编主要负责教材整体设计，把握教材编写进度，对教材编写质量负总责。主编须符合本办法第十四条规定外，还需符合以下条件：

（一）坚持正确的学术导向，政治敏锐性强，能够辨别并自觉抵制各种错误政治观点和思潮。

（二）在本学科专业有深入研究、较高的造诣，或是全国知名专家、学术领军人物，有在相关教材或教学方面取得有影响的研究成果，熟悉相关行业发展前沿知识与技术，有丰富的教材编写经验。一般应具有高级专业技术职务，新兴专业、行业紧缺技术人才、能工巧匠可适当放宽要求。

（三）有较高的文字水平，熟悉教材语言风格，能够熟练运用中国特色的话语体系。

审核通过后的教材原则上不更换主编，如有特殊情况，编写单位应报相应的主管部门批准。

第十六条　教材编写团队应具有合理的人员结构，包含相关学科专业领域专家、教科研人员、一线教师、行业企业技术人员和能工巧匠等。

第十七条　教材编写过程中应通过多种方式征求各方面特别是一线师生和企业意见。教材编写完成后，应送一线任课教师和行业企业专业人员进行审读、试用，根据审读意见和试用情况修改完善教材。

第十八条　职业院校教材投入使用后，应根据经济社会和产业升级新动态及时进行修订，一般按学制周期修订。国家统编教材修订由国务院教育行政部门统一组织实施，其他教材修订由编写单位按照有关要求进行。

第五章　教材审核

第十九条　职业院校教材实行分级分类审核，坚持凡编必审。

国家统编教材由国家教材委员会审核。

国家规划教材由国务院教育行政部门组建的国家职业院校教材审核机构负责审核；省级规划教材由省级教育行政部门组建的职业院校教材审核机构负责审核，其中意识形态属性较强的教材还应送省级党委宣传部门牵头进行政治把关。

其他教材由教材编写单位相关主管部门委托熟悉职业教育和产业人才培养需求的专业机构或专家团队进行审核认定。

教材出版部门成立专门政治把关机构，建强工作队伍和专家队伍，在所编修教材正式送审前，以外聘专家为主，进行专题自查，把好政治关。

第二十条　教材审核人员应包括相关学科专业领域专家、教科研专家、一线教师、行业企业专家等。审核专家应符合本办法第十四条(一)(二)(三)，第十五条(一)(三)规定的条件，具有较高的政策理论水平，客观公正，作风严谨，并经所在单位党组织审核同意。

实行教材编审分离制度，遵循回避原则。

第二十一条　国家规划教材送审工作由国务院教育行政部门统一部署。省级规划教材审核安排由省级教育行政部门根据实际情况具体规定。

第二十二条　教材审核应依据职业院校教材规划以及课程标准、专业教学标准、顶岗实习标准等国家教学标准要求，对照本办法第三条、十二条的具体要求，对教材的思想性、科学性、适宜性进行全面把关。

政治立场、政治方向、政治标准要有机融入教材内容，不能简单化、"两张皮"；政治上有错误的教材不能通过；选文篇目内容消极、导向不正确的，选文作者历史评价或社会形象负面的、有重大争议的，必须更换；教材编写人员政治立场、价值观和品德作风有问题的必须更换。

严格执行重大选题备案制度。

除统编教材外，教材审核实行盲审制度。

第二十三条　公共基础必修课程教材审核一般按照专家个人审读、集体审核环节开展，重点审核全套教材的编写思路、框架结构及章节内容。应由集体充分讨论形成审核结论。审核结论分"通过""重新送审"和"不予通过"三种。具体审核程序由负责组织审核的机构制定。

其他规划教材审核程序由相应审核机构制定。

实用技能类教材可适当简化审核流程。

第二十四条　新编或修订幅度较大的公共基础必修课程教材应选聘一线任课教师进行审读和试用。审读意见和试用情况作为教材审核的重要依据。

第二十五条　国家和省级规划教材通过审核，经教育行政部门批准后，纳入相应规划教材目录，由国务院教育行政部门和省级教育行政部门定期公开发布。经审核通过的教材，未经相关教育行政部门同意，不得更改。

国家建立职业院校教材信息库。规划教材自动进入信息库。非规划教材按程序审核通过后，纳入信息库。

第六章　出版与发行

第二十六条　根据出版管理相关规定，教材出版实行资质准入制度，合理定价。国家出版管理部门对职业院校教材出版单位进行资质清单管理。

职业院校教材出版单位应符合以下条件：

（一）对应所出版的教材，有不少于3名具有相关学科专业背景和中级以上职业资格的在编专职编辑人员。

（二）具备教材使用培训、回访服务等可持续的专业服务能力。

（三）具有与教材出版相适应的资金和经营规模。

（四）最近5年内未受到出版主管部门的处罚，无其他违法违纪违规行为。

第二十七条　承担教材发行的机构应取得相应的资质，根据出版发行相关管理规定，最近5年内未受到出版主管部门处罚，无其他违法违纪违规行为。

各级出版管理部门、市场监督管理部门会同教育行政部门指导、监督教材发行机构，健全发行机制，确保课前到书。

第七章　选用与使用

第二十八条　国务院教育行政部门负责宏观指导职业院校教材选用使用工作。省级教育行政部门负责管理本地区职业院校教材选用使用工作，制定各类教材的具体选用办法。

第二十九条　教材选用须遵照以下原则：

（一）教材选用单位须组建教材选用委员会，具体负责教材的选用工作。教材选用委员会成员应包括专业教师、行业企业专家、教科研人员、教学管理人员等，成员应在本人所在单位进行公示。

（二）教材选用过程须公开、公平、公正，严格按照程序选用，并对选用结果进行公示。

第三十条　教材选用应结合区域和学校实际，切实服务人才培养。遵循以下要求：

（一）中等职业学校思想政治、语文、历史三科，必须使用国家统编教材。高等职业学校必须使用国家统编的思想政治理论课教材、马克思主义理论研究和建设工程重点教材。

（二）中等职业学校公共基础必修课程教材须在国务院教育行政部门发布的国家规划教材目录中选用。职业院校专业核心课程和高等职业学校公共基础课程教材原则上从国家和省级教育行政部门发布的规划教材目录中选用。

（三）国家和省级规划目录中没有的教材，可在职业院校教材信息库选用。

（四）不得以岗位培训教材取代专业课程教材。

（五）选用的教材必须是通过审核的版本，擅自更改内容的教材不得选用，未按照规定程序取得审核认定意见的教材不得选用。

（六）不得选用盗版、盗印教材。

职业院校应严格遵照选用结果使用教材。选用境外教材，按照国家有关政策执行。

第三十一条　教材选用实行备案制度。教材选用单位在确定教材选用结果后，应报主管教育行政部门备案。省级教育行政部门每学年将本地区职业院校教材选用情况报国务院教育行政部门备案。

第八章　服务与保障

第三十二条　统筹利用现有政策和资金渠道支持职业院校教材建设。国家重点支持统编教材、国家规划教材建设以及服务国家战略教材和紧缺、薄弱领域需求的教材建设。教材编写、出版单位应加大投入，提升教材质量，打造精品教材。鼓励社会资金支持教材建设。

第三十三条　承担国家统编教材编写修订任务，主编和核心编者视同承担国家级科研课题；承担国家规划公共基础必修课和专业核心课教材编写修订任务，主编和核心编者视同承担省部级科研课题，享受相应政策待遇。审核专家根据工作实际贡献和发挥的作用参照以上标准执行。对承担国家和省级规划教材编审任务的人员，所在单位应充分保证其工作时间，将编审任务纳入工作量计算，并在评优评先、职称评定、职务（岗位）晋升方面予以倾斜。落实国家和省级教材奖励制度，加大对优秀教材的支持。

第三十四条　国务院教育行政部门应牵头建立职业院校教材信息发布和服务平台，及时发布教材编写、出版、选用及评价信息。完善教材服务网络，定期开展教材展示，加强教材统计分析、社会调查、基础文献、案例集成等专题数据库的建设和应用。加强职业院校教材研究工作。

第九章　评价与监督

第三十五条　国务院和省级教育行政部门分别建立教材选用跟踪调查制度，组织专家对教材选用工作进行评价、对教材质量进行抽查。职业院校定期进行教材使用情况调查和分析，并形成教材使用情况报告报主管教育行政部门备案。

第三十六条　国务院和省级教育行政部门对职业院校教材管理工作进行监督检查，将教材工作纳入地方教育督导评估重要内容，纳入职业院校评估、项目遴选、重点专业建设和教学质量评估等考核指标体系。

第三十七条　国家教育、出版管理、市场监督管理等部门依据职责对教材编写、审核、出版、发行、选用等环节中存在违规行为的单位和人员实行负面清单制度，通报有关机构和学校。对存在违规情况的有关责任人，视情节严重程度和所造成的影响，依照有关规定给予相应处分。涉嫌犯罪的，依法追究刑事责任。编写者出现违法违纪情形的，必须及时更换。

第三十八条　存在下列情形之一的，相应教材停止使用，视情节轻重和所造成的影响，由上级或同级主管部门给予通报批评、责令停止违规行为，并由主管部门按规定对相关责任人给予相应处分。对情节严重的单位和个人列入负面清单；涉嫌犯罪的，依法追究刑事责任。

（一）教材内容政治方向、价值导向存在问题。

（二）教材内容出现严重的科学性错误。

（三）教材所含链接内容存在问题，产生严重后果。

（四）盗版盗印教材。

（五）违规编写出版国家统编教材及其他公共基础必修课程教材。

（六）用不正当手段严重影响教材审核、选用工作。

（七）未按规定程序选用，选用未经审核或审核未通过的教材。

（八）在教材中擅自使用国家规划教材标识，或使用可能误导职业院校教材选用的相似标识及表述，如标注主体或范围不明确的"规划教材""示范教材"等字样，或擅自标注"全国""国家"等字样。

（九）其他造成严重后果的违法违纪违规行为。

第十章　附则

第三十九条　省级教育行政部门应根据本办法制定实施细则。有关部门可依据本办法制定所属职业院校教材管理的实施细则。作为教材使用的讲义、教案和教参以及数字教材参照本办法管理。

第四十条　本办法自印发之日起施行。其他职业院校教材管理制度，凡与本办法有关规定不一致的，以本办法为准。与本办法规定不一致且难以立刻终止的，应在本办法印发之日起6个月内纠正。

本办法由国务院教育行政部门负责解释。

《普通高等学校教材管理办法》全文如下：

第一章　总则

第一条　为贯彻党中央、国务院关于加强和改进新形势下大中小学教材建设的意见，全面加强党的领导，落实国家事权，加强普通高等学校（以下简称高校）教材管理，打造精品教材，切实提高教材建设水平，根据《中华人民共和国教育法》《中华人民共和国高等教育法》等法律法规，制定本办法。

第二条　本办法所称高校教材是指供普通高等学校使用的教学用书，以及作为教材内容组成部分的教学材料（如教材的配套音视频资源、图册等）。

第三条　高校教材必须体现党和国家意志。坚持马克思主义指导地位，体现马克思主义中国化要求，体现中国和中华民族风格，体现党和国家对教育的基本要求，体现国家和民族基本价值观，体现人类文化知识积累和创新成果。

全面贯彻党的教育方针，落实立德树人根本任务，扎根中国大地，站稳中国立场，充分体现社会主义核心价值观，加强爱国主义、集体主义、社会主义教育，引导学生坚定道路自信、理论自信、制度自信、文化自信，成为担当中华民族复兴大任的时代新人。

第四条　国务院教育行政部门、省级教育部门、高校科学规划教材建设，重视教材质量，突出教材特色。马克思主义理论研究和建设工程重点教材实行国家统一编写、统一审核、统一使用。

第二章　管理职责

第五条　在国家教材委员会指导和统筹下，高校教材实行国务院教育行政部门、省级教育部门和高校分级管理。

第六条　国务院教育行政部门牵头负责高校教材建设的整体规划和宏观管理，制定基本制度规范，负责组织或参与组织国家统编教材等意识形态属性较强教材的编写、审核和使用，指导、监督省级教育部门和高校教材工作。

其他中央有关部门指导、监督所属高校教材工作。

第七条　省级教育部门落实国家关于高校教材建设和管理的政策，指导和统筹本地区高校教材工作，明确教材管理的专门机构和人员，建立健全教材管理相应工作机制，加强对所属高校教材工作的检查监督。

第八条　高校落实国家教材建设相关政策，成立教材工作领导机构，明确专门工作部门，健全校内教材管理制度，负责教材规划、编写、审核、选用等。高校党委对本校教材工作负总责。

第三章　教材规划

第九条　高校教材实行国家、省、学校三级规划制度。各级规划应有效衔接，各有侧重，适应不同层次、不同类型学校人才培养和教学需要。

第十条　国务院教育行政部门负责制定全国高等教育教材建设规划。继续推进规划教材建设，采取编选结合方式，重点组织编写和遴选公共基础课程教材、专业核心课程教材，以及适应国家发展战略需求的相关学科紧缺教材，组织建设信息技术与教育教学深度融合、多种介质综合运用、表现力丰富的新形态教材。

第十一条　省级教育部门可根据本地实际，组织制定体现区域学科优势与特色的教材规划。

第十二条　高校须根据人才培养目标和学科优势，制定本校教材建设规划。一般高校以选用教材为主，综合实力较强的高校要将编写教材作为规划的重要内容。

第四章　教材编写

第十三条　教材编写依据教材建设规划以及学科专业或课程教学标准，服务高等教育教学改革和人才培养。教材编写应符合以下要求：

（一）以马克思列宁主义、毛泽东思想、邓小平理论、"三个代表"重要思想、科学发展观、习近平新时代中国特色社会主义思想为指导，有机融入中华优秀传统文化、革命传统、法治意识和国家安全、民族团结以及生态文明教育，努力构建中国特色、融通中外的概念范畴、理论范式和话语体系，防范错误政治观点和思潮的影响，引导学生树立正确的世界观、人生观和价值观，努力成为德智体美劳全面发展的社会主义建设者和接班人。

（二）坚持理论联系实际，充分反映中国特色社会主义实践，反映相关学科教学和科研最新进展，反映经济社会和科技发展对人才培养提出的新要求，全面准确阐述学科专业的基本理论、基础知识、基本方法和学术体系。选文篇目内容积极向上、导向正确，选文作者历史评价正面，有良好的社会形象。

（三）遵循教育教学规律和人才培养规律，能够满足教学需要。结构严谨、逻辑性强、体系完备，能反映教学内容的内在联系、发展规律及学科专业特有的思维方式。体现创新性和学科特色，富有启发性，有利于激发学习兴趣及创新潜能。

（四）编排科学合理，符合学术规范。遵守知识产权保护等国家法律、行政法规，不得有民族、地域、性别、职业、年龄歧视等内容，不得有商业广告或变相商业广告。

第十四条　教材编写人员应经所在单位党组织审核同意，由所在单位公示。编写人员应符合以下条件：

（一）政治立场坚定，拥护中国共产党的领导，认同中国特色社会主义，坚定"四个自信"，自觉践行社会主义核心价值观，具有正确的世界观、人生观、价值观，坚持正确的国家观、民族观、历史观、文化观、宗教观，没有违背党的理论和路线方针政策的言行。

（二）学术功底扎实，学术水平高，学风严谨，一般应具有高级专业技术职务。熟悉高等教育教学实际，了解人才培养规律。了解教材编写工作，文字表达能力强。有丰富的教学、科研经验，新兴学科、紧缺专业可适当放宽要求。

（三）遵纪守法，有良好的思想品德、社会形象和师德师风。

（四）有足够时间和精力从事教材编写修订工作。

第十五条　教材编写实行主编负责制。主编主持编写工作并负责统稿，对教材总体质量负责，参编人员对所编写内容负责。专家学者个人编写的教材，由编写者对教材质量负全责。主编须符合本办法第十四条规定外，还需符合以下条件：

（一）坚持正确的学术导向，政治敏锐性强，能够辨别并抵制各种错误政治观点和思潮，自觉运用中国特色话语体系。

（二）具有高级专业技术职务，在本学科有深入研究和较高造诣，或是全国知名专家、学术领军人物，在相关教材或学科教学方面取得有影响的研究成果，熟悉教材编写工作，有丰富的教材编写经验。

第十六条　高校教材须及时修订，根据党的理论创新成果、科学技术最新突破、学术研究最新进展等，充实新的内容。建立高校教材周期修订制度，原则上按学制周期修订。及时淘汰内容陈旧、缺乏特色或难以修订的教材。

第十七条　高校要加强教材编写队伍建设，注重培养优秀编写人才；支持全国知名专家、学术领军人物、学术水平高且教学经验丰富的学科带头人、教学名师、优秀教师参加教材编写工作。加强与出版机构的协作，参与优秀教材选题遴选。

"双一流"建设高校与高水平大学应发挥学科优势，组织编写教材，提升我国教材的原创性，打造精品教材。支持优秀教材走出去，扩大我国学术的国际影响力。

发挥高校学科专业教学指导委员会在跨校、跨区域联合编写教材中的作用。

第五章　教材审核

第十八条　高校教材实行分级分类审核，坚持凡编必审。

国家统编教材由国家教材委员会审核。

中央有关部门、省级教育部门审核本部门组织编写的教材。高校审核本校组织编写的教材。专家学者个人编写的教材由出版机构或所在单位组织专家审核。

教材出版部门成立专门政治把关机构，建强工作队伍和专家队伍，在所编修教材正式送审前，以外聘专家为主，进行专题自查，把好政治关。

第十九条　教材审核应对照本办法第三、十三条的具体要求进行全面审核，严把政治关、学术关，促进教材质量提升。政治把关要重点审核教材的政治方向和价值导向，学术把关要重点审核教材内容的科学性、先进性和适用性。

政治立场、政治方向、政治标准要有机融入教材内容，不能简单化、"两张皮"；政治上有错误的教材不能通过；选文篇目内容消极、导向不正确的，选文作者历史评价或社会形象负面的、有重大争议的，必须更换；教材编写人员政治立场、价值观和品德作风有问题的，必须更换。

严格执行重大选题备案制度。

第二十条　教材审核人员应包括相关学科专业领域专家和一线教师等。高校组织教材审核时，应有一定比例的校外专家参加。

审核人员须符合本办法第十四条要求，具有较高的政策理论水平、较强的政治敏锐性和政治鉴别力，客观公正，作风严谨，经所在单位党组织审核同意。充分发挥高校学科专业教学指导委员会、专业学会、行业组织专家的作用。

实行教材编审分离制度，遵循回避原则。

第二十一条　教材审核采用个人审读与会议审核相结合的方式，经过集体充分讨论，形成书面审核意见，得出审核结论。审核结论分"通过""重新送审"和"不予通过"三种。

除统编教材外，教材审核实行盲审制度。具体审核程序由负责组织审核的机构制定。自然科学类教材可适当简化审核流程。

第六章　教材选用

第二十二条　高校是教材选用工作主体，学校教材工作领导机构负责本校教材选用工作，制定教材选用管理办法，明确各类教材选用标准和程序。

高校成立教材选用机构，具体承担教材选用工作，马克思主义理论和思想政治教育方面的专家须占有一定的比例。充分发挥学校有关职能部门和院（系）在教材选用使用中的重要作用。

第二十三条　教材选用遵循以下原则：

（一）凡选必审。选用教材必须经过审核。

（二）质量第一。优先选用国家和省级规划教材、精品教材及获得省部级以上奖励的优秀教材。

（三）适宜教学。符合本校人才培养方案、教学计划和教学大纲要求，符合教学规律和认知规律，便于课堂教学，有利于激发学生学习兴趣。

（四）公平公正。实事求是，客观公正，严肃选用纪律和程序，严禁违规操作。

政治立场和价值导向有问题的，内容陈旧、低水平重复、简单拼凑的教材，不得选用。

第二十四条　教材选用坚持集体决策。教材选用机构组织专家通读备选教材，提出审读意见。召开审核会议，集体讨论决定。

第二十五条 选用结果实行公示和备案制度。教材选用结果在本校进行公示，公示无异议后报学校教材工作领导机构审批并备案。高校党委重点对哲学社会科学教材的选用进行政治把关。

第七章 支持保障

第二十六条 统筹利用现有政策和资金渠道支持高校教材建设。国家重点支持马克思主义理论研究和建设重点教材、国家规划教材、服务国家战略需求的教材以及紧缺、薄弱领域的教材建设。高校和其他教材编写、出版单位应加大经费投入，保障教材编写、审核、选用、研究和队伍建设、信息化建设等工作。

第二十七条 把教材建设作为高校学科专业建设、教学质量、人才培养的重要内容，纳入"双一流"建设和考核的重要指标，纳入高校党建和思想政治工作考核评估体系。

第二十八条 建立优秀教材编写激励保障机制，着力打造精品教材。承担马克思主义理论研究和建设工程重点教材编写修订任务，主编和核心编者视同承担国家级科研课题；承担国家规划专业核心课程教材编写修订任务，主编和核心编者视同承担省部级科研课题，享受相应政策待遇，作为参评"长江学者奖励计划""万人计划"等国家重大人才工程的重要成果。审核专家根据工作实际贡献和发挥的作用参照以上标准执行。教材编审工作纳入所在单位工作量考核，作为职务评聘、评优评先、岗位晋升的重要指标。落实国家和省级教材奖励制度，加大对优秀教材的支持。

第八章 检查监督

第二十九条 国务院教育行政部门、省级教育部门负责对高校教材工作开展检查监督，相关工作纳入教育督导考评体系。

高校要完善教材质量监控和评价机制，加强对本校教材工作的检查监督。

第三十条 出现以下情形之一的，教材须停止使用，视情节轻重和所造成的影响，由上级或同级主管部门给予通报批评、责令停止违规行为，并由主管部门按规定对相关责任人给予相应处分。对情节严重的单位和个人列入负面清单；涉嫌犯罪的，依法追究刑事责任：

（一）教材内容的政治方向和价值导向存在问题。

（二）教材内容出现严重科学性错误。

（三）教材所含链接内容存在问题，产生严重后果。

（四）盗版盗印教材。

（五）违规编写出版国家统编教材及其他公共基础必修课程教材。

（六）用不正当手段严重影响教材审核、选用工作。

（七）未按规定程序选用，选用未经审核或审核未通过的教材。

（八）在教材中擅自使用国家规划教材标识，或使用可能误导高校教材选用的相似标识及表述，如标注主体或范围不明确的"规划教材""示范教材"等字样，或擅自标注"全国""国家"等字样。

（九）其他造成严重后果的违法违规行为。

第三十一条 国家出版管理部门负责教材出版、印刷、发行工作的监督管理，健全质量管理体系，加强检验检测，确保教材编印质量，指导教材定价。

第九章 附则

第三十二条 省级教育部门和高校应根据本办法制定实施细则。作为教材使用的讲义、教案和教参以及数字教材参照本办法管理。

高校选用境外教材的管理，按照国家有关政策执行。高等职业学校教材的管理，按照《职业院校教材管理办法》执行。

第三十三条 本办法自印发之日起施行，此前的相关规章制度，与本办法有关规定不一致的，以本办法为准。已开始实施且难以立刻终止的，应在本办法印发之日起6个月内纠正。

本办法由国务院教育行政部门负责解释。

6.2.8 《教育部产学合作协同育人项目管理办法》（教高厅〔2020〕1号）

2020年1月8日，教育部办公厅以教高厅〔2020〕1号文印发了《教育部产学合作协同育人项目管理办法》，该办法全文如下：

第一章 总则

第一条 为贯彻落实《国务院办公厅关于深化产教融合的若干意见》（国办发〔2017〕95号）和《关于加快建设发展新工科 实施卓越工程师教育培养计划2.0的意见》（教高〔2018〕3号）精神，加强和规范教育部产学合作协同育人项目（以下简称产学合作协同育人项目）管理，特制定本办法。

第二条 产学合作协同育人项目旨在通过政府搭台、企业支持、高校对接、共建共享，深化产教融合，促进教育链、人才链与产业链、创新链有机衔接，以产业和技术发展的最新需求推动高校人才培养改革。

第三条 产学合作协同育人项目坚持主动服务国家经济社会发展需求，服务战略性新兴产业发展需求，服务新工科、新医科、新农科、新文科建设需求，服务企业基础性、战略性研究需求，鼓励相关企业不以直接商业利益作为目标，深化与高校产学合作，促进培养目标、师资队伍、资源配置、管理服务的多方协同，培养支撑引领经济社会发展需要的高素质专门人才。

第四条 产学合作协同育人项目实行项目制管理，主要包括六类：

（一）新工科、新医科、新农科、新文科建设项目。企业提供经费和资源，支持高校开展新工科、新医科、新农科、新文科研究与实践，推动校企合作办学、合作育人、合作就业、合作发展，深入开展多样化探索实践，形成可推广的建设改革成果。

（二）教学内容和课程体系改革项目。企业提供经费、师资、技术、平台等，将产业和技术最新进展、行业对人才培养的最新要求引入教学过程，推动高校更新教学内容、完善课程体系，建设适应行业发展需要、可共享的课程、教材、教学案例等资源并推广应用。

（三）师资培训项目。企业提供经费和资源，由高校和企业共同组织开展面向教师的技术培训、经验分享、项目研究等工作，提升教师教学水平和实践能力。

（四）实践条件和实践基地建设项目。企业提供资金、软硬件设备或平台，支持高校建设实验室、实践基地、实践教学资源等，鼓励企业接收学生实习实训，提高实践教学质量。

（五）创新创业教育改革项目。企业提供师资、软硬件条件、投资基金等，支持高校加强创新创业教育课程体系、实践训练体系、创客空间、项目孵化转化平台等建设，深化创新创业教育改革。

（六）创新创业联合基金项目。企业提供资金、指导教师和项目研究方向，支持高校学生进行创新创业实践。

第二章 管理职责

第五条 教育部是产学合作协同育人项目的宏观管理部门，主要职责是：

（一）制定有关政策和项目管理办法，编制发展规划和年度工作重点，统筹推进和指导项目规范运行；

（二）组建并指导专家组织开展研究、咨询、指导、评估、成果交流等工作；

（三）指导开展指南征集、项目遴选、过程监管、结题验收、成果展示等工作。

第六条 省级教育行政部门的主要职责是：

（一）制定本区域深化产教融合、推进产学合作的政策措施；

（二）指导本区域高校积极参加产学合作协同育人项目，做好过程监管、优秀项目推选等工作；

（三）指导本区域相关专家组织开展研究、咨询、指导、评估、成果交流等工作。

第七条 参与产学合作协同育人项目的高校是项目运行管理的主体，主要职责是：

（一）建立健全高校产学合作协同育人项目组织管理体系，制定工作实施细则；

（二）为项目实施提供环境及条件支持，配备项目管理人员；

（三）负责高校产学合作协同育人项目的论证、遴选、中期检查、结题验收、优秀项目推选等运行管理工作；

（四）负责高校产学合作协同育人项目的日常监督管理和年度总结工作，遴选推荐优秀项目。

第八条 参与产学合作协同育人项目的企业的主要职责是：

（一）发布项目指南，接受高校项目合作申请，开展指南解读、高校合作洽谈、项目咨询、合作意向对接等工作；

（二）规范项目运行，严格过程管理，确保承诺的项目支持经费、软硬件等资源及时足额到位，保障项目顺利实施；

（三）组织项目结题验收，报送项目年度实施情况报告。

第三章 项目指南征集与发布

第九条 根据国家经济社会发展需求确定年度征集重点领域和批次，面向企业征集产学合作协同育人项目指南。

第十条 支持鼓励符合下列要求的企业提交产学合作协同育人项目指南。

（一）具有独立法人资格，成立至少 2 年，在所属行业及领域具有较为领先的技术力量和研发实力，业务稳定、业绩良好，注册实缴资金原则上在 500 万元以上；

（二）参与企业应具有健全的财务制度，信用良好，无欺瞒、诈骗等不良记录，并能提供国家相关职能部门或机构出具的企业信用良好报告，且未发现有本办法第三十一条所列禁止性行为。在相关领域具有与高校开展合作的良好基础，有 2 名（含）以上合作高校高级职称专家出具的推荐材料；

（三）鼓励企业每批次提供的实际支持资金总额不少于 50 万元（不包含软硬件等投入）。实际支持资金作为产学合作协同育人项目专项经费，不附带附加条件；

（四）企业指定专人负责产学合作协同育人项目相关事宜。

第十一条 符合参与要求且有校企合作意向的企业根据相关规定，按要求编制提交项目指南。指南应包括支持项目类型及规模、申请条件、建设目标、支持举措、预期成果及有关要求等内容。指南应在符合法律法规规定的基础上，与产业发展需求、企业人才需求、高校人才培养要求相结合，预期成果应具有创新性和可考核性。

第十二条 鼓励企业对产学合作协同育人项目在符合法律法规规定基础之上进行资助，资助应满足以下基本条件：

（一）新工科、新医科、新农科、新文科建设项目，教学内容和课程体系改革项目，创新创业教育改革项目等实际支持资金不少于 5 万元 / 项；

（二）师资培训项目、创新创业联合基金项目等实际支持资金不少于 2 万元 / 项；

（三）实践条件和实践基地建设项目软硬件支持价值总额不少于 20 万元 / 项；

（四）申请条件应公开、透明，面向全体符合条件的高校；不得指定合作高校，不得强制要求高校建立联合实验室、提供软硬件及资金配套、挂牌等；

（五）项目实施期限一般为 1 ~ 2 年，特殊情况以项目合同约定为准。

第十三条 组织专家对企业材料和项目指南进行指导，提出指导意见。

第十四条 经备案审查，符合要求的项目指南面向社会公开发布。

第四章 项目申请、论证与立项

第十五条 高校根据项目指南，组织师生自主进行项目申请，做好申请项目的遴选工作。

第十六条 企业根据项目指南约定，按照公平公正的原则自主组织专家开展项目论证工作，并将校企双方达成合作意向的项目向社会公示。

第十七条 企业每批次立项数量不应少于 2 项；高校提交数量超过指南发布项目数量时，立项项目数量不应低于指南发布项目数量的 50%；高校提交数量未达到指南发布项目数量时，立项项目数量不应低于提交数量的 50%。

第十八条 经公示无异议的项目，校企双方签署合作协议，协议须明确项目内容、资助形式及时间、预期成果、项目周期和验收标准等事项。高校负责将签订后的协议进行报备。

第十九条 组织专家对企业提交的项目立项结果进行核定,最终结果经审查备案后向社会公布。

第五章 项目启动与实施

第二十条 立项结果发布后,校企双方应积极启动项目研究,按照合作协议约定确保落实经费拨款及软硬件支持等事项。

第二十一条 项目负责人应组织好项目实施,做好项目实施情况记录,及时向高校主管部门和企业相关负责人报告项目执行中出现的重大事项,按要求提供项目进展情况报告。项目实施过程中,项目负责人一般不得更换。确因项目负责人调离或不能继续履行合作协议等情况,由校企双方协商更换人选,协商不一致时可终止该项目,并将项目变更情况上报备案。

第二十二条 校企双方应保持密切沟通联系,落实项目指南及合作协议承诺,保证项目顺利实施,接受并配合有关方面对项目的运行监管。

第六章 项目结题验收

第二十三条 项目负责人在合作协议约定时间内完成全部任务,经高校同意,向企业提出项目结题申请,并按合作协议提交相关证明材料。

第二十四条 企业组织专家进行项目验收,按要求报告验收结论。企业对项目的验收结论分为"通过""不通过"两类。

(一)按期完成合作协议约定的各项任务,提供的验收资料齐全、数据真实,验收结论为"通过";

(二)项目存在下列情况之一者,验收结论为"不通过":

1. 未按合作协议约定完成预定的目标、任务或私自更改项目研究目标、任务;

2. 提供的验收文件、资料、数据不真实;

3. 实施过程中出现重大问题,或存在尚未解决的纠纷;

4. 实施过程中存在违法违规行为。

第二十五条 高校从当年申请结题的项目中,择优向省级教育行政部门推荐优秀项目;省级教育行政部门组织相关专家在本区域高校推荐的优秀项目中择优进行推荐。高校推荐的优秀项目数量原则上不超过本校当年已通过结题验收项目数量的10%。

第二十六条　组织专家对企业提交的验收结论和省级教育行政部门推荐的优秀项目进行评估和汇总，发布本年度验收情况。

第七章　知识产权与成果转化

第二十七条　项目成果的知识产权由企业、高校和项目承担人员依合作协议确定。

第二十八条　建立产学合作协同育人项目成果库，将验收通过的项目成果集中向社会公开，对优秀项目成果以适当方式展示推广。

第二十九条　充分发挥项目成果的经济效益和社会效益，支持项目成果向课程、教材、课件、案例转化，向解决方案及决策咨询方案转化，向公共服务平台产品转化。

第八章　项目监管

第三十条　积极支持第三方机构开展项目评价，健全统计评价体系。强化监测评价结果运用，作为试点开展、激励约束的重要依据。

第三十一条　参与企业应进一步规范、约束自身行为，坚决杜绝下列类似情况发生。

（一）在项目指南、项目结题等材料中出现不实陈述，伪造企业信用证明、专家推荐材料等；

（二）未按协议约定落实资金及软硬件资源，在合作协议约定之外，强制要求高校提供软硬件及资金配套，项目实施内容与协议约定不一致等违背项目指南及合作协议约定的行为；

（三）以评审费、咨询费、押金等形式要求高校交纳相关费用，因企业原因造成沟通不畅、项目执行困难等行为；

（四）借教育部、产学合作协同育人项目名义进行产品或服务搭售、商业推广宣传，擅自印发带有教育部及相关组织机构名称的立项证书、结题证书、牌匾等不当行为；

（五）其他不按项目管理办法执行及违法违规的行为。

第三十二条　参与高校应积极组织相关部门开展项目监管工作，坚决杜绝下列类似情况发生。

（一）项目组织管理体系不健全、管理制度缺失、条件支持保障不到位；

（二）因高校自身原因出现超期未完成或终止项目达到当年立项总数的30%或

以上；

（三）高校相关部门未尽到财务、国有资产、纪检监察等监管职责，致使项目运行中出现违法违规行为；

（四）其他违背产教融合精神及违法违规行为。

第三十三条　项目负责人应积极开展项目研究工作，坚决杜绝下列类似情况发生。

（一）提供虚假材料，对项目运行中出现的问题谎报瞒报，对项目成果进行虚假宣传等行为；

（二）以项目名义进行营利、套取教学及科研资源、以权谋私等行为；

（三）因个人原因导致项目超期未完成或终止，项目成果与预期有较大差距；

（四）私自篡改项目名称，研究内容与批准的项目设计严重不符、研究过程中剽窃他人成果等行为；

（五）存在其他违法违规行为。

第九章　附则

第三十四条　"产学合作协同育人项目"的英文名称为：University-Industry Collaborative Education Program。

第三十五条　本办法自印发之日起施行，由教育部负责解释。

6.2.9　《国家教材建设重点研究基地管理办法》（教材〔2020〕1 号）

2020 年 1 月 13 日，教育部以教材〔2020〕1 号文印发了《国家教材建设重点研究基地管理办法》，该办法全文如下：

第一章　总则

第一条　国家教材建设重点研究基地，简称"国家教材基地"，是国家级教材研究专业机构，服务国家教育发展和教材建设重大战略，推动提高教材建设科学化水平，为教材建设、管理和政策制定提供理论支持智力支撑，发挥筑牢思想防线的重要作用。

第二条　国家教材基地建设以习近平新时代中国特色社会主义思想为指导，全面贯彻党的教育方针，落实立德树人根本任务，坚持正确政治方向，充分体现马克思主义中国化要求，充分体现中国和中华民族风格，充分体现党和国家对教育的基本要求，充分体现国家和民族基本价值观，充分体现人类文化知识积累和创新成果，为培养德智体美劳全面发展的社会主义建设者和接班人提供有力支撑。

第三条　国家教材基地建设坚持党的领导，立足国家重大需求，汇集优秀专业人才，建立灵活、开放、高效的运行机制，坚持基础理论研究与实践应用研究相结合，定性研究与定量研究相结合，以中国教材建设研究为主，兼顾国际比较研究，以现实问题研究为主，兼顾历史研究与前瞻研究。

第二章　管理体制

第四条　在国家教材委员会领导下，教育部负责国家教材基地统筹规划、遴选认定、建设管理等，国家教材委员会办公室（教育部教材局）负责组织实施。

第五条　受国家教材委员会办公室委托，教育部课程教材研究所承担相关具体工作。

第六条　国家教材基地所在单位要把基地建设纳入本单位发展规划，所在高等学校同时要纳入国家设立的有关高等学校建设项目或计划。国家教材基地所在单位负责研究项目与研究人员政治把关，选优配强工作力量，落实招生计划、办公场所、经费保障，组织开展绩效考核等。

第三章　机构设置

第七条　国家教材基地可依托所在单位有关机构专业力量设置，加强管理，不设分中心或分支机构。所在单位任命国家教材基地负责人并报国家教材委员会办公室备案。

第八条　国家教材基地应设立学术委员会，负责学术指导。学术委员会委员经所在单位审核批准后由国家教材基地聘任。

第九条　国家教材基地应配备一定数量的专门人员，其中二分之一以上应具有高级专业技术职称。根据需要，可以聘请本领域价值立场正确、学术造诣深、学风优良的专家学者作为兼职人员，应与兼职人员签订聘任协议。国家教材基地所在单位党组织要对所有成员进行综合审核，把好思想政治关。

第十条　国家教材基地须悬挂统一标识牌，规范使用名称、标识。国家教材基地英文全称为：The National Research Institute for Teaching Materials，缩写为：NRITM。

第四章　工作任务

第十一条　开展教材建设研究。围绕教材建设的基础理论、实践应用、发展战略等开展深入研究，探索教材建设规律，重点研究习近平新时代中国特色社会主义思想进课程教材、教材内容价值导向与知识教育有机融合、信息时代新形态教材等。

第十二条 提供咨询指导服务。根据国家、省级及校级教材工作部门部署，参与国家、地方及学校教材编写、审查、培训、评估等工作，提供专业咨询意见，发挥智库作用。开展教材建设相关人员培训，提升地方和学校教材建设队伍专业化水平。

第十三条 交流传播研究成果。加强课程教材专业期刊、专业网站、专业组织等建设，单独或联合组织学术交流活动。开展中外合作交流，共同研究教材建设规律和发展趋势，推介中国优秀教材及重要研究成果，遴选国外优秀教材，学习借鉴先进经验。

第十四条 建设教材研究队伍。发挥高端平台的聚集效应，团结一大批国内教材研究的中坚力量。明确队伍建设发展规划，完善激励机制，建设老中青相结合、理论研究专家与实践专家相结合、专职与兼职相结合的专家队伍。

第十五条 培养专业人才。有计划招收相关研究方向硕博士研究生、博士后研究人员、访问学者等，培养课程教材建设专业人才。

第十六条 汇集教材建设数据。收集整理本领域国内外教材建设政策文件、相关课程设置（课程方案）及课程标准（教学大纲）、相关教材及研究成果、教材编写选材和案例、教材使用情况等，了解教材编写人员、任课教师等相关情况，形成教材建设数据中心，为教材研究、开发和管理提供资源支撑。

第五章 运行机制

第十七条 教材研究设立规划项目和委托项目。项目级别分为教育部重点和教育部一般。规划项目由国家教材委员会办公室和国家教材基地提出，按程序组织专家对立项、定级和结项进行评审。委托项目一般由国家教材委员会办公室下达，根据实际需要，也可由教育部相关司局商国家教材委员会办公室下达，按程序组织专家对定级和结项进行评审。此外，国家教材基地也可确定自主研究项目。

第十八条 实行年度报告制度。国家教材基地应每年向国家教材委员会办公室提交规划项目、委托项目成果以及工作报告。成果包括咨询报告、学术论文与著作、教材样章样例及与教材研究相关的数字化材料等。提交的成果须与国家教材基地工作紧密相关，并注明"国家教材基地项目成果"或"作者系国家教材基地人员"。项目成果著作权归国家教材委员会所有，未经国家教材委员会办公室许可，不得擅自出版或公开发布。工作报告包括各项工作任务进展情况、资金使用情况、下一年度工作重点等。

第十九条 国家教材委员会办公室定期组织国家教材基地工作交流。鼓励国家教材基地之间开展多学科、多学段合作研究，实现优势互补。教育部课程教材研究所负责收集国家教材基地研究动态等相关信息供参考交流。

第二十条 国家教材基地所在单位应基于本单位实际，制定对国家教材基地主任及成员工作量的考核方案，将国家教材基地研究工作任务及成果纳入年度工作量及科研成果核算，计入单位绩效考核。

第六章 条件保障

第二十一条 国家教材基地经费由国家教材委员会办公室拨款、所在单位配套经费等构成。国家教材委员会办公室每年给予固定经费支持，保证规划项目研究，根据需要，另行拨付委托项目经费。国家教材基地所在单位应根据建设需要配套专项经费。国家教材基地应设立专门财务账号，经费使用符合国家有关财务规定，确保专款专用。

第二十二条 国家教材基地须具备独立的办公场所。国家教材基地所在单位应提供面积不少于200平米的办公场地及必要办公设备。

第七章 考核监督

第二十三条 国家教材委员会办公室以五年为一个周期，组织专家对国家教材基地进行全面考核评估。周期内实行年度考核，将国家教材基地年度工作报告和成果报告作为考核的主要依据，重点对工作任务完成情况和质量进行考核。考核结果分为合格、不合格。连续三年考核不合格的，撤销国家教材基地资格。

第二十四条 国家教材基地应对出现价值立场错误、学术不端、制造负面舆论、泄密、擅自公开发布或出版项目成果等情况的成员进行及时处理，取消其成员资格，依规追究相关责任。所在单位应责令国家教材基地限期整改，造成严重影响的，应追究国家教材基地负责人责任。对于因上述情况造成恶劣影响的，教育部依程序撤销国家教材基地资格，对于故意隐瞒事实不报的，追究国家教材基地所在单位负责人的责任。

本办法从印发之日起施行。国家教材基地所在单位应根据本办法制订实施细则，并报国家教材委员会办公室备案。国家教材委员会办公室对本办法具有最终解释权。

6.2.10 《高等学校课程思政建设指导纲要》（教高〔2020〕3号）

2020年5月28日，教育部以教高〔2020〕3号文印发了《高等学校课程思政建设指导纲要》，该纲要全文如下：

为深入贯彻落实习近平总书记关于教育的重要论述和全国教育大会精神，贯彻落实中共中央办公厅、国务院办公厅《关于深化新时代学校思想政治理论课改革创新的若干意见》，把思想政治教育贯穿人才培养体系，全面推进高校课程思政建设，发挥好每门课程的育人作用，提高高校人才培养质量，特制定本纲要。

一、全面推进课程思政建设是落实立德树人根本任务的战略举措

培养什么人、怎样培养人、为谁培养人是教育的根本问题，立德树人成效是检验高校一切工作的根本标准。落实立德树人根本任务，必须将价值塑造、知识传授和能力培养三者融为一体、不可割裂。全面推进课程思政建设，就是要寓价值观引导于知识传授和能力培养之中，帮助学生塑造正确的世界观、人生观、价值观，这是人才培养的应有之义，更是必备内容。这一战略举措，影响甚至决定着接班人问题，影响甚至决定着国家长治久安，影响甚至决定着民族复兴和国家崛起。要紧紧抓住教师队伍"主力军"、课程建设"主战场"、课堂教学"主渠道"，让所有高校、所有教师、所有课程都承担好育人责任，守好一段渠、种好责任田，使各类课程与思政课程同向同行，将显性教育和隐性教育相统一，形成协同效应，构建全员全程全方位育人大格局。

二、课程思政建设是全面提高人才培养质量的重要任务

高等学校人才培养是育人和育才相统一的过程。建设高水平人才培养体系，必须将思想政治工作体系贯通其中，必须抓好课程思政建设，解决好专业教育和思政教育"两张皮"问题。要牢固确立人才培养的中心地位，围绕构建高水平人才培养体系，不断完善课程思政工作体系、教学体系和内容体系。高校主要负责同志要直接抓人才培养工作，统筹做好各学科专业、各类课程的课程思政建设。要紧紧围绕国家和区域发展需求，结合学校发展定位和人才培养目标，构建全面覆盖、类型丰富、层次递进、相互支撑的课程思政体系。要切实把教育教学作为最基础最根本的工作，深入挖掘各类课程和教学方式中蕴含的思想政治教育资源，让学生通过学习，掌握事物发展规律，通晓天下道理，丰富学识，增长见识，塑造品格，努力成为德智体美劳全面发展的社会主义建设者和接班人。

三、明确课程思政建设目标要求和内容重点

课程思政建设工作要围绕全面提高人才培养能力这个核心点，在全国所有高校、所有学科专业全面推进，促使课程思政的理念形成广泛共识，广大教师开展课程思政建设的意识和能力全面提升，协同推进课程思政建设的体制机制基本健全，高校立德树人成效进一步提高。

课程思政建设内容要紧紧围绕坚定学生理想信念，以爱党、爱国、爱社会主义、爱人民、爱集体为主线，围绕政治认同、家国情怀、文化素养、宪法法治意识、道德修养等重点优化课程思政内容供给，系统进行中国特色社会主义和中国梦教育、社会主义核心价值观教育、法治教育、劳动教育、心理健康教育、中华优秀传统文化教育。

——推进习近平新时代中国特色社会主义思想进教材进课堂进头脑。坚持不懈用习近平新时代中国特色社会主义思想铸魂育人，引导学生了解世情国情党情民情，增强对党的创新理论的政治认同、思想认同、情感认同，坚定中国特色社会主义道路自信、理论自信、制度自信、文化自信。

——培育和践行社会主义核心价值观。教育引导学生把国家、社会、公民的价值要求融为一体，提高个人的爱国、敬业、诚信、友善修养，自觉把小我融入大我，不断追求国家的富强、民主、文明、和谐和社会的自由、平等、公正、法治，将社会主义核心价值观内化为精神追求、外化为自觉行动。

——加强中华优秀传统文化教育。大力弘扬以爱国主义为核心的民族精神和以改革创新为核心的时代精神，教育引导学生深刻理解中华优秀传统文化中讲仁爱、重民本、守诚信、崇正义、尚和合、求大同的思想精华和时代价值，教育引导学生传承中华文脉，富有中国心、饱含中国情、充满中国味。

——深入开展宪法法治教育。教育引导学生学思践悟习近平全面依法治国新理念新思想新战略，牢固树立法治观念，坚定走中国特色社会主义法治道路的理想和信念，深化对法治理念、法治原则、重要法律概念的认知，提高运用法治思维和法治方式维护自身权利、参与社会公共事务、化解矛盾纠纷的意识和能力。

——深化职业理想和职业道德教育。教育引导学生深刻理解并自觉实践各行业的职业精神和职业规范，增强职业责任感，培养遵纪守法、爱岗敬业、无私奉献、诚实守信、公道办事、开拓创新的职业品格和行为习惯。

四、科学设计课程思政教学体系

高校要有针对性地修订人才培养方案，切实落实高等职业学校专业教学标准、本科专业类教学质量国家标准和一级学科、专业学位类别（领域）博士硕士学位基本要求，构建科学合理的课程思政教学体系。要坚持学生中心、产出导向、持续改进，不断提升学生的课程学习体验、学习效果，坚决防止"贴标签""两张皮"。

公共基础课程。要重点建设一批提高大学生思想道德修养、人文素质、科学精神、宪法法治意识、国家安全意识和认知能力的课程，注重在潜移默化中坚定学生理想信念、厚植爱国主义情怀、加强品德修养、增长知识见识、培养奋斗精神，提升学生综合素质。打造一批有特色的体育、美育类课程，帮助学生在体育锻炼中享受乐趣、增强体质、健全人格、锤炼意志，在美育教学中提升审美素养、陶冶情操、温润心灵、激发创造创新活力。

专业教育课程。要根据不同学科专业的特色和优势，深入研究不同专业的育人目标，深度挖掘提炼专业知识体系中所蕴含的思想价值和精神内涵，科学合理拓展专业课程的广度、深度和温度，从课程所涉专业、行业、国家、国际、文化、历史等角度，增加课程的知识性、人文性，提升引领性、时代性和开放性。

实践类课程。专业实验实践课程，要注重学思结合、知行统一，增强学生勇于探索的创新精神、善于解决问题的实践能力。创新创业教育课程，要注重让学生"敢闯会创"，在亲身参与中增强创新精神、创造意识和创业能力。社会实践类课程，要注重教育和引导学生弘扬劳动精神，将"读万卷书"与"行万里路"相结合，扎根中国大地了解国情民情，在实践中增长智慧才干，在艰苦奋斗中锤炼意志品质。

五、结合专业特点分类推进课程思政建设

专业课程是课程思政建设的基本载体。要深入梳理专业课教学内容，结合不同课程特点、思维方法和价值理念，深入挖掘课程思政元素，有机融入课程教学，达到润物无声的育人效果。

——文学、历史学、哲学类专业课程。要在课程教学中帮助学生掌握马克思主义世界观和方法论，从历史与现实、理论与实践等维度深刻理解习近平新时代中国特色社会主义思想。要结合专业知识教育引导学生深刻理解社会主义核心价值观，自觉弘扬中华优秀传统文化、革命文化、社会主义先进文化。

——经济学、管理学、法学类专业课程。要在课程教学中坚持以马克思主义为指导，加快构建中国特色哲学社会科学学科体系、学术体系、话语体系。要帮助学生了解相关专业和行业领域的国家战略、法律法规和相关政策，引导学生深入社会实践、关注现实问题，培育学生经世济民、诚信服务、德法兼修的职业素养。

——教育学类专业课程。要在课程教学中注重加强师德师风教育，突出课堂育德、典型树德、规则立德，引导学生树立学为人师、行为世范的职业理想，培育爱国守法、规范从教的职业操守，培养学生传道情怀、授业底蕴、解惑能力，把对家国的爱、对教育的爱、对学生的爱融为一体，自觉以德立身、以德立学、以德施教，争做有理想信念、有道德情操、有扎实学识、有仁爱之心的"四有"好老师，坚定不移走中国特色社会主义教育发展道路。体育类课程要树立健康第一的教育理念，注重爱国主义教育和传统文化教育，培养学生顽强拼搏、奋斗有我的信念，激发学生提升全民族身体素质的责任感。

——理学、工学类专业课程。要在课程教学中把马克思主义立场观点方法的教育与科学精神的培养结合起来，提高学生正确认识问题、分析问题和解决问题的能力。理学类专业课程，要注重科学思维方法的训练和科学伦理的教育，培养学生探索未知、追求真理、勇攀科学高峰的责任感和使命感。工学类专业课程，要注重强化学生工程伦理教育，培养学生精益求精的大国工匠精神，激发学生科技报国的家国情怀和使命担当。

——农学类专业课程。要在课程教学中加强生态文明教育，引导学生树立和践行绿水青山就是金山银山的理念。要注重培养学生的"大国三农"情怀，引导学生以强农兴农为己任，"懂农业、爱农村、爱农民"，树立把论文写在祖国大地上的意识和信念，增强学生服务农业农村现代化、服务乡村全面振兴的使命感和责任感，培养知农爱农创新人才。

——医学类专业课程。要在课程教学中注重加强医德医风教育，着力培养学生"敬佑生命、救死扶伤、甘于奉献、大爱无疆"的医者精神，注重加强医者仁心教育，在培养精湛医术的同时，教育引导学生始终把人民群众生命安全和身体健康放在首位，尊重患者，善于沟通，提升综合素养和人文修养，提升依法应对重大突发公共卫生事件能力，做党和人民信赖的好医生。

——艺术学类专业课程。要在课程教学中教育引导学生立足时代、扎根人民、深入生活，树立正确的艺术观和创作观。要坚持以美育人、以美化人，积极弘扬中华美育精神，引导学生自觉传承和弘扬中华优秀传统文化，全面提高学生的审美和人文素养，增强文化自信。

高等职业学校要结合高职专业分类和课程设置情况，落实好分类推进相关要求。

六、将课程思政融入课堂教学建设全过程

高校课程思政要融入课堂教学建设，作为课程设置、教学大纲核准和教案评价的重要内容，落实到课程目标设计、教学大纲修订、教材编审选用、教案课件编写各方面，贯穿于课堂授课、教学研讨、实验实训、作业论文各环节。要讲好用好马工程重点教材，推进教材内容进人才培养方案、进教案课件、进考试。要创新课堂教学模式，推进现代信息技术在课程思政教学中的应用，激发学生学习兴趣，引导学生深入思考。要健全高校课堂教学管理体系，改进课堂教学过程管理，提高课程思政内涵融入课堂教学的水平。要综合运用第一课堂和第二课堂，组织开展"中国政法实务大讲堂""新闻实务大讲堂"等系列讲堂，深入开展"青年红色筑梦之旅""百万师生大实践"等社会实践、志愿服务、实习实训活动，不断拓展课程思政建设方法和途径。

七、提升教师课程思政建设的意识和能力

全面推进课程思政建设，教师是关键。要推动广大教师进一步强化育人意识，找准育人角度，提升育人能力，确保课程思政建设落地落实、见功见效。要加强教师课程思政能力建设，建立健全优质资源共享机制，支持各地各高校搭建课程思政建设交流平台，分区域、分学科专业领域开展经常性的典型经验交流、现场教学观摩、教师教学培训等活动，充分利用现代信息技术手段，促进优质资源在各区域、层次、类型的高校间共享共用。依托高校教师网络培训中心、教师教学发展中心等，深入开展马克思主义政治经济学、马克思主义新闻观、中国特色社会主义法治理论、法律职业伦理、工程伦理、医学人文教育等专题培训。支持高校将课程思政纳入教师岗前培训、在岗培训和师德师风、教学能力专题培训等。充分发挥教研室、教学团队、课程组等基层教学组织作用，建立课程思政集体教研制度。鼓励支持思政课教师与专业课教师合作教学教研，鼓励支持院士、"长江学者"、"杰青"、国家级教学名师等带头开展课程思政建设。

加强课程思政建设重点、难点、前瞻性问题的研究，在教育部哲学社会科学研究项目中积极支持课程思政类研究选题。充分发挥高校课程思政教学研究中心、思想政治工作创新发展中心、马克思主义学院和相关学科专业教学组织的作用，构建多层次课程思政建设研究体系。

八、建立健全课程思政建设质量评价体系和激励机制

人才培养效果是课程思政建设评价的首要标准。建立健全多维度的课程思政建设成效考核评价体系和监督检查机制，在各类考核评估评价工作和深化高校教育教学改革中落细落实。充分发挥各级各类教学指导委员会、学科评议组、专业学位教育指导委员会、行业职业教育教学指导委员会等专家组织作用，研究制订科学多元的课程思政评价标准。把课程思政建设成效作为"双一流"建设监测与成效评价、学科评估、本科教学评估、一流专业和一流课程建设、专业认证、"双高计划"评价、高校或院系教学绩效考核等的重要内容。把教师参与课程思政建设情况和教学效果作为教师考核评价、岗位聘用、评优奖励、选拔培训的重要内容。在教学成果奖、教材奖等各类成果的表彰奖励工作中，突出课程思政要求，加大对课程思政建设优秀成果的支持力度。

九、加强课程思政建设组织实施和条件保障

课程思政建设是一项系统工程，各地各高校要高度重视，加强顶层设计，全面规划，循序渐进，以点带面，不断提高教学效果。要尊重教育教学规律和人才培养规律，适应不同高校、不同专业、不同课程的特点，强化分类指导，确定统一性和差异性要求。要充分发挥教师的主体作用，切实提高每一位教师参与课程思政建设的积极性和主动性。

加强组织领导。教育部成立课程思政建设工作协调小组，统筹研究重大政策，指导地方、高校开展工作；组建高校课程思政建设专家咨询委员会，提供专家咨询意见。各地教育部门和高校要切实加强对课程思政建设的领导，结合实际研究制定各地、各校课程思政建设工作方案，健全工作机制，强化督查检查。各高校要建立党委统一领导、党政齐抓共管、教务部门牵头抓总、相关部门联动、院系落实推进、自身特色鲜明的课程思政建设工作格局。

加强支持保障。各地教育部门要加强政策协调配套，统筹地方财政高等教育资金和中央支持地方高校改革发展资金，支持高校推进课程思政建设。中央部门所属

高校要统筹利用中央高校教育教学改革专项等中央高校预算拨款和其他各类资源，结合学校实际，支持课程思政建设工作。地方高校要根据自身建设计划，统筹各类资源，加大对课程思政建设的投入力度。

加强示范引领。面向不同层次高校、不同学科专业、不同类型课程，持续深入抓典型、树标杆、推经验，形成规模、形成范式、形成体系。教育部选树一批课程思政建设先行校、一批课程思政教学名师和团队，推出一批课程思政示范课程、建设一批课程思政教学研究示范中心，设立一批课程思政建设研究项目，推动建设国家、省级、高校多层次示范体系，大力推广课程思政建设先进经验和做法，全面形成广泛开展课程思政建设的良好氛围，全面提高人才培养质量。

6.2.11　《关于进一步严格规范学位与研究生教育质量管理的若干意见》（学位〔2020〕19 号）

2020 年 9 月 25 日，国务院学位委员会、教育部以学位〔2020〕19 号文下发了《关于进一步严格规范学位与研究生教育质量管理的若干意见》，该意见全文如下：

各省、自治区、直辖市学位委员会、教育厅（教委），新疆生产建设兵团教育局，有关部门（单位）教育司（局），部属各高等学校、部省合建各高等学校：

改革开放特别是党的十八大以来，学位与研究生教育坚持正确政治方向，确立了立德树人、服务需求、提高质量、追求卓越的主线，规模持续增长，结构布局不断优化，学位管理体制和研究生培养体系逐步完善，服务国家战略和经济社会发展的能力显著增强，我国已成为世界研究生教育大国。国务院学位委员会和教育部等部门先后印发了《关于加强学位与研究生教育质量保证和监督体系建设的意见》《关于加快新时代研究生教育改革发展的意见》等一系列文件，强化质量监控与检查，促进学位授予单位规范管理。中国特色社会主义进入新时代，人民群众对保证和提高学位与研究生教育质量的关切日益增强，但部分学位授予单位仍存在培养条件建设滞后、管理制度不健全、制度执行不严格、导师责任不明确、学生思想政治教育弱化、学术道德教育缺失等问题。为落实立德树人根本任务，实现新时代研究生教育改革发展目标，维护公平，提高质量，办好人民满意的研究生教育，建设研究生教育强国，现就进一步规范质量管理提出如下意见。

一、指导思想

以习近平新时代中国特色社会主义思想为指导，深入学习贯彻落实党的十九大和十九届二中、三中、四中全会精神，全面贯彻落实全国教育大会和全国研究生教育会议精神，紧紧围绕统筹推进"五位一体"总体布局和协调推进"四个全面"战略布局，全面贯彻党的教育方针，落实立德树人根本任务，推进研究生教育治理体系和治理能力现代化，坚持把思想政治工作贯穿研究生教育教学全过程。遵循规律，严格制度，强化落实，整治不良学风，遏止学术不端，营造风清气正的育人环境和求真务实的学术氛围，努力提高学位与研究生教育质量。

二、强化落实学位授予单位质量保证主体责任

（一）学位授予单位是研究生教育质量保证的主体，党政主要领导是第一责任人。要坚持正确政治方向，树牢"四个意识"，坚定"四个自信"，坚决做到"两个维护"，以全面从严治党引领质量管理责任制的建立与落实。要落实落细《关于加强学位与研究生教育质量保证和监督体系建设的意见》《学位授予单位研究生教育质量保证体系建设基本规范》，补齐补强质量保证制度体系，加快建立以培养质量为主导的研究生教育资源配置机制。

（二）学位授予单位要强化底线思维，把维护公平、保证质量作为学科建设和人才培养的基础性任务，加强与研究生培养规模相适应的条件建设和组织保障。针对不同类型研究生的培养目标、模式和规模，强化培养条件、创新保障方式，确保课程教学、科研指导和实践实训水平。

（三）学位授予单位要建立健全学术委员会、学位评定委员会等组织，强化制度建设与落实，充分发挥学术组织在学位授权点建设、导师选聘、研究生培养方案审定、学位授予标准制定、学术不端处置等方面的重要作用，提高尽责担当的权威性和执行力。

（四）学位授予单位要明确学位与研究生教育管理主责部门，根据本单位研究生规模和学位授权点数量等，配齐建强思政工作和管理服务队伍，合理确定岗位与职责，加强队伍素质建设，强化统筹协调和执行能力，切实提高管理水平。二级培养单位设置研究生教育管理专职岗位，协助二级培养单位负责人和研究生导师，具体承担研究生招生、培养、学位授予等环节质量管理和研究生培养相关档案管理工作。

（五）学位授予单位要强化法治意识和规矩意识，建立各环节责任清单，加强执行检查。利用信息化手段加强对研究生招生、培养和学位授予等关键环节管理。强化研究生教育质量自我评估和专项检查，对本单位研究生培养和学位授予质量进行诊断，及时发现问题，立查立改。

三、严格规范研究生考试招生工作

（六）招生单位在研究生考试招生工作中承担主体责任。招生单位主要负责同志是本单位研究生考试招生工作的第一责任人，对本单位研究生考试招生工作要亲自把关、亲自协调、亲自督查，严慎细实做好研究生考试招生工作，确保公开、公平、公正。

（七）各地、各招生单位要强化考试管理，把维护考试安全作为一项重要政治责任，严格落实试卷安全保密、考场监督管理等制度要求，确保考试安全。招生单位作为自命题工作的组织管理主体，要强化对自命题工作的组织领导和统筹安排，坚决杜绝简单下放、层层转交。招生单位要对标国家教育考试标准，进一步完善自命题工作规范，切实加强对自命题工作全过程全方位，特别是关键环节、关键岗位、关键人员的监管，切实加强对自命题工作人员的教育培训，落实安全保密责任制，坚决防止出现命题制卷错误和失泄密情况。试卷评阅严格执行考生个人信息密封、多人分题评阅、评卷场所集中封闭管理等要求，确保客观准确。

（八）招生单位要切实规范研究生招生工作，加强招生工作的统一领导和监督，层层压实责任，将招生纪律约束贯穿于命题、初试、评卷、复试、调剂、录取全过程，牢牢守住研究生招生工作的纪律红线。要进一步完善复试工作制度机制，加强复试规范管理，统一制定复试小组工作基本规范，复试小组成员须现场独立评分，评分记录和考生作答情况要交招生单位研究生招生管理部门集中统一保管，任何人不得改动。复试全程要录音录像，要规范调剂工作程序，提升服务质量。要严格执行国家政策规定，坚持择优录取，不得设置歧视性条件，除国家有特别规定的专项计划外，不得按单位、行业、地域、学校层次类别等限定生源范围。

（九）各级教育行政部门、教育招生考试机构和招生单位应按照教育部有关政策要求，积极推进本地区、本单位研究生招生信息公开，确保招生工作规范透明。招生单位要提前在本单位网站上公布招生章程、招生政策规定、招生专业目录、分专业招生计划、复试录取办法等信息。所有拟录取名单由招生单位研究生招生管理部门统一公示，未经招生单位公示的考生，一律不得录取，不予学籍注册。教育行政部门、教育招生考试机构和招生单位要提供考生咨询及申诉渠道，并按有关规定对相关申诉和举报及时调查、处理及答复。

四、严抓培养全过程监控与质量保证

（十）学位授予单位要遵循学科发展和人才培养规律，根据《一级学科博士硕士学位基本要求》《专业学位类别（领域）博士硕士学位基本要求》，按不同学科或专业学位类别细化并执行与本单位办学定位及特色相一致的学位授予质量标准；制定各类各层次研究生培养方案，做到培养环节设计合理，学制、学分和学术要求切实可行，关键环节考核标准和分流退出措施明确。实行研究生培养全过程评价制度，关键节点突出学术规范和学术道德要求。学位论文答辩前，严格审核研究生培养各环节是否达到规定要求。

（十一）二级培养单位设立研究生培养指导机构，在学位评定委员会指导下，负责落实研究生培养方案、监督培养计划执行、指导课程教学、评价教学质量等工作。加快建立以教师自评为主、教学督导和研究生评教为辅的研究生教学评价机制，对研究生教学全过程和教学效果进行监督和评价。

（十二）做好研究生入学教育，编发内容全面、规则翔实的研究生手册并组织学习。把学术道德、学术伦理和学术规范作为必修内容纳入研究生培养环节计划，开设论文写作必修课，持续加强学术诚信教育、学术伦理要求和学术规范指导。研究生应签署学术诚信承诺书，导师要主动讲授学术规范，引导学生将坚守学术诚信作为自觉行为。

（十三）坚持质量检查关口前移，切实发挥资格考试、学位论文开题和中期考核等关键节点的考核筛查作用，完善考核组织流程，丰富考核方式，落实监督责任，提高考核的科学性和有效性。进一步加强和严格课程考试。完善和落实研究生分流退出机制，对不适合继续攻读学位的研究生要及早按照培养方案进行分流退出，做好学生分流退出服务工作，严格规范各类研究生学籍年限管理。

五、加强学位论文和学位授予管理

（十四）学位授予单位要进一步细分压实导师、学位论文答辩委员会、学位评定分委员会等责任。导师是研究生培养第一责任人，要严格把关学位论文研究工作、写作发表、学术水平和学术规范性。学位论文答辩委员会要客观公正评价学位论文学术水平,切实承担学术评价、学风监督责任,杜绝人情干扰。学位评定分委员会要对申请人培养计划执行情况、论文评阅情况、答辩组织及其结果等进行认真审议,承担学术监督和学位评定责任。论文重复率检测等仅作为检查学术不端行为的辅助手段,不得以重复率检测结果代替导师、学位论文答辩委员会、学位评定分委员会对学术水平和学术规范性的把关。

(十五)分类制订不同学科或交叉学科的学位论文规范、评阅规则和核查办法,真实体现研究生知识理论创新、综合解决实际问题的能力和水平,符合相应学科领域的学术规范和科学伦理要求。对以研究报告、规划设计、产品开发、案例分析、管理方案、发明专利、文学艺术创作等为主要内容的学位论文,细分写作规范,建立严格评审机制。

(十六)严格学位论文答辩管理,细化规范答辩流程,提高问答质量,力戒答辩流于形式。除依法律法规需要保密外,学位论文均要严格实行公开答辩,妥善安排旁听,答辩人员、时间、地点、程序安排及答辩委员会组成等信息要在学位授予单位网站向社会公开,接受社会监督。任何组织及个人不得以任何形式干扰学位论文评阅、答辩及学位评定工作,违者按相关法律法规严肃惩处。

(十七)建立和完善研究生招生、培养、学位授予等原始记录收集、整理、归档制度,严格规范培养档案管理,确保涉及研究生招生录取、课程考试、学术研究、学位论文开题、中期考核、学位论文评阅、答辩、学位授予等重要记录的档案留存全面及时、真实完整。探索建立学术论文、学位论文校际馆际共享机制,促进学术公开透明。

六、强化指导教师质量管控责任

(十八)导师要切实履行立德树人职责,积极投身教书育人,教育引导研究生坚定理想信念,增强中国特色社会主义道路自信、理论自信、制度自信、文化自信,自觉践行社会主义核心价值观。根据学科或行业领域发展动态和研究生的学术兴趣、知识结构等特点,制订研究生个性化培养计划。指导研究生潜心读书学习、了解学术前沿、掌握科研方法、强化实践训练,加强科研诚信引导和学术规范训练,掌握学生参与学术活动和撰写学位论文情况,增强研究生知识产权意识和原始创新意识,杜绝学术不端行为。综合开题、中期考核等关键节点考核情况,提出学生分流退出建议。严格遵守《新时代高校教师职业行为十项准则》、研究生导师指导行为准则，不安排研究生从事与学业、科研、社会服务无关的事务。关注研究生个体成长和思想状况，与研究生思政工作和管理人员密切协作，共同促进研究生身心健康。

（十九）学位授予单位建立科学公正的师德师风评议机制，把良好师德师风作为导师选聘的首要要求和第一标准。编发导师指导手册，明确导师职责和工作规范，加强研究生导师岗位动态管理，严格规范管理兼职导师。建立导师团队集体指导、集体把关的责任机制。

（二十）完善导师培训制度，各学位授予单位对不同类型研究生的导师实行常态化分类培训，切实提高导师指导研究生和严格学术管理的能力。首次上岗的导师实行全面培训，连续上岗的导师实行定期培训，确保政策、制度和措施及时在指导环节中落地见效。

（二十一）健全导师分类评价考核和激励约束机制，将研究生在学期间及毕业后反馈评价、同行评价、管理人员评价、培养和学位授予环节职责考核情况科学合理地纳入导师评价体系，综合评价结果作为招生指标分配、职称评审、岗位聘用、评奖评优等的重要依据。严格执行《教育部关于高校教师师德失范行为处理的指导意见》，对师德失范、履行职责不力的导师，视情况给予约谈、限招、停招、取消导师资格等处理；情节较重的，依法依规给予党纪政纪处分。

七、健全处置学术不端有效机制

（二十二）完善教育部、省级教育行政部门、学位授予单位三级监管体系，健全宣传、防范、预警、督查机制，完善学术不端行为预防与处置措施。将预防和处置学术不端工作纳入国家教育督导范畴，将学术诚信管理与督导常态化，提高及时处理和应对学术不端事件的能力。

（二十三）严格执行《学位论文作假行为处理办法》《高等学校预防与处理学术不端行为办法》等规定。对学术不端行为，坚持"零容忍"，一经发现坚决依法依规、从快从严进行彻查。对有学术不端行为的当事人以及相关责任人，根据情节轻重，依法依规给予党纪政纪校纪处分和学术惩戒；违反法律法规的，应及时移送有关部门查处。对学术不端查处不力的单位予以问责。将学位论文作假行为作为信用记录，纳入全国信用信息共享平台。

（二十四）学位授予单位要切实执行《普通高等学校学生管理规定》《高等学校

预防与处理学术不端行为办法》的相关要求，完善导师和研究生申辩申诉处理机制与规则，畅通救济渠道，维护正当权益。当事人对处理或处分决定不服的，可以向学位授予单位提起申诉。当事人对经申诉复查后所作决定仍持异议的，可以向省级学位委员会申请复核。

八、加强教育行政部门督导监管

（二十五）省级高校招生委员会是监管本行政区域内所有招生单位研究生考试招生工作的责任主体。教育部将把规范和加强研究生考试招生工作纳入国家教育督导范畴，各省级高校招生委员会、教育行政部门要加强对本地区研究生考试招生工作的监督检查，对研究生考试招生工作中的问题，特别是多发性、趋势性的问题要及早发现、及早纠正。对考试招生工作中的违规违纪行为，一经发现，坚决按有关规定严肃处理。造成严重后果和恶劣影响的，将按规定对有关责任人员进行追责问责，构成违法犯罪的，由司法机关依法追究法律责任。

（二十六）国务院学位委员会、教育部加强运用学位授权点合格评估、质量专项检查抽查等监管手段，省级学位委员会和教育行政部门加大督查检查力度，加强招生、培养、学位授予等管理环节督查，强化问责。

（二十七）国务院教育督导委员会办公室、省级教育行政部门进一步加大学位论文抽检工作力度，适当扩大抽检比例。对连续或多次出现"存在问题学位论文"的学位授予单位，加大约谈力度，严控招生规模。国务院学位委员会、教育部在学位授权点合格评估中对"存在问题学位论文"较多的学位授权点进行重点抽评，根据评估结果责令研究生培养质量存在严重问题的学位授权点限期整改，经整改仍无法达到要求的，依法依规撤销有关学位授权。

（二十八）对在招生、培养、学位授予等管理环节问题较多，师德师风、校风学风存在突出问题的学位授予单位，视情况采取通报、限期整改、严控招生计划、限制新增学位授权申报等处理办法，情节严重的学科或专业学位类别，坚决依法依规撤销学位授权。对造成严重后果，触犯法律法规的，坚决依法依规追究学位授予单位及个人法律责任。

（二十九）省级教育行政部门和学位授予单位要加快推进研究生教育信息公开，定期发布学位授予单位研究生教育发展质量年度报告，公布学术不端行为调查处理情况，接受社会监督。

6.2.12 《专业学位研究生教育发展方案（2020—2025）》（学位〔2020〕20号）

2020年9月25日，国务院学位委员会、教育部以学位〔2020〕20号文印发了《专业学位研究生教育发展方案（2020—2025）》，该方案节选如下：

专业学位研究生教育发展指导思想是，以习近平新时代中国特色社会主义思想为指导，全面贯彻落实全国教育大会和全国研究生教育会议精神，面向国家发展重大战略，面向行业产业当前及未来人才重大需求，面向教育现代化，进一步凸显专业学位研究生教育重要地位，以立德树人、服务需求、提高质量、追求卓越为主线，按照需求导向、尊重规律、协同育人、统筹推进的基本原则，加强顶层设计，完善发展机制，优化规模结构，夯实支撑条件，全面提高质量，为行业产业转型升级和创新发展提供强有力的人才支撑。

专业学位研究生教育发展目标是，到2025年，以国家重大战略、关键领域和社会重大需求为重点，增设一批硕士、博士专业学位类别，将硕士专业学位研究生招生规模扩大到硕士研究生招生总规模的三分之二左右，大幅增加博士专业学位研究生招生数量，进一步创新专业学位研究生培养模式，产教融合培养机制更加健全，专业学位与职业资格衔接更加紧密，发展机制和环境更加优化，教育质量水平显著提升，建成灵活规范、产教融合、优质高效、符合规律的专业学位研究生教育体系。

三、着力优化硕士专业学位研究生教育结构

1. 完善硕士专业学位类别设置和授予标准。硕士专业学位类别设置条件，应更加突出鲜明的职业背景和专业人才指向，增强对行业产业发展的快速响应能力和针对性，一般应要求具有广泛的社会需求，明确的职业指向，所对应职业领域的人才培养已形成相对完整、系统的知识体系。硕士专业学位授予基本要求，应更加突出研究生掌握相关行业产业或职业领域的扎实基础理论、系统专门知识的程度，以及通过研究解决实践问题的能力。

2. 健全更加灵活的硕士专业学位类别管理机制。根据社会发展需求，在现代制造业、现代交通、现代农业、现代信息、现代服务业和社会治理等领域，增设一批硕士专业学位类别。开展硕士专业学位类别自主设置试点，放权学位授权自主审核单位自主设置硕士专业学位类别，定期统计并向社会公布。改进硕士专业学位类别进入专业学位目录的机制，对于由高校自主设置的硕士专业学位类别，若已在高校形成一定规模，得到社会和行业产业认可，形成了完善的人才培养机制和知识体系，有长期稳定人才需求，招生就业良好，由行业产业、高校进行论证后提出申请，经国务院学位委员会审批通过后，即进入硕士专业学位目录。行业主管部门、行业产业协会等也可提出硕士专业学位类别设置申请，基本程序与博士专业学位类别设置程序一致。

3. 推动硕士专业学位研究生教育规模稳健增长。稳步扩大硕士专业学位授权布局，新增硕士学位授予单位原则上只开展专业学位研究生教育，新增硕士学位授权点以专业学位授权点为主，支持学位授予单位将主动撤销的学术学位授权点调整为专业学位授权点。将产教融合、联合培养基地建设作为硕士专业学位授权点申请基本条件的重要内容，不把已获得学术学位授权点作为前置条件。推动硕士专业学位授权紧密服务区域、行业产业发展，继续放权省级学位委员会承担本地区硕士专业学位授权点审核工作，并注重发挥专业学位研究生教育指导委员会的作用。支持学位授予单位优化人才培养结构，硕士研究生招生计划增量主要用于专业学位，可将学术学位硕士研究生招生计划调整为专业学位硕士研究生招生计划。

四、加快发展博士专业学位研究生教育

1. 明确博士专业学位研究生教育的定位。推动博士专业学位、博士学术学位的协调发展。博士专业学位研究生教育主要根据国家重大发展战略需求，培养某一专门领域的高层次应用型未来领军人才。博士专业学位研究生应掌握相关行业产业或职业领域的扎实基础理论、系统深入专门知识，具有独立运用科学方法、创造性地研究和系统解决实践中复杂问题的能力。

2. 完善博士专业学位类别设置标准。博士专业学位类别一般只在已形成相对独立专业技术标准的职业领域中设置，该职业领域应具有成熟的职业规范和特定的职业能力标准，需要创造性地开展工作，且具有较大的博士层次人才需求。博士专业学位类别设置的重点是工程师、医师、教师、律师、公共卫生、公共政策与管理等对知识、技术、能力都有较高要求的职业领域，也可根据经济社会发展需求，按照成熟一个、论证一个的原则，在其他行业产业或专门领域中设置，一般应具有较好的硕士专业学位发展基础。

3. 健全博士专业学位类别设置程序。专业学位类别设置的基本程序是：相关行业产业主管部门、行业产业协会和学位授予单位提出建议，并提交论证报告；相关学科评议组和专业学位研究生教育指导委员会进行必要性论证，并提交评议意见；国务院学位委员会办公室在广泛征求意见基础上，组织专家进行可行性评议；评议通过后，编制设置方案，提交国务院学位委员会审核。

4.扩大博士专业学位研究生教育规模。在确保质量的基础上，以临床医学博士专业学位、工程类博士专业学位、教育博士专业学位为重点，增设一批博士专业学位授权点，快速提升培养能力。将产教融合和行业协同作为博士专业学位授权点增设的优先条件，不把已获得博士学术学位授权点作为博士专业学位授权点增设的前置条件。完善博士专业学位授权点区域布局，支撑区域经济社会发展。支持学位授权自主审核单位增设一批博士专业学位授权点。博士研究生招生计划向专业学位倾斜，每年常规增量专门安排一定比例用于博士专业学位发展。在科研经费博士专项计划中探索招收博士专业学位研究生并逐步扩大规模。

五、大力提升专业学位研究生教育质量

1.加强专业学位研究生导师队伍建设。坚持正确育人导向，强化导师育人职责。大力推动地方领导干部、"两院"院士、国企骨干、劳动模范等上讲台，探索建立各级党政机关、科研院所、军队、企事业单位党员领导干部、专家学者等担任校外辅导员制度，提升专业学位研究生思想水平、政治觉悟和道德品质。推动培养单位和行业产业之间的人才交流与共享，各培养单位新聘专业学位研究生导师须有在行业产业锻炼实践半年以上或主持行业产业课题研究、项目研发的经历，在岗专业学位研究生导师每年应有一定时间带队到行业产业开展调研实践。鼓励各地各培养单位设立"行业产业导师"，健全行业产业导师选聘制度，构建专业学位研究生双导师制。

2.深化产教融合专业学位研究生培养模式改革。坚持正确育人导向，加强专业学位研究生思想政治教育，加强学术道德和职业伦理教育，提升实践创新能力和未来职业发展能力，促进专业学位研究生德智体美劳全面发展。实施专业学位和学术学位研究生招生分类选拔，进一步完善博士专业学位研究生申请考核制选拔方式。推进培养单位与行业产业共同制定培养方案，共同开设实践课程，共同编写精品教材。鼓励有条件的行业产业制定专业技术能力标准，推进课程设置与专业技术能力考核的有机衔接。推进设立用人单位"定制化人才培养项目"，将人才培养与用人需求紧密对接。实施"国家产教融合研究生联合培养基地"建设计划，重点依托产教融合型企业和产教融合型城市，大力开展研究生联合培养基地建设。鼓励行业产业、培养单位探索建立产教融合育人联盟，制定标准，交流经验，分享资源。将创新创业教育融入产教融合育人体系，支持有条件的高校在具备较高创新创业潜质的应届本科毕业生中，推荐免试（初试）招收专业学位研究生。支持培养单位联合行业产业探索实施"专业学位＋能力拓展"育人模式，使专业学位研究生在获得学历学位的同时，取得相关行业产业从业资质或实践经验，提升职业胜任能力。

3. 完善专业学位研究生教育评价机制。强化专业学位论文应用导向，硕士专业学位论文可以调研报告、规划设计、产品开发、案例分析、项目管理、艺术作品等为主要内容，以论文形式呈现。博士专业学位论文应表明研究生独立担负专门技术工作的能力，并在专门技术上做出应用创新性的成果。完善专业学位论文评审和抽检办法，推动专业学位论文与学术学位论文分类评价。完善专业学位授权点合格评估制度，将产教融合培养研究生成效纳入评估指标体系，并与专业学位授权点建设等支持政策相挂钩。破除仅以论文发表评价教师的简单做法，将教学案例编写、行业产业服务等教学、实践、服务成果纳入教师考核、评聘体系。

六、组织实施

1. 编制专业学位类别目录。专业学位类别目录由国家统一编制，主要用于学位授权和学位授予，每五年集中修订一次。硕士专业学位类别在论证批准后，即在当年进入目录。专业学位类别一般下设专业领域。除临床医学等行业规范要求严格的类别外，专业领域由学位授予单位自主设置，其清单每年统计发布一次。

2. 推进与职业资格衔接。发挥行业产业协会、专家组织的重要作用，积极完善专业学位与职业资格准入及水平认证的有效衔接机制，在课程免考、缩短职业资格考试实践年限、任职条件等方面加强对接。推动专业学位与国际职业资格的衔接，促进我国专业学位人才的国际流动，宣传推广专业学位研究生教育的中国标准，提升我国专业学位的国际影响力和竞争力。

3. 强化行业产业协同。支持行业产业参与专业学位研究生教育办学，明显提高规模以上企业参与比例。鼓励行业产业通过设立冠名奖学金、研究生工作站、校企研发中心等措施，吸引专业学位研究生和导师参与企业研发项目。强化企业职工在岗教育培训，支持在职员工攻读硕士、博士专业学位。鼓励行业或大企业建立开放式联合培养基地，带动中小企业参与联合培养。

4.建立需求与就业动态反馈机制。遵循"谁提出、谁负责"的原则，提出设置专业学位类别的行业产业部门应建立人才需求和就业状况动态监测机制，每年发布人才需求和就业状况报告。依托用人单位调查、毕业生追踪调查等，对各单位人才培养质量进行真实反映。对需求萎缩、培养质量低下的专业学位类别，实行强制退出。

5.构建多元投入机制。健全以政府投入为主、受教育者合理分担、行业产业、培养单位多渠道筹集经费的投入机制。完善差异化专业学位研究生生均拨款机制，合理确定学费标准。探索实施企事业单位以专项经费承担培养成本的"订单式"研究生培养项目。引导支持行业产业以资本、师资、平台等多种形式投入参与专业学位研究生教育。完善政府主导、培养单位和社会广泛参与的专业学位研究生奖助体系。

6.发挥专家组织作用。按专业学位类别组建专业学位研究生教育指导委员会，吸收更多实践部门有丰富经验的专业人士担任委员，充分发挥其在专业学位研究生教育改革发展、学位授权、招生培养、学位授予、质量保障、监督评估、国际合作和研究咨询等方面的重要作用。充分发挥行业产业协会、学会等第三方组织在专业学位教育中的积极作用。

7.强化督导落实。国务院学位委员会、国务院教育督导委员会、教育部加强对专业学位研究生教育发展情况的监测分析，建立专业学位质量效益与授权审核、招生计划分配等方面的联动机制。强化各省级学位委员会、教育督导委员会对本地区专业学位研究生教育的管理，支持其采取多种形式开展质量指导和监督，办好本地区专业学位研究生教育。

8.加强组织领导。国务院学位委员会、教育部应加强与有关部门的政策协调，强化专业学位对应行业产业部门的专业指导作用，形成工作合力，共同推进专业学位研究生教育发展。省级学位委员会应根据本方案，结合区域发展实际，研究制定专业学位研究生教育发展方案或计划，明确工作方向、思路和支持政策。学位授予单位应转变专业学位办学理念，落实主体责任，实施分类培养，出台本单位发展专业学位研究生教育具体措施，切实提升专业学位研究生培养质量。

6.3　住房和城乡建设部下发的相关文件

6.3.1　《关于做好住房和城乡建设行业职业技能鉴定工作的通知》（建人〔2019〕5 号）

2019 年 1 月 7 日，住房城乡建设部以建人〔2019〕5 号文下发了《关于做好住房和城乡建设行业职业技能鉴定工作的通知》。该通知全文如下：

各省、自治区住房和城乡建设厅，直辖市住房和城乡建设（管）委及有关部门，新疆生产建设兵团住房和城乡建设局，部执业资格注册中心：

为全面提升住房和城乡建设行业从业人员技能水平和职业道德水平，保障工程质量安全，促进住房和城乡建设行业健康发展，按照《中共中央办公厅 国务院办公厅印发〈关于分类推进人才评价机制改革的指导意见〉的通知》、《国务院关于推行终身职业技能培训制度的意见》（国发〔2018〕11 号）、《人力资源社会保障部关于公布国家职业资格目录的通知》（人社部发〔2017〕68 号）精神，现就做好住房和城乡建设行业职业技能鉴定工作通知如下：

一、总体要求

按照行业技能人才"培养、评价、使用、激励、保障"相互衔接、系统推进的总体目标，做好住房和城乡建设行业从业人员职业技能培训、鉴定工作，为住房和城乡建设行业培育高素质产业工人队伍提供有力支撑。对从事《国家职业资格目录》中住房和城乡建设行业相关职业（工种）人员，按照国家技术技能人才评价政策要求和行业发展需要，开展职业技能鉴定工作。对《国家职业资格目录》以外从事住房和城乡建设行业相关职业（工种）人员，按照职业技能标准开展培训，推动建立技能人才多元化评价机制。职业技能鉴定坚持理论知识与实际操作相结合，分级分类开展评价。按照国务院关于"放管服"改革、职业资格清理规范的新要求，积极探索建立规范化、信息化、高效能的职业技能鉴定体系。

二、建立健全住房和城乡建设行业职业技能鉴定工作体系

（一）依据国务院职业资格清理规范和职业技能鉴定相关政策，住房和城乡建设部成立职业技能培训鉴定工作领导小组，负责住房和城乡建设行业职业技能培训鉴定的总体实施和监督管理，指导住房和城乡建设行业职业技能培训鉴定工作。

住房和城乡建设部执业资格注册中心作为住房和城乡建设行业职业技能鉴定组织实施承接机构，按照人力资源社会保障部、住房和城乡建设部要求统筹管理行业职业技能鉴定工作；制定完善相关规章制度，建立维护职业技能鉴定管理信息系统，并与人力资源社会保障部职业技能鉴定信息系统对接；按照财政部、国家发展改革委等部门要求，配合做好住房和城乡建设行业职业技能鉴定相关收费立项等工作；加强职业资格证书归口管理，指导监督省级住房和城乡建设行业职业技能鉴定实施机构开展相关工作。

（二）省级住房和城乡建设主管部门要建立相应职业技能培训鉴定工作领导小组，负责本行政区域住房和城乡建设行业职业技能培训鉴定组织实施和监督管理，确定省级住房和城乡建设行业职业技能鉴定实施机构，制定配套实施细则。

省级住房和城乡建设行业职业技能鉴定实施机构要按照地方财政、物价等部门规定，办理开展职业技能鉴定工作所需必要手续。按照住房和城乡建设行业职业技能鉴定站点认定标准，做好本地区内拟从事职业技能鉴定工作的机构申报、认定工作。结合本地区实际，合理布局，依托大型企业、职业院校、培训机构等，发展一批职业技能鉴定站点。

各省级住房和城乡建设主管部门要建立住房和城乡建设行业职业技能鉴定站点和考评人员目录，实施动态管理和诚信评价。加大检查力度，对于质量不达标、整改不合格的职业技能鉴定站点和人员，采取公开信用信息、暂停相关工作直至清出目录清单等措施。

三、有序推进住房和城乡建设行业职业技能鉴定工作

（一）建立完善职业技能鉴定相关制度。住房和城乡建设部执业资格注册中心要根据职业技能鉴定有关要求，制定发布职业技能鉴定站点、考评员、督导员等相关标准和配套工作制度，加强考评员、督导员培训，建立全国统一的住房和城乡建设行业职业技能鉴定信息服务平台。大力推广"互联网＋政务"在职业技能鉴定领域的应用，为相关人员参加职业技能鉴定提供便利服务。各省级住房和城乡建设主管部门要制定推进职业技能鉴定工作实施方案，明确阶段性工作目标，推动工作扎实开展。

（二）积极争取相关经费和补贴。各省级住房和城乡建设主管部门要加强与人力资源社会保障、财政部门沟通协调，积极争取财政资金补助，按照相关要求申请

职业技能培训、鉴定补贴，推动完善经费补贴流程，简化程序，提高效率。

（三）提升职业技能鉴定站点建设水平。鼓励依托技能交流传承基地、技能大师工作室等高技能人才培养基地，设立职业技能鉴定站点。加大资金、人才等方面投入，提高职业技能鉴定组织管理水平和鉴定质量，降低材料消耗等成本，探索符合行业特点的职业技能鉴定方式。

（四）发挥职业技能鉴定引领作用。大力弘扬工匠精神，通过职业资格评价等多种形式，畅通职业技能提升渠道。各级住房和城乡建设部门要加强与人力资源社会保障、教育等部门联系，形成工作合力，落实好中央和地方人才培养、人才激励政策，促进住房和城乡建设行业形成培育技能人才的良好环境，推动住房和城乡建设事业高质量发展。

（五）坚持试点先行。住房和城乡建设部将选取 2～3 个职业技能鉴定站点开展试点，各省（区、市）住房和城乡建设主管部门要按照本通知精神和相关文件要求，选取本地区 1～2 个职业技能鉴定站点开展试点。通过试点，总结形成可复制可推广经验，力争 2019 年第三季度在试点的基础上全面推开职业技能鉴定工作。2019年 12 月底前，住房和城乡建设部通报各地职业技能鉴定工作有关情况。

6.3.2 《关于改进住房和城乡建设领域施工现场专业人员职业培训工作的指导意见》（建人〔2019〕9 号）

2019 年 1 月 19 日，住房城乡建设部以建人〔2019〕9 号文下发了《关于改进住房和城乡建设领域施工现场专业人员职业培训工作的指导意见》。该指导意见全文如下：

各省、自治区住房和城乡建设厅，直辖市住房和城乡建设（管）委及有关部门，新疆生产建设兵团住房和城乡建设局，国务院国资委管理的有关建筑业企业：

住房和城乡建设领域施工现场专业人员（以下简称施工现场专业人员）是工程建设项目现场技术和管理关键岗位从业人员，人数多，责任大。为进一步提高施工现场专业人员技术水平和综合素质，保证工程质量安全，现就改进施工现场专业人员职业培训工作提出以下意见。

一、指导思想和工作目标

贯彻落实《中共中央印发〈关于深化人才发展体制机制改革的意见〉的通知》

《中共中央办公厅 国务院办公厅印发〈关于分类推进人才评价机制改革的指导意见〉的通知》精神，坚持以人为本、服务行业发展、贴近岗位需求、突出专业素养，不断加强和改进施工现场专业人员职业培训工作。落实企业对施工现场专业人员职业培训主体责任，发挥企业和行业组织、职业院校等各类培训机构优势，不断完善施工现场专业人员职业教育培训机制，培育高素质技术技能人才和产业发展后备人才。发挥住房和城乡建设主管部门政策指导、监管服务重要作用，促进施工现场专业人员职业培训规范健康发展。

二、完善职业培训体系

按照"谁主管，谁负责""谁用人，谁负责"原则，坚持统一标准、分类指导和属地管理，构建企业、行业组织、职业院校和社会力量共同参与的施工现场专业人员职业教育培训体系。充分调动企业职业培训工作积极性，鼓励龙头骨干企业建立培训机构，按照职业标准和岗位要求组织开展施工现场专业人员培训。鼓励社会培训机构、职业院校和行业组织按照市场化要求，发挥优势和特色，提供施工现场专业人员培训服务。各培训机构对参训人员的培训结果负责。

三、提升职业培训质量

省级住房和城乡建设主管部门要结合实际，制定本地区施工现场专业人员职业培训工作管理办法，确定施工现场专业人员职业培训机构应当具备的基本条件，及时公布符合条件的培训机构名单，供参训人员自主选择。要将职业培训考核要求与企业岗位用人统一起来，督促指导企业使用具备相应专业知识水平的施工现场专业人员。要加强培训质量管控，完善培训机构评价体系、诚信体系，引导培训机构严格遵循职业标准，按纲施训，促进职业培训质量不断提升。

四、创新考核评价方式

我部将依据职业标准、培训考核评价大纲，结合工程建设项目施工现场实际需求，建立全国统一测试题库，供各地培训机构免费使用。培训机构按照要求完成培训内容后，应组织参训人员进行培训考核，对考核合格者颁发培训合格证书，作为施工现场专业人员培训后具备相应专业知识水平的证明。培训考核信息须按照要求上传住房和城乡建设行业从业人员培训管理信息系统以备查验。

五、加强继续教育

不断完善施工现场专业人员职业标准，研究建立知识更新大纲，强化职业道德、安全生产、工程实践以及新技术、新工艺、新材料、新设备等内容培训，增强职业培训工作的针对性、时效性。探索更加务实高效的继续教育组织形式，积极推广网络教育、远程教育等方式。各省级住房和城乡建设主管部门要落实有关继续教育规定，充分发挥各类人才培养基地、继续教育基地、培训机构作用，开展形式多样的施工现场专业人员继续教育，促进从业人员专业能力提升。

六、优化培训管理服务

各省级住房和城乡建设主管部门要充分利用住房和城乡建设行业从业人员培训管理信息系统，为企业、培训机构和参训人员提供便利服务，规范培训合格证书发放和管理，实现各省（自治区、直辖市）施工现场专业人员培训数据在全国范围内互联互通。要加强指导监督，做好施工现场专业人员培训信息记录、汇总、上传。要全面推行培训合格证书电子化，结合施工现场实名制管理，提高证书管理和使用效率。

七、加强监督检查

各省级住房和城乡建设主管部门要加强对施工现场专业人员职业培训工作的事中事后监管，按照"双随机、一公开"原则，对相关培训机构实行动态管理。加强对开展职业培训的企业和培训机构师资、实训等软件硬件条件、培训内容等监督指导，及时公开信息。加强诚信体系建设，逐步将企业、培训机构守信和失信行为信息记入诚信档案。充分发挥社会监督作用，建立举报和责任追究制度，对培训弄虚作假等违法违纪行为，严肃追究相关责任人责任。

6.3.3 《监理工程师职业资格制度规定》（建人规〔2020〕3 号）和《监理工程师职业资格考试实施办法》

2020 年 2 月 28 日，住房和城乡建设部、交通运输部、水利部、人力资源社会保障部以建人规〔2020〕3 号文印发了《监理工程师职业资格制度规定》《监理工程师职业资格考试实施办法》。

《监理工程师职业资格制度规定》全文如下：

第一章　总　则

第一条　为确保建设工程质量，保护人民生命和财产安全，充分发挥监理工程师对施工质量、建设工期和建设资金使用等方面的监督作用，根据《中华人民共和国建筑法》《建设工程质量管理条例》等有关法律法规和国家职业资格制度有关规定，制定本规定。

第二条　本规定所称监理工程师，是指通过职业资格考试取得中华人民共和国监理工程师职业资格证书，并经注册后从事建设工程监理及相关业务活动的专业技术人员。

第三条　国家设置监理工程师准入类职业资格，纳入国家职业资格目录。

凡从事工程监理活动的单位，应当配备监理工程师。

监理工程师英文译为 Supervising Engineer。

第四条　住房和城乡建设部、交通运输部、水利部、人力资源社会保障部共同制定监理工程师职业资格制度，并按照职责分工分别负责监理工程师职业资格制度的实施与监管。

各省、自治区、直辖市住房和城乡建设、交通运输、水利、人力资源社会保障行政主管部门，按照职责分工负责本行政区域内监理工程师职业资格制度的实施与监管。

第二章　考　试

第五条　监理工程师职业资格考试全国统一大纲、统一命题、统一组织。

第六条　监理工程师职业资格考试设置基础科目和专业科目。

第七条　住房和城乡建设部牵头组织，交通运输部、水利部参与，拟定监理工程师职业资格考试基础科目的考试大纲，组织监理工程师基础科目命审题工作。

住房和城乡建设部、交通运输部、水利部按照职责分工分别负责拟定监理工程师职业资格考试专业科目的考试大纲，组织监理工程师专业科目命审题工作。

第八条　人力资源社会保障部负责审定监理工程师职业资格考试科目和考试大纲，负责监理工程师职业资格考试考务工作，并会同住房和城乡建设部、交通运输部、水利部对监理工程师职业资格考试工作进行指导、监督、检查。

第九条　人力资源社会保障部会同住房和城乡建设部、交通运输部、水利部确定监理工程师职业资格考试合格标准。

第十条　凡遵守中华人民共和国宪法、法律、法规，具有良好的业务素质和道德品行，具备下列条件之一者，可以申请参加监理工程师职业资格考试：

（一）具有各工程大类专业大学专科学历（或高等职业教育），从事工程施工、监理、设计等业务工作满6年；

（二）具有工学、管理科学与工程类专业大学本科学历或学位，从事工程施工、监理、设计等业务工作满4年；

（三）具有工学、管理科学与工程一级学科硕士学位或专业学位，从事工程施工、监理、设计等业务工作满2年；

（四）具有工学、管理科学与工程一级学科博士学位。

经批准同意开展试点的地区，申请参加监理工程师职业资格考试的，应当具有大学本科及以上学历或学位。

第十一条　监理工程师职业资格考试合格者，由各省、自治区、直辖市人力资源社会保障行政主管部门颁发中华人民共和国监理工程师职业资格证书（或电子证书）。该证书由人力资源社会保障部统一印制，住房和城乡建设部、交通运输部、水利部按专业类别分别与人力资源社会保障部用印，在全国范围内有效。

第十二条　各省、自治区、直辖市人力资源社会保障行政主管部门会同住房和城乡建设、交通运输、水利行政主管部门应加强学历、从业经历等监理工程师职业资格考试资格条件的审核。对以贿赂、欺骗等不正当手段取得监理工程师职业资格证书的，按照国家专业技术人员资格考试违纪违规行为处理规定进行处理。

第三章　注　册

第十三条　国家对监理工程师职业资格实行执业注册管理制度。取得监理工程师职业资格证书且从事工程监理及相关业务活动的人员，经注册方可以监理工程师名义执业。

第十四条　住房和城乡建设部、交通运输部、水利部按照职责分工，制定相应监理工程师注册管理办法并监督执行。

住房和城乡建设部、交通运输部、水利部按专业类别分别负责监理工程师注册及相关工作。

第十五条　经批准注册的申请人，由住房和城乡建设部、交通运输部、水利部分别核发《中华人民共和国监理工程师注册证》（或电子证书）。

第十六条　监理工程师执业时应持注册证书和执业印章。注册证书、执业印章样式以及注册证书编号规则由住房和城乡建设部会同交通运输部、水利部统一制定。执业印章由监理工程师按照统一规定自行制作。注册证书和执业印章由监理工程师本人保管和使用。

第十七条　住房和城乡建设部、交通运输部、水利部按照职责分工建立监理工程师注册管理信息平台，保持通用数据标准统一。住房和城乡建设部负责归集全国监理工程师注册信息，促进监理工程师注册、执业和信用信息互通共享。

第十八条　住房和城乡建设部、交通运输部、水利部负责建立完善监理工程师的注册和退出机制，对以不正当手段取得注册证书等违法违规行为，依照注册管理的有关规定撤销其注册证书。

第四章　执　业

第十九条　监理工程师在工作中，必须遵纪守法，恪守职业道德和从业规范，诚信执业，主动接受有关部门的监督检查，加强行业自律。

第二十条　住房和城乡建设部、交通运输部、水利部按照职责分工建立健全监理工程师诚信体系，制定相关规章制度或从业标准规范，并指导监督信用评价工作。

第二十一条　监理工程师不得同时受聘于两个或两个以上单位执业，不得允许他人以本人名义执业，严禁"证书挂靠"。出租出借注册证书的，依据相关法律法规进行处罚；构成犯罪的，依法追究刑事责任。

第二十二条　监理工程师依据职责开展工作，在本人执业活动中形成的工程监理文件上签章，并承担相应责任。监理工程师的具体执业范围由住房和城乡建设部、交通运输部、水利部按照职责另行制定。

第二十三条　监理工程师未执行法律、法规和工程建设强制性标准实施监理，造成质量安全事故的，依据相关法律法规进行处罚；构成犯罪的，依法追究刑事责任。

第二十四条　取得监理工程师注册证书的人员，应当按照国家专业技术人员继续教育的有关规定接受继续教育，更新专业知识，提高业务水平。

第五章　附　则

第二十五条　本规定施行之前取得的公路水运工程监理工程师资格证书以及水利工程建设监理工程师资格证书，效用不变；按有关规定，通过人力资源社会保障部、住房和城乡建设部组织的全国统一考试，取得的监理工程师执业资格证书与本规定中监理工程师职业资格证书效用等同。

第二十六条　专业技术人员取得监理工程师职业资格，可认定其具备工程师职称，并可作为申报高一级职称的条件。

第二十七条 本规定自印发之日起施行。

《监理工程师职业资格考试实施办法》全文如下：

第一条 住房和城乡建设部、交通运输部、水利部、人力资源社会保障部共同委托人力资源社会保障部人事考试中心承担监理工程师职业资格考试的具体考务工作。住房和城乡建设部、交通运输部、水利部可分别委托具备相应能力的单位承担监理工程师职业资格考试工作的命题、审题和主观试题阅卷等具体工作。

各省、自治区、直辖市住房和城乡建设、交通运输、水利、人力资源社会保障行政主管部门共同负责本地区监理工程师职业资格考试组织工作，具体职责分工由各地协商确定。

第二条 监理工程师职业资格考试设《建设工程监理基本理论和相关法规》《建设工程合同管理》《建设工程目标控制》《建设工程监理案例分析》4个科目。其中《建设工程监理基本理论和相关法规》《建设工程合同管理》为基础科目，《建设工程目标控制》《建设工程监理案例分析》为专业科目。

第三条 监理工程师职业资格考试专业科目分为土木建筑工程、交通运输工程、水利工程3个专业类别，考生在报名时可根据实际工作需要选择。其中，土木建筑工程专业由住房和城乡建设部负责；交通运输工程专业由交通运输部负责；水利工程专业由水利部负责。

第四条 监理工程师职业资格考试分4个半天进行。

第五条 监理工程师职业资格考试成绩实行4年为一个周期的滚动管理办法，在连续的4个考试年度内通过全部考试科目，方可取得监理工程师职业资格证书。

第六条 已取得监理工程师一种专业职业资格证书的人员，报名参加其他专业科目考试的，可免考基础科目。考试合格后，核发人力资源社会保障部门统一印制的相应专业考试合格证明。该证明作为注册时增加执业专业类别的依据。免考基础科目和增加专业类别的人员，专业科目成绩按照2年为一个周期滚动管理。

第七条 具备以下条件之一的，参加监理工程师职业资格考试可免考基础科目：

（一）已取得公路水运工程监理工程师资格证书；

（二）已取得水利工程建设监理工程师资格证书。

申请免考部分科目的人员在报名时应提供相应材料。

第八条 符合监理工程师职业资格考试报名条件的报考人员，按当地人事考试机构规定的程序和要求完成报名。参加考试人员凭准考证和有效证件在指定的日期、时间和地点参加考试。

中央和国务院各部门所属单位、中央管理企业的人员按属地原则报名参加考试。

第九条　考点原则上设在直辖市、自治区首府和省会城市的大、中专院校或者高考定点学校。

监理工程师职业资格考试原则上每年一次。

第十条　坚持考试与培训分开的原则。凡参与考试工作（包括命题、审题与组织管理等）的人员，不得参加考试，也不得参加或者举办与考试内容相关的培训工作。应考人员参加培训坚持自愿原则。

第十一条　考试实施机构及其工作人员，应当严格执行国家人事考试工作人员纪律规定和考试工作的各项规章制度，遵守考试工作纪律，切实做好从考试试题的命制到使用等各环节的安全保密工作，严防泄密。

第十二条　对违反考试工作纪律和有关规定的人员，按照国家专业技术人员资格考试违纪违规行为处理规定处理。

第十三条　参加原监理工程师执业资格考试并在有效期内的合格成绩有效期顺延，按照4年为一个周期管理。《建设工程监理基本理论和相关法规》《建设工程合同管理》《建设工程质量、投资、进度控制》《建设工程监理案例分析》科目合格成绩分别对应《建设工程监理基本理论和相关法规》《建设工程合同管理》《建设工程目标控制》《建设工程监理案例分析》科目。

第十四条　本办法自印发之日起施行。